中国经济伦理学年鉴

CHINESE ECONOMY ETHICS YEARBOOK

(2017)

王小锡 主编

南京师范大学出版社
NANJING NORMAL UNIVERSITY PRESS

Chinese Economy Ethics Yearbook

图书在版编目(CIP)数据

中国经济伦理学年鉴．2017 / 王小锡主编．—南京 ：
南京师范大学出版社，2019.3

ISBN 978-7-5651-4156-0

Ⅰ．①中… Ⅱ．①王… Ⅲ．①经济伦理学—中国—
2017—年鉴 Ⅳ．①B82—053

中国版本图书馆 CIP 数据核字(2019)第 021688 号

书　　名	中国经济伦理学年鉴(2017)
主　　编	王小锡
责任编辑	刘娟娟
出版发行	南京师范大学出版社
地　　址	江苏省南京市玄武区后宰门西村 9 号(邮编:210016)
电　　话	(025)83598919(总编办)　83598412(营销部)　83598297(邮购部)
网　　址	http://press.njnu.edu.cn
电子信箱	nspzbb@163.com
照　　排	南京凯建图文制作有限公司
印　　刷	南通印刷总厂有限公司
开　　本	787 毫米×960 毫米　1/16
印　　张	25
字　　数	426 千
版　　次	2019 年 3 月第 1 版　2019 年 3 月第 1 次印刷
书　　号	ISBN 978-7-5651-4156-0
定　　价	99.00 元

出 版 人　彭志斌

中国经济伦理学年鉴
(2017)

编辑说明

为了全面系统地展示我国经济伦理学的发展历程，总结我国经济伦理学学科建设和学术研究的成就，促进国内国际的学术交流，由教育部人文社会科学重点研究基地中国人民大学伦理学与道德建设研究中心和南京师范大学共建的经济伦理学研究所决定编辑出版从2000年起的《中国经济伦理学年鉴》（以下简称《年鉴》）。

《年鉴》的内容主要包括学者介绍、特稿、论文摘要、著作简介、伦理学前沿、学术活动和主要课题等。《年鉴》主要反映当年度我国经济伦理学的发展状况，设置了"特稿""伦理学前沿"栏目，并介绍国外经济伦理学相关中译本著作。尽管我们力图通过与学界同仁的共同努力，使《年鉴》以较为完美的形态出现在读者面前。但是，《年鉴》的编写工作琐碎繁杂，疏漏之处在所难免，恳请读者和学界同仁谅解。

《年鉴》学者介绍按姓氏笔画排序，其他学术信息按时间先后排序。

为便于《年鉴》编辑工作的顺利开展，我们请有关专家学者在每一年的1月底之前将前一年发表的论文（1000—1500字）、著作（2000字左右）、主要课题、学术活动等参照《年鉴》的出版格式，发送至编辑部邮箱。自2014年起，我们在中国人民大学、湖南师范大学、清华大学、中南大学、东南大学、湖北大学、首都师范大学、上海师范大学、华中师范大学、中南财经大学等伦理学重点研究单位设立了特约编辑，相关学校的各位专家学者可将学术信息发给本单位特约编辑整理后一并发送至编辑部邮箱。

《年鉴》的编纂得到学界同仁的真诚关注和大力支持，许多作者主动帮助收集和提供相关资料；《年鉴》的编纂过程中，博士生陈金香、芮雅进、杨伟荣、王颖和硕士生黄海霞、祁晓燕、王军睿、黄婧智、罗婷、张梦、张政、唐洁琼、林婷婷、张熊、刘祥苑、钱悦、周航、吕奕敏、王颖、沈倩文、蒋丽佳、王培、王昕昀、王文静、付文芳、赵凯等同学协助责任编辑做了大量的辅助工作，《年鉴》的出版有他们的辛劳；《年鉴》的编纂与出版得到江苏省优势学科建设工程和南京师范大学出版社的大力支持，对此，我们表示由衷的谢意！

《中国经济伦理学年鉴》编辑部邮箱：zhgjjllxnj@163.com。

CONTENTS

学者名录

第二届中国伦理学十大杰出青年学者介绍

王强，男，安徽亳州人。中共上海市委党校(上海行政学院)教授，马克思主义与当代中国研究中心主任，东南大学伦理学博士，复旦大学哲学博士后。获2017年第二届中国伦理学“十大杰出青年学者”称号，2015年入选上海市首批“青年拔尖人才”，获2017年上海青年“五四奖章”。上海市青联第七届青联委员，上海市马克思主义学会理事。先后主持2项国家社科基金课题、2项省部级课题，在《哲学研究》《道德与文明》《伦理学研究》等权威学术期刊上发表论文60余篇，多篇被《新华文摘》、《高等文科学报文摘》、人大复印资料等全文转载；出版学术专著《伪善的道德形而上学形态》，编著《职业道德》公务员教材；多次荣获江苏省委宣传部优秀论文奖、国家行政学院优秀论文奖、上海市社科联优秀论文奖。主要从事道德哲学、伦理学基础理论的研究。博士阶段及之后一段时间主要关注伪善问题，提出“道德最大敌人不是恶而是伪善”“伪善是对伦理道德辩证发展过程的‘中断’”等一系列论断。《伪善的道德形而上学形态》一书成为伦理学界系统研究伪善问题少有的专著。该书对伪善的道德“形态学”的梳理及其在伦理道德发展的不同阶段过程中的形态表现，既体现了伪善问题的丰富性，又揭示了伪善问题的复杂性。当前学术关注点是“民主伦理”“民生正义”等现代伦理道德发展问题。“后黑格尔”时代的伦理普遍性的形而上学基础消解之后，从单子式的个人出发能否证成共同的伦理生活，以及这种共同的伦理生活为什么在形式上必须是民主的(立足于自由主义与社群主义的争论)。“民生正义”等学术主题则植根于中国社会现实,追问中国社会特殊实践经验的普遍学理根据,以及西方诸学派学理在中国社会的实践性改造,提出二者之间的张力构成新时代伦理学发展的一条重要路径。这也是当前以及未来个人学术规划的基本思路。

冯昊青,男,云南大理人。本科、硕士、博士研究生分别就读于原中南工业大学、华中师范大学、中南大学,并先后获得法学学士、硕士和哲学博士学位,2014—2015年公派美国访学,先后任纽约州立大学石溪分校哲学系、宾夕法尼亚州立大学洛克伦理研究院高级访问学者。现为浙江师范大学马克思主义学院教授,哲学、马克思主义理论、公共管理三个专业的硕士生导师,中国伦理学会会员,浙江省哲学学会、伦理学会会员,兼任浙江省青年马克思主义学会副会长、浙江师范大学国家治理研究院副院长、中国人民大学伦理学与道德建设研究中心政治伦理研究所副所长、金华市中心医院伦理委员会委员。

主要研究领域为伦理学、外国哲学和国外马克思主义。在伦理学方面的研究主要以应用伦理学为主,兼及伦理思想史和伦理学基础理论等方面的内容,其中在核伦理研究方面首开国内研究核伦理学的先河,且用力最深、成果最集中,最具原创性,影响和意义最为突出。

公开出版《核伦理学导论》等著作7部,在《哲学研究》《世界哲学》《学术月刊》等报刊上发表学术论文40余篇,获得了广泛好评与关注,其中多篇被《新华文摘》、《社会科学文摘》、人大复印资料、《中国哲学年鉴》等转载、转摘,有些成果还受到中宣部和浙江省委的充分肯定;先后主持国家社科基金项目2项、教育部人文社科项目2项、浙江省哲学社会科学项目3项,参与国家和省部级重点课题、一般课题10多项;多项研究成果获得省市哲学社会科学优秀成果奖,多篇论文在伦理学年会等学术会议上获得优秀论文奖;先后入选为"浙江省'之江青年社科学者'""浙江省'151人才工程'第三层次人才""浙江高校优秀中青年思想政治理论课教师择优资助计划""浙江师范大学中青年骨干优秀教师";先后获得"湖南省普通高校就业工作先进个人""湖南省大学生暑假'三下乡'社会实践优秀指导教师""国防科学技术委员会就业工作先进个人""第二届中国伦理学十大杰出青年学者”等荣誉称号。

曲红梅，女，辽宁大连人。吉林大学哲学社会学院哲学系教授、博士生导师、副院长，吉林大学哲学基础理论研究中心研究员，第二届“中国伦理学十大杰出学者”。兼任中国伦理学会常务理事、中国环境伦理学会理事、吉林省伦理学会常务理事，吉林大学第一医院伦理委员会委员。

2005—2007 年留学荷兰莱顿大学，获哲学硕士学位，师从著名康德哲学专家 Pauline Kleingeld 教授。2008 年获吉林大学哲学博士学位，师从刘福森教授。2010—2011 年为哈佛燕京学社访问学者，与著名康德哲学专家 Christine Korsgaard 合作。2016—2017 年作为中美富布赖特高级访问学者在罗格斯大学访学，与著名道德哲学家 Larry Temkin 合作。

主要研究方向包括马克思主义伦理学、康德政治哲学、环境伦理学等。在《新华文摘》《哲学研究》《自然辩证法研究》等国内外杂志上发表中英文论文 30 余篇，代表作品有《古代世界公民主义与现代世界公民主义》、《西方环境伦理学研究的理论基础和当代转向》、“Marxian Humanism: from the Historical Viewpoint”等，出版专著《马克思主义、道德和历史》并获“中国伦理学 2016 年度十本好书”。主持和参与国家、省部级项目近 20 项，获吉林省政府奖三次。

曾入选吉林大学优秀青年教师培养计划，两次获聘哈佛燕京学社项目遴选委员会委员，入选孔子新汉学计划高级赴外储备人才库，获得 2011—2013 年“吉林大学巾帼建功标兵”，与奥地利学者 Gerhard Zecha 合作编写的教材 *Selected Readings in Western Ethics* 获吉林大学“十二五”教材规划资助。

朱辉宇，男，江苏丹阳人。中共中央党校教授、博士生导师、教学和智库建设创新工程执行专家；中国人民大学哲学博士、日本爱知大学现代中国学博士；第五届“中央党校十杰青年”入选者、第三批“中央党

校人才强校专项基金”获得者;中国辩证唯物主义研究会理事、中国马克思主义哲学史学会理事、中国政治伦理学专业委员会理事。近5年以来,主持国家社科基金重点项目、中国马克思主义研究基金会课题数项。出版独著4部,其中《平行与交错》收录于中共中央党校理论文库,获中央党校科研成果奖、中国伦理学会第二届学术成果奖。在《人民日报》《哲学动态》等国内外报刊上发表论文、译文60余篇,多篇被《新华文摘》、人大复印资料全文转载。在中共中央党校(国家行政学院)各类班次讲授“习近平新时代中国特色社会主义思想概论”“中国共产党人的价值观”等课程,努力用理论洞见社会现实,用学术阐述政治理论,取得广泛社会影响。

李义天,男,湖北武汉人。1998年保送入武汉大学人文科学试验班,2002年获文学学士学位。同年9月保送入清华大学哲学系直接攻读博士学位,2007年获哲学博士学位。

现任清华大学马克思主义学院教授、博士生导师。第二届中国伦理学十大杰出青年学者(2017),国家社科基金重大项目“马克思主义伦理思想史研究”首席专家(2017),首届“贺麟青年哲学奖”获得者(2017)。兼任中国青年伦理学会常务理事、中国政治伦理学会常务理事、北京伦理学会副秘书长、中国人民大学伦理学与道德建设研究中心研究员、同济大学文科高等研究员研究员、湖北大学高等人文研究院研究员、《中国社会科学》等期刊审稿专家。

专著《美德伦理学与道德多样性》(2012),获中国伦理学会学术成果奖一等奖(2015)。专著有《美德、心灵与行动》(2016);译著有《世界文明史》(2012)、《马克思主义与道德观念》(2014)、《美德伦理学》(2016);编著有《知道点世界哲学》(2005,2007,2010)、《马克思与正义理论》(2010)、《共同体与政治团结》(2011)等。

在《哲学研究》、《光明日报》、《学术月刊》、*International Journal of China Studies* 等国内外期刊上发表论(译)文70余篇,多篇被《新华文摘》、《中国社会科学文摘》、人大复印资料转载。

张霄，男，江苏南京人。哲学博士，法学博士后，现任中国人民大学哲学院副教授，伦理学教研室主任，教育部人文社科百所重点研究基地中国人民大学伦理学与道德建设研究中心研究员、马克思主义伦理思想研究所所长、职业伦理与创业教育研究所副所长兼秘书长，中国伦理学会经济伦理学专业委员会常务理事兼副秘书长，北京伦理学会副秘书长，全国电子商务职业教育教学指导委员会顾问。先后主持国家社科基金重点项目、青年项目，北京市青年社科人才项目，北京市高校青年英才项目、中国人民大学科研基金项目等 7 项，参与中央马克思主义理论研究和建设工程首批课题“经典作家关于意识形态、先进文化和道德的基本观点研究”和重点教材《伦理学》编写课题 2 项，国家社科基金重大招标项目 4 项，先后在《道德与文明》《伦理学研究》《教学与研究》《马克思主义与现实》等刊物上发表论文 18 篇，出版译著 1 部，专著 1 部，曾获第二届“中国伦理学十大杰出青年学者”称号，中国人民大学教学优秀奖。主要研究方向是马克思主义伦理学和伦理思想史、政治哲学、企业伦理学、道德心理学。

从 2015 年开始，和李义天教授共同发起并组织召开“全国马克思主义伦理学论坛”，至今已成功举办三届。2018 年，“第四届全国马克思主义伦理学论坛”在清华大学召开，同时推出“新时代马克思主义伦理学丛书”，集中翻译国外马克思主义伦理学研究的优秀成果，集中展示国内马克思主义伦理学研究的创新成果。

张曦，男，安徽芜湖人。毕业于北京大学哲学系，获哲学博士学位。现任中山大学哲学系副教授、博士生导师。进入伦理学领域前，先后在物理学和政治学领域攻读，获得理学学士和法学硕士学位。自博士阶段后，系统接受了伦理学基础理论的训练，对西方伦理学特别是英美伦理学有比较全面的掌握。在攻读博士学位期间，受国家留学基金资助，在全美伦理学排名第三的美国密歇根大学（安娜堡校区）接受联合培养，师从著名元伦理学家 Peter Railton 和著名政治哲学家 Elizabeth Anderson，在这两个方向领域接受了严格而完整的训练。

2013年从北京大学毕业后,被教育部人文社科重点研究基地湖南师范大学道德文化研究中心引进。在湖南工作期间,将研究领域拓展到马克思主义伦理学领域,开展了系统研究,其间取得的相关研究成果,在国内马克思主义伦理学界青年学者中颇有影响,并受到我国港台地区学者的密切关注。2015年,被中山大学哲学系引进,先后任讲师、副教授、硕士生导师、博士生导师。近年来,试图将伦理学与人文社会科学多领域知识结合起来,推动探索具有更高理论性和更强实践性的新型伦理学知识,面向生活实际"做"伦理学。为此,将小说研究、社会学研究、法理学研究与伦理学研究结合起来,产生了一批在文学、社会学、法学领域都有较好影响的教学科研成果。2017年,被中国伦理学会授予第二届"中国伦理学十大杰出青年学者"称号。

在《哲学研究》《哲学动态》《世界哲学》《马克思主义与现实》等学术刊物上发表论文20多篇。主持国家社科基金项目、国家社科基金重大项目子课题、教育部重点研究基地重大项目子课题、省部级社科基金项目多项。曾获国务院学位委员会、教育部颁发的学术新人奖,中国现代外国哲学学会颁发的"洪谦奖",北京大学创新奖,北京大学"学术精英"等学术奖励或荣誉。

武卉昕,女,黑龙江逊克县人。东北农业大学马克思主义学院,三级教授,博士生导师。毕业于中国人民大学哲学院伦理学专业,获哲学博士学位。中国社会科学院马克思主义理论专业博士后,以国家公派访问学者身份赴莫斯科大学访学。从事马克思主义伦理学和苏俄伦理学研究,是目前我国唯一一位专门从事苏联和俄罗斯伦理学研究的学者。现任中国社会科学院世界社会主义研究中心特约研究员,教育部"斯拉夫国家研究中心"研究员,中国青年伦理学会常务理事,国家出版基金评委。

近年来,主持国家社会科学基金项目2项,省部级项目8项,参加国家社会科学重大项目3项、国家社科基金特别委托项目2项,出版学术专著2部,在《马克思主义研究》《马克思主义与现实》《红旗文稿》《道德与文明》等期刊上发表论文50余篇，其中多篇被《中国社会科学文摘》、人大复印资料全文转载。曾获黑龙江省社会科学优秀成果一等奖1项、二等奖2项；获“高校思想政治理论课教师影响力提名人物”“第二届中国伦理学十大杰出青年学者”“黑龙江省文化名家暨六个一批理论人才”等荣誉称号。

目前，以近现代俄罗斯伦理思想史和后苏联时代的俄罗斯伦理学为研究旨趣。由人民出版社出版的《苏联马克思主义伦理学兴衰史》是目前我国唯一一部以苏联马克思主义伦理学为研究内容的述著，展示了马克思主义伦理学在苏联发展的最完备的理论形态，用苏联马克思主义伦理学的终结与苏联解体的关系证明了道德伦理观演变与社会制度变迁之间的相互作用，揭示了伦理学研究的人道主义化是苏联伦理学终结的原因；《后苏联时代俄罗斯伦理学研究的路径演变及范式转向》一文梳理了历时态变迁中的后苏联时代俄罗斯伦理学研究的实践进路——伦理学研究的整体裂变、社会适应、理性转变和价值传承，并在共时态视野中展现了后苏联时代俄罗斯伦理学研究的范式转向；《俄罗斯伦理学的马克思主义传统》一文则指出俄罗斯伦理学依然保留了清晰的马克思主义传统，后苏联时代的伦理学在研究内容、结构模式、理论基础、学术团体构成等方面与苏联马克思主义伦理学保持着继承关系，说明了伦理学从苏联时期向后苏联时期的过渡总体上是连续而平稳的。

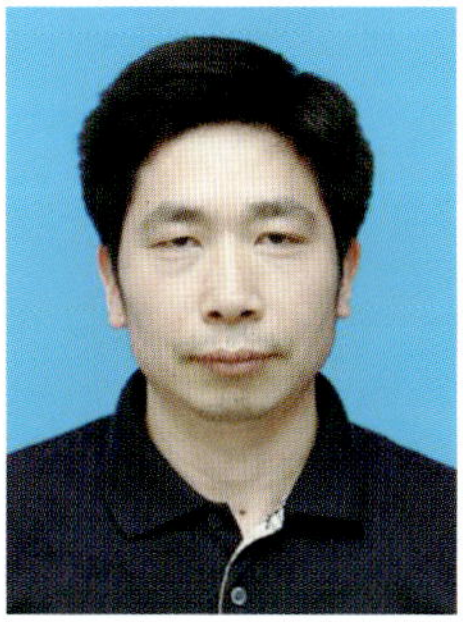

范志军（学术用名范志均），男，河南潢川人。哲学博士，东南大学人文学院副教授，博士生导师，东南大学道德发展研究院全球文明与道德发展中心主任。主要研究领域为西方道德哲学、启蒙哲学、德国古典哲学、中西伦理思想比较。代表作有《尼采与现代道德哲学》《启蒙道德哲学》，其中《尼采与现代道德哲学》获2016年江苏高校哲学社会科学研究成果二等奖。发表论文40余篇。先后作为课题负责人承担和完成了“从笛卡尔到尼采的世界观理论研究”“尼采文化价值论研究”“尼采与现代道德哲学”“启蒙道德哲学研究”“从主体性到主体间性：黑格尔承认伦理研究”等省部级社科基金项目的研究工作，还承担了国家社科基金项目“从反启蒙回到启蒙的德国现当代伦理演进逻辑研究”，教育部后期资助

“德国古典哲学相互性原理研究”,以及国家社科基金重大招标项目“《莱布尼茨文集》翻译与研究”一个独立子课题的研究工作。

在学术上致力于从启蒙辩证法和现代性危机出发,回到启蒙,深度回归现代性,立足于德国古典哲学的重释,思考一种深层的厚现代性伦理;通过对反启蒙现代性道德的积极理解,以及对尼采反启蒙现代性道德的系统反思和批判,继续完成而不是否弃启蒙现代性道德;同时推进对启蒙现代性道德的自我批判,克服主体中心主义的薄现代性道德哲学范式,但不向前现代性伦理复归,也不向后现代性道德飞跃,而是思考和发展能够包容他者的主体交流共享主义的厚现代性道德哲学范式;从当代伦理学理论的几种主要形态来看,由契约主义,或功利主义,或社群主义来完成当代诸伦理学理论的通约在逻辑上面临巨大的鸿沟,而只有一种经过修正的康德主义能够完成当代诸伦理学理论的会同,使它们相互通约,并由此发展一种后现代性康德主义伦理学;返回古希腊和先秦,开展古典伦理思想的对话,交互穷究苏格拉底和孔子,柏拉图和孟子等先哲的思想世界,为儒家思想开源引流,开出道德儒学。

周谨平,男,湖南长沙人。毕业于清华大学,获哲学博士学位。中南大学公共管理学院副院长、教授、国家留学基金委公派全额资助赴美访问学者、中国伦理学会青年工作者委员会副秘书长、湖南省伦理学会副秘书长、中南大学护理学院行为医学与护理学研究伦理审查委员会委员。主要从事经济伦理学、管理学、政治哲学、行政伦理学、医学伦理学等领域研究。主持并参与了多项国家及省部级项目,担任2009年国家哲学社会科学重大招标项目“社会主义核心价值体系与核心价值观关系研究”子课题负责人。出版并参编多部著作,其中《机会平等与分配正义》荣获首届“中国伦理学30年优秀学术成果著作类三等奖”,专著所属丛书“经济伦理研究”获得湖南省第十一届哲学社会科学优秀成果奖二等奖。在《哲学动态》《伦理学研究》《新华文摘》等国内权威学术期刊上发表论文20余篇。

CONTENTS

目录

特　稿

论文摘要

著作简介

伦理学前沿

论文简介

著作简介

学术活动

主要课题

特稿

从共生到共享：人类的意义性攀越

李建华

目前学界普遍从发展的视角看待共享理念，将之作为我国现阶段社会建设的引领性观念。而作为一种新的发展理念，自然不仅仅是一种社会价值“指导”与“号召”，必定与人的存在和发展相关联，与人的意义世界相关。共享具有后果性的意义，需要共生作为前提。因为只有实现共生，共享才能得以实现。换言之，共生是共享的基础，共享则是共生的目标和理想。谈共生离不开理想论的逻辑，谈共享离不开生存论的逻辑。从生存到享受，无非就是人的意义性攀越过程。

一、共生：人类的生存性质态

生存自古以来就是人类所关心的核心问题，我们究竟处于怎样的生存状态、我们的生存意义是什么、应该怎样生存，这些问题吸引了哲学社会科学的广泛思考。生存涉及医学、物理、伦理、社会等多层次、多维度的因素。毫无疑问，生存状态在不同的学科范畴和视角下拥有多样化的形态，比如健康的“生”、病态的“生”；重于泰山的有意义的“生”、轻如鸿毛的渺小的“生”；依托社会交往的“生”、离群索居的“生”；等等。但“生”的本质形态是什么？

我们借助什么赋予“生”最根本的价值？我们必须诉诸“共生”这一途径。我们看到，现在的世界充满着违背共生的悲剧：人类在严重破坏和侵蚀自然环境下付出沉重的代价，最终威胁自身的存续；人与人之间沉醉于近乎激烈的竞争，在群体性掠夺和欺骗中互相伤害，甚至通过战争等极端暴力的方式让群体之间、人与人之间分外紧张。面对种种现象，共生成为人类生活的美好愿望。

共生是生物存在的常态。根据生物学的研究，无论动物还是植物，单独个体的生存面临着更多的危险，更容易遭受攻击或者自我消亡。那些群居性越强的物种在生物进化中往往建立起更明显的优势。群居的动物更容易得到食物,受到群体的庇护;群体生长的物种也更为强壮和高大。科学研究中也普遍呈现这一规律,单个的学者容易思想封闭、意志消沉;而那些喜欢与同行沟通交流的学者则更容易收获丰富的信息,点燃思想的火花。如果我们观察人类的历史,其实所谓的发展就是社会程度不断提高、群体特征日趋鲜明的历史。“共生”问题由来已久,但在现代文明的今天则更显重要。20世纪两次世界大战带给世界人民的历史浩劫使人们对于如何和平共生进行了深入和深刻的思考;冷战把拥有不同意识形态的族群的共生问题摆在了我们面前;发生在东欧、中东、非洲等地的民族冲突则让“民族共生”走进了我们的视野;全球化时代的到来所引发的文化交汇与冲突让我们不得不考虑“文化共生”;全球气候变暖、自然资源枯竭、自然条件恶化等现象又让“人与自然共生”成为时代的主题。

“共生”这一用语已经成为现代的一种流行语,但其准确含义有待进一步精确,特别是在生存哲学意义上。我们讲的“共生共存”与生物学意义上的“共生”有本质上的差异。达尔文的进化论在阐释世界进化的过程中也过分强调了“共同存在”中的竞争关系,所谓物竞天择、适者生存。所以,进化论之后的物种关系被单调地或者片面地解释为征服与被征服、优胜劣汰的关系。特别是在自然面前,人类通常以征服者的姿态出现,试图通过战胜自然而保持自身的优先性。当然,自然界中也出现共生现象,但其并非我们现代意义的“共生”,而是面对同质物种的共栖状态,即属于同种的物种为了生存和满足最基本的生理需求而展开的本能性合作,比如狼和蚂蚁的群居。受到自然的限制,在本能驱动下,它们通过共栖而增强自己的生存概率,从而更易于获得食物,逃避其他物种的猎捕。显然,这种被动的共生只可发生在相同物种之中,此类合作在绝大多数情况下是对异质物种关闭的。作为现代概念的“共生”是冲破物种界限,在接受异质性前提下肯定不同群体自由和交往能力,由此建立起的积极社会联系。与此同时,现代意义上的“共生”也不同于过去的“和平共处”。“和平共处”在某种意义上表现出消极的特点。之所以“和平共处”,是因为虽然参与方的观念、价值体系存在很大差别,而且互相并不认可对方,但由于谁也无法改变对方的立场或者采取有效手段迫使对方认同自己,所以只能权宜地接纳共同存在的现实。可以看出,相互对立是“和平共处”的各方所采取的普遍态度,一旦各方的平衡被打破,或者控制张力的因素消退,“和平共处”的格局就必然发生改变,最终可能代之以冲突和矛盾。现代的共生是一种“积极共生”。与“和平共处”不同，它不再呈现出相互对立的局面，而是开始积极地理解对方、主动谋求各方合作共赢。时代为积极的“共生”创造了历史机遇：全球化辅之以日新月异的网络技术让人际沟通变得轻快便捷，把看似广袤的世界紧密联系在一起；多元合作的经济模式让各个国家你中有我、我中有你，相互支持、相互依赖；主要基于意识形态差别的冷战已经落下帷幕，频繁的文化互动让人们不再囿于自己狭隘的文化视野，盲目排斥异质文化元素，而代之以更多的文化宽容和相互认同、欣赏；这些深刻的变化都让“共生”成为可能，并且产生对于“共生”的诉求。“共生”是现代社会不可或缺的基本理念。“之所以这样说，是因为人在本性上是社会的、共同的存在，这句话意味着人完全不能过个别的、分散的、孤立的生活，不能没有自己所属的某种共同体或集团。但人通常不能不同时营造这样的社会生活，即与另外的种种层次和意义上不同的共同体和集团保持着某种关系。”如马克思所言，人是一切社会关系的总和。人不是抽象的存在，其社会属性比动物属性更为重要。社会属性决定了人走向社会生活的必然性，也决定了人与人之间的合作互惠。但是，人的“共生”同样具有条件限制，或者说需要前提。日本学者山口定把这种制约概括为五个方面：“第一，在我们现今的竞争社会中，必须是对生存方式本身的自我变革之决心的表白。因为在竞争关系中，站在优势一方者虽然也说‘共生’，但若没有相当的自我牺牲的觉悟的话，就不会得到弱者的信赖。第二，不是强求遵从现成的共同体价值观，或是片面强调‘和谐’与‘协调’而把社会关系导向同质化的方向。而必须是在承认种种异质者的‘共存’的基础上，旨在树立新的结合关系的哲学。第三，它不是相互依靠，而必须是以与‘独立’保持紧张关系为内容的。第四，是根据‘平等’与‘公正’的原理而被内在地抑制的。第五，必须受到‘透明的公开的决策过程的制度保障’的支撑。”

人类“共生”与动物共栖的区别在于，人类除了赤裸裸的利益关联，还有道德、伦理、情感等因素的参与。人对他人的需要并不仅仅是为了生存或者谋利，人际间有着广泛的同情，也可建立纯真的友谊，而且可以通过理性认识到普遍的道德和规则。

不可否认，人类共生有着自我的一面。也就是说，在共生中不可否认人的主体性，这既表现为人对自我利益的关切，也表现在人通过共生表达自我价值取向和道德判断。但这一切都离不开社会的背景。人的认识势必受到社会环境的影响，从社会教育所培养的认知和处于不同情境中自我利益的实现，社会早已映入我们的头脑，成为“自我”的一部分。人的发展就是从“自然人”走向“社会人”的过程。在此过程中,我们才能意识到社会之于人的重要意义,我们才能从宏观层面出发来选择共生的对象和方式,而不是简单地通过完全私人的要求进行挑选。这就不难理解,为何人的“共生”具有超越自我的意义,在某些时候甚至带有强烈的利他主义色彩。比如那些见义勇为或者投身共同事业而牺牲自我的现象。

当下,气候变暖、环境保护等问题的出现则让人们产生了“共生”的道德自觉。1993 年 8 月 28 日至 9 月 4 日,为纪念“世界宗教议会”召集一百周年,来自世界上大小宗教 6 千余名代表在芝加哥召开了“世界宗教议会”大会。代表们为了建立一种能够被广泛接受的人类秩序而通过了《走向全球伦理普世宣言》,为拥有不同信仰、文化的群体之间划定基本的道德底线。时至今日,我们极大拓宽了共同体的范畴。在传统社会,共同体主要通过共同的习俗、文化和政治认同形成于同一民族、国家之间。现在,我们发现,有很多责任需要人类社会共同承担。从国际贸易合作到抑制核扩散,从维护世界和平到分担废气排放责任,从打击恐怖主义到人道主义救援,诸如此类的问题都不可能由某一国家独立面对和解决。如果我们不能本着“共生”的理念相互帮助、共担责任,人类的前景就值得严重质疑。要应对共同的挑战,唯一的出路在于诉诸世界命运共同体的人类自我意识,依靠互信互利构筑合作的桥梁,最终通向“共生”的目标。

二、从共生到共享:人类的获得性过程

首先,共生并不意味着能够平等地获得社会机会,从而共享社会资源。共生是人类存在的实然状态,意味着进入社会阶段的人们不可能脱离群体而存在。人们生而处于某个社会共同体之中,并通过与他人的交往生存、发展,继以实现个人价值。随着社会分工的细化和组织的严密,人与人的相互依赖更为加深。人因为自我理性和能力的有限,已经无法完全凭借个人努力满足自我需求。社会工作的分化让人们通常只关注于特定行业能力的培养,借助社会交换以获得其他领域生产的社会物品、享受社会服务。但是,共生的状态也并非仅仅是合作和共享。人类的社会生活中总是充满相互的竞争和博弈。我们目前的社会资源分配主要依赖市场机制,市场本身就是竞争机制。市场假设人们站在同一社会起点,社会机会向所有人开放,人们在机会面前凭借自我努力而获得社会资源。所以市场通常被赋予了自由和平等的价值意义,因为市场经济学者们认为市场的大门为所有人提供了公平的平台。更为重要的是,市场给予人们自由发展的空间,人们根据自己的志趣、天赋和才能在市场中自由选择经济生活的方式和如何分配社会资源。

市场分配的价值意义还不止如此，这种以机会平等作为前提的竞争机制最大程度地维护了人们“对自我的所有权”。诺奇克认为，拥有尊严的人应该有权利按照自己的意愿选择与他人交往的方式，实现自己的设定目标。而这些都必须得到财富和其他资源的支持，市场则充分肯定了人们合理占有社会资源的权利。而且，市场以看不见的手将社会成员组成互利互惠的共同体，彼此在追求各自利益的情况下也为他们做出了贡献，并与他人合作。毫无疑问，市场让共生变得更为紧密和显著。

问题在于，市场并不能保证从共生走向共享。市场的大门虽然是敞开的，但步入大门却需要成本。当我们从亚当·斯密所处作坊式商业时代走向新的信息化社会阶段，市场的机会成本随之高速增长。资本成为谋取商业利润和社会资源的核心要素，资本掌握者从进入市场之初便具有更为强大的力量，缺乏资本的社会成员在获取社会资源特别是经济资源方面面临重重困难。资本的累积效应让处于市场有利地位者主导了经济生活——制定商业标准、掌握商业话语，看似站在同一起跑线的市场竞争者们实质处于不同的初始地位。而且，市场包含着不可忽视的运气成分，虽然人们具有不同的天赋和能力，但并不是每种天赋、能力都能得到市场的认可，那些拥有更强市场能力的人才能占有更多的社会资源。而那些拥有不被市场认可能力的人则很难分享社会财富。所以，随着经济的发展，依然有人为生存而奋斗，社会群体间的经济差异也变得日益明显。如何实现共同富裕，让所有社会成员都能分享社会发展的成果，成为时代的难题。

其次，存在并不导致获得感的产生。共生作为一种生存状态，虽然在个人与他人、群体间构建了相互支撑的内在纽带，但并不会必然产生群体认同。群体认同实质上又与社会获得感息息相关。换言之，只有当人们享有获得感，才能增进对于社会的认同。人们的社会获得感在很大程度上源自自我利益与社会利益的高度统一。不可否认，个人对于群体的自然情感——比如对家乡的眷念、与社会其他成员的血缘联系或者长期交往产生的感情，也会对群体认同造成影响，并且为人们带来一定的获得感。但如果在社会生活中，个人无法有效实现自我发展，分享预期的社会资源，获得感最终将被削弱甚至瓦解。如罗尔斯所言，社会本应是一个互利互惠体系，人们在社会交往中相互满足各自需求，从而才能认同自我对社会的归属。如若个人游离在主流社会生活之外，被社会所排斥或差别对待，就必然产生个人与社会的张力。只有当个人在社会合作中实现自我愿望，才能产生获得感和满足感。

诚然,获得感并不是要满足人们的一切需求,无论从社会资源有限性的角度还是从社会公平的角度,这都是不切实际的。获得感也不在于要每位社会成员都得到同等的社会资源。因为决定人们获取社会资源的因素具有多元性特征,个人的理想、价值观、成长环境、努力程度都会在其中发挥作用。我们不能苛求抹平所有的个体差异,这违背我们基本的道德直觉。诺齐克所列举的美国篮球明星张伯伦依靠运动天赋获得额外利益的例子符合人们初始分配的正义原则。

那么,获得感如何才能产生?答案在于所有社会成员都具备获得成功的机会。罗尔斯指出,有一些社会基本物品是所有社会成员都应享有的,比如受教育、医疗服务、社会保障等等。唯有获得社会基本物品,人们的权利才有物质基础,个人才能选择自我的人生道路,拥有成功的可能。但事实却是,在社会发展过程中,部分社会成员由于各种原因导致社会基本物品的匮乏,他们从小就难以接受高质量的教育,缺乏有效的社会引导,从而不能像处于社会有利地位者一样充分挖掘自我天分、展示能力。这些因素显然并不在他们控制范围之内,而要求他们为此承担责任显然是有失公平的。此外,在社会制度安排上,也容易产生社会阶层固化效应。沃尔夫等学者指出,包括福利国家在内的很多制度设计引发了不良的社会道德氛围,限制了处于社会不利者的发展,而且对他们带有歧视的味道。本着共享的理念为所有社会成员提供社会基本物品,才能消除社会成员对于偶然因素和社会外部环境的抱怨。只有拥有平等的自我选择机会,社会成员才能形成社会获得感。

再次,公平是一种获得性体验。要让人们切实享有获得感就必须实现公平的价值,即为人们提供公平的社会生活。一是人们应该受到平等的对待。社会制度的设计以及我们所生活的社会环境应该无偏差地对待任何社会成员。制度的公平意味着公开公正。特别对于涉及公共利益的制度——罗尔斯所言的社会基本制度,所有社会成员都应该了解制度的设计和运行状态,明晰进入程序的路径和方式。同时,制度必须等效地维护社会成员的利益,约束和规导社会成员的行为。也就是说,不论民族、肤色、家庭背景、价值取向,所有社会成员都要受到制度的公正对待。法律面前人人平等最完整地表达了制度公正的要义,那就是人们需要为同样的行为担负同等的责任。

二是人们应该享有平等的社会期待。人际间的差异性是既成事实,我们无法要求所有成员都出生在同等富裕的家庭，拥有完全一样的成长背景。问题在于，这些差异不应构成阻碍人们发展的制约。唯有在共享理念的关照下合理地分配社会资源，才能有效化解人们在原初运气层面的差别，让所有社会成员都可以凭借自己努力而达到相应的社会生活质量。所以共享不是要平均分配社会资源，而是努力让人们在进入社会的初始阶段后能够站在同一起跑线上。这就要求我们一方面要确保制度程序公正，另一方面要对程序的结果做出公平性修正，比如二次分配，让处于社会不利者受到相应的补偿和支持。

三是人们应该受到平等的尊重。身份平等是获得性体验不可或缺的重要组成部分。除了基本社会权利的平等和对社会资源的分享，公平的社会还诉求基于文化融入的身份认同。随着社会流动性的增强和社会人员结构的深刻变化，社会群体的划分变得日趋多元，既有经济层面的群体分层，又有文化、地域等层面的群体差别。身份平等的实质在于所有社会成员都应被其他成员一视同仁地对待，在于所有社会群体都在公共事务中享有平等的话语权。在公平的社会，任何公共政策的制度、公共决策的实行都要经过社会成员的平等协商，反映不同群体的意愿和利益需求。在文化多元的今天，唯有以文化宽容的道德姿态进行成员间的社会交往，分享公共领域话语权，才能为平等尊重提供保障。

三、共享:人类的理想性目标

共享的理想一直以来都流淌在人类文明的河流之中。在某种意义上，人类社会化的历史就是共享的历史。早在原始社会，人类就以共享的方式生活。由于个人力量的薄弱，单个的人难以应对自然环境的挑战，没有能力独自生活。为了和他人建立联系，人们共同为生存而组织在一起，开始诉诸分享生活资料的方式。广义的平均分配成为那一历史阶段最重要的共享模式。这一模式有效地保证了群体的团结与稳定。这样在共享之中便先天存在着公平、公正等理念。因为如果不能公平、公正地对待群体成员，社会共同体就会分崩瓦解。虽然取代原始社会的等差社会不再谋求资源的平均分配，但也从未抛弃共享的观念。对于差序社会，亚里士多德区分了僭主政体与君主政体、寡头政体与贵族政体，君主政体、贵族政体优于其他两者之处正是在于他们谋求的不仅是自己的利益，而且追求社会利益惠及所有社会成员。我国传统社会也谋求道德的统治。道德统治的标志就是让民众从中获利。先秦时期的孟子将“惠民”作为成就王道的核心要素。在他看来，要实现儒家所期待的仁政，君主就必须让民众享有幸福的生活。相反,如果民不聊生,而君主却过着奢侈的生活,则是恶政的表现。孟子言道:"庖有肥肉,厩有肥马,民有饥色,野有饿莩。此率兽而食人也!兽相食,且人恶之;为民父母,行政,不免于率兽而食人,恶在其为民父母也?"如果君主不能为民众提供基本的生活保障,使之摆脱疾苦,就是为君之恶。成为仁君的要义在于与民共享、与民同乐。"乐民之乐者,民亦乐其乐;忧民之忧者,民亦忧其忧。乐以天下,忧以天下,然而不王者,未之有也。"共享是"与民同乐"的要旨。而在现代社会,共享在政治生活中扮演着更为重要的价值角色。

当前,在新的社会历史条件下,共享问题日益受到人们的关切。一是社会生产和生活方式让共享成为必然选择;二是在社会前进的脚步中也产生了与共享理念相违背的现象。如美国著名政治哲学家罗尔斯所指出的,人们都生活在互利互惠的共同体之中。现代社会生活模式让共同体交往更为密切。时至今日,人们不能再如生活在农耕时代一般自给自足,而是依赖社会合作才能满足自我需求。商业文明的标志就在于商品的相互交换。经济全球化的今天,商品交换业已成为人们攫取所需社会资源的主要渠道。在交易之中,人们形成了与他人千丝万缕的联系,每天都与其他社会成员发生着必然性交往。就此而言,没有人可以离开社会而生存。如何维系这种社会合作?答案在于共享。如果我们的交往最终让社会资源单向流入某些特定群体之中,其他群体的成员则会选择离开,或者退出。这不论对我们的日常生活还是对社会的安定都将构成巨大威胁。

让一部分人先富起来,让先富带动后富,最终实现共同富裕,是我国改革开放的初衷。改革开放的目的在于解决不断提高的人民物质需求与贫乏社会生产之间的矛盾,通过建设社会主义市场经济大幅提升社会生产水平。所以经济增长成为社会建设的主题,所有的制度安排、政策制定、社会资源分配都是围绕经济发展而进行的。以经济建设为中心的策略具有时代的合理性,也自然带有时代的局限。从社会整体发展而言,我国的改革开放取得了辉煌的成就,我国经济总量已处于世界第二,成为重要的国际力量,对世界经济的稳定繁荣都发挥了支柱性的作用。随着国力的增长,我国也进入了全面建设小康社会的决胜阶段。但是,在社会经济发展过程中,我们也看到了诸多偏离共享理念的问题。一是地区间的发展失衡,我国城乡二元结构没有被完全打破,伴随着城镇化的进程,城市的经济作用日渐显著,城乡差距进一步扩大,而且东部沿海或者各省中心城市与其他地区的经济总量差距也呈拉大趋势;二是群体差异明显,群体收入在一段时间内差别显著，社会基尼指数持续保持高水平；三是过分注重竞争、刺激主体能动的分配策略让那些缺乏市场能力的群体难以分享社会成果。在这种形势下，如何抑制经济不平等及其衍生的社会不平等，实现共享观念，成为全面建设小康社会的关键问题。我国已将共享列为五大发展理念之一。共享理念不仅是对经济领域所存在问题的回应，还是我国现代公共生活方式的内在诉求。我国已逐渐完成从熟人社会向陌生人社会的转型。在熟人社会之中，由于社会成员的血缘联系和长期交往，形成了诸多显见的义务。而这些义务在陌生人社会中正渐渐消退。只有通过共享理念的树立，在人与人之间建立更强的认同感和道德感，才能为公民道德建设提供良好的氛围，让人们以积极的姿态参与公共生活。

共享是社会主义对以往政治制度的重大超越。特别是在社会主义制度下，打破资本主义制度导致的剥削与被剥削的关系，让人们平等地分享社会发展成果，是社会建设的本质目标。原有的政治制度，无论是封建制度，还是资本主义制度，都产生了社会群体的分化，并最终让社会资本聚集在少数人手中。封建等级社会将社会资源聚集在王权、贵族或者皇权之中，他们人为地将社会分成不同的等级，并认为资源分配的差异是理所当然的。资本主义虽然也宣扬人的自由、平等，但建立在私有制基础上的生产、分配方式导致资本集中在少数人手中，对于缺乏生产资料的广大民众而言，除了出卖劳动的自由一无所有。资本主义以资本所有的不平等取代了等级社会身份的不平等。当然，资本主义近代以来也开始关注这些问题，罗尔斯、阿玛蒂亚·森、纳斯鲍姆等自由主义学者对公平分配予以了持续的研究。但鉴于资本主义根本制度，资本主义内部不能让社会资源不公的现象得到有效的遏制。唯有社会主义制度才能从本质上改变资源分配的图景，将维护与促进人民根本利益作为事业的主旨，实现真正意义上的平等与自由。

我国社会主义建设的各个时期都体现出共享的理想目标。党的十八大所倡导的社会主义核心价值观全方位表达了共享的内涵。国家层面强调和谐价值观，社会层面强调平等和公正价值观，个人层面强调友善价值观，这些价值观都是共享理念在不同领域的集中展现。国家和谐期待化解不同群体、不同地区间的利益张力，平衡不同社会主体的关系。要达到这一目的，只有让所有社会成员都从国家发展中获益，实质在于共享。社会的平等与公正需要既保护人们的社会应得，让人们能够通过自我选择实现个体价值，又要为人们提供基本的社会保障，确保人们切实享有自我选择的能力。这就需要对社会资源进行再分配,对市场的不合理差异进行修正。共享则是在不同群体间搭建不同社会群体合作体系桥梁的基石。个人层面的友善除了相互尊重的道德要求,更期待实现不同社会个体利益的协调统一。在市场竞争如此激烈的今天,我们不能继续加剧人际紧张,而应该谋求人们在相互协作中共生共赢。人们不能只考虑自身利益,而需要建立共同体意识、建立他者意识,在追求自我利益的同时关照别人的权利和需求。显然,共享是人际友善的内在诉求。综上所述,要达成人类整体的和睦相处,就必须沿着共享的理想目标不断前行。

(载《湖南师范大学社会科学学报》2017 年第 5 期)

人民幸福与中国社会发展

江 畅

随着“中国梦”得到中华儿女的普遍认同，人民幸福也逐渐被党和政府以及公众明确作为中国社会发展的终极目标。这对于国家富强、民族振兴、社会长治久安，对于彰显社会主义生命力、推动中华文化走向世界以及为人类和平幸福提供中国方案，都具有不可估量的重大意义。本文试图对人民幸福作为中国社会发展终极目标的确立、确立的重大意义、人民幸福的含义和实现条件以及现阶段实现人民幸福的现实路径作一宏观性的阐述，以期引起理论界和学术界对人民幸福问题的应有重视。

一、人民幸福终极目标的确立

在习近平明确将人民幸福作为“中国梦”的三项内容之一确定为中国社会发展的终极价值目标以前，对于中国发展的终极目标，中国人经历了近一个世纪艰难探索的过程。

鸦片战争之后，中国逐渐陷入了半殖民地半封建专制的社会，中华民族面临着“亡族灭种”的危险，中国各派政治势力都在谋求救亡图存。中国共产党把马克思列宁主义与中国实际相结合，试图走俄国十月革命的道路，通过不同于孙中山领导的旧民主主义革命的新民主主义革命建立真正的民主共和国，并通过社会主义革命建立无产阶级专政和社会主义制度，以逐渐走向消灭阶级的共产主义社会。在新中国建立前，中国共产党的基本任务是反帝、反专制、反官僚资本主义，实现国内和平和民族独立，建立新民主主义的中国（党的七大称之为“独立、自由、民主、统一与富强的新中国”）。经过28年艰苦卓绝的奋斗，中国共产党领导中国人民最终夺取了政权，建立了社会主义新中国。

新中国建立后的30年，中国以实现共产主义为社会的终极目标建设社会主义，但没有将马克思主义创始人所确立的人类终极价值目标（共产主义）中国化为中国社会主义社会的终极目标。于是出现了有时直接将共产主义作为社会的终极目标，曾经甚至提出过“跑步进入共产主义”的口号，而更多的时候则将一些社会发展的阶段性中心任务当作了社会的终极目标，如“巩固无产阶级专政”“无产阶级专政下继续革命”“实现四个现代化”“发展社会生产力”等等。社会主义社会发展终极目标的飘忽不定是改革开放前中国社会发展不断发生左右摇摆的重要原因之一。

实行改革开放以后,伴随着全球化时代的到来和改革开放的不断深化,以及市场经济体制的引入和市场经济的发展,国家富强、民族振兴和人民幸福的问题日益凸显出来,成为事关国家稳定发展的头等大事。正是在这种新的时代背景下,中共中央对建党以来的历史经验进行了反思和总结,逐渐清醒地意识到中国共产党领导中国人民浴血奋战究竟是为了什么这一根本性问题。江泽民在庆祝中国共产党建党80周年大会上第一次明确指出,中国共产党的80年,是为民族解放、国家富强和人民幸福而不断艰苦奋斗、发愤图强的80年。中共十六届六中全会进一步明确把和谐社会看作“国家富强、民族振兴、人民幸福的重要保证”。在这里,中国共产党实际上已经将人民幸福作为中国特色社会主义建设事业的终极目标。中共十八大把建设中国特色社会主义的总任务归结为“实现社会主义现代化和中华民族伟大复兴”,随后习近平在2013年的“两会”上将中华民族伟大复兴称为“中国梦”,而“中国梦”就是要实现国家富强、民族振兴、人民幸福。他说:“实现全面建成小康社会、建成富强民主文明和谐的社会主义现代化国家的奋斗目标,实现中华民族伟大复兴的中国梦,就是要实现国家富强、民族振兴、人民幸福,既深深体现了今天中国人的理想,也深深反映了我们先人们不懈追求进步的光荣传统。”至此,人民幸福和国家富强、民族振兴一起最终被确定为中国特色社会主义建设的终极目标,而在这三位一体的目标结构中,不言而喻,人民幸福更具有终极性意义。

今天,中共中央有关文件更多地把包括“人民幸福”在内的中国梦的实现作为“两个一百年”的目标,而不是整个中国特色社会主义建设的目标。但是,我们可以肯定,即使到新中国建立100周年中国梦实现了的时候,人民幸福也将永远是中国特色社会主义建设的终极目标。当中国真正实现了人民幸福,中国社会进入了理想境界,达到了美好状态时,这并不意味中国发展的终结,而是在更高阶段上的开始,人民幸福又有了新的内涵。因此,追求人民幸福是一个不断超越的永续的动态过程。将人民幸福确立为中国未来社会发展的终极目标,是中国共产党在长期探索中逐渐做出的历史性正确选择,它不仅为中国社会发展指明了方向,而且也为整个人类社会发展应确定的终极目标提供了中国方案。确立这一目标是中国社会发展同西方社会发展之间的最重要区别,也是当代中国价值观区别于西方价值观的最显著特点。

中国共产党之所以能够最终将人民幸福明确确定为中国社会发展的终极目标,除了它是中国人民和中华民族利益的忠实代表,肩负着不断探索中国社会发展的正确道路并带领中国人民沿着这条道路奋力前行的历史重任，还有三个重要因素是值得高度重视的。充分认识这三大因素的综合作用对人民幸福终极目标确立的意义，可以增强我们对这一目标正确性、可行性的自信。

其一，马克思主义的社会理想。中国共产党人是马克思主义的忠实信仰者，把人民幸福作为社会发展终极目标体现了马克思主义创始人马恩所追求的理想，即建立"以每一个个人的全面而自由发展为基本原则"的自由人联合体，"在那里，每个人的自由发展是一切人的自由发展的条件"。马恩的理想有三层基本含义：一是人的自由发展，二是人的全面发展，三是每一个人都全面而自由发展。如果我们把"个人的全面而自由发展"理解为现代人幸福的基本意蕴，那么马恩理想社会的终极追求就是所有社会成员（每一个个人）的幸福。作为我国社会发展终极目标的"人民幸福"中的"人民"正是指所有的社会成员，人民幸福所意指的不是某些人、少数人的幸福，甚至也不是指大多数人的幸福，而是指所有社会成员的幸福。中国共产党把人民幸福作为中国社会的终极追求，显然体现了马恩理想社会的根本要求。"人民幸福"是马恩"每一个个人的全面而自由发展"的中国表达，而这一表达融合了中国传统文化的元素。

其二，传统文化的丰富滋养。在中国20世纪初的"问题与主义"之争中，马克思主义最终能为一些中国先进知识分子所接受，中国共产党能以它为指导思想并最终能在中国取得胜利，皆因它与中国文化传统有着根本性的契合之处。中国传统"大同"理想对"天下为公"以及"老吾老，以及人之老；幼吾幼，以及人之幼"的追求，所表达的实质上就是社会成员普遍幸福的观念。这种观念就其基本立场而言与张扬个人本位和个人自由权利至上的近代西方的自由主义观念是根本对立的，而与马恩主张的"每一个个人的全面而自由发展"相一致。虽然中国共产党成立之后的几十年一直都对传统持否定态度，但是在潜意识里仍然承继着中国传统文化的基因。实行改革开放后，伴随着对优秀传统文化的弘扬，中共中央对这种基因有了日渐清醒的意识，并努力使所信奉的马克思主义基因与这种传统文化的基因相对接，以使两者融合，实现"基因重组"。重组的直接结果就是将人民幸福作为社会的终极目标观念的确立。这种观念中包含了对每一个个人都获得全面而自由发展追求的因素（马克思主义的），也包含了构建这样的个人生活于其中的家庭、国家和天下一体的德化共同体或联合体的因素（中国传统文化的）。这是马克思主义与中国传统文化相融合的结晶。

其三,对西方现代文明的借鉴。确定人民幸福为终极目标,最终明确地把中国社会发展道路与西方区分开来,因为西方近代以来的社会发展路向是个人自由。这里有两个区别:一是中国方案的主体是人民,而西方方案的主体是个人,其区别在于前者指所有社会成员,后者虽然也指每一个人,但在凭实力竞争取胜的社会条件下只有胜者才有真正的自由,而永远不可能实现每一个人都自由;二是中国方案追求的是幸福,而西方方案是自由,幸福包含自由或以自由为前提,但自由并不意味着幸福,一个一无所有的自由人当然不会是幸福的。不过,人民幸福作为中国社会的终极目标,其中包含了诸多西方文明的因素。且不谈市场经济、现代科技这些物质性的因素,社会主义核心价值观中的"自由""平等""公正""民主""法治"等理念都是西方近代倡扬并赋予现代含义的。它们虽然是属于全人类的优秀精神财富,但它们是源自西方的,更为重要的是,西方近代以来的思想家和政治家为将它们确定为社会的价值理想不懈奋斗了几百年。正是他们的努力才使我们能够享受这些优秀的思想观念成果,并使我们能够"站在巨人的肩上"超越它。

对于社会发展的终极目标,人们常常有一种误解,以为终极目标就是在时间上最终要达到的目标。于是,过去人们常常将共产主义看作是在将来某个时间所达到的理想社会,如同基督教所说的"天堂"要到人死后才可能进入一样。实际上,终极目标并不同于最终目标。"终极目标是就两种意义而言的。一是就根本意义而言。就是说所有其他的目标都是由这种终极目标派生的,最后又都指向这种终极目标。它既是根基,又是依归。二是就总体意义而言。就是说所有其他的目标都从属于它,服从于它,服务于它。它既是全体,又是核心。"把人民幸福作为中国社会发展的终极目标就是这种意义上的终极目标,它不是指中国特色社会主义建设最终达到的那种理想状态,不是建设的终点和最后结局,而是指中国特色社会主义建设现实追求的理想状态,也是建设的现实指向和任务。就是说,它是这样一种既具有根本意义又具有总体意义的目标,即中国特色社会主义建设的其他目标都是由它派生,最终又指向它,都从属于它、服从于它、服务于它。我们把人民幸福作为社会发展的终极目标,就是要把人民幸福作为中国特色社会主义建设的中心任务。我们说以人民为中心,实质上就是要以人民幸福为国家治理的中心工作,国家治理要围绕它展开并以它为检验国家治理好坏的标准。

二、将人民幸福作为终极目标的意义

笔者曾在《中国梦与中国社会的终极价值目标》一文中对中国梦(包括人民幸福)作为中国社会发展的终极价值目标做了较为系统的阐述,这里再就人民幸福作为中国社会发展的终极价值目标的重要意义做进一步的阐释。习近平提出中国梦概念以来,海内外中华儿女广泛地谈论着中国梦提出的重大意义,但大多是从中国梦的三项基本内容即国家富强、民族振兴和人民幸福谈论的,较少见有就人民幸福这一目标展开专门讨论,因而对于确定这一目标的重大意义的阐述也不够深入和充分。笔者认为,在中国梦的三项目标中,人民幸福更具有根本性和普适性,把人民幸福作为终极价值目标不仅对于中国社会发展意义重大,对于整个人类社会发展、对于人类命运共同体建设也具有深远的意义,至少可以说是中国为确立人类社会发展终极目标提供的中国方案。

以人民幸福作为终极目标最直接的意义是这一目标深得民心,因而有利于社会的长治久安、幸福美好。自从人类有了意识之后,其有意识的活动一般都是有目的的,当把目标作为对象加以追求时,目的就变成了目标。人为了某种目标而活动,这也许由来已久,但人着眼于某种目标而安排活动,使活动按照安排进行,这则相当晚。人类作为群体动物,从一出现开始就在群体中出于需要而谋求生存。群体的情形与个体的情形差不多,其最初的行动不是被目的所驱动,而是被需要直接驱动。但是,当人类进入文明社会之后,情况发生了变化,作为基本社群的国家开始根据统治的需要确立目的和目标,并将这种目标贯彻到社会生活,以影响个体的活动,努力使之服从于国家的目标。这样,统治者的目的及相应的目标不再是统治者的直接需要,而成了国家活动的动因。这种动因从需求到目标的转变,是人类文明的重大进步。因为实现了这种转变,国家可以更周密地考虑自己究竟需要什么,在这些需要中哪些是根本的,哪些是重要的,哪些是非根本的和次要的,然后确定满足需要的顺序,而且还要考虑以什么方式才能更好地达到目的,从而国家能够更加自觉地控制自己,使自己发展得更好。

然而,传统国家基本上都是由战争中取胜的一方建立起来的,国家逐渐形成了统治者和被统治者两大阵营。统治者为了维护自身的利益而不断强化对被统治者的统治,通过维护统治地位以实现其自身的利益便成了国家的目的。在这种国家格局中,统治者也可能为了自己的目的适当考虑被统治者的利益,但在两者发生冲突时统治者常常将被统治者的利益弃之不顾,甚至以牺牲他们的利益来保全自己的利益,因而统治者的利益和被统治者的利益在社会地位上不可能是平等的。就是说,在传统国家中,统治者不可能兼顾全体社会成员的利益,社会成员的普遍幸福不可能作为社会发展的终极目标。由于存在着统治者和被统治者之间的尖锐利益冲突,因而传统国家的统治者尽管采取各种措施不断强化自己的统治,但结果却是战祸连绵,王朝更迭不断,不仅老百姓生活在水深火热之中,统治者也如同坐在火山口上一样提心吊胆,不得安宁。这就是黄炎培所说的中国传统社会不可逃避的那种历史周期律(率):"'政怠宦成'的也有,'人亡政息'的也有,'求荣取辱'的也有。"

中国共产党领导中国人民进行革命,建立了人民当家作主的国家,从根本上改变了传统国家的利益格局,社会不再以统治者为中心,而是以人民为中心,不再将统治者的利益实现或者说不再将以实现统治者利益为指向的政治统治,而是将全体社会成员的利益和幸福作为社会的终极目标。这是一种具有深刻历史意义的重大转变,明确将"人民幸福"作为国家的终极追求则表明中国共产党对这种转变有了更清晰的意识和自觉,也表明了中国共产党真正找到了跳出黄炎培所说的"历史周期律(率)"的一条新路。这条新路之所以"新",是因为它颠破了传统国家统治者与被统治者对立的格局,国家的主人不再是传统意义的统治者,而是全体人民,国家治理者本身也是人民的一部分,他们所从事的治理工作具有特殊性但其宗旨是为人民服务的,其目的是使全体人民的幸福得以普遍实现。不言而喻,这条新路是会得到全体中国人民认同和拥护的康庄大道。沿着这条路走下去,中国不仅不会发生被统治者推翻统治者的斗争,不会发生统治者内部争权夺利的内乱,从而真正实现长治久安,中国人民还会过上幸福安宁的生活。

以人民幸福作为终极目标的另一重大意义在于,这一目标充分体现了中国社会主义的本质特征。人类从传统社会走向今天的路子不尽相同,中国是在特定的历史时空走上社会主义道路的,而西方国家走的却是资本主义之路。必须肯定,西方的资本主义之路为中国走上社会主义道路做出了重要贡献,它不仅为我们提供了许多现代思想观念和经验借鉴,它还孕育了作为我国指导思想的马克思主义。然而,几百年的历史表明,西方的资本主义之路确实存在着异化问题。西方近代的先哲原本是追求西方人普遍获得解放和自由,而且西方人也确实获得了相对于天主教教会、基督教神学和君主专制主义统治和奴役的解放和自由,然而在这个过程中,西方人却最终受到一种新的东西的控制,这就是随着市场经济发展而来的资本的力量和逻辑,并且形成了新的统治阶级(资产者)和被统治阶级(无产者)

格局。虽然西方社会在“二战”后稳定了几十年，但社会贫富两极分化、经济危机周期性爆发、享乐主义盛行、社会生活过度市场化等问题已经成为西方社会的一道道魔咒，使其不可解脱。马克思主义创始人马克思和恩格斯生活在资本主义问题暴露得最充分的19世纪，他们不仅深刻批判了这种制度，还针对这种制度创立了科学社会主义学说。中国正是在科学社会主义学说的影响之下走上了一条完全不同于西方资本主义的全新道路。

自从马恩创立科学社会主义以来，社会主义在理论和实践上都得到了极大的丰富和发展，已经成为今日世界最有影响的思想理论体系之一。马克思主义传入中国后不久就开始了中国化的过程，它既与中国实际相结合，也与中国传统相融合，在结合和融合的过程中，马克思主义中国化为中国特色社会主义理论。中国特色社会主义理论最具有意义的贡献就是把马克思主义的全人类性的共产主义理想具体化为中国式的社会主义理想，而其至要就是把人民幸福确定为中国社会发展的价值目标。这一目标不仅体现了马克思主义的共产主义理想，也承继了中国传统文化中的“大同”理想，而且将两者奠基于并统一于当代中国的社会主义建设事业。其要义有三：一是坚持马恩共产主义理想的基本内涵即“每一个个人的全面而自由发展”的自由人联合体；二是吸收中国传统文化特别是先秦儒家的道德主义精神，特别是“成人”的人格（即成为君子人格，包括豪杰、圣人等更高层次的人格）精神和“大同”（即家庭、国家、天下一体）情怀；三是将前两者落实到中国特色社会主义建设事业的伟大实践之中，使之在实践中统一起来，通过实践不断丰富和深化其内涵，并具体化为中国特色社会主义的终极目标和最高追求。因此，今天中国的人民幸福目标已经不再只是马恩那种单纯意义上的社会理想，而是中国建设和发展致力于实现的实实在在的实践方案和行动指南；它已经不是一般意义上的社会主义的伟大理想，而是具有丰富中国内涵的中国特色社会主义的现实追求。

以人民幸福作为终极目标还具有更为深远、广阔的意义，这就是它为人类发展的未来方向提供了中国方案，而这种方案代表了人类未来发展的总趋势。从历史的角度看，人类的发展经历了一个从分散在世界各地的人群到国家化再到全球化的漫长过程。在近代以前，分散在世界各地的人类是以不同的社会形式存在的，这些形式有氏族、部落、传统意义上的国家，前两种形式几乎在世界各地都存在过，而只有一些地区的人类从氏族、部落过渡到了传统意义上的国家，如亚洲和欧洲。这些不同形式的社群彼此之间有过不同的交集（包括战争、和平的融合等），但从未形成过一个统一的整体。它们都有自己生存的目的,但不一定确立了有意识的、自觉的社会发展目标。从近代西方的海外探险、海外掠夺、海外殖民开始,世界上原来分散的人群在国家化的同时也开始了人类全球化的过程。第二次世界大战促进了国家化进程的完成,随后全球化加速发展。“二战”后,世界市场的形成,国家之间经济、政治和文化交往和交流的需要,以及环境保护、反对恐怖主义等方面的紧迫要求,加上科学技术在交往、交流方面提供的强有力支持,人类今天已经成了一个事实上的命运共同体。在这种新的历史条件下,生活在同一个命运共同体中的人类就面临着未来朝什么方向发展、应当追求什么样的共同价值目标的问题。如果在这个问题上不能形成基本共识,生活在同一共同体中的人类就会陷入混乱,甚至会因为所追求的价值目标相互冲突而相互残杀,最终导致人类毁灭。

在人类国家化和全球化的过程中,西方近现代价值观和文化由于西方经济、军事和技术等方面的强势地位而流布到了世界各地,并对非西方国家的本土价值观和文化产生了强烈的冲击。在这种冲击面前,非西方国家经历了一个从被动受冲击到主动抵御冲击的过程。当它们意识到西方价值观本身具有的不可克服的问题及其导致的严重负面效应的时候,它们中的大多数就开始从抵御西方价值观和文化而走向弘扬、构建乃至向国际推出本土价值观和文化,于是出现了今天世界文化多元化的格局。然而,到目前为止,绝大多数非西方国家的价值观和文化尚处于弱势地位,不足以与仍处于强势地位的西方价值观和文化相抗衡。究其原因,关键在于这些国家没有找到能够适合本国同时又为其他国家普遍认同的价值观,特别是终极价值目标。当代中国也正在构建自己的价值观,由于中国所要构建的价值观是马克思主义的,而马克思主义作为思想体系是与作为西方近现代价值观理论基础的自由主义根本对立的,因而它有可能超越西方价值观而成为人类最先进的价值观。将马克思主义与中国传统文化相融合并基于当代中国现代化建设的实践确定的人民幸福的终极目标,是当代中国价值观的最显著标志,它可以从根本上克服西方终极价值目标的那种名义上推崇个人自由而实际结果是贫富两极分化的最大弊端。因此,这种价值目标不仅适用于中国,而且也适用于其他国家,包括西方国家。西方国家要走出自身的异化,用人民幸福取代个人自由作为其社会的终极价值目标是最值得借鉴的一种方案。

三、人民幸福的含义及其实现条件

既然当代中国把人民幸福规定为我国社会发展的终极目标,并且这一规定具有重大的意义，那么我们就需要进一步弄清人民幸福意味着什么，实现人民幸福必须具备哪些社会条件，特别是作为人民的基本共同体（社群）的国家应当为人民幸福准备些什么和做些什么。只有弄清楚了这些问题，国家才能明确并切实履行自己对公民的责任，公民也才能认识到自己应该为自己的幸福准备些什么和做些什么。

"人民"在中国是一个古老的术语，早在《诗经》中就有"质尔人民，谨尔侯度，用戒不虞"（《诗经·大雅·抑》）的说法。在中国古代，"人"和"民"是两个概念，前者泛指属于人这个物种的个体成员，而后者则与"众""庶""黎"等概念相类似，指社会最底层的普通百姓。在汉语中，人民是一个集合名词，不能用量词限定它，如不能说"一个人民"或"一些人民"。在西方语言中，"人民"一词的对应英文词（People）虽然也是集合名词，但有复数形式，而对应的意大利文词（Popolo）、法文词（Peuple）、德文词（Volk）则都是指一个有机的整体或一个"全体"。这些词的含义与汉语中的"人民"大致同义，不过自近代开始"人民"一词有了构成国家主权的主体的含义，美国总统林肯所说"民有、民治、民享的政府"中的"民"就是在这种意义上使用的。中国共产党领导革命依靠的是最底层的劳苦大众，这些人就被看作是人民或人民群众，而与之对立的那些阶级（如地主阶级、资产阶级）则不属于人民，他们通常被视为"敌人"。因此，自中国共产党成立后，"人民"就成了一个与"敌人"相对立的政治术语，指占社会人口总数百分之九十以上的劳动人民群众。实行改革开放以后，"人民"一词的政治色彩逐渐淡化，虽然今天它常常是指相对于党政领导而言的普通群众，但已经不是相对于敌人而言了。从中国宪法的有关规定看，人民应该是指拥有中国国籍的中国公民。2004 年修订的中国宪法虽然没有对"人民"做出界定，但其中的第三十三条规定："凡具有中华人民共和国国籍的人都是中华人民共和国公民。"我们可以根据这一规定将人民界定为全体中国公民，包括领导干部和普通百姓，也包括那些罪犯以及被剥夺政治权利的罪犯（他们虽然被剥夺了政治权利，但没有被剥夺公民身份或资格）。虽然今天许多中国人心目中的人民指的是普通百姓，但它应该是指所有具有中国国籍的公民，而不是指党政干部不在其中的大多数普通百姓。如果我们将人民理解为全体中国公民或全体中国社会成员，那么人民幸福就是指他们的幸福，即全体中国社会成员（包括党政干部和罪犯）的幸福。

那么，应该怎样理解幸福？人们对幸福的理解差异很大。笔者虽然对幸福做过多次界定，但认为从社会主义终极目标的角度看，将幸福理解为马恩所主张的每个个人的全面而自由发展也许是我们中国人能够普遍接受的。按照马恩的设想,共产主义社会是其社会成员普遍获得全面而自由发展的社会,作为共产主义初级阶段的社会主义社会,应当将马恩的这一理想作为其终极价值目标——人民幸福的基本内涵。在当代社会条件下,全面而自由发展既意味着人的潜能得到尽可能充分的开发和发挥,也意味着生存需要、发展需要(特别是精神需要)和享受需要得到尽可能好的满足。根据这种理解,一个全面而自由发展的人能通过努力奋斗逐步使其人性闪耀善和美的光辉,人格完善而高尚,个性获得健康而丰富的发展,生活充满乐趣、创意和魅力。由于人的全面发展包含道德的完善,因而为了凸显其道德的意义,可以将全面而自由发展的人理解为道德之人、自由之人和全面发展之人,是三者的有机统一。显然,人的全面而自由发展状态就是人的幸福状态。这是一种好生活或美好生活,而这里所说的"生活"是作为一个整体的生活,涵括家庭生活、职业生活、个性生活、网络生活等生活的各个方面。根据这种对幸福的理解,人民幸福在其最充分的意义上就是每一个社会成员都获得全面而自由发展,每一个社会成员都成为道德之人、自由之人和全面发展之人。当然,由于种种原因,任何社会,即使是共产主义社会也不可能达到这种十全十美的理想境界,但社会主义社会可以以此为终极目标加以追求,通过不懈的努力使这一目标尽可能充分地得到实现。

人民幸福是一种社会成员普遍全面而自由发展的生活状态,达到这种生活状态需要具备或满足一定的条件,包括社会条件和个人条件两个方面。以人民幸福作为中国社会发展的终极目标,就是要努力创造这些条件,从而使人民幸福的理想变为现实。

从全体社会成员全面而自由发展的角度看,实现人民幸福的目标需要具备许多条件,概括起来主要有五个方面。

一是要具备所有社会成员的潜能都能得到尽可能充分开发所需要的社会条件。这方面的条件主要在于社会的教育特别是学校教育状况。一个社会的适龄成员入学率越高、受学校教育的程度越高,越有助于社会成员潜能的充分开发。要使其成员能够全面而自由发展,社会首先必须大力发展教育事业,使其成员普遍受到充分而适宜的教育,从而真正具备充分实现人生幸福和自我价值现实的可能性。

二是要具备所有社会成员开发出来的能力都能得到尽可能充分发挥所需要的社会条件。这涉及的是就业状况。一个社会的成员就业越充分、职业越是与个人开发出来的能力相适应,越有助于社会成员的能力的充分发挥。要使其成员能够全面而自由发展,社会必须给每一个人提供充分实现自我价值的就业机会,使他们有创造性地发挥聪明才智的机会和舞台,并通过聪明才智的发挥获得职业成功感或成就感。

三是要具备所有社会成员的生存需要都能得到尽可以充分满足的社会条件。这涉及的是社会成员的生存保障问题。一个社会给所有社会成员(无论他们是否从事职业)提供的基本生活保障越充分,越是有助于社会成员的生存需要获得满足。要使其成员能够全面而自由发展,社会还必须建立良好的生存保障机制,充满人情关怀,使人们在追求成功的过程中无后顾之忧,对生老病死以及意外伤害无所恐惧,能够从容面对生活。

四是要具备所有社会成员的发展需要有得到满足的可能需要的条件。发展需要主要是人自我实现的需要。社会不可能给每一个社会成员提供发展需要满足的一切条件,但可以为他们的发展需要的满足提供充分而又公平的基础和机会。一个社会给其成员在这方面提供的基础越坚实、机会越多,越是有助于他们的发展需要获得满足,他们越有可能获得全面而自由的发展。

五是要具备所有社会成员感到社会自由、平等、公正、民主、和谐所需要的社会条件。在现代社会,仅有前面四个方面的条件还不够,还需要营造这样的社会环境,在这样的社会环境中,社会成员普遍会感到自己是自由的,不受任何奴役、压迫、剥削和强制;自己有和其他社会成员同样的人格、尊严、权利、机会,不受歧视和侮辱;自己在生活的各个方面受到公正的待遇,没有社会不公感;自己是社会和国家的主人,有参政议政的权利和机会;自己生活的环境是安全的、稳定的、有序的,人与人之间相互尊重、相互信任、相互合作、相互友爱。需要指出的是,社会成员的这些感受不是凭空产生的,而必须有事实根据,只有社会环境真正是自由、平等、公正、民主和和谐的,社会成员才可能普遍产生这种感受。

这五个方面的条件都有底线要求和理想状况。一般来说,社会成员要普遍获得全面而自由发展必须在所有这些方面都达到底线要求,而这些条件越是接近理想状况,越是有利于社会成员普遍获得全面而自由发展。而且,这些社会条件是一个相互关联的完整系统,其中的基本要素缺一不可,否则人们的发展就可能是有局限的或者是受强制的。

社会成员的全面而自由发展也需要社会成员个人的主观条件,这就是人格完善。人一生的整个过程实际上包括三个层次:作为人整个生命现实过程的人生,作为个体综合规定性的人格,现实化为人格的人性。人生—人格—人性,这是人从表层到深层的结构。人性就是人禀赋的各种潜质,即所具有的那些可以实现的可能性,包括潜在的需要、潜在的能量、潜在的能力以及潜在能力积累为成果和形成定势的可能性。人性虽然是潜在的,但可以现实化为人格。人格就是人性的现实化,其结构是与人性基本同构的,但有一些变化。其变化主要体现在,需要体现为欲望和情感,而能力中的认识能力及其相应的行为会形成知识和观念的积累(即精神)。

这样,人格就成了动力、精神、能力和品质四层次的结构,它们也可以被看作是人格的四大基本要素。人格的动力层次本身是一种结构,是人性中需要—欲望动力机制和欲望—情感动力机制的现实化。它是人格中最深层的结构,包括基于需要的欲望和情感。人格中的精神层次在人性中有其潜质,但这些潜质不构成人性的独立层次,而是人格中的一个派生层次。这个派生层次是由人运用其认识能力进行认识活动形成的知识和观念。能力是人格中的最重要因素,它是一个人的人格能否达到完善、一个人的生活是否幸福、一个人的自我能否得到充分实现的决定性因素。品质是能力形成和运用过程中形成的活动定势。由于人的活动特别是见之于行为的活动涉及与他者(他人、社群、环境)的关系,因而从社会的角度看所有的品质都存在着道德与不道德的维度。

人格在一定意义上就是人的综合素质,在这种意义上,人性与人格的关系就是禀赋与素质的关系,而人格与人生的关系则是素质与素质发挥的关系。一个人的素质是一个人在人性禀赋、身体成熟、环境影响和个人作为等因素交互作用所达到的人生境界。这标志着一个人是什么样的人,一个人会过怎样的生活,他的人生达到了什么样的高度或水准。人格是判断一个人的内在根据,而判断的标准则是人格对人性开发的程度,或者说人格实现人性的程度。人格完善是指一个人的人格充分实现了他的人格。人格完善的内涵十分丰富,涉及不同的要素、层次和结构,其中最重要的是人格要素是否健康、人格结构是否完整、人格性质是否道德、人格层次高低和人格是否具有鲜明个体特色这些方面的问题。一般来说,人格完善具有人格健全、人格道德、人格高尚、人格个性化四个主要特征。人格完善意味着人性现实化达到了最充分的程度,是一种理想状态。一个人人格完善,他就能够自我实现,就具备了幸福生活所需要的充分的主观条件。因此,一个人要获得全面而自由发展,要成为幸福的人,就必须努力追求人格完善,并在生活过程中努力使不断完善着的人格的功能充分发挥出来。追求人格完善的过程实际上就是为幸福生活准备主观条件的过程，就是追求幸福的过程。

需要指出的是，社会成员是否普遍追求人格完善、人格能否尽可能地达到完善，与社会条件直接相关。一个社会的条件有利于其成员全面而自由发展，具备了以上所说的五个方面的基本条件，这个社会里的人们就都会注重和追求人格完善；相反，一个社会的条件不利于其成员全面而自由发展，其成员就不仅不重视人格完善，相反还会出现各种人格问题。同时，人格完善还需要引导和教化，一个社会越是注重引导和教化，人们越有可能重视人格完善。当然，这种引导和教化必须有相应的社会条件与之配套，否则就会流于说教，引起人们的反感。

四、实现人民幸福的现实路径

如前文所述，把人民幸福作为社会发展的终极目标并不是要把它作为某个历史时刻所要达到的那种理想境界，而是要把人民幸福作为中国特色社会主义建设的中心任务，使它贯穿于、落实到当前中国正在进行的现代化建设的各个环节和整个过程。这个过程并不只是我们通常所说的社会主义初级阶段，而是在实现世界大同之前中国特色社会主义建设的整个历史过程。从当代人类发展总态势和全球一体化的必然走向看，世界大同势在必行。在世界大同格局最终形成之前，中国作为日益强大的国家不仅要率先实现中国人民的幸福，而且有责任基于中国经验提供全人类幸福的中国模式，以推动人类共同体的最终形成，实现马恩的共产主义和中国先哲的“大同”理想。这是一项规模浩大、任务艰巨的历史性工程，完成这项工程，中国现阶段有许多工作要做，其中以下五项工作是十分重要的。

第一，调整社会发展的战略目标。中国共产党自成立以来，一直将马恩在全球实现共产主义的理想作为自己的奋斗目标和不懈追求，但是，由于中国特殊的历史条件和全球化的曲折历程，中国共产党成立九十多年来不得不解决不同历史时期国内的紧迫任务。在新中国成立之前，中国共产党面临的主要任务是推翻“三座大山”，新中国成立后为了改变一穷二白的落后面貌不得不将经济建设作为中心任务（其间走过了一些弯路）。一直到今天，经济建设仍被作为中国建设和发展的中心，国家富强、民族振兴也被作为与人民幸福同样重要的价值目标。2010年中国成了世界第二大经济体，2020年中国将建成全面小康社会，2049年（新中国成立一百年）中国将“建成富强民主文明和谐的社会主义现代化国家”。到那时，中国将彻底扔掉贫穷落后的帽子，社会发展的战略目标也必须完全从以经济建设为中心转向以人民幸福为中心。今天到新中国成立一百周年只有三十多年的时间,因而这种战略目标的调整需要从现在开始。习近平提出“中国梦”,将人民幸福作为其中三项基本内容之一,后来他又提出“坚持以人民为中心的工作导向”,这一切表明我们党已经开启了社会发展目标的调整。当然,这种调整还需要更自觉、更主动,真正将人民幸福、每一个社会成员的全面而自由发展作为国家发展的终极追求和现实任务。

第二,完善主流价值体系。社会终极目标的调整需要社会价值体系与之相配套。自中共十六届六中全会提出建设社会主义核心价值体系和中共十八大提出培育和践行社会主义核心价值观以来,中国社会主义核心价值体系的结构和内容已经基本明确,而且体现了“中国梦”这一终极价值目标。目前,核心价值观还在通过各种途径融入社会生活的不同领域,如中共中央办公厅、国务院办公厅印发了《关于进一步把社会主义核心价值观融入法治建设的指导意见》,把社会主义核心价值观全面融入民法总则成为2016年3月召开的十二届全国人大五次会议代表的普遍共识。

但是,我们还要注意到,就核心价值体系本身而言,尚未明确将人民幸福作为其中的中心或最高目标,更值得注意的是,我们对以核心价值观为核心内容构建完整的当代中国价值观体系注意不够,没有明确提出构建以人民幸福为终极价值目标的当代中国价值观的任务。不少人将社会主义核心价值观等同于当代中国价值观,甚至认为社会主义核心价值观是相对于其他非社会主义价值观而言的,不了解社会主义核心价值观是当代中国社会主义价值观(主流价值观)的核心体系而非全部,不了解、不进一步构建与核心价值观相配套的不同维度、不同层次的价值观体系,核心价值观是不可能真正融入社会生活、进入人们心中的。因此,实现人民幸福的终极价值目标,必须进一步凸显人民幸福的终极价值目标的地位,进一步根据核心价值观的精神和要求构建由不同维度和不同层次价值子系统构成的完整价值观,并使之现实化为社会的价值体系和文化。

第三,提升国民整体素质。在社会主义中国,人民是国家的主体和主人。人民幸福需要人民自己创造,健全的社会价值体系需要人民自己构建。因此,人民的整体素质如何直接关系到人民获得幸福的广度和深度,关系到我国构建的价值体系是否具有中国特色、是否是人类最先进的,关系到中国的前途和命运。国民的整体素质在不同时代有不同的含义。在中国传统社会,国民的整体素质主要体现在国民能否按照统治者的意志行事,能否成为驯服的良民百姓;而在当代中国社会,国民的整体素质则主要体现在国民能否成为国家的主人，能否创造自己幸福所需要的社会条件和培育自己幸福所需要的自身条件。因此，国民在国家生活中的主人地位对国民的素质提出了更高的要求。这种要求可以从层次和维度两个角度看。

从层次的角度看，国民的整体素质涉及人性的质量水平、人格的完善程度和人生的创造状况。影响人性质量水平的关键因素是优生。优生就是要通过必要的措施保证中国人的子代具有尽可能健康、优良的禀赋，为后天培养提供优越的主体资质。影响人格完善程度的主要因素是优育，即有良好的家庭养育、学校教育和社会熏陶。优育不仅在于要给孩子成长提供尽可能充分的教育，而且这种教育需要注意个体的差异，即所谓的因材施教。影响人生创造状况的关键因素是个人的能动性和创造性。这既需要教育和环境的影响，更需要个人自己的自我意识和积极努力，个人的人生是否幸福、是否有意义最终取决于个人自己。个人是自己的真正作者，个人的幸福和价值只能由自己创造。

从维度的角度看，国民素质涉及动力、精神、能力和品质的状况及其发挥。动力包括需要—欲望动力机制和欲望—情感动力机制，涉及需要和情感是否得到合理开发，是否健康和丰富；精神主要包括知识和观念，涉及知识是否丰富、渊博，观念是否正确；能力主要是指专业能力，涉及是否通过教育获得与自己的潜能大致相应并符合社会需要的卓越的生存和发展能力；品质则主要指道德品质，涉及是否通过修养获得优良的道德品质。即使在人民当家作主的中国，也不可能使所有国民在素质上都完全达到上述要求，但只有绝大多数身心状况正常的国民达到上述要求，才能说国民的整体素质是高的。

在目前我国国民素质普遍偏低的情况下，如何努力使绝大多数国民的素质按照上述要求得到不断提升，是现阶段实现人民幸福必须重视的任务。

第四，推动人类命运共同体建设。人类只有一个地球，各国共处一个世界，实现中国人民幸福离不开世界环境，世界好，中国才能好；中国好，世界才更好。习近平在第七十届联合国大会一般性辩论时的讲话中明确提出："和平、发展、公平、正义、民主、自由，是全人类的共同价值，也是联合国的崇高目标。目标远未完成，我们仍须努力。当今世界，各国相互依存、休戚与共。我们要继承和弘扬联合国宪章的宗旨和原则，构建以合作共赢为核心的新型国际关系，打造人类命运共同体。"人类命运共同体，也是人类文明大家庭，不是一花独放，而是百花齐放；是"各美其美，美人之美，美美与共,天下大同”。习近平曾以“和”文化理念提出对待世界文明的四大原则:“维护世界文明多样性”“尊重各国各民族文明”“正确进行文明学习借鉴”和“科学对待文化传统”。

如何构建人类命运共同体?习近平在博鳌亚洲论坛2015年年会上的主旨演讲中指出:迈向命运共同体,必须坚持各国相互尊重、平等相待,必须坚持合作共赢、共同发展,必须坚持实现共同、综合、合作、可持续的安全,必须坚持不同文明兼容并蓄、交流互鉴。在2017年1月联合国日内瓦总部的演讲中,习近平又进一步指出,大道至简,实干为要,构建人类命运共同体,关键在行动,国际社会要从伙伴关系、安全格局、经济发展、文明交流、生态建设等方面作出努力:坚持对话协商,建设一个持久和平的世界;坚持共建共享,建设一个普遍安全的世界;坚持合作共赢,建设一个共同繁荣的世界;坚持交流互鉴,建设一个开放包容的世界;坚持绿色低碳,建设一个清洁美丽的世界。习近平关于构建人类命运共同体的一系列重要演讲,深刻、全面、系统阐述了人类命运共同体理念,指出了世界各国共同推进人类命运共同体构建的重要性,并提出了构建人类命运共同体的基本原则和行动纲领,为中国在追求人民幸福的过程中如何努力推动人类命运共同体建设指明了方向。

第五,推进社会善治。要真正贯彻和实现人民幸福的终极价值目标,需要改变社会治理方式,推动社会治理从过去单纯的国家治理转向多元的社会善治。善治(Good Governance)的本意是良好的治理,这是得到越来越普遍认同的社会治理方式。善治是使一定社会共同体(通常是基本共同体,在现代社会主要指国家范围内的社会)的公共利益最大化的社会治理过程,其本质特征在于政府与企业、社会组织、公民对公共事务的合作治理,是政府与市场、社会的一种新型关系,因而它不同于传统意义上的单一国家治理,也不同于近代以来的民主治理。导致社会治理从单一的国家治理到多元的社会治理的原因主要是社会主体日益多元化。传统社会以及近代以来的民主社会的主体是国家(以政府为代表)和国民或公民个人,由国家作为社会治理者对社会进行治理。当代社会伴随着市场经济的发展和利益主体多元化,出现了多元的社会主体,不仅国家和公民是社会的主体,企业、各种社会组织(如政党、群团组织、宗教组织等)都成了社会主体。在这种多元主体的社会结构中,国家不可能完全代表和实现各类主体的利益,相反,过度的国家治理还会妨碍或损害不同社会主体的利益,因而需要建立一种政府与各类不同社会主体对公共生活的合作治理,而善治则表示两者之间达到了良好合作状态。

与单一国家治理方式不同，善治承认公共权力中心多元化，虽然政府的善政是前提，但政府与其他公共权力中心不是治理者与被治理者的关系，而是平等合作、依赖互动的新型关系；善治着眼于整个社会的良好治理，是公共利益的最大化，而不是政府利益或某个集团利益的最大化；善治不是对社会公共事务实行自上而下的单一向度的治理，而是一个上下互动的治理过程，主要通过合作、协商、伙伴关系、形成认同和确定共同目标等方式实施对公共事务的治理；善治不受政府范围的限制，公司需要善治，社区需要善治，地区需要善治，国家需要善治，国际社会也需要善治。有学者对善治的特点做了这样的概括：就治理主体而言，善治是“善者治理”；就治理目的而言，善治是“善意治理”；就治理方式而言，善治是“善于治理”；就治理结果而言，善治是“善态治理”。

就我国目前的情况而言，推动社会治理走向善治的关键是建立多元治理、和谐治理的新格局。所谓多元治理，即引入竞争，就是促使政府改变自己对于公共权力资源的垄断性角色，让非政府组织和企业等都可以在法律的框架内成为社会治理的主体。所谓和谐治理，即崇尚合作，就是在政府的主持之下实现分工合作、良性互动、运行协调的共治。善治体现了当代社会治理的新要求，是更加完善的民主实现形式。当我们真正将多元治理、和谐治理有机地统一起来时，中国必将走向善治社会，人民幸福的价值追求也必将在善治中得到更加圆满的实现。

（载《当代中国价值观研究》2017 年第 4 期）

论文摘要

传统儒家商业伦理如何应对现代性的挑战？　高全喜，天府新论，2017(1)

经过100余年的历史演变，中国社会今天已经进入一个直面全球化经济的新时代，这就对当今中国商业社会的伦理构建提出了更高的挑战，传统的商业伦理能否为中国商业社会之发展提供富有生命力的伦理支撑，这是现代儒家面临的时代命题。为此，我们有必要重新审视一下，传统儒家视阈中的商业伦理是否曾经存在，传统儒学究竟是如何看待商业生活的，以及儒家传统商业伦理能否适应现代社会的要求，并做何种改造和何种新开展才能在现代工商社会建立自己的新的商业伦理等，这些问题的澄清与定位有助于我们培育和挖掘传统儒学所能够承载的现代意义。

一、传统商业与儒家伦理之关系

在传统儒家思想的视野中，商业生活的存在和发展，商人的作用与地位，都是得到正面认可的。一般说来，儒家的节省义理与传统的商业伦理从一开始就并非不相容的关系，甚至，所谓的商业伦理之伦理规范大多是来自儒家的，可以说，正是儒家为传统商业提供了伦理的德性基础。但是，我们也要看到传统儒家商业伦理的重大短板，不能固守传统儒家的伦理高地，毕竟儒家思想是传统的思想礼仪制度，其对商业的亲和性所守护的是传统的商业活动之伦理，而不是现代的工商本位的社会体制。

二、传统商业伦理面临的挑战

商业价值理念的古今一致性以及中西商业伦理的契合性，致使儒家传统精神在现代社会经济秩序的运行中仍具有一定的必要性，但相对于西方经济发展之商业伦理在经历了古今之变后的自主性而言，儒家传统的商业伦理是远远不够的，也就是说，仅有古今中西维度的某些契合性，还无法构建一个独立自主的现代商业伦理。现代商业伦理的根本是为现代工商社会提供正当性论据，其中如何促进一种基于财富创造的社会动力因，寻求培育一种现代经济社会的动力机制，而不仅只是满足于国民富足，不排斥商业活动，这才是西方现代商业伦理的核心内容，而这恰恰是中国儒家需要应对的现代商业伦理的现代性挑战。

三、现代商业社会视阈下的儒家商业伦理

在儒家视阈下,对商业之本质的认识以及如何按照商业本质的定位形成一定的商业伦理,这是现代性的首要问题。

守住现代商业正确的"义利"观,是现代文明的要求。具体一点来说,即儒家要把古典的义利观转化为现代性的义利关系,为经济社会的"利"找出"义"的正当性,从而转化为一种财产权的合法性与正当性,这就是儒家义利观的古今之变。法治社会的建设,对儒家来说是一个有关商业伦理的新命题,儒家如若想要变得富有活力,就必须真正面对商业社会中的财产权问题,面对国家公权力的权力制约问题,并给予基于儒家思想立场的回答。如何为传统注入"活力",让思想复苏,这就需要儒家直面现代商业社会所提出的规范性和制度性要求,将传统道德与法治社会相接榫,实现儒家伦理在法治社会的转型,为通过约束公权力和通过法律规制商业社会,提供理论和思想上的助力,这样才能从传统商业生发出适应现代商业发展模式的新的伦理价值,并回应法治社会对商业本身所期待的自治要求。

作为经济伦理的经济共享理念　龚天平、周丹,华中科技大学学报(社会科学版),2017(1)

从学理上看,共享理念是一个具有普遍性、总体性意义的价值原则,如果我们把一个社会划分为不同领域,那么一般性的共享理念就可以划分为经济共享、政治共享、文化共享、社会共享、生态共享等类别的分理念。其中经济共享是共享理念的首要种类,对于其他种类的共享具有基础性的意义。本文试图从经济伦理学角度把经济共享当作一种经济伦理理念,探讨其内涵、伦理意义及社会主义市场经济条件下促成经济共享的基本方式。

一、经济共享:共同体每个成员在经济中共同享有道德和法律认可的财富、权利、机会

所谓经济共享,是指社会共同体的每一个成员在经济领域按照一定规则公平地共同享有道德和法律认可的财富、权利、机会等,是社会共同体成员之间建立在利益基础上的一种社会经济交往关系,是成员之间的一种经济伦理关系。这一定义可以展开为以下具体内容。

第一,经济共享是指财富共享。所谓财富共享,就是社会每一个成员都能共同分享生产力发展所带来的社会物质财富、主体创造出来的福利及精神财富等。第二,经济共享包括经济权利共享。经济权利共享,具体地说,是指人们共同拥有投身于经济交往活动、谋求财富业绩的权利,这包括维持自己生存和生命健康之物质生活资料,接受知识和技术教育,充裕的娱乐、学习、文化艺术创造时间即自由时间等。第三,经济共享还包括经济机会共享。所谓经济机会共享,就是指人们在经济活动中共同拥有一致而非同一或同等而非同质的机会和条件。

二、经济共享对于经济社会和人的发展的伦理意义

第一,经济共享促进经济繁荣,为增进社会道德水平创造条件。经济繁荣可以增进社会的道德水平、敦风美俗,而一个社会道德水平的提升主要表现为一个社会的开放度的扩大,其宽容性、民主性、公平性品质及文明程度的提高。第二,经济共享增进人民团结,把社会凝聚为一个紧密的道德共同体。经济共享不仅深刻地影响经济活动本身,也深刻地影响社会成员的心理、情感及其相互之间的关系,进而影响整个社会系统;它能增进人民团结,把社会凝聚为一个紧密的道德共同体。第三,经济共享调动社会成员参与社会交往的积极性、主动性,拓展人们的道德交往。一个社会要想成为风尚优良、公正和谐的社会,就只有消除产生异化劳动的社会条件,变革制度,保证人们首先能够实现经济共享,如此人们才能够把劳动和交往变成发挥自己激情、发展自己兴趣和情操的基本方式,积极、主动地参与社会交往,从而拓展道德交往关系。第四,经济共享确保人的获得感,彰显人的尊严。从个人的全面发展的角度来看,人与人之间之所以要经济共享,是因为每个人都具有作为种或类属的共同性、相似性,都具有维持自己生命存在的利益需求,也具有自己作为人而存在的独立人格和尊严,而经济上人人享有就能使人具有获得感,彰显尊严。

三、经济共享:社会主义市场经济条件下的实现方式

第一,坚持生产资料公有制主体地位。第二,坚持按劳分配主体地位。第三,依规公平分享。第四,消除贫困。第五,扶持弱势群体,加强社会保障制度建设。

解构与超越:当代物质主义的哲学追问　张志丹,南京师大学报(社会科学版),2017(1)

批判和超越当代物质主义,不仅有利于发挥当代中国主流意识形态的价值牵引和社会整合功能,而且有利于促进科学发展和社会和谐,进而助推民族伟大复兴。从价值哲学上看,人生观上的享乐主义、金钱观上的拜金主义、消费观上的消费主义、发展观上的物本主义是当代物质主义蕴含的四大价值误区。在当代中国，拒斥并超越物质主义的基本进路，应该在洞悉物质主义根源之基上，通过科学发展、制度约束和价值观教育等三大举措来加以解决。

一、当代物质主义的根源

当代物质主义主要有三大根源：一是资本逻辑的宰制性影响以及社会的"过度商业化"、经济的"过度市场化"；二是在"第三次浪潮"（新工业革命）的基础上，当代社会已由生产型社会转向消费型社会，为物质主义的流布进一步夯实了物质技术基础；三是在社会主流价值观遭"冷遇"语境中日益蔓延的非主流多元价值观，构成当代物质主义的思想文化根源。

二、当代物质主义的价值迷误

多面性的当代物质主义主要潜藏着四大价值迷误：其一是人生观上的享乐主义，即物质主义是人生观上的享乐主义，把人生价值衡量统统物质化；其二是金钱观上的拜金主义；其三是消费观上的消费主义；其四是发展观上的物本主义、"GDP拜物教"。

三、当代物质主义的现实危害

当代物质主义存在诸多的价值倒错与思想迷误，危害多多。这里主要谈三点：其一，导致主体的灵肉冲突，精神迷失；其二，干扰科学发展，带来生态危机；其三，动摇理想信念，败坏社会风气，加重价值危机。

四、拒斥当代物质主义的中国路径

拒斥当代物质主义的中国路径主要有三：其一，发展生产力，推动科学、创新、绿色发展是基础；其二，加强刚性的法治和制度建设，借力媒体和社会监督是关键；其三，在主观认识上，补理想信念和人生观之"钙"，加强价值观教育是保证。

可持续生存：当代经济伦理的至上性法则　韩喜平、王立新，南京师大学报（社会科学版），2017(1)

经济伦理学作为一门学科，为什么当代越来越受到国内学者的关注？一个原因是，从宏观上看，经济增长变成了生活的主旋律，经济的增长模式出现了危机。本文试图从经济伦理学的角度来探索一种以生存法则为基础的新的经济伦理学的可能。

一、从经济增长方式看生存危机的根源

1. 以自然资源为支撑的经济增长方式。经济增长说到底是人类为了获取更大的支配自然的能力，从自然获取更多的物质财富的活动。因此，我们不能否认人类生存对自然条件的依赖。自然既提供了我们所需要的生活资料,同时也提供了生产资料。当代人类的经济增长方式,是以自然资源作为支撑的。

2. 以资本逻辑为机制的经济增长方式。经济增长是需要动力的,那么,这个动力从主观上来说当然就是人类的生存欲望,是人类追求物质财富的欲望。但是,经济增长方式在资本主义确立的资本逻辑体系诞生之后,就获得了它的客观的表现形式,即人类是通过在资本私有制下的市场交换和竞争机制的基础上来追求主观的生存欲望的。

3. 以生存危机为代价的经济增长方式。当工业文明出现以后,不可再生资源成为主要的生存资料。而这种不可再生资源是必然要走向枯竭的。不仅是自然资源的枯竭问题,而且工业生产同时也是制造垃圾和破坏环境的活动。实践经验证明,目前全球范围内的经济增长已经付出了沉重的代价,这就是人类面临着前所未有的能源危机、环境污染、生存危机。

二、从传统伦理的正义法则到当代伦理的生存法则

1. 传统伦理学的基本法则是正义法则。按照传统伦理学的本质规定,伦理是对某种公共秩序的自觉服从,并将公共秩序视为个体自由的条件的行为法则。传统伦理学的实质就在于,它为共同体确立一条普遍的行为法则,这一法则就是正义。

2. 传统伦理的局限性需要一场革命。如果单纯在传统伦理学的意义上讨论经济伦理问题,并不是当代经济伦理学凸显的根本原因。因此,我们初步判断,当代经济伦理问题的兴起,首先是伦理学领域里的一次变革。我们要反思传统伦理学的困境,并找到新兴伦理学的一条根本的伦理法则。

3. 伦理学中可持续生存法则的提出。伦理学的主体应该把生存问题放在最高的原则上来对待,这样,我们提出了当代伦理学的新法则——可持续生存法则。所谓伦理学的可持续生存法则,是指一切行为都要以不违背共同体的可持续生存为最高原则。

三、可持续生存法则是经济伦理的最高法则

我们所提出的经济伦理的可持续生存法则,并非是对原有的生产方式内部矛盾为核心的传统伦理学的彻底抛弃。而是说,在当前生存问题成为人类的最高关切的特定时代,可持续生存法则应该优先于生产方式正义的伦理学法则。

1. 生产方式的正义是马克思的最高伦理学法则。马克思首先就把生产活动中的正义问题作为他讨论的核心问题,这集中表现在《1844年经济学哲学手稿》中对异化劳动的批判。然而,这一传统经济伦理在当代已经不再是第一位的问题了。随着资本逻辑的扩张,人类遇到了比正义更为重要的问题,这就是人类的可持续生存问题。

2. 当代生存价值超越了生产方式的正义价值。当人类面临生存危机的时候,原有的生产方式内部的种种矛盾问题已经退居为第二位了。超出生产方式的领域以外,人类与自然之间的冲突和矛盾已经跃居为第一位了。

3. 生存法则所要解决的伦理学问题。在可持续生存法则之下,在经济行为当中所要处理的基本矛盾就是如何使作为个体的经济实体的经济利益与全人类的普遍的可持续生存利益相协调。它同样需要在必要的时候,为了捍卫普遍的可持续生存利益而放弃个体经济实体的个体利益,这是当代经济伦理的一条重要的生存法则。

马克思对自由主义正义理论的扬弃及其当代启示 陈飞,中南大学学报(社会科学版),2017(1)

自由主义正义理论是马克思思考正义问题的思想史前提,他既肯定了自由主义正义理论的历史进步价值,同时又批判了它的历史局限性。一方面,作为自由主义正义理论基础的权利平等原则相对于前现代社会的等级与特权制度,相对于政治权力对私人生活的渗透和干预,体现了人类历史的伟大进步;另一方面,自由主义的权利平等原则只是形式或法律上的正义,不是实质上的正义,且作为重要论据支撑资本主义社会实质上的非正义。马克思对自由主义正义理论的态度对当代中国具有重要启示:一方面,要平等地保护每一个人的基本权利;另一方面,要看到自由主义的权利正义在市场经济会不可避免地带来收入差距过大等社会问题,我们应该通过制度设计和具体措施逐步向实质正义推进。

一、马克思对自由主义正义理论进步性的肯定

在《论犹太人问题》一文中,马克思阐述了从"政治解放"到"人类解放"的这一人的解放的历史进程,并把对自由主义的分析和评价放在政治解放的视域内,高度肯定了自由主义在世界历史上的进步意义。在政治解放的限度内,自由主义形式正义的历史进步价值主要体现在以下三个方面:第一,对个人权利和个人自由的积极倡导和平等保护;第二,对个人权利所引发的利益冲突进行补救与调和;第三,自由主义正义理论所提倡的基本权利既是市场经济的产物,又是市场经济的前提和保障。

二、马克思对自由主义正义理论局限性的批判

在对自由主义的研究与批判中,马克思展开了自己对正义问题的思考,马克思不仅对资本主义的私有制度这一自由主义的制度形式进行了政治经济学批判以揭露资本主义生产方式及其动力学机制的非正义性,而且还进行了意识形态批判以揭露在资本主义条件下自由主义正义理论所伸张的自由、平等、财产权等人道主义价值观念的形式性、虚假性、非人道性。马克思在对自由主义权利原则和资本主义剥削制度批判的同时明显地诉之于两个更高的处于不同位阶的正义原则:贡献原则和需要原则。尽管贡献原则消除了因阶级差别和资本主义私有制所导致的资本家对剩余价值的无偿占有这一不正义现象,但贡献原则这一分配标准仍然是不公平的。一是因为它把“不同等的个人天赋,从而不同等的工作能力”看作“天然特权”;二是因为它没有考虑到劳动者家庭负担的不同。与权利原则和贡献原则形式上的正义相比,需要原则的超越性突出地体现在它虽然在形式上是非正义的,但在实质上却是正义的,因为它立足于每一个人的自我实现。

三、马克思对自由主义正义理论扬弃的当代启示

首先,政府应切实履行自己的职能平等地保护每一个公民的基本权利。其次,切实尊重和维护机会平等原则,保证每一个人都能够获得公平的竞争机会。最后,我们也要看到古今自由主义者所鼓吹的市场经济的正义只是形式正义,即便做到了完全的机会平等,也会引起实际收入差距过大,导致实质上的非正义。马克思对自由主义的形式正义的辩证扬弃,为我们发展和完善社会主义市场经济提供了重要启示:一方面,我们要看到以个人权利和个人自由为核心的自由主义迎合了市民社会和市场经济对权利的基本要求,因此,我们要充分利用自由主义的思想资源,为个人自由和个人权利的充分实现植入一种新的文化基因;另一方面,我们要看到,由于资本主义私有制,自由主义的形式正义在市场经济环境中不可避免地带来收入分配差距过大等社会问题。因此,我们应该在完善形式正义的前提下,通过制度设计和具体措施,不断克服自由主义的形式正义所带来的弊端,逐步向实质正义推进。

儒商的现代使命 孙震,社会科学报,2017-01-12

研究和探讨中国儒家思想与当代经济发展、中国儒商崛起之间的关系,是当代中国学界和商界必须回答的重大理论问题。纵观世界经济的发展，从长时间的传统停滞时代走向现代成长时代，其中关键在于有没有持续不断的技术进步。传统停滞时代并不是没有技术进步，而是没有连续不断的技术进步，偶尔发生的技术进步使得劳动生产力提高，社会的总产值和人均产值增加。但随着人口增加，平均产值或者每人所得又都回到马克思所讲的生存水准。直到18世纪后半期，工业革命在英国发生，技术革命在资本主义支持之下获得连续不断的性质，世界从此进入现代成长时代，社会生产总值和人均所得连续不断增加。现代成长从英国经过全球化，普及到世界各地，不仅引起经济结构的改变，也引起社会的变迁。

一、儒家重视伦理，但并不排斥财富

中国儒家思想产生在传统停滞时代。在传统停滞时代，由于缺少持续的技术进步，财富是不增加的，个人追求财富不会使国家富有，全民的福祉来自社会的和谐与安定。怎么样让社会得到和谐与安定呢？每个人必须扮演好自己的社会角色，尽自己的义务，承担好社会给予自己的责任。所以，儒家重视伦理而非财富，重视责任而非权利。这是与现代社会完全相反的。然而，儒家重仁义，不重财富，但并不排斥财富，这与现代成长、资本主义追求财富并不排斥，相反可以说是一致的。

我国在春秋战国时期，农业生产力提高，工商业已经相当发达。孔子并不排斥商人，他的得意弟子子贡就是一位成功的商人。孟子也不反商，他只是反对以不公平手段竞争、垄断市利的商人。不过他们对于从商也未加以鼓励。自汉至宋，儒家思想对商业和商人大体保持消极甚至否定的态度。但15、16世纪农业生产力提高，众多士子“弃儒入贾”，本着儒家伦理做生意，形成了以晋商和徽商为代表的儒商。

二、现代经济成长时代的困境

工业革命带领世界经济进入现代成长时代，技术持续进步，劳动生产力不断提高，社会总产值与人均产值不断增加，全民的福祉不仅来自社会的和谐与安定，而且来自所得财富的增加，个人追求财富可以促进经济成长。亚当·斯密说：“每个人追求自己的利益，冥冥中好像有只看不见的手，带领我们达成社会全体的利益，而且比蓄意达成社会的利益更有效率。”可见，亚当·斯密认为“看不见的手”能拉动我们追求全体的利益。这是因为生产创造增加的价值。个人为了追求自利，从事生产，他创造的增加价值越多，社会的总产值增加得就越多，他的利润也就越多。这样，个人的利益和社会的利益达成一致，为个人追求财富取得了道德上的正当性。

进入现代经济成长时代以后，全世界迎来前所未有的富裕。1980年以来,全面全球化带来商品价格稳定,鼓励了各国中央银行放宽货币供给,使货币数量增加,利率下降,资产价格上涨。吸引资金从商品市场转向资产市场,从生产性投资转向金融性投资,从创造价值转向追求利润,日益背离了资本主义自利和公益一致的理想。利率接近零而经济少见起色,显示投资的边际效率低,储蓄大于投资,使经济趋于萎缩,不论财政政策和货币政策怎样调整都不能振衰起敝,反而导致资金泛滥,负债膨胀。

全面全球化加深了所得与财富分配的不均。在日益恶化的所得与财富分配中,有两个重要现象:一个是在所得里,劳动所得占的比例不断下降,财富所得比例不断上升;另一个是在劳动的薪资所得里,中低层的薪资不变甚至下降,而高端的薪资在上升。两个因素让所得分配越来越不均。

现在我们还极其关心地球变暖问题。现在大气中的二氧化碳含量已超过 400 ppm。根据联合国气候高峰会的报告,2015 年全球的平均气温已经比工业革命时代上升 1℃,2016 年还要再上升 0.2℃。一般认为,以现代科技水准,若上升 2℃,也许人类可以忍受。然而要维持在 2℃,二氧化碳含量就不能超过 450 ppm,但根据预测,这一数值很快就要到了。

三、发扬儒商伦理,回归优秀传统文化

2016 年 11 月,著名企业家郭台铭先生在浙江乌镇参加第三届世界互联网大会时接受媒体访问时说:“现代经济不能用西药,要用中药,中药是治本,西药是治标。”郭先生一语道破当前世界经济的症结。多年以来,世界主要国家采取凯恩斯扩张性的财政政策与货币政策,这只能使世界经济带病延年。更严重的是,在当前民主政治制度下,民选的政治领袖不能等待长期政策发生效果,坐视经济出现衰退,只好饮鸩止渴,把日益恶化的问题留给下任政府。

短期政策解决不了长期的问题,发扬儒商伦理才是世界经济的治本之道,让义在利的前面。司马迁在《史记·孟子荀卿列传》中说:“余读孟子书,至梁惠王问‘何以利吾国’,未尝不废书而叹也。曰:嗟乎,利诚乱之始也!夫子罕言利者,常防其原也。故曰‘放于利而行,多怨’。自天子至于庶人,好利之弊何以异哉?”这种精神深存在儒商伦理之中。资本主义并非因为追求自利导致现代成长。马克斯·韦伯说:贪得无厌,自古皆然,并未促成资本主义的发展;资本主义反而是有节制的追求自利的结果。在传统停滞时代,经商赚了钱买田地,教育子女进入仕途。进入现代成长时代,经商早已成为现代社会的基石。

儒商伦理包含了儒家传统的四个德目。一是仁。孔子说:“仁者爱人。”仁是人的善良之心的体现。企业经营的事业必须对人类的生存发展有贡献,不是只顾自己赚钱,赚钱必须来自创造的价值。二是义。义就是做对的事,最低的要求是不可损人利己,还要进一步帮助别人,就是善尽社会责任。三是诚。诚是表里如一,不欺人也不自欺。四是信。信是说到做到。孔子说:“信则人任焉。”说到做到,别人才会信任我们。

现代成长时代的西方文化,追求自利,放纵物欲,扩充自己的权利和自由,不顾他人。科技不断进步,逐步解除大自然给我们的限制;经济不断成长,逐步解除物质给我们的限制;政治民主、社会多元,逐步解除制度给我们的限制。我们自我膨胀,无所敬畏,不知节制,终将造成各种天然的、经济的和社会的灾害,反过来限制我们,伤害我们。我们应以儒商为现代社会的中流砥柱,回归中华文化的优良传统。节制物欲,让伦理在利益前面,责任在权利前面,约束自我在自由前面,世界才会有可持续的发展。

消费与幸福的关系辨正 曾建平、丁玲,伦理学研究,2017(2)

消费是维持人们生存的必需行为,生存性消费是人们获得幸福的基础;当人们的温饱问题解决后,精神文明便成为人感受幸福的重要因素;工业社会中,消费不仅是消费主体维持生存的符号,也是表现其文化素养的标签;随着消费主体的消费以温饱型消费为拐点转向以发展为中心,财富之于消费的幸福边际递减效应,而损害健康的消费自由成为幸福的隐忧。

一、生存性消费:幸福的伦理根基

消费意味着自然资源的损耗,是表征人存在的基础方式。如果原初的消费是人自身存在和社会发展的物质基础,那么幸福则是人追求生存和推动社会发展的精神支撑。人们一致认为,社会生活中多数人的行为动机就是获取、保有和找回幸福。正是人们对幸福的企盼成了消费主体们自觉建构“类”平台、规划伦理关系的起点,也是其创造习俗、道德、文化的出发点和落脚点。因而,幸福不仅是一种使欲望获得了满足时并自然而然地希望持续久远的愉快心情时的心理状态,它还蕴含着人在生存性消费下遵循“天理”之自然秩序的约束及呈现自身高级生命之伦理价值的生活状态。消费主体正是在为追求生理需求的满足和生命的延续造就的“束缚”与“不自由”中,成就了人类文明的客观状态。

二、精神文明:拓展生命的消费需求

人们的精神追求构成了消费主体的社会历史境遇,以及自身的个性和社会地位的一部分。在温饱型社会下,虽然“足食”仍是幸福的首要因素,但“足食”的幸福已和人类的生产力及自身的伦理关系联系起来。消费主体的幸福感受不再局限于物化的欲望需求,还体现为在消费的同时感受自身伦理关系、满意的心理状态或以仰望天国的幸福作为现实生活的精神支撑;在表现形式上,它涉及消费主体对生活状况的认知与追求,对生理、精神、道德需求和内在理性的评价。因而,这一时期的消费主体会因消费主体的独特性、时间变化等因素对幸福产生不同的看法。

不同的文明、时代、种族和生活境遇也会使人们形成对幸福的不同理解。理性主义幸福观认为幸福必须在理性的指导下才能实现;感性主义幸福观认为幸福即追求感官的快乐,伊壁鸠鲁指出这种快乐指的是摆脱了身心痛苦的状态;斯多葛学派用精神否定物质的禁欲主义幸福观;欧洲中世纪的基督教色彩的幸福观及我国“以理导欲”等思想都体现出消费主体在解决温饱问题下,追求幸福过程中的精神文明成为生命秩序的主导方面。人类文明的历史性、现实性自主地成为影响人们消费模式和产生不同的幸福思想的关键因子。

三、工业文明:消费商品是幸福的保障

在工业文明时代,商品消费是人们获取幸福的基本手段,商品经济的繁荣与发展使市场成为人们参与社会生活的重要场所。人的丰富和发展及再生产所需的消费,主要表现为工业商品的消费。在现代社会,参与市场、商品消费,已成为人类获取生活资料、感受幸福的基本途径。虽说幸福具有很大的主观性,侧重于精神性的感受,但社会意识都是社会存在反作用下的意识,幸福同样无法脱离物质而存在。追求幸福必须依靠市场,借助商品货币来完成,市场体系的完善与健全为社会提供生活消费品、交通工具、交流手段的过程既是人们摆脱自然束缚、丰富自身发展的条件,也是感受幸福的客观内容。如消费主体想要获得一切生产力物化内容的消费,从而能够体验生产力提升下人性丰富的幸福感受,那就要有机会能够参与市场,并拥有进行商品消费的能力与选择商品的自由。可见,在现代工业文明社会,市场的发展将消费主体的消费全部置于市场之中,消费商品已然成为社会人寻找并获取幸福的基本方式与根本保障。

四、消费符号:消费主体异化的拐点

消费不仅是消费品的消耗过程,也是社会再生产和人性丰富发展的前提条件。随着自然的“人化”和人主体意识的变化,消费主体的消费以温饱型消费为拐点转向以发展为中心。但不少消费主体通过商品追求平等,只是要占有与他人一样的消费品。他们追随的是他人在物质富足基础上表现出的精神需求，而不是自身物质基础上的内生需求。在中国社会，人们虽享受着繁荣的生活，但仍不觉得快乐，只知道幸福生活即赚更多的钱。消费主体沦为物的奴隶、工作和金钱的傀儡。人们可通过消费来改变在消费中的地位，但并不一定能以此提升文化品位和真正让人尊敬的社会地位。因而，当人们有了更多的自主选择权利时，反而进入了最不稳定的幸福状态。

损害健康的消费自由是幸福的隐忧。当消费满足了生存需求，生命的质量开始被关注。消费品越来越多，环境问题越来越严重，成为健康隐患。消费本是维持人们生存的必需行为，是人们健康幸福生活之基。但大肆、不合理消费，会使环境问题层出不穷，损害健康。若感受幸福的载体——身体里埋下妨碍健康的隐患，幸福便只能一种慰藉。

市场经济的合道德性与道德质疑 彭怀祖，伦理学研究，2017(2)

道德质疑属于道德评价的范畴，评析道德质疑的作用，离不开对道德评价的总体考量。道德评价的两个端点为道德肯定和道德否定。无论是道德肯定还是道德否定，真正体现其科学性，让其充分发挥作用，必须建立在道德质疑的基础之上。道德质疑存在的必要，既是道德特性——利他性、自主性、理想性所决定的，更是消减市场经济负面效应的必须。通过道德质疑可以鉴别道德行为的真伪，强化市场经济的刚性规范，维护人的尊严，逐步形成抵制功利化过强的自觉。

一、道德视阈下的市场经济概览

每个时期的道德状况都有其特点，均离不开社会的本质属性、基础性条件的制约与指向。当下讨论道德状况离不开对市场经济的考量。市场经济具有高度的合道德性，但也带来市场经济本身不能完全克服甚至很难消减的负面效应。它的道德价值主要体现在三个方面：市场经济能促成社会财富总量的持续增加；能促进全社会充满活力；能体现社会总体的程序公平性。但市场经济也有硬伤：一是容易造成贫富差距扩大；二是必然产生功利性过强的现象，主要表现为竞争配置资源的各个环节都有着诸多的非诚信行为。尽管市场经济存在弊端且难以消除，但我们仍不能得出市场经济体制应该被其他经济体制替代的结论，因为任何经济体制均是有利有弊的，应该从是否有利于社会根本性发展的角度审视各种体制的优劣。市场经济的负面效应虽依靠市场经济的力量难以克服，但全社会成员加强对市场经济负面效应的认识和警惕，有意识地强化道德质疑，是坚守道德底线、阻止非道德行为随意蔓延的重要防火墙。

二、道德质疑为何必需

对道德质疑的重要性分析,离不开研判道德特性。道德特性为利他性、自主性与理想性的综合,是道德行为有别于其他行为的重要标识。社会现象是否是道德行为或具有合道德性,必须用道德特性去进行总体把握。然而,由于社会的复杂性和道德特性的抽象性,所以,必须借助道德质疑作为桥梁将其紧密联系起来,使社会现象是否为道德行为或具有合道德性得到说理的、具体的剖析,从而让公众逐步提高道德的鉴别能力。

利他性是道德行为有别于其他行为的最根本特征,往往与利己、直接利他与间接利他、当下利他与长远利他等等交织在一起。在市场经济条件下,既需要更多的道德行为,更要警惕借道德之名行获取自身私利之实的行为,必须分析行为中有无对市场经济、他人乃至社会的损害,得出行为是否为道德行为的结论。自主性是指人人都是道德的理解者和行为者,道德必然具有相对性。但道德相对性不能演化成道德相对主义,使公众对道德概念产生模糊。在市场经济条件下,道德质疑不是否定道德的自主性,而是警惕道德相对主义,既让每个人都自觉地实施道德行为,又不让一些人借道德之名行自利之实。道德力量的不可或缺、道德现状需要改进、道德未来一定是美好的,这是理想性的主要内涵。

三、道德质疑的核心指向

道德质疑是对伴随市场经济而来的、市场经济本身难以克服和消减的非道德印记保持警醒,从而逐步缩小非道德行为的运行空间。道德质疑的着力点必须对准贫富差距扩大与功利过强这两个方面。公众对市场经济负面效应的道德质疑指竞争规则是否得到切实地贯彻与执行,警惕非道德行为。首先,必须质疑非诚信的不遵守市场规则的现象,切实维护市场经济的刚性规范。其次,必须质疑援助他人和社会以后随意宣泄、伤害他人、违背他人意志的行为。最后,必须时时质疑自身。保持道德的警醒,自觉伸张公平正义,这是每一个公民的道德责任。在市场经济条件下,将这种责任转化为行动,首要的是强化道德质疑的自觉,以质疑为开始,就能逐步擦亮自己的眼睛,辨析道德行为的真伪,让形形色色的非道德行为无藏身之地,道德氛围的浓郁才有了真正的基础。

信誉楼:中国本土商业伦理的实践样本　陆晓禾,伦理学研究,2017(2)

市场交换原则、竞争、异化、拜金主义在很大程度上支配了今天人们的行为方式，并渗透进了非市场领域。道德建设面临严峻的挑战。信誉楼，中止异化劳动，使劳动重新回归人本身，赋予商业、竞争、企业、生产关系和市场经济以新的理解，不仅践行社会主义核心价值观，也为世界性的市场经济伦理难题提供创新性回答。

一、使生产的目的回归人本身，用实质人权推进流通领域的“天赋人权”

马克思肯定流通领域是天赋人权的真正伊甸园，信誉楼从实质上推进和落实这些人权。第一，与顾客交换的仍是商品，但将仅作为商品交换的关系变成亲友的人伦关系；第二，改变商品交换目的，把商家获得交换价值变成顾客获得使用价值，回归了人本身；第三，使形式平等向帮顾客购买货真价实的实质平等变化；第四，重新定义自利与他利的关系。信誉楼是顾客购买商品的专家，获得合理的商业利润，是因为顾客购买了满意的商品而获得的服务补偿。

二、重新定义和改写商业贸易关系

市场经济既是法治经济，又是道德经济。因而，市场经济关系要靠法律、规则意识、对规则的遵守来维护。信任分为基于计算的、基于了解的和基于认同的三种。基于计算的是现代商业关系的基本类型，依赖的是合同和维护合同有效性的法律制度和司法机构，因此这种信任是没有关系的。基于了解的依赖的是对方的个性而不是合同，故比基于计算的信任持久。基于认同的是当关系双方有类似的目标且赞成同样的价值观或原则时才会建立，依赖的是双方的品格，不确定却持久。信誉楼与员工、顾客、供应商、竞争伙伴、政府努力建立的是了解—认同的信任关系。

三、用流通领域的正能量促进生产领域的诚信生产

马克思认为，生产资本价值增值的实现受流通领域的制约。在现实经济中，我国的生产资本常受到两种制约：第一，高端企业因技术优势压榨低端企业，占有高额利润；第二，商业企业以不合理的加价率等压榨生产商。以不合理的加价率等进行巧取豪夺，结果造成两个后果：第一，生产商的扩大再生产和技术更新因有限的积累降低而受影响；第二，微薄的价值增值只能通过加班加点的办法获得，最终影响的还是整个经济生态环境。信誉楼对供应商采取的是“切实维护供应商利益”的原则，为生产商的扩大再生产和技术更新以及为劳动、工资、消费提供提升的可能；又用流通领域的诚信要求约束生产商，力图把自由、平等、责任渗透到生产过程中，用流通领域的正能量来促进生产领域的诚信生产。

四、改变商业企业的资本属性

按马克思的理论,价值增值的实现要通过流通领域。如不采取马克思的剥夺资本家的方式,就有一个如何使员工的工资与资本的利润回报同步增长或者说是成正比而不是成反比的世界性的难题。大多商业企业仍只把员工作为实现利润的工具。但信誉楼改变了这种资本属性。张洪瑞提出,企业的使命是“让员工体现自身价值,享有成功人生”,实行员工岗位股份制,使员工利益与企业前途紧密结合,通过这种方式,让企业掌握在能为企业创造较大价值、对企业前途有重要作用的员工手中。

五、提供不同于“牛仔资本主义”的对竞争的理解

美国式的“牛仔资本主义”表现出的是一种“杀或被杀”的竞争关系。中国传统上对竞争的理解也有“同行是冤家”的说法,把彼此的关系理解为你死我活的对手关系。但信誉楼对作为市场经济组成部分的竞争有自己独特的理解。张洪瑞认为信誉楼追求的是“正和”,是与竞争伙伴的“共存”,在练好内功、保持自己不败的基础上与对手共同发展。这种认识超越了把市场经济作为弱肉强食的丛林、企业作为资本赚钱赢利的工具这种古典资本主义的理解。

六、改变企业与政府的利益博弈关系

在中国,企业常要求政府提供优惠政策,却无视环境保护和员工权益,当地政府也往往网开一面。很少有企业对政府与企业关系进行反思。信誉楼认为,企业应改变惯常思维,从社会责任出发,多为城市做贡献。信誉楼不仅将政府给予的优惠政策反哺社会,而且还承担一定比例的城市建设配套费用。同时在政府需要企业做出一些经济上的付出时,还主动替政府分担责任。信誉楼有责任和义务使得自己的商业活动从属于为消费者、为社会、为保护和改善公众生活环境的公共福祉目的,在这一点上,信誉楼和当地政府的目标一致。信誉楼对自身性质的超越代表了世界企业的一种发展方向,同时也提醒我们,对国有企业的分类改革和治理,不能忽略它们的生产目的应该是公共利益导向的,而不能成为少数国有企业高管赚钱的工具。

七、社会主义核心价值观的优秀倡导者和践行者

张洪瑞及其信誉楼的上述贡献,不仅对企业而且对所有受市场经济影响的领域和人们都有示范意义。在个人层面,他们努力践行爱国、敬业、诚信、友善,促进了信誉楼的商业服务和企业的以人为本;在社会层面,他们在流通领域注重自由、平等、公正、法治的践行;从企业公民的角度,积极为国家层面的富强、文明、民主、和谐做贡献。信誉楼不仅倡导和践行了社会主义核心价值观,也为世界性的市场经济难题提供了具有中国特点的新回答。

合作的人性基础 龚天平、李昭亮,伦理学研究,2017(2)

一方面,人的自利性是合作的基础;另一方面,自利性又并非合作的唯一基础,关心他人、利于他人、维护社会规范和群体整体利益的社会偏好或人的利他性也是合作的基础。这样看来,人性的两侧面即自利性和利他性都是合作的基础。

一

人的自利性即人注重个人自我利益的特性,它确实能导向合作。这是当代进化生物学和博弈论都可以证实的。按照现代经济学的逻辑,除非有制度安排,合作是不可能的。自利性的人性基础何以导向合作?当今整个社会科学的回答是,自利或个体利益可以导向合作,其导向合作的路径就是亲缘选择和互惠利他。第一,基于亲缘选择的合作。即是说,有血缘关系的亲属间会严格按照他们基因的分享程度而予以相应程度的合作。第二,基于互惠利他的合作。由互动、回报导致的合作可以建立在两个基础之上:一是理性自利;二是以回报为目的的利他性情感。

二

无论是亲缘选择还是互惠利他,从本质上说都是基于个体利益的合作。而在鲍尔斯和金迪斯等人看来,合作确实是人们之间的互利活动,但这种互利活动并不全然基于个体利益,而是还有一种并不以个体利益为基础的合作,这就是基于人的社会偏好的合作。社会偏好又可指他们经常用的另外一个词"纯粹利他"的意思,因此此种合作也可称为"纯粹合作"。第一,基于社会偏好的合作之研究方法。鲍尔斯和金迪斯是以不同于新古典经济学的经济人假设(或自利假设或理性假设)的新方法得出这一结论的。一是前提假设,这种假设是对新古典经济学的经济人假设的超越。二是具体方法,这主要包括两种:其一是跨学科方法;其二是实验方法。第二,社会偏好的内涵及其产生。关于社会偏好的定义,人们则并没有取得统一。一般说来,社会偏好表示"某个人或某群体的有益于他人或其他群体的行为"的特性,即人的利他性、亲社会性、互助互惠性等,因此与自利偏好相对立。第三,社会偏好的形式。社会偏好以公正偏好、无条件的利他偏好、嫉妒偏好、信任偏好等许多种形式表现,其中强互惠是最重要的形式。

三

在历史唯物主义看来,所谓合作,是指作为主体的人与人、群体与群体之间为达到某一共同目的而发生的相互配合、相互支持、相互协调的联合行动,是作为主体的人的特性。因为人是集自然性与社会性、个体性与整体性于一身的二重性存在物,其本性是社会交往。但人的交往有多种形式或途径,竞争与合作是最基本的交往形式,也是共生并存、不离彼此的关系。对于人的交往本性,互惠利他学说和社会偏好学说都是充分肯定的,这也正是它们的可取之处。没有竞争也就没有合作,没有合作也就没有竞争;竞争是为了合作,合作也是为了竞争。因此,竞争与合作的理由或条件是一样的,都是人的交往本性的发挥和展现。第一,合作是人为满足需要和利益而发生的行动;第二,合作以正义为前提约束;第三,合作既需要理性奠基,同时也需要人的道德感出场。总之,竞争是人性的体现,合作也是人性的体现。现代经济学和进化生物学对人性做了误判,也是对人类文明事实的视而不见。合作具有深厚的人性基础,从本质上说,人是一个合作性的物种,人类社会也是一个合作体系。

资本的空间生产及其伦理解读:基于《1857—1858 年经济学手稿》的分析　曹琳琳,道德与文明,2017(2)

马克思的《1857—1858 年经济学手稿》对于资本主义生产方式的研究具有明显的空间转向,它深入劳动者的日常生活空间进行解读,具有丰富的伦理意义。这种空间生产导致的空间分异加重了阶层间的壁垒,造成更为严重的社会动荡,亟须空间正义的介入。

一、《大纲》对资本主义研究的“空间转向”及伦理意义

(1) 资本的生产具有“空间性”。首先,资本生产出异化的日常生活空间并对劳动者进行奴役。其次,资本全球化的空间扩展推动资本的不断增殖。最后,资本主义的生产方式改造了生态空间,使得自然与社会共同进化的同时造成了“空间性”的断裂。(2) 资本空间化带来的伦理冲击。第一,资本空间扩张带来的地理空间重组冲击了人的传统价值观。第二,资本的空间生产出不平衡的“核心—边缘”地理图景,引发了一系列空间伦理冲突。一是表现为城乡二元对立;二是表现为全球化进程中“不发达”与“过于发达”二元对立。

二、资本生产“空间”的过程

空间可以脱离资本而存在,资本却无法脱离空间独自增殖。在马克思看来,资本在本质上是一种奴役关系,在空间上表现为利用空间规训和奴役人类再生产自身。(1) 资本生产何种空间?首先,资本生产了"核心—边缘"的不平衡地理空间,这是资本主义生产结构必然造成的。其次,生产流动性导致消费空间的高度集中以及空间重组。最后,生产层级化形成不平等的政治空间,政治力量在其中起决定作用。第一,资本主义的生产方式在一定程度上解放并发展了人的潜能,但只要生产结构、生活空间不变,普通群众所处社会层级也难以变动,这种"潜能"只能被再次"资本化"。第二,精英团体掌握着权力与空间核心资源,他们可以利用空间优势进一步制定富有地缘政治色彩的协议为自己服务。(2) 资本如何生产空间?资本生产说到底是人通过特定的历史形式占有自然。资本生产空间的过程是权力、资本和社会共同作用的结果。分别是权力的空间化;空间的异化;空间的商品化;空间拜物教。

三、资本空间生产对伦理观念和社会正义的影响

(1) 资本生产的空间重组导致传统伦理观的断裂和新型空间伦理观的形成。其一,传统乡村的地缘道德转变为城市的陌生人道德。其二,传统的德性评价转变为可量化的"有用"经济评价。其三,勤俭节约型人格转变为奢侈浪费型人格。(2) 阶层分异的加重及空间正义的诉求。在资本的空间生产过程中,财富与阶层通过城市空间中的住宅差异、空间隔离再生产出了更大的阶层分异,主要原因在于城市的"集中"生产背后的霸权主义逻辑。

四、总结

空间正义主要指向社会生产结构、社会资源与社会制度的公平与公正问题。对于不同国家、不同城市,资本的空间化深度与广度各不相同,因而具体到特定国家和城市内部的公平与公正有着不同的指向。针对当下社会空间正义问题,一般路径分为两种:一种是边缘包围核心;另一种则强调核心成员应当承担不可逃避的空间责任。

具体说来,合理规划资本空间的目的在于通过空间重组达到权力重新分配的目的,从而尽可能平衡社会群体的权力分布。但仅凭借政府决策进行空间改造,其效果不仅有限,也缺乏长久的动力。因此,必须提升普通民众的主观能动性,增强他们的自我维权能力、自我表达能力和空间改造能力,即增强其话语权。譬如,适当增加"平民化"城市建筑和基础设施,给予弱者便利,削弱强者特权,并且增强公共空间的开放性,打破城市社区封闭空间,深化城市空间内部的有机融合。

企业—经济伦理创新:可能性、进路与方法　孙丰云,哲学动态,2017(2)

一、可能性:论争与切入点

有关可能性论争,不可回避的是对"伦理方面的创新是违反直觉的,因而不具有可能性"论点的回应。实际上,企业—经济生活中的伦理创新意味着伦理主体不局限于"纯粹的利润考虑"而依照伦理理论和原则采取其他可能的行为选择与行动。"该行为选择与行动在一定程度上被判定为具有道德上的正当性,或是道德上的正确。"

"切入点"是实际的伦理创新需要考虑的首要问题。因为伦理创新的终极目的是与"具有灵性和情感的人类福祉"相关联,并为人类的自我实现找寻更好的生活方式和生活世界。而此终极目的还应当指导和影响伦理创新的整个过程,故而应以道德问题为起点来探讨伦理创新。具体到实际的企业—经济生活中,伦理创新需要回应的道德问题大致可分为三类:第一,人们直接感受到的经验中存在或凸显的道德问题;第二,超越直观经验的道德问题,即经过审慎的道德思考,洞察尚未解决或不确定的问题,从而最大限度地减少(若不能消除)负面影响的发生;第三,探索新的未知领域,创造多重可供选择的多样化的"善的生活"方式的可能性。

二、基本进路

第一,微观层面,指单个的个体(或团队)。该层面的道德问题主要涉及各种伦理原则和价值在特定语境下的发展和具体化,表现为个体对伦理原则和价值的认知与承诺,并据之采取负责任的行动。在国有企业中,伦理创新应着眼于两个方面:一方面,在最基本的意义上,对道德责任或义务的认知;另一方面,对与员工伦理关系的认知。而在民营企业中,由于挑战和风险加强,对领导者伦理担当和创造性的基本特质就提出了更高的要求和期待:一是基于价值及其优先性来思考潜在且惯常的问题;二是通过道德想象力给予同情地理解。第二,中观层面,指特定的企业(或组织)。当下,这一层面的道德问题比较普遍和棘手,主要是在"唯利润至上"的观点支配下的负面问题和不伦理事件。因此,伦理创新需重点考虑的或许应是企业目标、行为方式以及实践过程的新样式。第三,宏观层面,指塑造企业活动的基本框架,包括经济制度和经济政策。该层面的道德问题主要涉及对企业和企业家自由空间的制度确认与保护,如连贯而持续的经济政策和有效发挥作用的法律规则的支撑等。因此,伦理创新在最基本的意义上意味着确保具有"公共善"的"游戏规则"的制定。

从伦理创新的发生机理来看,其理想的状态是,伦理创新在各自层面上循序渐进地展开，并在整体上关联互动，直至意料之外而又情理之中地出现一种新式的"善的生活"方式。但不能排除的是非连续的颠覆式的创新也会发生。

三、道德可行能力方法

创新在本质上需要规范性道德责任的驱动，这里的道德责任是从可操作的角度强调"实践能够"而非从产生依据的角度强调"理念应当"。因此，对于伦理创新方法的探讨就转化为伦理主体实践能力的检视。从方法论上，最佳选项是基于"主体享有真正的自由"的"道德可行能力"方法。道德可行能力方法至少包含三个元素：尊重主体选择；多元化地理解"人"，亦即"认同人的多样性"；价值视角。故而，道德可行能力方法的理论魅力在于两个方面：普遍性和可操作性。在实际创新中，该方法包括两个基本方面：一是描述解释层面上的自我认知；二是规范推理层面上的他者评价。就自我认知而言，它主张不同语境下的伦理主体自主评估和决定是否有能力提供"新方式"以解决企业、经济生活中的道德问题。这里的"新方式"有两种可能：一是伦理原则是既定的，而需创造出新的伦理框架；二是伦理框架是既定的，而需创造出新的伦理原则。他者评价涉及可操作的框架，依据伦理主体的特定语境框架而非任何先验的伦理原则来寻根溯源。这里主要涉及伦理主体对伦理创新的"正当性"做出回应，包括"结果"和"过程"这两个相互关联的维度。

马克思分配正义思想及其当代建构 张兴华，理论导刊，2017(2)

当下，我国正致力于实现民族复兴的中国梦的伟大实践，分配正义问题无疑是现实的重大关切。研究马克思的分配正义思想，对于理解马克思主义唯物史观，树立正确的正义观，重新认识资本主义，坚定理想信念，增强四个自信有着重要的理论和现实意义。

一、马克思分配正义思想的逻辑生成

马克思在批判继承古典政治经济学和空想社会主义者分配理论的基础上，结合工人运动的实践，从现实的物质生产运动出发，在对资本主义生产方式批判的基础上逐步厘定了自己的分配正义思想。马克思认为，不存在基于人性道义的永恒的分配正义，分配正义是一个由社会物质条件与经济关系所决定的历史范畴。马克思认为，解决分配不公的问题绝不应在分配这一环节内兜圈子，而应研究经济运行的整个过程，尤其应研究生产方式。由此，马克思全面展开对资本主义生产方式特别是生产关系的研究，认为"真正公平的分配必须超越基于自然法权的'平等权利',根据人类历史发展的状态,以人的内在需求与自由发展为前提"。正是在这个意义上,马克思指出,"真正的自由和真正的平等只有在共产主义制度下才可能实现,而这样的制度是正义所要求的"。

二、马克思解决分配正义问题的主要进路

1. 废除私有制,建立公有制是解决分配正义问题的根本路径选择。在马克思看来,资本主义私有制是资本主义社会劳动异化和压迫剥削等问题存在的真正原因,同时这也是资本主义非正义的现实根源。但是,马克思也不是单纯地反对所有的私有制,他所反对的是以剥削他人劳动为基础的私有制,对于生产者以自己的劳动为基础自给自足的私有制则应加以保护。因此,必须首先消灭生产资料的资本主义私有制,建立生产资料公有制的社会制度。

2. 高度发达的社会生产力是实现分配正义的现实物质基础。马克思、恩格斯在谈论正义时,总是把高度发达的社会生产力作为实现社会正义的现实物质基础,指出物质生产实践是一切社会历史的前提,因而社会的公平正义也只能到物质生产实践的现实运动中去考查。

3. 相对按劳分配是实现分配正义的主要原则。马克思提出,最公平合理的分配存在于共产主义高级阶段,实行"各尽所能,按需分配"的制度,但在共产主义社会尚未实现之前,应当实行按劳分配。马克思认为,这种分配方式还是相对的分配方式,它默认劳动者之间由于禀赋不同、工作能力的差别而获取消费资料的多寡有别,从内容上讲还是"一种不平等的权利"。

4. 共产主义社会是实现分配正义的终极社会制度选择。废除资本主义私有制,建立共产主义的公有制是马克思、恩格斯毕其一生所追求的理想。在这样的社会制度下,不存在政治意义上的国家,不存在阶级压迫和剥削,也不存在民族界限,是一个实现了社会化大生产和生产资料公有制的社会。

三、马克思分配正义思想的当代建构

经济层面,要进一步解放和发展生产力,壮大可供分配的物质基础。政治层面,完善基本政治制度,保障公民享有平等的政治权利。文化层面,加强公民道德文化建设,提升公民道德素养。社会层面,要加强政策的顶层设计,为公正分配提供制度保障。生态层面,加强环境保护,实现资源与环境的代际分配正义。

略论企业家慈善的正义之维 何建华、马思农,浙江社会科学,2017(2)

要使社会财富为大多数人所共享,一方面要实行有效的政府再分配,健全社会保障制度;另一方面则必须发挥社会慈善特别是企业家慈善在财富分配中的作用。企业家慈善作为第三种分配,在调节贫富差距、促进社会公平、维护社会公正秩序等方面具有十分重要的作用。对企业家慈善可以从正义和效用两个方面来研究。本文从道义论的角度探讨一下企业家慈善活动的正义之维,旨在促进企业家慈善事业的健康发展,促进社会公平,让发展成果真正为全民所共享。

一、企业家慈善:实现分配正义的重要途径

企业家慈善本身具有正义性。慈善是人的同情心和关爱情怀的体现,它体现了人们对构建美好社会以及美好生活的愿望,也蕴含着人们对社会、对他人所应承担的社会责任的一种自觉意识。企业家慈善属于第三种分配,是实现社会分配正义的重要途径,在实现分配正义、社会正义方面有着重要的作用,能够弥补第一次、第二次分配的不足。在当前我国,企业家慈善有利于促进"穷人与富人之间的正义",是实现共享发展、共同富裕的重要途径。

二、企业家慈善活动的正义性要求

企业家慈善活动必须强调正义原则。企业家慈善是一种具体活动,如果企业家的慈善活动失去了正义之维,则不善分配就会带来不良后果,其带给人们的伤害可能会大于益处。因此,企业家慈善必须建立在科学的程序和规则的基础上,必须重视其伦理价值目标。企业家慈善具有正当性根据与合理性边界。明确企业慈善责任的正当性根据与合理性限度,是企业慈善行为达到理想之境的逻辑前提。在强调企业家慈善的正义性的同时,必须重视企业家慈善活动的"正义性"。要弄清企业家慈善活动的正义性,首先应当理解慈善和正义是两个既有区别又紧密相关的伦理范畴。企业家慈善活动的正义性主要体现在以下方面:一是用于慈善的财富应当是获取正义、持有正义的;二是企业家慈善的动机应当是正义的;三是企业家慈善的方式应当是正义的;四是企业家慈善的结果应当是公正与效率的统一。

三、构建企业家慈善活动的正义之维

目前,慈善事业作为社会保障体系的一个重要补充,其发展正处在一个非常重要的阶段。从总体上讲,我国企业慈善供给不足,慈善文化和慈善机制还不够完善,企业家慈善的正义性没有受到足够的重视。慈善是一种大家都心甘情愿地参与和推动的共享方式。在社会转型期,大力培育现代慈善文化和共识意识,在培养全体公民参与社会慈善事业的同时,有效引导企业家积极履行其社会责任,构建企业家慈善活动的正义之维,是促进我国慈善事业健康和可持续发展的重要途径。一是必须培植企业家慈善的文化土壤和共识意识;二是必须建立健全企业家慈善活动的法律规制;三是必须营造企业家慈善的良好氛围和社会环境。

从"经济伦理"到"制度主义":"儒家文化与现代经济"的研究转向及其启示　刘梦岳,山西大学学报(哲学社会科学版),2017(2)

一、引言

20世纪下半叶东亚经济的崛起与中国大陆经济体制的成功转型,使得越来越多的学者关注儒家文化与现代经济之间的关系。不少学者认为,儒家文化中的伦理道德是东亚经济崛起的重要原因之一,但这个观点一直遭到质疑甚至反驳。由于在儒家文化的支持者、质疑者以及反对者之间一直没有建立起一个有效的讨论平台,关于"儒家文化与现代经济"的争论就长期陷入僵局。幸运的是,随着"新制度主义"在经济学界的兴起,我们可以明显地观察到一个研究思路的转向,即从"经济伦理"到"制度主义"。

二、经济伦理学的视角

儒家文化的支持者、怀疑者和反对者之间的争论主要集中在两个问题上:(1)文化在何种程度上可以影响经济?(2)儒家文化对现代经济的影响是正面的还是负面的?可惜的是,各方并没有建立一个可以有效对话的讨论平台,很多时候都是自圆其说,无论中国市场经济的成功与失败都可以在其理论中得到"合理"的解释。因此,对"儒家文化与现代经济"这个话题的讨论长久以来也陷入了僵局。幸运的是,随着新制度主义经济学的兴起,文化与经济之间的关系以一种崭新的面貌出现在人们面前。学者们对东亚独特经济发展模式的关注也逐渐从"伦理"层面转移到了"制度"层面。这种研究方向的转变使得对"儒家伦理与现代经济"这个话题的讨论重新获得了生机。

三、制度主义的视角

从"经济伦理"到"制度主义",我们发现了对"文化与经济"研究的重大转变。这种转变可以总结为三点。第一,从个人伦理到制度安排:不同的经济模式并不再简单地通过"道德"来解释,而是被理解成是行动者在不同的历史文化背景下做出的制度选择。在这里,文化更多的是作为一种协调机制来影响人们的经济活动。第二,从“文化优劣论”到比较研究:将文化理解为一种“制度安排”之后,学者们就不再片面地夸大某种文化对经济的促进作用或阻碍作用,而是对不同的文化选择在具体的情境下进行比较分析。第三,从经典阐释到实际考察:人们更多地开始关注文化在现实中的实践,而不是在经典中的体现。因此,研究重点不再是文献解读,而是各种社会文化制度(如亲属制度和关系规则)在经济领域的实际应用。

四、文化与“聚焦点”

基于对文化的理解,我们可以尝试回答关于“儒家文化与现代经济”的两个核心问题:(1)文化在何种程度上可以影响经济?(2)儒家文化对现代经济的影响是正面的还是负面的?首先,将文化理解为一套协调人们行为的制度之后,我们便可以以经济学的术语来表述文化与经济行为之间的关系,即文化对个人行为的影响在于“成本”与“收益”的权衡。其次,在理解了文化如何作用于人们的经济行为之后,儒家文化对现代经济的关系也就比较清晰了。我们很难绝对地说儒家文化对现代经济的作用究竟是促进还是阻碍,因为这并不单单取决于“儒家文化”本身,而是由整个社会的政治制度、经济结构与文化相互作用所决定的。

五、结语

以“儒家伦理与现代经济”为主题,我们可以发现一条从“经济伦理”到“制度主义”的研究思路的转变。对“文化”新的理解,可以帮助我们更深刻地认识中国的现状。

从制高点到地平线:社会主义市场经济的伦理底线探析　郭忠义、侯亚楠,求是学刊,2017(2)

一、经济巨人的伦理之殇——“无底线伦理”现象的理性审视

当下我们的道德体系及其所设定的伦理空间的根本缺陷在于只有制高点,没有地平线。要言之,既缺少人们普遍认同的标志“人伦”边界的伦理底线,又缺少规定“人本身”的普遍性人性前提。而要确立伦理底线,必须回到马克思对人的本质的规定上,为之奠定坚实的人性基石。根据马克思对人的本质的描述,我们可以得出两个重要判断:第一,作为精神观念的伦理观念以及由此产生的伦理活动关系根源于经济关系,作为人的本质的真正社会联系的经济交往关系是伦理精神的基础;第二,社会伦理底线不能离开经济领域去设定,经济伦理底线应成为社会道德伦理的基石。只有将马克思所说的人的本质首先落实于现实的经济关系中,人的社会本质才能摆脱马克思所批判的“抽象化”形式而真正变成活生生的“现实”,作为一种环境制约着人的社会关系才能通过人的实践活动得到改变并在这种改变中实现人的自我改变和自身发展。

二、道德高地:计划经济伦理的本质与历史反思

计划经济先天具有与市场经济“自利人”不同的人性假设——“圣贤”“使徒”式的“道德人”假设。它要求每个人成为具有“无我”境界、大公无私的理想化存在,奉行集体至上原则,具有牺牲精神,这是一种整体化、抽象化的人格存在,超越物质利益纠葛的绝对利他主义人格存在。然而,这种作为计划经济运行之精神动力的崇高的理想主义道德伦理体系,与理想主义的计划经济本身一样有其所固有的两大缺陷:首先,它诞生于革命时期供给制的军旅生活,是以“死的光荣”诠释“生的伟大”的“战士伦理”,它排斥个人所有经济利益追求乃至于随时准备牺牲自己个体生命的存在;其次,与计划经济相应的以个人“主体消失”和“利益让渡”为特征的道德精神,不仅会因为“激励效率递减”无法为计划经济运行提供长久的激励支撑,而且会因为个人创造性日益泯灭而导致经济增长创新动力的衰竭,还会因为社会权力的高度集中而妨碍社会主义民主、法治文明建设。这两大缺陷使人厌倦了长期以来的“贫穷社会主义”的“空头政治”,生产力落后状态下对实际生活水平的提高和物质利益的需求成为整个社会的历史诉求。在改革开放历史进程中,人们与计划经济渐行渐远的同时,也逐步走下了计划经济的道德高地,步入利益导向的经济现实。

三、回归地平线:社会主义市场经济伦理底线的现实探寻

所谓伦理地平线,也就是伦理底线,就是与市场经济的人性假设相应的最低的伦理标准,就是市场经济的基本伦理底线,就是马克思所说的“现实的个人”——市场化、工业化、城市化、信息化进程中的个人——所必须遵循的基本的伦理准则。那么,最基本的伦理准则是什么呢?就是“利己而不损他”,或者说是“利于己而无害于人”。

四、市场经济伦理底线的社会主义原则

社会主义市场经济伦理底线貌似最低级的伦理要求,却必然包含着对人自由全面发展的制度保证。在经济关系的外在制度和伦理关系的内在制度中必然贯彻以下三个原则:第一,平等的生命权原则;第二,平等的财产权原则;第三,平等的自由权原则。市场经济为社会主义伦理底线提供了普遍性的人性基石,社会主义原则为市场经济伦理提供了人性超越的广阔空间。由此可见,社会主义市场经济伦理底线的确立,不仅可以为社会主义道德伦理空间提供人"是其所是"的人伦基线，而且可以为人提供仰望星空"成其所是"的坚实大地，还能赋予每个为个人幸福生活而奋斗的同时为中国崛起做出贡献的人以道德身份，并为之提供安身立命的精神家园。

道德资本化的证成及其建构原则探析 樊宏法，北方论丛，2017(2)

道德资本化意指道德作为一种可转换、可增值的非物质性劳动积累，依照其在经济社会运行中所产生的不同形式的价值增值，应获得各种物质性的或非物质性的奖赏或收益。资本概念内涵的拓展、"德福一致"的预定和谐，以及人类处于"以物的依赖性为基础的人的独立性阶段"的现实，是道德资本化的可能性前提、必要性假设和必然性依据。

一、资本内涵的拓展：道德资本化的可能性前提

尽管一些学者对于道德能否资本化，以及如何道德资本化的问题，仍然存在着各种争论，但是在日常生活中，我们凭借经验就可以明显地觉察道德资本能够给社会带来的各种福祉。虽然目前我们仍然难以十分精确地以量化的形式计算出道德资本能够带来多少的价值增值，还没有构建出一套成熟、稳定的道德资本化模式，但这恰恰是加强道德建设、完善资本市场所需要重点关注的领域。

二、"德福一致"的预定和谐：道德资本化的必要性假设

其一，道德并不是抽象化的、客体化的永恒不变的形而上学知识体系，而是人类生活实践的产物。其二，道德生活是人类实现整体性价值目标的一个构成部分。其三，道德应然与实然的连接与贯通，必然经由当下感性的物质生活。确立并坚守道德与幸福之间现世的"预定和谐"与正向关联，对于人类道德境界的提升和整体生活的完善，具有无比重大的奠基意义，既赋予了道德资本化以正当性和合理性，也是道德资本化极其重要的逻辑前提。

三、以物的依赖性为基础的人的独立性阶段：道德资本化的必然性依据

在"以物的依赖性为基础的人的独立性阶段"所客观存在的普遍的资本化逻辑，尽管尖锐地暴露了在此阶段人类对于"物的依赖性"的异化性存在状态，但又是人类不断自我发现、自我解放的必要经历，是人类走出异化状态、走向自由而全面发展的前提性条件。通过适当的道德资本化模式的建构与运行，使一些道德楷模或诚信企业所创造和累积的道德资本，转换成物质性的或非物质性的其他资本形式；使一些道德败坏者、诚信缺失者，因为其道德资本的缺失和匮乏而被公示、谴责或惩戒,影响并制约着其他形式资本的获得。

四、道德资本化的建构原则

首先,要结合世界文明趋势、民族文化传统、现实道德风气和社会风俗习惯,从性质区分开“合乎道德”的行为与“不合乎道德”行为。其次,要综合运用肯定性的与否定性的道德资本化方式。道德资本化的方式可以采用肯定性的褒奖与否定性的制裁两种形式。

乡规民约与农村经济发展互动关系探析:以河北省临西县东留善固村、前阎村为个案　刘志奇、李俊奎,河北经贸大学学报,2017(2)

乡规民约是中国乡村社会重要的经济和社会规则,但是一些重要区域,如河北、河南等地的乡规民约研究仍然非常匮乏,这就使既有理论一直处于等待验证的假说状态。本文立足于河北省邢台市临西县东留善固村、前阎村的个案研究,试图说明乡规民约与农村经济发展的互动关系。

一、东留善固村、前阎村概况

东留善固村有 600 户,2600 余人,土地面积 7500 亩,其中耕地 3250 亩,其余为沙碱地。2014 年,村工农业总产值 3.6 亿元,上缴国家税金 740 万元,人均收入 8260 元。1995 年,该村制定了《东留善固村规范化管理章程》,在此基础上经过多年的积累与探索,形成了比较完备的民主管理制度。截至 2015 年 5 月 1 日,前阎村共有 798 人,耕地 1082 亩,4 个村民小组,村支“两委”交叉任职 4 人,党员 25 名,村民代表 21 名。1996 年 10 月,该村制定《大刘庄乡前阎村规范化管理若干规定》。2015 年 5 月 1 日,对这一乡规民约进行了再次修订。

二、经济发展进程中乡规民约版本的迭代更新

1995 年制定《东留善固村规范化管理章程》之后,东留善固村的乡规民约每 5 年修订一次。2001 年,这次修订主要调整了两部分内容:一是共同富裕的问题;二是关于发展集体经济,不断壮大集体经济实力的问题。2015 年开始,临西县为避免乡规“民约”变为乡规“官定”,要求全县各村统一按照“五步法”进行。2016 年,东留善固村制定了新的乡规民约《东留善固村村民自治章程》,该章程由司法局驻村法律顾问、法院基层法官进行法律指导,以《宪法》《村民委员会组织法》等有关法律及政策规定为依据,结合本村情况,内容共分 10 章,全章程共计 100 条。2015 年 5 月 1 日,前阎村修订了《大刘乡前阎村规范化管理若干规定》,与 1996 年 10 月刚制定时相比，我们可以看出这种随着经济社会变迁乡规民约因此更新的痕迹。

三、乡规民约影响经济发展的作用及其限度

乡规民约作为一种社会和文化机制，是影响经济发展的重要因素。这种影响在区域的个案中有其作用，但是这种作用也有其限度。

第一，现代经济伦理规范村民经济行为，提高了经济活动的效率。第二，乡规民约实施之后，村民互相遵守经济伦理，彼此之间的信用得到保障，提高了资金的流动性，推动了乡村社会金融互助体系的建立和完善。第三，良好生活秩序的形成，也推动了良好经济秩序的建立。第四，有效维护了集体经济，推动了村办经济的进一步发展。第五，乡规民约落实之后，村民学到了先进的经营理念和思路。但是，乡规民约发挥作用也有其限度。首先是一些领域的经济问题并不能单纯依靠乡规民约解决。其次是缺乏制衡和监督的基层行政权力往往容易形成强权政治。乡规民约的制定者常常也是执法者，他们个人的道德品质和个人倾向一旦造成事实上的村落成员利益分配不均，乡规民约也就形同空文，乡规民约也因其制定者的威信尽失而难以维持。

四、结语

乡规民约在冀东南的乡村社会中仍旧具有重要影响，是乡村社会建构现代经济伦理的重要基础，在经济生活中起到了凝聚人心、化解纠纷、规范行为的重要作用，实际上已经成为乡村社会经济领域重要的规范性民间准则。

冀东南乡村社会是典型的华北乡村社会，作为华北乡村治理研究的个案，我们也可以得出中国乡规民约实践中的现实困境是因为乡村社会的无组织状态使得个体单弱，智力或者社会资源占优势的人们易于掌控乡村社会，形成强人政治。也就是说，如果缺乏有效的基层社区民主，把乡规民约的制定者和执行者分离以彼此制衡、互相监督，同时强化民主问责机制，那么很可能我们引以为傲的乡规民约制度就成了“橡皮图章”。我们必须肯定的是，在充分发挥基层民主的基础上实现乡村治理，一个有强大执行力而富有道德心的乡村精英是尤为必要的。临西经验表明，选好、用好、监督好村级主要干部是乡规民约落实，乃至整个乡村社会治理的关键。

我国考试经济伦理问题初探 邱斌，湖南科技大学学报（社会科学版），2017(2)

考试经济是围绕考试而形成的各种经济活动或经济行为。作为考试的衍生物,考试经济给从业者带来了丰厚的回报,同时也产生了一些亟须规范的行为,造成了不良的社会影响,对公民道德诉求产生了一定的负面作用,对考试实施主体提出了新的伦理诉求,对考试经济从业者也提出了新的伦理规范。要推动考试经济规范化发展,其根源是要规范考试管理,理顺考试主体与客体的关系,优化考试措施,不断深化考试改革,并依法约束畸形考试经济行为,促进考试经济健康发展,驶入良性运行轨道。

一、考试经济伦理概述

考试具有功利性和伦理属性,考试伦理究其本质和核心,是需由诚信与公正共同构建和维持的道德体系。考试经济除了考试带来的伦理特质外,还具有考试本身伦理属性之外的特征。考试经济伦理是关于从业人员的善与恶、应该与不应该的规范。考试经济伦理是通过社会舆论、风俗传统、个人信仰和外部规范来起作用的。

二、考试经济的主要表现形式

考试经济的主要表现形式有四种:一是考试报名费用的收取;二是考试辅导培训的消费;三是考试前后住宿餐饮的消费;四是考试经济中还存在黑色经济成分,譬如代考、代写论文、伪造证件、冒名顶替上学等。

三、考试经济存在的主要伦理问题

考试经济带来的主要伦理问题体现在以下四个方面:一是考试形式单一,考试组织机构的职能十分弱化,通过各类考试所得的数据资源在对考生进行质量评估和学习指导上尚未发挥其应有的作用。在考试实施过程中,少数部门组织的考试存在"放水"现象。二是随着高校录取率和入学率的攀升,用人单位对录用人员的学历文凭要求不断提升,招聘门槛越来越高。三是主管部门近乎垄断的管理格局,导致考试中介机构的发展严重滞后于社会的需求,造成考试的公共服务职能严重与社会脱节。四是考试市场的不良发展,引发了消费者的畸形消费,造成社会资源的不合理配置。

四、考试经济伦理问题成因分析

造成考试经济伦理问题产生的原因主要有四个:一是产权之争造成考试经济伦理关系复杂化;二是路径依赖扭曲所致;三是利益的诱惑与道德良知的弱化;四是因为法律规章制度不健全。

五、加强和改进考试经济伦理问题的对策

首先要进一步理顺考试伦理关系。要解决好考试经济中存在的问题,首先要从考试管理体制着手。在坚持合理规划和设置考试的前提下,逐步建立起多元测量与评价及选拔录取多样化相结合，政府主管部门宏观指导、调控，高校和用人单位自主选拔、自我约束，社会中介规范服务，各方面有效监督的考试制度。重点保障考生享有足够知情权、自由选择权、公平竞争权，创新考试质量评估体系，建立健全结构科学、制度完善、评价多元、服务优良的现代考试体系。其次要完善考试经济发展的道德监督机制。道德监督机制可以先从考试实施主体及考试客体两个层面率先推行。在考试实施主体方面，可以用行政伦理要求来约束和规范施考者的行为，要求行政组织和行政人员切实增强行政道德意识，除接受传统习俗、社会舆论的监督和制约外，还要自觉接受法律、制度、行政手段、经济手段的约束，使得考试组织满足社会道德的需要。在考试客体即考生的道德监督方面，主要是建立和完善"考试诚信档案"制度。要将考生在考试过程中表现出的诚信情况，与现有银行信用体系相结合，成为个人信用档案中的一个重要组成部分。再次要综合治理考试经济运行环境。要确保考试安全平稳组织，推进考试经济繁荣有序发展，必须净化考试环境，完善政府统筹、部门协调、齐抓共管的长效机制，有效防范和打击影响考试安全和考试公平的行为。最后要推进考试经济法制建设。建立一部兼顾国家、社会、考试主管部门及考生等多方面利益的，并将法治基本精神蕴含于其中，操作性强的法律或法规，是推进依法治考的必然途径，也是从根本上促进考试经济依法规范发展的重要保证。

论国家道德与通货膨胀 *范方志、汪延明，宁夏社会科学，2017(2)*

一、引言

笔者试图通过"国家道德—通货膨胀"的路径构建理论模型，探讨两者间的作用关系，目的在于从理论研究的视角探讨国家层面如何建立适应现代社会发展亟须的国家道德，真正实现满足人民健康生活需要的和谐社会。

二、理论模型架构

近年来，国内研究国家伦理价值需求的学者，其基本观点趋向两个方面：第一种是顾肃、彭定光等认为的正义是国家伦理道德真正体现的观点；第二种是万俊人等倡导的从政治正义到社会和谐观。政治正义是当代及今后人类安全、健康、文明生活的前提条件，而和谐社会的经济原则上升到国家层面。一方面是为了改善人们生活的现状和保障人们健康生活需要的满足，使人们的社会性需要与其生理和情感的需要相适应，从而成为真正的文明人的需要;另一方面反映在社会的可持续发展原则上。为此,笔者提出以下假设。

假设一:在现代经济社会中,国家道德包括社会文明进步、人们健康生活需要、社会可持续发展三种价值取向,而且三者间相互影响,不断加强。假设二:通货膨胀严重削弱社会文明进步的程度。假设三:人们追求健康生活需要对通货膨胀产生正向影响。假设四:社会可持续发展引致通货膨胀。

三、研究设计及数据检验

(1) 研究方法。为了准确获得理论模型的数据,笔者在问卷设计中采用文献法。(2) 数据分析。① 问卷信度和效度。通过 SPSS15.0 对 17 个指标项 4624 个观测数据进行分析,17 个指标的 Cronbach's α 为 0.709。根据数据检验要求,当样本数介于指标项的 10—20 倍且 $\alpha>0.7$ 时,表明问卷具有良好信度。本文样本数为 272,介于 170 和 340 之间,$\alpha=0.709>0.7$,所以问卷具有良好信度。在效度分析中,问卷设计依据前人的研究成果,具有良好的内容效度。另外,还通过主因子分析法检验量表的效度,以 1 为特征值,通过 4 次正交旋转结果显示,Bartlett's 球形检验显著($sig=0.000$),KMO 值为 0.847,累积方差贡献率为 77.87%,因子载荷均大于 0.5,表明问卷具有良好效度。② 结构方程模型的相关检验对本文理论模型拟合和路径参数采用 AMOS14.0 软件进行分析。通货膨胀与社会文明进步间的路径参数为−0.46,T 值=2.25>2,笔者的假设得到验证。说明高通货膨胀严重削弱人们的财富,严重影响社会的文明进步。人们健康生活需要与通货膨胀间的路径参数为 0.51,T 值=2.86>2,笔者的假设得到很好验证。社会可持续发展与通货膨胀间的路径参数为 0.42,T 值=2.94>2,笔者的研究假设得到验证。

四、研究结论

研究发现,国家道德实践层面提炼的社会文明进步、人们健康生活需要、社会可持续发展三者间存在高度的关联性。得出的结论显示,现实中人们的健康生活需要得到保障,社会才能文明进步,而社会文明进步的标志是实现可持续发展。但在社会进步的经济基础上考察,现代社会经济发展中出现的通货膨胀,严重阻碍了社会的文明进步,经济政策引导出的单纯追求物质利益需求进一步加剧了通货膨胀,社会可持续发展由于落实不到位,区域间发展不平衡,导致结构性通货膨胀的加剧。

五、对国家道德在经济发展过程中的反思

执行国家道德实践的部门和人，在制定政策和方法时要考虑“手段善”的两面性，既要考虑国家整体经济利益，也要考虑个人经济利益。抑制通货膨胀是世界性难题，但国家道德中要充分考虑政策制定的适应性和政策的保护性。特别是对结构性通货膨胀的抑制，国家政策的制定要充分发挥市场的传导作用，在城市和农村、富人和穷人、发达地区和不发达地区间如何平衡的政策上多使用“手段善”引导下的“目的善”，防止单纯“手段善”产生的急功近利。

“共享”：当今时代的最强音　唐凯麟，伦理学研究，2017(3)

“构建人类命运共同体”是习近平同志提出的当今建立国际关系新秩序的重大战略构想。以习近平同志为核心的中国共产党还把“共享”理念确立为我国社会主义现代化建设的“五大发展理念”之一。习近平同志的这一战略构想和重大理念的提出，受到了全世界爱好和平的人们的热烈响应，成为谋求发展的国家和民族的共识，以致联合国人权理事会做出了“构建人类命运共同体”的决议。要建设“人类命运共同体”，共享就是一个核心的理念和基础性前提。这就充分说明，“共享”已经成为当今社会发展的大趋势，是时代的最强音。

应该肯定，我国改革开放以来在经济社会发展上取得了举世瞩目的成就，人民群众的生活水平和福利也有了一定的提高和改善，振兴中华、建设中国特色社会主义强国，实现中华民族伟大复兴的中国梦，正在激发人们越来越大的激情与斗志。但是我们同时也应该看到，问题还是不少，麻烦也成堆，错综复杂的社会矛盾使我们的改革开放步入了一个深水区。尽管我们党反复强调要“走共同富裕的道路”，要使改革开放的“成果惠及人民”，但实际却是官吏的贪腐屡禁不止，贫富的差距越拉越大，社会的诚信缺失不断，人们不时地惊叹于当代中国信仰的失落和道德的困境。对此，我们始终认为，这些困难和矛盾是前进中的，是可以解决的，但究竟如何解决却又叫人揪心不已。毫无疑问，要克服这种困境、解决这些矛盾是一个极为复杂的社会系统工程，需要一个相当长的历史过程，绝非一朝一夕之功。这是一个需要不断深化改革的过程，也是一个需要不断唤起人们对自己社会本性的自觉、明确财富的社会本质、正确地认识财富的社会功能的人心工程。我以为，我们国家提出“共同富裕”的口号和使改革开放的“成果惠及人民”的方针，本身就包含着“共享”的内涵。“共享”和“共同富裕”

和“成果惠及人民”应该说都是同一层的概念。从这个意义上说，德之博士提出的共享理念及其构想同当代中国现实需求和国家的方针路线是具有高度一致性的，它反映了当代中国的“党心”和“民心”。

当然需要指出的是，如果仔细分析起来，“共同富裕”“成果惠及人民”和“共享”的理念是存在一定差异性的。“共同富裕”更多的是从国家路线、政策的层面上着眼的，而“成果惠及人民”则还包含着谁是施惠的主体、怎样施惠等问题。而“共享”则是就更广泛的社会人心而言的。如果人们能够正确地认识自己的社会本性，如实地把握财富的真正本质和社会功能，逐步地克服几千年来私有制所存留的“私有”和“独享”观念的影响，真正形成“共享”的社会共识和生存理念，那么，这无疑将会有助于提高我们国家实施“共同富裕”“成果惠及人民”的路线、方针的实际实效。正是在这个意义上，我十分赞赏德之博士在书中所讲的，在我国当今的社会条件下，“共享”对富人来说是一剂自觉地“自己革自己的命”的良药；对穷人来说则是一种摆脱狭隘的仇富心理和平均主义观念的束缚，通过自己的辛勤劳动，在努力为社会做贡献的过程中，来实现自己对社会财富的享有的正途。因此我以为，如果在这些方面能够逐步达成广泛的社会共识，成为全社会的“最大公约数”，无疑对我国和谐社会的建设将会产生巨大的推力。

当然，我也深深意识到，要在全社会达成“共享”的共识，此中的艰难是不言而喻的。而作为一种理论研究，德之博士也还有许多工作要做，例如“共享”作为一种理念，它的内部结构是什么？达成“共享”的途径和条件是怎样的？不同的人们和社会群体如何确定自己在“共享”中的地位和作用？从“共享”中我们要引申出什么的社会责任观、价值观？如何使“共享”转变成一种价值实体，成为制度化、法律化的可操作体系？对于这些问题虽然德之博士已经做出了某些初步的思考和探讨，但是我以为还存在着极为广阔的思维空间。我们有理由期盼他能把“共享”这个论题深入地研究下去，推出更加完善、更加严密、更具有解释力和穿透力的精品力作。

作为一个长期从事理论工作的人，我深知，一个理念的提出、一种理论的构想，需要立足于本国国情，特别是立足于自己国家民族的深厚的历史文化传统；需要放眼世界，总揽全球风云变幻的深层脉搏；更需要扎根于现实，符合人民大众的共同愿望和实际需要。正是一种理念的构想、一种理论的探讨，激发着一批又一批人、一代又一代人去关注、去思考，从而不断地唤起人们的热情，激发人们的智慧，开阔人们的胸怀，拓展人们的视域，推动人类知识的前行。人类就是这样不断地、永无止境地从必然王国走向自由王国。

现代化进程中我国农民经济理性的扩张、困境与出路 李志祥，伦理学研究，2017(3)

一、百年论战与经济理性

农民的经济理性问题，一直是学术界关注和争论的焦点问题，“理性小农”与“道义小农”、“生计小农”与“营利小农”的著名论战前后持续了一个多世纪。要正确面对并合理推进这场百年论争，就必须先搞清楚一个问题：到底什么是“经济理性”？学者们主要在三个不同的层面使用“经济理性”概念：第一个是经济动机层面的经济理性。这种经济理性观侧重于经济行为的人性动机，认为经济生活中的人在本质上就是经济理性人，其根本动机就是为了自己的最大化利益。经济动机层面的经济理性实际上是一种价值理性，其核心是行为者个人的最大化利益，在本质上是个人主义的、利己主义的自私动机论。第二个是经济美德层面的经济理性。这种经济理性观侧重于经济行为的道德品质，认为不同类型的经济行为背后都有相应的道德品质，最好的经济美德就是最能服务于经济目标、能够带来最大效用的道德品质。经济美德层面的经济理性在本质上是一种工具理性，它不追问自己所服务的价值目标是否合理，因而无法为自己提供彻底的合道德性保障。第三个是经济认知层面的经济理性。这种经济理性侧重于经济行为的认知方式，认为经济理性就是经济生活的理性化认知，要求将经济生活中的一切要素都变成可量化、可预测和可控制的要素。这种经济理性将人(理性)变成了经济领域中的上帝，远离了不可量化的精神王国。一个全面合理的经济理性概念，应该同时包含这三个层面的内容，而不能仅仅强调其中一个方面。

二、新兴经济生活与现代经济理性

总体来看，促进我国农民经济理性发展的新兴经济生活主要有三种：第一种也是最重要的一种，就是农民的生产经营方式由生存需求主导走向了市场需求主导。与面向生存需求的产品种植模式相比，面向市场需求的商品种植模式具有强大的经济优势，这就使得农民逐步转向了市场主导型的商品种植模式，其经济选择的考量因素变成了什么东西最能挣钱、什么东西来钱最快。第二种，激发农民现代经济理性的新兴经济生活是进城务工。以劳动时间计算工资这种工厂生活方式使他们培育出了一种新的时间价值观念，并以这种时间价值标准对传统农业经济行为进行了合算性拷问。其结果是,很多不计时间成本的经济方式开始逐步消失,取而代之的是更具有经济合理性的经济方式。第三种,激发农民现代经济理性的新兴经济生活是外出打工。在长期的城市生活和企业生活中,外出打工者频繁与劳务市场打交道,从中培育出了一定的商业经济理性;而在企业里长期与现代化大机器打交道,使他们培育出了一定的工业经济理性。生产经营市场化、进城务工、离家打工这三种新兴经济生活所激发出来的现代经济理性各有侧重,对于农民经济理性发展的影响意义也各不相同。

三、经济理性的艰难转型与现实困境

伴随着农村市场经济的快速发展,我国农民的经济理性意识有了大幅提高。第一,我国农民市场经济意识普遍提高,但地域和个体发展非常不平衡。当自给自足的传统农业经济不断受到冲击、新兴的市场经济因素不断涌入之后,农民不可避免地会产生与市场经济相适应的诸多意识。但我国农村的市场化发展非常不平衡,不同地域发展不平衡,不同个体发展也不平衡。第二,农民求利欲望不断增强,但逐利能力有待提高。尽管大多数农民在经济动机上具备了充足的经济理性,但这种经济理性却明显受制于农民薄弱的经济能力。农民在市场经济中的获利能力远低于其他社会阶层。逐利欲望强烈而逐利能力弱小,这正是转型期农民经济理性发展的一大困境。第三,农民的生产性经济美德不断凸显,而交往性经济美德还有待增强。中国农民特有的不怕苦、不怕累品质,直接与现代经济理性的要求相适应,但刚刚进入市场的农民仍然有很多东西不能完全转变过来,尤其是在契约规则意识方面。第四,农民具备了初步的科技理性意识,但科技理性水平亟须提高。大多数农民以经济效益为标准选择和使用一定的农业科技,并初步形成了与之相应的科技理性意识。但由于我国农业科技发展水平还不高、推广范围还不广,受此限制的农民科技理性水平还比较落后。

四、我国农民经济理性的现代发展与陷阱防范

我国农民经济理性的未来发展必须注意以下四个方面的问题。第一,不断完善"三农"市场(特别是农产品市场),帮助农民形成以契约规则意识为核心的市场经济理性。建立完善的"三农"市场,才能帮助农民真正进入市场体系,形成合理的市场经济理性。但从土地走向市场,需要农民认识到契约规则的重要性。第二,大力发展和普及农业科技,不断提升农民的科技理性意识。必须为农民提供更多更先进的农业科技,不断提升农民的知识结构,使农民在农业科技的应用实践中培育出合理的科技理性意识。

第三，大力弘扬中国传统文化中的血缘亲情因素，消解现代化带来的冷漠问题。我国农民的现代化不能放弃血亲仁爱精神，必须将理性计算与血亲仁爱精神结合起来，创建更为和谐、更有亲情、更具效率的经济秩序。第四，利用地缘特色发展新型自然观，缓解现代化带来的生态危机。在发展农民经济理性的时候，一定要加大生态理性的宣传力度，使农民在现代化的道路上防范过度开发，促进人与自然的和谐共生关系。

市场经济的道德基础：斯密论商业社会对个人道德的要求　张江伟，道德与文明，2017(3)

本文分为三个部分。第一部分是对斯密交换倾向和交换概念的梳理，并探究其中的伦理意涵。第二部分则讨论斯密对市民的近乎底线伦理的要求所给出的理由，以及他对基于这一底线伦理的社会状况的展望。第三部分则讨论为应对商业社会的新动向，防止腐败，斯密在底线伦理之外所附加的用以支撑商业社会良好运转的美德伦理学的内容。

一、交换倾向中的伦理意涵

斯密对交换的讨论并不是就事论事，而是将之视为人与人之间发生经济关系的最为基本的微观场景。将人与人之间的交换行为建立在交换倾向这一至关重要的概念之上。其一，即使交换倾向不是一种原始的不可还原的倾向，它也一定与同情共感等重要的心理倾向之间存在密不可分的关系，甚至可能建立在后者的基础之上。其二，交换倾向作为一种协调人类经济社会关系的能力的内涵是清楚的。

二、交换正义与其他德性

斯密并不是赫希曼所谓的“不受限制的自我利益”的倡导者。斯密承认人的自利倾向的重要性，但是他不希望社会是由原子式的个人或者个人利益的激烈碰撞所构成。斯密所期待的社会是遵守交换正义的底线伦理之人所构成的社会。通过探究社会运转的逻辑，斯密甚至发现交换正义形成了培育仁慈、勤勉等德性的土壤，二者可以在社会中共同存在。这样的社会即使不能说已经趋于至善，无疑也已经足够美好。而且，由于这样的社会对人性来说并没有提出特别高的要求，斯密得以避免那种只能求之于圣贤的伦理学。

三、作为重要辅助的美德伦理

在斯密晚年，他发现整个商业社会的秩序面临着风险，他意识到，社会形势发生了重大变化。一是工商业既得利益集团对整个大英帝国的影响越来越大。二是商业社会的深度进展也引发了整个社会道德腐败的风险。一方面,交换正义的底线伦理不再是唾手可得,财富与道德之间存在普遍的紧张。另一方面,即使形式上的讨价还价和遵守契约仍然被普遍践行,但是由于前在的社会利益结构已经被扭曲,公正而美好的商业社会也面临威胁。斯密试图通过提出某种具有美德伦理色彩的实践道德论来适应商业社会的新动向。斯密的实践的道德体系主要针对两个群体:一个是商业社会中的中下层人民;一个是有志于改变社会推动社会进步的政治精英。前者是无望或者无兴趣成为政治精英的普通人。这样的人虽然在成就上也许不那么绚烂夺目,但是斯密寄希望于他们维护社会的底线正义,构成社会秩序的基石。后者则是那些具有造福国家和人民的远大志向、期许成为政治精英的人。斯密希望他们有朝一日能够施展所长,可以秉持高级的审慎去治理国家,矫正不公的社会利益结构。合而论之,斯密希望这两种人分别成为社会的基石和领袖。

四、结论

斯密不是教条式的伦理学家。他试图结合自然法理学和美德伦理学这两大传统来应对商业社会的道德问题。首先着眼于社会的需要和人性的限制,斯密探讨了什么样的个人道德是维系一个良好的社会秩序所必需的。在斯密看来,交换正义是商业社会的维系所必需的底线伦理。因此,斯密对商业社会中公民道德之期许分为两重:一重针对普通人,教诲他们看淡财富,懂得什么是真正的幸福,在此基础上按照底线伦理的要求对待他人;一重针对可能的政治精英,教诲他们抱有公心,克制傲慢,包容既得利益,审慎地调整社会的利益结构,使其回到自然自由秩序的轨道上来。斯密这一自然自由秩序的最大捍卫者,在其生命的晚年实际上已经意识到自然自由秩序本身需要得到人类德性的辅助,它不是可以完全不仰仗人类的反思,而只借助于人的盲目情感冲动而自我维系的存在。遗憾的是,斯密没有给出可以培育上述两种审慎之德的制度方法。不过也许这超出了斯密乃至任何一个作者的任务。毕竟,这两种德性更多地有赖于人类的自我选择和自我塑造。

生态文明的经济学内涵 杨文进,学习与探索,2017(3)

经济学视角的生态文明是从符合生态规律要求并满足人类经济利益需要来解读其内容的。体现生态文明核心价值的经济伦理最根本的内容就是人与自然关系的协调,其实现程度取决于包括“代内公平”与“代际公平”在内的人与人之间关系的和谐程度。任何文明的实现都要通过一定的资源配置来落实，资源配置向什么方向运动则取决于体现社会伦理的价值标准，体现生态文明伦理的价值理论是从人类作为一个物种持续生存和发展这个最大福利的角度去认识价值内容及其衡量标准的。要使生态伦理及其价值理论得到实现，需要通过一定的制度安排和组织形式来实现，具体的价值标准或尺度也是通过特定的制度安排来实现的，生态市场经济是当代实现生态文明最有效的组织形式。人类在物质、精神和生态三种需要方面的满足和协调程度，是衡量一个社会生态文明建设程度高低的标准。

一、生态文明的一般内涵

今天意义上的“生态文明”，是在人类对自然影响的能力空前强大并对生态环境造成严重破坏进而威胁到人类自身生存和发展，人类不得不调整自身对生态环境的行为方式的基础上产生的。就具体内容来看，首先，生态文明是一种世界观。其次，生态文明是一种制度安排。最后，生态文明是一种生态创新和满足社会对生态产品需要的能力。

二、生态文明的经济伦理内容

就相对狭义的生态文明来说，生态伦理的核心内容是人与自然的关系。而人与自然关系的本质是人与人之间的关系。生态环境和自然资源存在公共性，但由于不同的人对它们评估价值的巨大差异所产生的行为方式不同，生态环境难以得到有效保护，由此便会引发“效率与公平”的问题。生态文明的经济伦理要求在保持一定效率的基础上尽可能地提高公平的程度。

三、生态文明的价值理论

价值理论的内容包括价值的本质、价值源泉、价值尺度、价值交换与价值分配等。生态文明的价值本质，不仅反映了代内不同利益主体之间的生产关系，而且反映了人类作为一个整体与自然的关系，同时还反映了人类作为一个物种持续生存和发展的代际关系。价值源泉系指价值是由什么创造或生产的。生态文明的价值尺度主要是看它是否会增加社会的整体利益。生态文明指导下的价值交换是通过市场机制来进行的，而且其有许多领域是要通过生态伦理的制度安排来进行的。生态文明指导下的价值分配，产品必须在传统三要素（劳动力、土地、资本）和生态环境及自然资源之间进行。

四、生态文明的经济制度安排

确定价值尺度是生态文明的经济制度安排最重要的一点。任何经济活动都是由行为主体进行的,要使行为主体的结果符合生态文明的要求,就需要对他们在经济活动中的行为及其方式进行制度规范。要使人们的行为符合规范,就必须保证所有的行为主体能对自己的行为负责,为此就要保证他们具有法人资格,有履行责任的“产权”,于是就需要完善的财产制度和法律保障。

五、生态文明的经济组织形式——生态市场经济

生态文明的伦理与制度安排等也需要通过一定的经济组织形式来实现。生态市场经济是以生态伦理为自己的行动指南,以人与自然和人与人之间的和谐共赢为目标,是人文关怀与生态关怀的有机统一,实现生态文明要求的“公平”与“仁爱”,并以此设计相应的制度安排和行为规范,要求所有行为主体具有强烈的社会责任意识;在资源配置上,以反映生态文明要求的价值标准为导向,以人类生态学视角的人类福利最大化为标准衡量资源配置是否优化,以实现生态文明要求的社会发展目标为导向的一种生产方式组织形式。

六、生态文明的经济满足能力

与传统文明仅仅强调满足精神文化与物质产品需求不同,生态文明还特别强调“生态需要”。只有当自然资产和生态资本的积累与其他资产的积累实现相对平衡,从而生态需要的满足与其他两种需要的满足实现相对平衡,并且各种资本与人类需要的满足能够持续增长时,生态文明的建设才算达到目标。

反思“自利人”的人性假设 张传有,中国社会科学报,2017-02-14

在人性的问题上,比较流行的一种看法是,人的本性是自私的。虽然这种人性假设在历史上早已有之,但关键的问题是在最近几十年中,它似乎成为一种主流的人性假设,甚至成为对人性本质的一种公认的看法。为什么会出现这种情况呢?笔者以为,它和人们对市场经济的理解有关,特别是和对市场经济下企业生产活动的最终宗旨的理解有关。

有些经济学者片面地理解经济活动的本质,有意无意地割裂经济学与伦理学之间的联系,割裂经济生活与伦理生活之间的联系,从而得出“企业活动的根本宗旨就是谋求自身利润的最大化”的结论。与此同时,他们还把这种观念扩展到人类社会生活的各个方面,片面强调每个人都是利己的,谋求自身利益的最大化是人性的最本质的东西。

其实,诺贝尔经济学奖得主阿马蒂亚·森早就对这种经济学观进行了批判。森认为,那种认为企业的宗旨是谋求自身利益最大化的看法,实际上是某些经济学家对亚当·斯密的名言的一种误读的结果。亚当·斯密说:“我们每天所需要的食物和饮料,不是出自屠户、酿酒家和面包师的恩惠,而是出于他们自利的打算。我们不说唤起他们利他心的话,而说唤起他们利己心的话,我们不说我们自己需要,而说对他们有好处。”许多经济学家认为,这就是亚当·斯密所说的精明(明智),并把这种精明等同于自利。森认为,这些人对亚当·斯密思想的解读是错误的,因为亚当·斯密在其思想中还有同情心和自律这样重要的内容,这也就造成了伦理学史上所谓的“斯密问题”。也就是所谓“为什么亚当·斯密一方面强调人的自利,另一方面又大讲同情和自律”的问题。森并不否认自利可能成为“屠户、酿酒家和面包师”等人的行为动机,但是他认为,亚当·斯密在这里强调的是,在市场中,正常的交易活动为什么会发生以及如何被完成。根据亚当·斯密的整体思想,我们不能不承认,亚当·斯密并不把自利看作是唯一的行为动机,因为他实际上也强调了“同情”“自律”等也可能是人们行为的动机。特别是在市场经济活动中,互利互惠更是亚当·斯密所强调的人们行为的动机。对亚当·斯密这段话的曲解导致了严重的后果,那就是人们用一种错误的伦理观来指导自己的实践活动,而这种“经济人”的假设也成为后来经济学上的错误的伦理假设。森得出的结论是,经济学的“贫困化”主要是由于经济学和伦理学的分离而造成的。

森认为,以往的经济学研究并没有像许多经济学家所想象的那样,只讲“是”的问题,而是同时也讲了“应当”的问题。他们的错误在于设立了一个错误的伦理预设,这个错误的伦理假设就是:人都是在不断地追求自身利益的最大化的。这种对人类行为动机的简单的、固执的和狭隘的描述及预测,使经济学离开了实际生活中真正的人,从而对苏格拉底提出的“一个人应当怎样活着”的问题做出了错误的回答。这个错误就在于把理性等同于自我利益的最大化,把自利最大化之外的其他一切行为都看作是非理性的。

在现实生活中,大多数人确实是更多地考虑自身的利益,因为个体的人在其生存和认知过程中,总是离不开自我。但是,这并不能说明自利或自私是人的唯一的本性。作为社会的人,其实也具有一种利他性的本性。所以,那种人在本性上就是自利的说法只是强调了人性的某一个方面,而忽视了其他方面。而且,这种人在本性上就是自利的说法,忽视了人的精神追求,忽视了人提升自己、追求人性的完满性的特征。

这种“人在本性上就是自私”的人性假设还有一个错误,那就是它把现实中存在的东西当成是我们应当追求的东西。如果说社会上存在着本性自私的人是一个客观现实,它也只是伦理学上讲的“是”,而不是伦理学所追求的“应当”。所以从理论上讲,这一人性假设实际上是混淆了事实与价值。从实质上说,这种人性假设和价值观会让人降低对自身的道德要求。当人们认定人就是自利的时候,那种为了追求自身利益而损害他人或公众利益的行为似乎也就成为理所当然的事。

“包容发展”语境下中国企业伦理建设的战略价值与实践进路 邢盘洲、刘秀珍,南京政治学院学报,2017(3)

改革开放近40年来,中国企业在各方面都取得了史无前例的历史突破,但同时伴随市场经济发展而产生的商业贿赂、虚假广告、尔虞我诈、不正当竞争、环境污染等现象仍然不同程度的存在。就此而言,积极探讨“包容发展”语境下中国企业伦理建设的战略价值与实践进路就显得尤为必要。

一、加强中国企业伦理建设的必要性

1. 加强中国企业伦理建设符合当代企业本质含义和基本定位。从本质上说,企业是经济性和道德性两方面的统一体,它需要实现经济目标和道德目标。因此,企业需要在经营中实现利益的平衡,即“获取利润应该是被合乎道德的动机所驱动。希望为企业的利益相关者服务也是一个符合道德的动机”。

2. 加强中国企业伦理建设符合包容增长状态下企业发展趋势及软实力竞争要求。只有以道德理念为指导的企业经营行为,才能合乎道德的谋取企业自身的正当利益。企业整体素质及核心竞争力的提升离不开企业伦理建设;环境保护、和谐经济秩序之构建及利益相关者“幸福指数”的提升也同样离不开企业伦理建设。

3. 加强中国企业伦理建设旨在顺应社会发展要求及体现环保主义和消费者权益保护。当代社会发展要求经济道德化、经营伦理化和产品(服务)人性化,经济的“道德回归”成为不可逆转的时代潮流。由此,社会对企业的要求也发生了历史性变化,企业要在应有的规则框架中经营发展。此种社会发展要求,突出体现在环保主义运动及消费者权益保护运动的快速发展中。

二、加强企业伦理建设之于当代中国企业发展的战略价值

1. 加强企业伦理建设有助于提高企业经营道德境界，增强企业发展活力。从本质意义上说，任何生产不可能直接就是盈利，而只能在为人服务的过程中实现自己的利润目标，所以，企业以人为本的生产经营活动，是为满足企业产品消费者的各种人性化需要而进行的生产。企业应该千方百计找到实现经济目标和道德目标的平衡点。

2. 加强企业伦理建设有助于提升企业人性化管理水平，提高企业管理绩效和经济效益。道德具有很强的规范与整合作用，可以整合企业的各种物质资源和精神资源。首先，有形的物质资本可以通过道德激活，进而加快运转速度。其次，道德不会凭空发挥作用，它通过不断渗透于有形资本内，通过打造企业信誉和品牌，来促进有形资产净价值及附加值的提高。

3. 加强企业伦理建设有助于促进企业人性化产品打造。在一定意义上，企业产品既是有形的物质产品，也是企业道德理念和道德资本的物质外化。显然，道德资本缺失的企业，是难以打造出适销对路、引领时尚潮流的人性化产品的。

三、中国企业伦理建设现状及其成因解析

1. 企业"非道德经营神话"之误导。西方关于经济和企业有一种"非道德性假设"，认为经济活动应该游离于道德评价之外，保持"价值中立"。这种伦理学认为公司不是一个"具体的人""现实的人"，而是一个"虚幻的人""假设的人"。既然企业被认为不是"人"，更谈不上"企业公民"，那么，相应的义务和责任包括人权责任也就无从谈起。

2. 法律监管的缺失缺位。从企业经营发展史来看，要想使企业尊重和保护人权，见效快捷、成效显著的办法是通过法律手段，以国家强制力为后盾来规约企业行为。

3. 道德滑坡和极端功利主义之影响。改革开放以来，伴随市场经济的不断发展，人们的思想观念呈"碎片化""多元化"发展趋势，实用主义在一些国人心中占了上风，"功利"成了一些人考评事物的最高标准，社会道德建设遭遇危机。

四、加强中国企业伦理建设的实践进路

1. 对政府来说，切实管理好企业领导和企业经营行为，政府应具备战略管理思想，应有推进企业长远道德经营的战略眼光。

2. 从企业自身来说，应解放思想，破除利润与道德之间的悖论，打造道德与利润平衡的战略性伦理经营模式。

3. 对社会来说,应加强企业伦理的宣传教育及媒体监督、社会监督的实效,对企业形成外部压力,激发企业提高伦理意识的正能量。

振兴实体经济与商帮文化 金煜、戴菁,社会科学报,2017-03-23

怎样振兴实体经济?这是"两会"上经济领域讨论的热点话题。在经历了风云变幻的国内外经济冲击之后,中国的精英阶层逐渐地形成共识:实体经济是经济发展的根基,当务之急是加快转型升级。但是,对于实体经济如何振兴并且落实,精英阶层却莫衷一是。而其中的一个重要原因,就在于国内地区之间的经济发展存在着巨大差距,振兴实体经济的具体策略不可能千篇一律、千人一面。策略必须因地制宜:一是要依靠熟悉本地情况的企业家提供信息;二是要鼓励当地的企业家群体之间相互学习。所以在当前振兴实体经济的共同目标下,重振或再造以地缘为纽带而形成的商帮文化传统,显然是放之四海而皆可的"良药",尤其值得提倡。

振兴实体经济需要依靠各地区的企业家团体共同发力。从不同区域角度来看,要实现结构优化,各地企业家的目标包括多个方面:第一,老工业基地的传统产业的改造和提升;第二,沿海较发达地区的新兴产业的创新升级;第三,通过虚拟经济,实现实体经济跨区域之间的有效结合。而商帮文化,恰好可以强化企业家团体专注于解决本地区所面对的难题。同时,振兴实体经济的目标,并非仅指振兴工业,而是多层次的。从三大产业角度来看,现代化的农业是实体经济之源泉,也有助于释放大国的劳动力优势;服务业(包括互联网、物流和金融行业)则是工农业生产部门与市场之间不可或缺的黏合剂、润滑剂。因此,商帮文化可以促进当地实业家之间相互认同、自然而然地优势互补。

中国现代的商帮文化因地而异,这就是所谓"一方水土养一方人";但究其实质而言,总归有着万变不离其宗的共同内涵——强调实业家的工匠精神、创新精神和儒商精神。无论何地的实业家要想振兴实体经济,都能从中取其所需,各得其益。

首先,对于老工业基地来说,改造和提升自身的传统优势产业要弘扬企业家的工匠精神。工匠文化中的恪尽职守、精益求精,恰恰是现代商帮赖以成功的关键。所以,重振或再造商帮文化有利于培育众多社会亟须的"中国工匠",培育更多享誉世界的"中国品牌",推动老工业基地的经济发展进入质量时代。

其次,对沿海较发达地区来说,商帮文化本就传承有序、根深叶茂,振兴实体经济更需要充分发挥商帮文化中的创新精神。比如浙商中的宁波帮，曾在中国工商业的近代化中发挥了举足轻重的作用，宁波成为实施《中国制造2025》的首个示范城市，正是其商帮文化的延续，在重大装备专项工程上，大力发展先进制造业。北上广深等一线城市是商帮文化的汇聚之地，如今在大数据、云计算、物联网应用等新技术的诸多方面发挥出企业家聚集、竞争的优势。

最后，正是因为各地实体经济发展差异巨大，所以在实施创新驱动发展战略的过程中，特别需要提倡商帮文化中“儒意通商”的协调精神，减少“创造性毁灭”对创新、创业的抑制。中国的商帮文化在特定经济、社会背景下应运而生，商帮在其形成的过程中受到来自内外各方面的压力，为规避内部恶性竞争，增强外部竞争力，形成了利用集体的力量保护、发展自己的传统。这种互帮互助的协调精神在当前显得弥足珍贵。

尤其值得强调的是商帮文化中“儒意通商”的协调精神。近来，对经济“脱实向虚”的担心，导致了传统和新兴产业之间的争论。要振兴实体经济，离不开各个行业之间的协调合作。房地产业增加对制造业需求，金融业为制造业提供资金，网络经济和线下经济形成物联网的发展，服务业为工业产品提供增加值。这一切恰恰体现了商帮文化中的“通”字。所以，如果把商帮文化恰到好处地融入到所谓的虚拟经济中，那么对振兴实体经济有百利而无一害。唯有那种不顾及整体利益的单方面恶性竞争，才会导致忽略长期收益的投机行为，损害实体经济。

重铸商帮文化也有助于减少经济发展中“创造性毁灭”对创新、创业的抑制。当前的经济发展中出现了新兴产业的崛起，确实形成了对传统产业的冲击。那么，政策制定者是否必须先入为主地设定一些偏向性的产业政策呢？要知道，大量的经济事实已经告诉我们，不存在无所不包的、能准确预测未来的先知。先入为主的偏向性的政策，往往导致一个国家错过产业发展机会。所以，政策制定者需要给市场更多的信任，让人们在公平的规则下充分的竞争。发挥出商帮文化中的“儒意”，则可以减少过度竞争导致的一些负面影响。也许，在市场环境中锻造而成的商帮文化才是最有利于振兴实体经济的软实力。

道德经济：当代经济伦理学研究的应有主题　周丹，伦理学研究，2017(4)

兴起于20世纪90年代的道德经济是在企业社会责任思潮和消费者对企业社会目标的期待的双重推动之下而兴起和发展的，社会企业的蓬勃发展是其兴起和发展的典型表征。以研究人们经济活动中的伦理道德问题为宗旨的经济伦理学应该把道德经济纳入其中并赋以主体地位,而道德经济也可以展现经济伦理学为经济发展创设价值目标的学科价值,丰富它的研究内容,为它合理指导经济决策提供新思路,从而构成经济伦理学现实化的实践平台。

一、道德经济在当代经济社会的兴起与发展

从时间上看,道德经济兴起于20世纪90年代;从内容上看,道德经济则是随着企业对社会责任的重视及企业社会责任内容的变化而出现的,可以说,企业社会责任思潮为道德经济的兴起奠定了基础。

第一,企业社会责任的内容发生变化促发了当前道德经济的兴起。20世纪90年代以前,经济领域流行的是美国当代著名的新自由主义经济学家米尔顿·弗里德曼于20世纪70年代提出的"企业的唯一社会责任就是增加利润"这一经济伦理观念,从此,利润优先的原则成为经济领域的圣经或伦理信条。

第二,消费者和其他利益相关者对企业社会目标的期待也是当前道德经济兴起的另一个重要动因。在许多企业越来越重视其社会责任的同时,消费者及其他利益相关者的注意力也转移到了企业的社会目标上。

第三,在当下经济社会中,社会企业的蓬勃发展是道德经济兴起的典型表征。社会企业是一种有别于通常意义上的商业企业,同时也有别于非营利组织,是介于公益与营利之间的企业形态。因为这一新的组织形态具有企业化运营方式同时又受社会使命驱动的混合特征,兼具了公益和营利双重目标,所以,西方普遍地称之为社会企业。

二、研究道德经济是当代经济伦理学现实化的迫切需要

既然道德经济已然成为经济社会发展中的引人瞩目的新兴经济现象,那么作为研究当今经济发展过程中的伦理道德问题的经济伦理学就不能不对其发声。

第一,经济伦理学的目的是实现道德经济。在经济伦理学形成和发展的过程中,无论是理论研究还是实践践履,它都秉持着这一目的,力图提升伦理价值观念和价值目标对经济的引领,发挥伦理道德在社会经济中的作用,以便形成经济的道德化。

第二,道德经济展现经济伦理学的学科价值,丰富其研究主题,促进其发展。经济伦理学作为一门学科,形成于20世纪60—70年代有着特定背景的美国。二战后,美国大力发展经济,随着资本主义的发展,市场化进程的加快以及激烈的市场竞争，对利润的追求似乎成了企业追求的唯一目标。经济的飞速增长带来了环境污染、生态破坏、道德缺失、消费者利益和公共利益受损等一系列问题。一些学者开始关注经济发展中这些问题的严重性，开始对企业在管理和经营中是否应当考虑伦理价值观的地位并承担道德义务进行研究。企业决策层也开始反思自己的所作所为，积极联系相关学者，试图将伦理因素引入其决策和经营管理的过程，从而使经济伦理学成为公司经营管理理念的重要组成部分。

三、经济伦理学如何研究道德经济

第一，经济伦理学研究道德经济建立在经济主体是“经济人”与“道德人”相统一的理论假设之上。理论假设是现代科学、学科理论体系建构的基石。经济伦理学是经济学与伦理学相交叉而产生的新兴学科，它既是伦理学的分支学科，也是经济学的分支学科。现代经济学的大厦建立在“经济人”假设的基础之上，现代伦理学也是建立在“道德人”这一前提之上，因此经济伦理学也必须结合这两种前提，将其合而视之，并作为自己理论体系建构的逻辑起点。从经济伦理学角度来看，道德因素应是道德经济的必要规定，也是其产生和发展的内在促动力量。

第二，经济伦理学以历史唯物主义方法研究道德经济。当我们把道德经济视为经济伦理学的主题时，我们就应该以历史唯物主义方法来考察、审视它。经济与生产力之间的关系也就是生产关系与生产力之间的关系的反映。因此，道德经济的产生从根本上说就是生产力发展和生产关系变革的必然结果。

第三，经济伦理学以价值分析法研究道德经济。与社会学、历史学、人类学研究道德经济不同的是，经济伦理学是价值科学，对事物、现象进行价值分析是其学科属性所决定了的。经济伦理学认为，只有以社会制度和共同价值观来主导经济行为，经济秩序方能得以保障。以服务于社会为目的，应该构成道德经济的坚定立场。道德经济之所以为道德经济，是因为这种经济活动方式中的社会目标与经济目标紧密关联、缺一不可，并相互促进。社会目标是道德经济的中心，它通过经济目标得以实现。社会目标引起、指导、控制、调节主体的经济活动目标，决定经济主体活动的方式和性质。经济目标的实现是为了社会目标的达成，即是说道德经济的经济目标是实现社会目标的方法、途径，通过经济目标实现社会目标是其根本特点。

市场机制的边界:当代中国市场经济的伦理反思与建构. 户晓坤,道德与文明,2017(4)

市场机制作为社会组织生产活动的高效工具,“嵌含”于特定的社会关系结构中,承载着平等化、自由化的道德作用和社会政治意义。然而,资本逻辑所驱动的自由主义市场机制导致了市场价值对社会价值的排挤以及对公共美德的“腐蚀”。对于推动和深化中国特色社会主义市场经济而言,必然需要从中国社会自身独特的伦理传统中演进出与之相适应的并相互支撑的伦理价值,从而为市场边界向公共领域和良好生活的扩张设置道德底线。

一、“嵌含”于社会的市场机制:市场的社会性质及其道德基础

市场机制,作为在特定社会历史条件下的经济运行方式,被普遍认为是组织生产和分配的最有效方式,在价格信号的引导下,人们能够通过自由交易进行分工合作,追求资源分配的帕累托最优状态,交易范围超越了血缘以及地缘的限制,世界市场的全球性扩张构成了“现代性”的基本动力。(1) 市场机制的社会性质。即市场存在和运行的基础却植根于具体的社会生活领域。(2) 市场机制的道德基础。即培养和发展个体自由和选择的能力,使劳动者获得独立自由的社会身份和权力。

二、市场机制的限度:澄清市场的范围和角色

“嵌含”于劳动与资本二元主体的社会关系结构,基于产权的道德共识与法治精神所建构起来的市场机制具有自律性倾向,在自由市场中信奉私有产权的神圣性和价格信号的导向性。(1) 市场机制的神话:自由与效率。市场机制作为一种社会制度,之所以能够创造秩序、可预测性和稳定性,进而成为最具有效率的经济活动方式,是因为它可以帮助“社会集团在各种各样的信息中找到它们的内聚力——关于共同价值观的信息,关于他人可能采取行动的信息,以及包括我们自己在内的集团任何成员某些行为所带来后果的信息”。而效率和公平,则是由市场的制度化体系及其目标函数来界定的。(2) 嵌入资本逻辑中的市场机制:边界与限度。自律性市场机制以资本逻辑作为内在支撑,或者说资本逻辑隐遁于自律性市场机制之中。在现代经济学的基本态度和立场中,支配自律性市场的资本逻辑被隐遁了。由市场所驱动的社会在根本上服膺于资本的逻辑与权力,必然导致社会价值与市场价值之间的冲突。

三、批判性地脱离资本逻辑:社会主义市场经济的伦理向度

作为公共活动领域的市场嵌含于社会关系之中。市场机制首先是一个社会的历史范畴，在不同性质的社会关系与制度结构中，市场作用机制、范围和角色是完全不同的。由于市场机制内在的社会性质和道德基础，才使我们必须具体地而非抽象地讨论关于市场的边界问题。(1) 立足于中国道路的社会主义市场经济。市场机制是组织生产活动的一种有价值且高效的工具，市场经济既有道德基础作为其高效运行的内在支撑，同时具有道德局限性。在当代中国经济转型过程中，市场化改革应将建立良好的公共生活和公民责任纳入自身的目标函数中。(2) 中西比较视阈下中国市场经济的伦理建构。回到经济学的伦理传统中去探讨市场经济的道德基础，这一问题本身便具有中西差异的视阈，必须深入实在主体之感性活动以及活动方式的本质差别之中。在市场中活动着的行为主体需要对自己的行为结果负责，更需要通过平等的获利机会、有规则的竞争与他人展开互利合作。对于中国市场经济的历史性实践而言，需要明确两个核心支点：第一，中国市场经济的道德演进需要冲破建立在血缘和地缘基础上的自然道德，建立普遍法则的自我约束以及对于公共生活的道德责任；第二，将批判性地脱离资本逻辑作为反思与建构中国市场经济伦理向度的前提，这意味着辩证地转化、克服和积极扬弃现代资本主义文明的解体性因素，在占有这一文明之成果的同时，开启具有特定性质与内容的社会主义新文明类型，它不仅仅以形式的意志和主观的自由来形成经济、政治、社会、文化等等的基本建制。所以它不仅将更多而且将更为根本地把具有实体性内容的“集体”或“社会”整合到其全部建制的基础之中，从而以社会价值作为对市场价值的内在约束，也为市场边界向公共领域和良好生活的扩张设置了道德底线。

经济道德的经济哲学思考　郑秀喜，山东社会科学，2017(4)

经济道德问题，不能从抽象的“经济人”或“经济人”与“道德人”的结合体来理解。只有从历史与逻辑的辩证统一中把握经济生活主体的本质，才能发掘经济道德产生和发展的根本原因，以及正确理解经济道德评价的冲突问题。经济道德只有保持与时俱进的理论品质和实践指向，才能发挥其对经济生活矛盾的积极调节作用。

一、理论界的主要看法及其失误

对于经济道德问题，理论界历来有两种看法：一种是认为经济生活主体是纯粹自由的“经济人”，因此人们最大化创造、获取和享用物质利益这种经济生活不存在道德问题；一种是认为经济生活主体是“经济人”与“道德人”的结合体,经济生活与道德生活紧密相关,道德问题是经济生活中的重大问题。同时,持后一种看法的学者又分别持两种不同的观点:一种观点认为,道德问题之所以是经济生活中的重大问题,是因为“经济人”与“道德人”是经济生活主体具有外在相关性的两种属性,它们犹如热水瓶瓶胆与瓶壳的关系。因此,经济道德是约束和规范经济生活的一般社会道德,即经济道德实质上是浸入经济生活领域的一般社会道德,而不是经济生活领域本身的道德。另一种观点认为,“经济人”与“道德人”是具有内在相关性的经济生活主体的两种属性,它们犹如一枚硬币的两个面的关系。因此,经济道德是经济生活中与生俱来的协调经济生活本身的道德规范。这些看法和观点的失误,主要在于它们得出结论的逻辑前提不是真实可靠的事实,而是主观设定的“经济人”或“经济人”与“道德人”两种属性按不同方式结合而成的抽象本质,即在任何社会经济制度条件下都不会改变的逻辑概念。因此,它们只能在抽象的逻辑思辨中有意义,而无法真实有效地观照和解答现实经济生活中客观存在着的道德疑难。

二、经济道德何以可能

经济道德是因为人类劳动实践能力的相对有限以及人类创造、获取和享用物质生活资料所必需的资源、技术手段等条件具有“稀缺性”,使经济生活主体成为“经济人”与“道德人”的矛盾统一体而生成的。经济道德随着人类劳动实践能力及其推动的作为“经济人”与“道德人”的矛盾统一体的经济生活主体的不断发展而不断得到改进与提升。当然,经济道德规范是以经济生活主体的经济道德需要为根据的,因此,不管它是从经济生活中逐渐生成的,还是由一般社会生活道德及其他社会生活道德转化而来的,它在实存的意义上就不再是一般社会生活道德或其他社会生活领域的道德。一般社会生活道德或其他社会生活领域的道德只能是经济道德生成的一种“原料”。因此,我们只有在历史与逻辑的辩证统一中才能真正把握经济道德以及回答现实经济生活中的道德疑难。

三、经济道德评价的标准及其冲突

根据“成本收益”理论,可以把人们通常评价经济生活行为是否道德的标准具体概括三个层次:(1) 经济生活主体对自身经济利益的谋求,是否实现了“社会成本最小化”;(2) 自身经济收益的获取的成本支付完全由自己担负;(3) 是否增加、改善了他人和社会经济同体的经济利益及最大化目标。只有达到了这三个层次的要求的经济行为,才能算得上是道德的经济行为。其实,这就是人们在经济生活中进行道德评价通常采用的一般性标准。

一般性经济道德评价标准与具体的经济道德评价标准之所以会出现对立,究其深层原因,主要在于:第一,经济生活(评价主体)是理想性存在与现实性存在的矛盾统一体;第二,具体经济道德是一般经济道德要求与具体经济制度要求的矛盾统一体。

传统人性论之“道德人”与市场经济伦理人性假设的冲突与调适 李帅,湖北社会科学,2017(4)

一、传统人性论的道德性本质

人性论是关于人的本质或本质属性的理论,中国传统人性论最主要的特征就是以善恶的道德标准言性。传统人性论以性善论为主流,孟子认为人生来具有仁义礼智四种基本善的“善端”,所以人性本善。其后的董仲舒、王弼、韩愈、二程、朱熹、王守仁就其思想实质而言,都是对人性善理论的认同。从人性本善出发容易得出“道德人”的人性假设,之所以是“假设”,在于无论性善论还是性恶论者并不否认人性另一方面属性的存在,只是在“何为第一性”上存在争议,所以无论以哪个“第一性”为出发点做出的人性设定,只能最大限度接近真实人性,只能是一种理想人格或者人性假设。值得注意的是,从传统性恶论出发同样会走向“道德人”的归宿。性恶论虽然比性善论较多体现了对自然欲求合理性的尊重,但只是逻辑出发点不同,最终归宿都是为论证治国理政方案、维护封建统治的礼教寻找理论支撑点,都是促成“修身、齐家、治国、平天下”的理想“道德人”实现。所以,传统人性论具有突出的道德性本质,“道德人”从历史角度看是封建社会追求的理想人格,从当下看是其人性假设,以此为前提形成了一种道德本位的德性主义文化。体现在经济活动中,即否定趋利行为的自然合理性,轻视对利益,尤其是经济利益的追求,形成了“以义导利”“以义制利”“君子爱财,取之有道”“富而好礼”的儒家经济伦理模式。

二、“道德人”与市场经济伦理人性假设的冲突

众所周知,西方学者对经济问题的研究以人性假设为理论前提,从早期亚当·斯密、约翰·穆勒的“经济人”假设,到后期马歇尔等对“经济人”的批判和发展,衍生出“社会人”等范畴。传统人性论的“道德人”在与这些人性假设的对接中存在诸多冲突,主要体现在以下几方面:第一,“道德人”与“自利人”的冲突;第二,“道德人”与“理性人”的冲突;第三,“道德人”与“社会人”的冲突。可见,传统人性论的“道德人”与“自利人”“理性人”“社会人”等人性假设存在诸多冲突,致使市场经济伦理的建设存在诸多问题。

三、对传统道德人性论的调适

第一,打造“自利人”的观念认同。当前仍需要打造对自利人的观念认同,释放人性比压抑人性更助于形成合理合法地追求自身利益的局面,促进市场经济的健康发展。我国作为市场经济起步较晚的国家,虽然不必完全复制西方的道路,但具有普遍性的东西还是要遵从,可以说,对利己动机的确认和尊重是市场经济的第一课,过去我们没上,现在需要补好。

第二,进行理性的启蒙。理性的启蒙主要体现在两个维度:一是宏观维度,或者社会维度、国家维度,即实现整个社会经济、政治、文化生活的理性化;二是个体维度,即市场经济的主体要培育理性主义的思维、行为方式,包括个人主体和企业主体。这种思维行为方式以科学主义的精神和方法面对人和事物,以“真”为主要价值取向。

第三,确认个体实在性。无论“利他”的道德引导还是集体主义的文化传统,都具有积极的意义,但是只有在肯定个体实在性的基础上,悠久的“利他”传统才能找到着陆的土壤,更好地发挥价值引导作用,集体主义的优势才能真正彰显价值,传统道德人性论便获得了升华。对个体实在性的确认主要通过对个体权力的确认、尊重和保障来实现,比如生命权、财产权、自由权。

第四,探索时代化的道德标准。一方面要发扬传统德性主义文化重德爱德的优良传统,面对复杂不拘的感性世界,人类始终需要信仰、道德的精神指引;另一方面,现代化的中国需要的是一个既与具体国情和文化传统相适应,又与商业文明和市场经济相适应的新“礼”——这个“礼”一定是建立在承认和正视人的自利性、个体性、理性的基础之上。这样一个时代化的道德标准才会真正担当起道德的责任。

儒家伦理与市场理性耦合的家族经营:基于李锦记集团的经验分析

胡国栋,理论探索,2017(4)

家族企业既是营利性的经济组织,同时也是维系亲情的亲缘共同体。本文重点考察以李锦记为代表的华人家族企业独特的经营方式,揭示儒家传统的家族主义文化与现代市场机制在家族企业中的冲突与交锋,发掘中国家族企业在化解效率与人性、伦理情感与经济理性之间悖论问题上积累的相关经验智慧及制度设计。

一、“家族主义”与李锦记集团的特殊治理结构

李锦记发端和兴起于宗法思想及家族观念浓厚的中国南方区域，同时在近代较早地接触海外西方制度文明，在家族企业治理方面走出一套与中国普通家族企业不尽相同的道路，即股权封闭，只允许具有李锦记家族血缘的家庭内部成员持有股份，通过一套正式与非正式的制度安排进行家族治理，培育和选择具有创业精神和经营才能的家族精英来治理企业，同时吸收部分外部职业经理人辅助治理。这种治理模式并未实现经典公司治理理论中的两权分离，也没有将控制权完全让渡给职业经理人，但却有效避免了股权分散、内部人控制、代理成本较高和难以规避外部资本市场风险等现代公众公司的治理弊病，开辟了一条中国家族企业治理新路径。

二、家族治理中的儒家伦理与经济理性

李锦记百年兴旺的成功之处就在于将中国的儒家伦理与现代市场经济中的组织理性结合起来，融通两者长处，以儒家伦理中的家族主义信任及家族价值观作为非正式制度，推己及人、思利及人，加强家族企业的文化凝聚力；以经济理性、权力制衡、契约精神等西方经营中的先进理念来进行正式制度建构，对家族进行自我约束，减少儒家伦理的亲缘主义对企业经营的不当干预。

三、“思利及人”与“自动波”领导

与家族文化基因重合的李锦记企业文化是“思利及人”，它凝聚了儒家伦理思想的精髓，并被巧妙地转化为一种现代企业集团的文化价值观。在“思利及人”思想驱动下，李氏家族企业发展出“自动波”领导模式，是道家“无为而治”思想和后现代主义者主体离心化与去中心性的“无形领导”与“自我管理”的一种实现形式。“思利及人”是在利益获取认知中“推己及人”的体现，首先认可个人追求自身利益的合理性，但对利益的追求设定了某种条件，即当个人能够给别人带来利益的时候，才能获得自身的长远利益。“自动波”领导模式折射的正是“思利及人”的文化基因，本质是对“思利及人”理念的具体落实、传承和发展，两者聚焦的都是个人与集体的关系，强调对人的关怀和尊重。

四、儒家伦理“阻滞”还是“节制”资本

依照马克斯·韦伯的经典理论，儒家的亲缘主义伦理难以发展新教伦理对财富的理性追求和效用计算逻辑，儒家的这种亲缘伦理及其塑造的“礼法”式律令会阻滞中国资本主义的发展。然而，李锦记的经营实践则表明，儒家的家族价值观及忠恕伦理，与资本主义基于计算的经济理性并不完全相斥,只要具备高超的经营智慧,中国本土企业完全可以将儒家伦理转化为企业运营的特殊优势。因此,儒家"内圣而外王"的利他主义伦理在节制资本的逐利本性与侵害行为以及增加企业的社会责任和增进社会的长远福祉方面具有特殊的积极意义。

五、结论:中国家族企业治理的未来走向

李锦记将家族的治理置于企业治理之上,确立家族核心价值观,设立家族委员会,制定家族宪法,通过家族的团结和睦实现企业的永续经营。可见,现代公司治理并非只有美国式两权分离、专业经营的经理主义治理一条道路可循。如果恰当地将中国儒家伦理与西方治理制度及制衡机制结合起来,探索儒家伦理节制现代公司资本劣性的制度途径,融通家族主义与经理主义,则可能开辟一条具有中国本土特色和民族智慧的家族企业治理模式。

马克思财富共享伦理思想及当代价值 张志兵、陈春萍,湘潭大学学报(哲学社会科学版),2017(4)

马克思在继承人类财富的属人性质与财富归全社会所有的理想追求的基础上,积极扬弃资本主义私有财产,提出了以人的能力及其发展为核心的财富形态理论和财富应为人民共享的财富伦理思想。

一、马克思财富共享伦理思想的逻辑起点

1. 马克思从资本主义社会不平等的现实出发,阐释了共享平等的伦理应然与必然。一方面,深受启蒙思想和法国大革命的影响,马克思从革命评价的视角,对资产阶级彻底摧毁封建统治、推行法律与政治面前人人平等的原则予以高度肯定。另一方面,马克思对西方近代以来的起点公平和结果公平学说予以批判继承,对平等概念进行了科学诠释,并以此来对资本主义私有制下的不平等现实进行革命的批判。

2. 马克思从资本主义社会工人普遍贫困的现实出发,阐释了共享财富的应然与必然。马克思对资本主义制度下广大人民的贫困一直保持深刻的关注和浓浓的人文关怀,并对资本主义社会的贫困现实进行脚踏实地的考察。只有消灭资本主义私有制,消灭雇佣劳动制度,实行生产资料公有制,使工人阶级成为生产资料的主人,并通过有组织有计划地社会化生产,大力发展生产力,才能实现物质财富的积累和人民生活的富足,实现财富共享。

二、马克思财富共享伦理思想的基本内容

1. 马克思肯定了财富的伦理正当性。对于财富这一敏感问题,作为伟大的政治经济学家,马克思当然不会回避,他的财富观认为:自然财富是物质财富的基础;劳动是财富创造的决定性力量;资本主义财富生产的目的是为了最大可能地榨取工人剩余价值而满足自己发财致富的私欲;财富发展的终极目标是人的自由全面发展。

2. 马克思指明了实现财富共享的根本途径。马克思在批判资本主义私有制的基础上,提出必须消灭私有制,建立共产主义社会,才能真正实现财富共享。在他看来,资本主义社会是资产阶级占有全部生产资料和生活资料,劳动者仅仅占有自己的劳动力,此外一无所有,因而注定它是最无私的阶级,是革命最彻底、最坚决的阶级,必然成为资产阶级的掘墓人。

3. 马克思阐释了实行财富共享的具体方法。首先,马克思解释说,社会主义国家可以通过协调社会利益、联合劳动者利益和劳动者个人利益之间的关系而消除生产资料私有制状况下的根本对立,而协调的最佳途径就是共享发展成果。然后,马克思以社会总产品的分配为例对社会如何进行共享进行了详细说明。

三、马克思财富共享伦理思想的当代启示

1. 在对待财富的总态度上要更加尊崇财富。只有明确赋予人们追求财富的正当性,鼓励人们以正确的理念和方式去对待财富、追求财富,合乎道德地致富,才能实现人民财富的最大增值,更好地实现财富共享的伦理目标。

2. 在财富创造的过程中要更加尊重劳动。在中国特色社会主义条件下,只有最大限度地发挥广大人民群众当家作主的劳动积极性,才能更快地推进财富创造和价值增值。因此,每一位社会成员都应该尊重劳动、尊重知识、尊重人才、尊重创造,尊重和保护一切有益于人民和社会的劳动。

3. 在财富分配的过程中要更加注重公平。在我国当今社会中,财富分配不公的现象还普遍存在,社会财富在快速向一小部分人集中。因此,在再分配中,不但要在收入分配即财富的流量分配上注重公平,而且要在财富的存量分配上注重公平。

4. 在财富消费的过程中要更加注重人的发展。在财富消费的过程中,必须坚持以人为本的根本原则,这具体体现在如下几个方面:一是要保证全体人员的基本消费;二是要批判过度消费,提倡适度消费、合理消费;三是要提倡精神消费。

论阿马蒂亚·森比较的正义对罗尔斯公平的正义的价值颠覆 丁雪枫,理论探讨,2017(4)

剑桥大学诺贝尔经济学奖获得者阿马蒂亚·森(下文简称森)的思想涉及哲学、经济、政治、社会等各个方面,尤其关注正义问题,试图以比较的正义颠覆罗尔斯公平的正义。

一、颠覆的原因:公平的正义的价值缺陷

1. 探寻完善的正义,轻视现实的正义。罗尔斯认为,恰如每个有理性的人都在反思并追求自己的理想或至善一样,一个群体、特定社会也必须确立完善的正义,为不完善的现实提供价值目标。在森看来,公平的正义作为先验制度主义的重要代表,探寻的是完善的正义而非相对的正义,研究的是正义的本质而非相对更为正义的现实。也就是说,公平的正义过于绝对化、观念化,轻视对社会的比较研究,因而离现实太远。

2. 关注制度的正确,轻视社会的互动。罗尔斯认为,公平的正义的目的是要建立一个秩序良好的正义社会,这个社会建成的标志就是有一个基于正义原则的正义制度。然而森却指出:任何预设的制度都受现实社会的影响;正确的制度要想产生好的社会效果必须关注人们的行为。罗尔斯的公平的正义由于忽视了社会中的每个人的具体诉求,因而陷入片面。

3. 强调抽象的认同,轻视理论的可行。森认为,罗尔斯公平的正义不但方法上具有冗余性,而且原则上最终无法达成一致,因而不具有现实可能性。具体表现在以下三个方面:第一,当事人难以保持中立立场;第二,正义原则来源的神秘性;第三,社会制度方案的不确定性。

二、颠覆的依据:比较的正义的价值合理性

1. 可行能力基础对基本善基础的超越。公平的正义的基础是基本善,比较的正义的基础是可行能力。森认为,可行能力作为正义的基础比五种基本善更有合理性。依据主要有:首先,人们的生活品质比财富本身更有价值;其次,行为能力比抽象的自由更有价值;最后,人的自然环境和社会环境比基本善更具有基础性。

2. 实质自由原则对自由优先原则的超越。森认为,罗尔斯的自由是个体的自主性,这种自主性是他人不得干涉的,这样就忽视了自由的实质性。而森的实质自由原则主要有三个方面:第一,自由不具有至上性,人们可以为了其他的选择抛弃某些自由;第二,一个人的可行能力是自由的核心;第三,生存生活比抽象自由更重要。

3. 对幸福标准的认可而非批判。公平的正义对幸福的批判源于古典功利主义的缺陷。罗尔斯颠覆了以幸福为基础的功利主义的价值合理性，为建构公平的正义奠定了基础。不同于罗尔斯对幸福的否定，森对幸福持肯定的态度，比较的正义离不开幸福的支撑，因为“幸福是人生重大的收获，其意义不言自明”。具体地说，在比较的正义中，幸福至少有两方面的意义：第一，幸福是人类生活极为重要的一部分；第二，幸福可以标示人生的成功或失败。

三、颠覆的意义：正义理论的进一步深入

1. 建构了全新的正义理论体系。比较的正义也可以称为生活的正义、现实的正义，这种正义以可行能力作为正义的基础，以实质正义为原则，以人们幸福与否作为社会正义的检验标准。现实生活是复杂的，公平的正义无法提供普遍认可的正义观念和制度，更无法解决复杂社会各方面的问题。比较的正义则不同，它将人们放在不同的历史的、现实的生活片断中，尽可能地消除明显的不正义，实现大家公认的正义，让当事人在现世中都能感到满意和幸福。

2. 推进了正义理论研究的实践转向。比较的正义试图扭转正义理论研究的方向，更加注重正义的可行性研究。相对于公平的正义，森试图使比较的正义实现以下突破：第一，正义理论研究的问题应该改变；第二，采用比较的视角而非先验的视角；第三，关注现实的正义而非制度、规则的设计。

当前中国文化产业发展中的伦理风险及其化解策略　张永奇，云南社会科学，2017(4)

一、当前中国文化产业发展中伦理风险的突出表现

概括起来讲，中国文化产业发展中存在的伦理风险主要表现在以下三个方面：第一，文化产业中 GDP 崇拜盛兴；第二，文化产业布局严重失衡；第三，文化市场中伦理问题频发。从经济伦理的角度来看，任何经济形态都内含着一定的“伦理性”。文化产业作为一种应当以提升社会伦理和公民道德建设为取向的特殊经济形态，其“伦理性”更为突出的表现在增强经济力、提升社会力、发展文化力等方面。文化产业中存在的伦理风险其实质是对文化产业“伦理性”的遮蔽。这种做法将对文化产业的社会效益、产业体系和文化市场建设带来严重危害。

二、当前中国文化产业发展中伦理风险的产生根源

概括起来讲，当前中国文化产业发展中伦理风险的产生有以下三个方面的原因。

1. 对文化产业存在“经济性”的片面认识。伦理道德并不是文化产业之外的东西,而是内嵌于文化产业之中。只有从“经济”与“伦理”的双重视角对文化产业进行全面理解和认识,才能真正做到在发展文化产业中以社会效益为先,把社会效益和经济效益结合起来。

2. 文化企业在发展过程中忽视伦理责任。文化企业并不只是单纯而被动地接受政府管理的客体和对象,更应当是主动提升公民道德素质的责任主体。首先,文化企业忽视伦理责任与文化产品生产的一般规律相违背;其次,文化产品是一种“意义综合体”的负载者,“价值溢出效应”是其典型特征;最后,文化企业忽视伦理责任还不利于文化企业核心竞争力的培育。

3. 文化产业评价体系中伦理维度严重欠缺。在构建文化产业评价体系中既要注重经济指标,但又不能完全迷信这些指标。坚持社会效益优先,社会效益和经济效益相统一,道德价值和经济价值共同追求应该是评价文化产业的基本原则。如果偏离这一原则,文化经营主体就会把追求经济效益无限放大。由此,整个文化产业发展就会偏离“文化”本性,倒向“经济”迷雾,文化产业中伦理风险突出的状况就难以避免了。

三、当前中国文化产业发展中伦理风险的化解策略

化解当前中国文化产业发展中的伦理风险,可以从以下三个方面入手。

1. 建立健全文化产业发展的法治环境。尽快建立起保护与促进文化产业发展的法律法规体系,加强文化执法、司法工作,提升全民法治意识,才能真正达到以法治思维和手段来增强文化产业道德底蕴的目的。

2. 注重发挥道德调节在文化产业中的作用。文化产业的发展不能离开价值引导,不能脱离道德调节。因为文化产业的发展除了创造经济价值以外,更重要的是为了提高国家文化软实力,提升公民道德素质。离开价值引导,缺乏道德调节,文化产业对社会的贡献就更多地集中在经济利益而不是文化价值,文化产业就会更多的成为硬实力的支撑条件而不是软实力的重要支柱。

3. 文化产业主体的再塑造。第一,引导文化企业增强伦理责任。文化企业不仅是一个经济实体,同时还是一个“伦理实体”。除了创造经济效益,积极承担伦理责任,努力创造社会效益是当前文化企业发展壮大,增强整个文化产业道德底蕴的必然要求。第二,提高文化企业经营者的道德品质。文化企业经营者的道德品质直接关系着一个文化企业的伦理责任能否落到实处。因为领导者常常是决策的制定者,有更多的可能性为企业做出伦理行为创造良好的运行机制,有更多的机会为企业树立良好的伦理形象。第三,培育文化消费者的伦理道德意识。从当前中国公民文化消费的现状和夯实文化产业道德底蕴的需要出发,应当从以下几个方面培育文化消费者的伦理道德意识:首先,要讲究适度消费;其次,要讲究平衡消费;最后,要讲究健康消费。

偷盗与友爱:托马斯·阿奎那的财产观念　惠慧,世界宗教研究,2017(4)

财产权是西方经济思想史的重要议题之一。本文从中世纪著名基督教思想家托马斯·阿奎那有关财产问题的文本入手,解读他对私有财产和共同权利之间关系的看法。在13世纪西欧商业繁荣、贫富差距日益增大的历史背景下,阿奎那勇敢地捍卫穷人在急需情况下偷盗的合法性,依据正义与平等原则,严格限制私有财产权。以合理的方式使用剩余财富是阿奎那对富人提出的要求。阿奎那希望源自内心友爱情感的慈善行为能够成为改善人与人之间财产关系的开始。这是中世纪思想家在解决贫富分化问题时同现代思想家的根本差异。

一、穷人偷盗:贪婪还是正义

西欧地区在进入12世纪之后遭遇了粮食供应不足等所带来的社会危机。穷人因缺乏生活必需品而偷盗的行为屡见不鲜。“穷人偷盗”的现象便成为一个棘手的问题。对此争论的焦点首先集中在对穷人偷窃罪行的责任认定上。阿奎那认为,由于偷盗之罪与人们对财产的占有直接相关,因此,穷人偷窃涉及的是分配正义问题。在因窘迫而极端必要的情况下,穷人的偷盗是合法的。当必要性非常明显而紧急时,夺取他人财产以维持自身生存,严格地来说,不应被视为偷盗,不是任何偷盗行为都是犯罪。

二、私有财产:占有和使用

阿奎那的财产观念继承了早期基督教思想和中世纪自然法理论。首先,他支持财产私有化的立场毋庸置疑。其次,阿奎那虽然认可私有财产权,却并不意味着他支持个人对财产绝对的私人占有。阿奎那坚持财产共同使用权的自然法传统,其目的是限制私有财产权,否定私有财产绝对的排他力。

三、剩余财富:合理地使用

阿奎那认为,因为神的护佑建立了自然秩序,所以一部分人获得丰盈的财产也来自神的护佑。他们不该独自沉浸在奢华富足的生活中,而置身旁的穷苦于不顾。依照上帝的意愿,富人应该与穷人们分享这些财富。总而言之,无论是对穷人偷盗的辩护,还是主张将剩余财富施舍给穷人,阿奎那的财产观念最终都指向基督徒的义务——慈善。阿奎那的慈善观更强调在慈善活动中逐渐养成慷慨与友爱的美德。通过面对面的平等交流,最终扭转人与人之间对立的财产关系。

四、慈善:友爱地分享

在12世纪的西欧地区,已经出现了穷人与富人这两种社会阶级的明显区分。教会通过倡导贫富双方的互惠行为,协调各阶层在经济上的不平等状况。阿奎那却认为,有必要将慈善行为进行更细致的区分。在《神学大全》中有关慈善问题的讨论中,首先,他强调了在穷人急需时慈善的必要性。阿奎那认为,急需性使慈善成为严格的诫命。其次,阿奎那反对单纯物质上的捐赠,并坚持认为,真正的慈善应怀有仁爱之心,充满喜悦且随时准备就绪。在阿奎那看来,慈善不仅仅满足可怜之人的生存需要,它更是对财产非法所得的批判。在对法律本质的理解中,阿奎那主张,基督徒应该突破旧约律法文本的桎梏,在"爱上帝和爱邻人"诫命中体会自己与他人的财产关系。

五、余论:托钵修士与中世纪慈善运动

基督教会经过长期努力,在中世纪成功地构建了以仁爱观念为主导的社会价值体系,在阿奎那财产理论中,消费也从未被视为财产的目的。在今天这个全球政治与经济依旧不平等的时代,中世纪思想家考虑财产和贫富差距等社会问题的视角,似乎能为我们提供某种程度的借鉴。

五大发展理念的伦理价值与发展现代化 陈翔,社会主义研究,2017(4)

从伦理层面来研究,"创新、协调、绿色、开放、共享"的五大发展理念是现代道德理念的深刻体现,具有深层的伦理价值,这种伦理价值与发展现代化"相适应",既不是伦理决定论的相适应,也不是机械发展观的相适应,而是伦理—发展的相适应。

一、创新:以探索重生的经济伦理表述发展路径

1. 重生的应然张力。重生体现了创新与生活世界之间的共存共生性。这表现在三个方面:第一,作为一种思维方式或伦理规范的过程性,重生使人在认识和感受创新的过程中呈现一种尊重和敬畏的态度;第二,重生使人类的感受建立在对创新状况的自觉维护上;第三,作为一种思维方式或伦理规范的过程性，人们对创新的感受和生活世界的要求最终因这一思维方式而找到交汇点。

2. 经济伦理的旨趣：从批判到实践的重生。创新的发展理念以其独特的思考角度与思维方式，揭示创新与重生的耦合点，不仅在宏观上把握人类生活世界的模式，而且在微观上探究人类生活世界得以存在和发展的模式与规律。

二、协调：以推进对话的交往伦理表述发展形式

1. 协调是实体与个体的对话。协调需要一种既能区分各种关系又能整合各种关系的能力。

2. 协调的互联互通：交往伦理的持续发力。协调发展中交往伦理的持续发力，凸显了协调发展道德重心的转移，即由单向度发展的崇拜转向了多向度的协调发展。

三、绿色：以确立友好的生态伦理表述发展模式

1. 友好与绿色发展相辅相成。绿色发展并没有否认友好的作用，而是强调仅仅靠资源节约和环境保护本身是不够的，还需要友好的德性。绿色发展的问题不仅靠生活资料来解决，还必须依靠人的道德。

2. 生态伦理的理想实现：友好地改变世界。对于人来说，绿色生活是生命有质量、有尊严的根本要求。要做到这一点，生态伦理就必须以友好的德性来对待发展带来的环境、文化、经济等问题，从而找到具有伦理特色的实现方式。

四、开放：以建构公正的制度伦理表述发展动力

1. 开放发展具有公正的制度伦理内涵。公正的制度是开放发展的基础。这主要表现为两个方面：一方面，公正的制度从宏观层面制约着发展从封闭向开放的演进过程；另一方面，公正的制度能够以社会接受的方式实现开放发展。

2. 制度伦理的时代问题：开放发展何以可能。开放发展蕴含的制度伦理也体现为两种形式：开放发展中各种制度的伦理；开放本身蕴含的制度伦理。在开放发展的过程中，“公正”的制度伦理精神具体表现为能够得到普遍认同，并潜移默化地影响个体的思想和行为。

五、共享：以培育包容的政治伦理表述发展理想

1. 共享发展是“好的政治”。共享发展有两层意思：一是发展为了人民，发展为了人民是“好的政治”的公共特征；二是发展依靠人民。

2. 政治伦理的把握方式：培育包容为发展服务。共享发展就是包容性发展,共享发展如果没有包容“润滑剂”来“润滑”发展,整个发展的动荡与不安就会频繁发生,发展的交易成本就会居高不下,共享发展就是一句空话。

六、五大发展理念的伦理价值如何与发展现代化“相适应”

1. 伦理—政治的“相适应”。伦理—政治“相适应”的逻辑思路:第一步,把握和梳理内在于政治生活和政治结构深层的伦理关系;第二步,在繁复的政治关系中寻找和建立具有范型意义的伦理坐标;第三步,形成合理的和有效的“适应”过程。

2. 伦理—经济的“相适应”。不同于一般理论的实证研究,五大发展理念的伦理价值与经济“相适应”的方法是跨学科、跨领域的综合研究。

3. 伦理—社会的“相适应”。社会的道德认识和道德判断的成熟并非能统摄一切,因为从认识走向行为中间还有“通道”是否能够确证的问题。

4. 伦理—文化的“相适应”。五大发展理念的伦理价值与文化的“相适应”:一方面,要调整伦理的作用性质,使其体现发展现代化的要求;另一方面,要对伦理—文化生态中的因子进行调整,使其能够产生更为有效的、合理的、巨大的“软实力”。

5. 伦理—生态的“相适应”。五大发展理念的伦理价值与生态如何“相适应”,应是伦理—生态之间互动有力的“相适应”。

当前我国农户精准扶贫的乡村金融正义初探　李维扬、谭燕芝,伦理学研究,2017(5)

贫困问题一直是发展中国家关注的重要问题,当前我国最贫困人口基本集中在农村地区,尤其是中西部的农村地区其贫困农户基数大,城乡二元经济结构显著,精准扶贫工程已经进入改革深水区。2015 年中央扶贫开发工作会议中,习总书记强调解决扶贫问题要实施“五个一批”的工作路径,但在农村地区这块充满乡村伦理约束的土地上,传统财政式的扶贫战略并没有从根本上改变农户的福祉水平,大量的实践经验已经证明,金融正义作为财政递减效应的最优补充方式,在农村地区开展精准脱贫的工作过程中体现出强大的优势效应。

一、当前我国农户精准扶贫中乡村金融正义面临的问题

改革开放 30 多年以来,我国农村扶贫开发工作在总体上表现为明显的资金供给机制来支持贫困农村发展。单纯使用财政政策、社会保障等措施,难以改变贫困农户在国民经济中的弱势地位,无法给予贫困人口持续性的收入来源,从而农村金融的道德正义无法得到顺利实现,这也是造成我国城乡"二元化"以及长期以来基尼系数居高不下的主要原因之一,严重滞碍2020年全面建成小康社会宏伟目标的实现。

二、道德风险与逆向选择问题凸显

道德风险和逆向选择一直是金融机构不愿主动涉及贫困地区为贫困户服务的主要原因。一方面,农户由于受到自身教育水平、生活环境等因素的影响,使其对金融的内涵与本质没有正确认识,优质金融资源并没有完成其被赋予的社会使命,造成逆向选择发生的概率升高,不利于农村金融机构的有序发展;另一方面,我国农村金融具有较高的信息不透明性,农村金融机构无法有效观测贷款农户的整体特征,而如果单独审计则花费的成本无法覆盖实际收益,在这种困境下,农村金融天然的扶贫责任被忽视,金融下乡的目的从"资金趋利"的层面被强化,乡村金融正义遭到扭曲。

三、市场经济扶贫的悖论

"市场治理"即自由经济主义思想,但实践证明,依据市场化导向的农村金融机构存在"资金趋利"而成为农村地区的资金"抽水机",造成资金持续外流。城乡收入差距有所加剧而非缓解,这说明,在城乡二元差距较大的情况下,单纯的市场治理不能解决金融脱贫难题。农户财务残缺的原因并非农户没有资产,只是其包括土地、房屋在内的资产不符合传统金融机构对于现金流、抵押物的标准。

四、社会基础建设不健全

改革开放以来,我国的贫困地区金融体制日益完善,融资渠道不断扩展,然而,在国家采取相应的政策、大力推进贫困金融体制改革的背景下,我国贫困地区金融服务市场的需求仍然得不到充分满足,金融服务供需失衡的问题没有得到很好的解决,其中较为突出就是金融配套设施不全面问题。

五、当前我国农户精准扶贫中乡村金融正义实现受阻的成因分析

我国金融精准脱贫工程是一项复杂的、系统的工程,本文认为对农村精准扶贫中金融正义的理解偏差是导致金融脱贫工作陷入困境的更为基础性的原因。当"利"与"义"出现碰撞时,我们如何取舍?市场经济扶贫是否适合农村低端市场?信息不对称情况下的道德风险与逆向选择如何避免?其实,社会责任是精准扶贫战略中的乡村金融正义内核,实现金融机构、政府与农户的激励相容并不会必然导致多方利益需求的不兼容,三者之间存在着更为深入的内在契合点。我们通过建立一个在信息不对称背景下伦理风险对农村金融市场供需双方影响的微观模型来分析造成目前乡村金融正义实现受阻的主要原因。

六、农村精准扶贫金融正义的实现路径

贫困不仅是一个单纯的经济问题,同时也是社会问题、政治问题。农村精准扶贫战略中金融正义的顺利实现,必须是一个系统的、多方位的、因地制宜的过程,需要时刻把握好金融支持与农户实际需求之间的匹配程度。具体来讲:首先,不断完善农村金融基础保障设施。外部环境不理想是影响我国农村金融发展滞后的最重要原因。其次,建立联保征信体系,缓解道德风险问题。降低道德风险的关键在于提高贷款农户在协议签订后的尽责程度。因此,为破解信息不对称带来的道德风险问题,从构建分层动态征信系统出发是一种有益的尝试。对于长期拖欠贷款的人,应当给予切实的惩罚,通过"信用村""信用镇"的构建将贷款农户的信用进行联保,提高贷款协议的权威与执行效力。最后,农村金融机构要实现"利"与"义"的统一。可以借助新制度经济学等相关理念,从营造良好的宏观环境、健全双边及合作治理模式和建立多层次、多样化的农村金融组织体系三个角度寻求农村金融机构"利"与"义"统筹发展的实现路径。总的来说,农村金融机构要在实现一定利润,保证其持续经营的前提下,将提高农民福利水平作为金融扶贫的核心纳入农村金融正义的实现路径中,不断提升农村金融机构作为扶贫实施主体的社会责任感,实现"利"与"义"的统筹发展。

性善论、寡欲观以及义利之争:论孟子的幽暗意识　晏玉荣,道德与文明,2017(5)

孟子的伦理思想不仅蕴含着深刻的幽暗意识,并且其幽暗意识还具有重大的理论构建作用。首先,幽暗意识是其性善论提出之根基,只有从幽暗意识出发,才能准确而全面地把握性善论中的深意;其次,幽暗意识奠定了欲望与"本心"之间复杂而深刻的关系,并由此说明"寡欲"在德行修养中的必要性与重要性;最后,只有站在幽暗意识的立场,才能合理地化解其义利观中的各种紧张与矛盾关系。

一、性善论与幽暗意识

幽暗意识是孟子构建人性论的基石。笔者认为,孟子承继孔子而来的幽暗意识。幽暗意识使得孟子必须区分人的生物之性与本质之性。孟子认为,这种对人性现实的迎合或反映是无法将人性从昏暗与沉沦中解救、超拔出来的，相反，只会让人愈加趋同于禽兽。最好的办法是从超验、理想的层面来诠释人性，让仁义植根于人性当中，给予人性以希望、光明与目标。让阳光照进黑暗，而不是停驻在黑暗之外，才是驱散黑暗最好的途径。正是孟子深层的幽暗意识，致使他将性、命相区分，棒喝当时流行的各种错误人性论，唤醒沉溺于生物之性中的人们，正确认识并实现人之本性。总之，幽暗意识是孟子构建其性命说、性善论的基石。只有从幽暗意识出发，才能更好地理解孟子区分性、命的良苦用心，以及将“善”做始端与目的两种理解的根基与意义，从而更深刻与完整地把握其人性论。

二、寡欲观与幽暗意识

幽暗意识更是决定了孟子德性修养理论的寡欲观。在孟子看来，德性的“发展模型”与管理自身欲望的能力或意志，即“寡欲”有着更为密切的关系。在孟子看来，欲望有以下九种特性：(1) 欲望与“本心”一样，都为人生而有之的天性；(2) 欲望具有普遍性；(3) 欲望具有趋同性；(4) 欲望为多；(5) 欲望为贱；(6) 欲望容易被外物牵引并沉溺于外物；(7) 欲望的获得有待于外，无法自己主宰；(8) 欲望容易使人关注或局限于主体自身；(9) 欲望的生命力极为强大。综上所述，对德性发展威胁最大的似乎是欲望自身而非外在的环境。总之，孟子的寡欲观奠基于他的幽暗意识。缺失了幽暗意识，寡欲观在其德性修养理论中的地位与作用就会大大降低，“养心莫善于寡欲”中“莫善”二字的深意就无法得到充分的说明。

三、义利之争与幽暗意识

正是幽暗意识的立场，使孟子的义利观呈现出表面上的矛盾，而只有站在幽暗意识的立场，才能合理地化解矛盾。笔者认为，只有站在幽暗意识的立场，才能真正化解孟子义利观中的矛盾。幽暗意识使得孟子将欲望的满足做了目的与结果的区分，欲望只能充当仁义之结果，而不能将其作为目的。

四、结语

孟子的幽暗意识构成其伦理学主要论证的基石，这可以从性善论、寡欲观以及义利之争等三个层面得到证明。在人性论中，孟子之所以将性、命相区分，并将“善”做始端与目的两种理解，其根本缘由就在于要为昏暗生命的超拔与净化提供一个始点与目标。缺失幽暗意识的立场，其性善论就失去了根基与意义。在德性修养理论中，孟子将欲望作为“本心”的呈露、存养与扩充最大的危险与障碍。欲望自身虽不为恶，却具有强大的生命力、扩张性、盲目性、自我性，一旦失去合理的控制，“本心”就会被吞噬或无法得以存养与扩充,就会滋生恶。缺失幽暗意识的立场,寡欲观的重要性以及其中的深意便会消减许多,甚至会对孟子的欲望理论产生各种误解。在义利观中,孟子的幽暗意识使其放弃或拒绝了幸福作为道德行为的动机或目的的可能性,而只是将其作为仁义的结果。孟子非常清楚,控制与管理欲望尤其是国君的欲望是非常艰难的,只能采取巧妙的说服技巧以引导与改造,从而使其义利观蒙上表面上的一层矛盾。缺失幽暗意识的立场,就无法合理地解决这层矛盾。

乡村经济伦理的转型与发展　李明建,道德与文明,2017(5)

传统乡村经济伦理表现出务本重农、勤勉耕作,信任熟人、互帮互助,勤俭节约、量入为出等特征。随着中国乡村社会的发展变迁,传统乡村经济伦理也发生了变化。传统乡村经济伦理思想的转型主要表现为:勤劳致富、物质利益为先;等价交换、注重公平交易;享受生活、适度超前消费。转型的原因主要在于乡村经济活动基础的变化、乡土社会基本特征的变化、乡村社会文化的多元发展等。新时期,在现代乡村经济伦理建设中,我们应弘扬优秀传统文化,加强乡村经济治理;开展经济伦理教育,增强经济道德观念;加强乡村诚信建设,树立市场契约意识;推动"礼""法"共治,重构乡村经济秩序。

一、传统乡村经济伦理的基本内涵

传统乡村经济伦理是在长期的乡村生产、生活实践中所形成的调节人们经济活动的伦理原则和道德规范。传统乡村经济伦理则在较长时间的封建制经济条件下的自给自足的小农生产、生活方式影响下形成。乡土中国的社会特质决定了传统乡村经济伦理的基本特征和内涵。传统乡村经济伦理表现出务本重农、勤勉耕作,信任熟人、互帮互助,勤俭节约、量入为出等特征。

二、传统乡村经济伦理的现代转型

经济伦理随着经济生活的发展变化而变化。在农村农业的变化发展中,传统乡村经济伦理思想也发生了现代转型。传统乡村经济伦理思想的转型主要表现为三个方面:第一,勤劳致富、物质利益为先;第二,等价交换、注重公平交易;第三,享受生活、适度超前消费。乡村经济伦理思想发生现代转型的原因主要有以下几个方面:其一,乡村经济活动基础的变化是经济伦理思想转型的前提和基础;其二,乡土社会基本特征的变化是经济伦理思想转型的关键原因;其三,乡村社会文化的多元发展是经济伦理思想转型的重要因素。

三、现代乡村经济伦理的建设路径

现代乡村经济伦理在转型发展中也出现了一些不容忽视的问题，如前文提及的物质利益至上、超前消费等问题。在现代乡村经济伦理建设中，应该注重从如下四个方面努力。

首先，弘扬优秀传统文化，加强乡村经济治理。中华优秀传统文化包含丰富的经济伦理思想资源。弘扬优秀传统文化可以推动乡村经济治理工作。

其次，开展经济伦理教育，增强经济道德观念。对乡村居民开展专门的经济伦理教育是必要的。此种教育可以帮助他们树立起经济伦理意识，明确自己参与乡村经济活动应该遵循的各种道德准则，增强经济道德观念。

再次，加强乡村诚信建设，树立市场契约意识。乡村诚信建设是现代乡村经济伦理思想转型中需要关注的重要问题。人们都知道诚信对于个人、社会、国家的意义，但在实践中，失信现象依然存在。在现代乡村农业生产中，有一种现象未引起广泛关注却不容忽视。

最后，推动“礼”“法”共治，重构乡村经济秩序。中国传统乡村社会是以“礼治”作为秩序维持的重要手段的。在传统乡土社会发展的长期教化中，人们自然形成了对于传统规则的敬畏，而当这些规则内化为人们的习惯之时，人们依靠法律、通过诉讼去解决问题的情况则是不多见的。在一定时期内，“礼治”或“法治”还会处于共生的状态。在乡村社会的利益纠纷问题的解决中，不同的人还会去选择“礼治”或“法治”的途径。“礼治”和“法治”的解决问题方式也不是完全对立的。所以，我们在乡村经济秩序重构的过程中，要推动“礼治”与“法治”的融合，使二者有机结合，更为有效地解决各种矛盾和问题，营造公平、正义、和谐的乡村经济发展环境。具体而言，则要“汲取乡土社会礼治资源的积极成分，构建乡村法治秩序的正当性基础；建立多元纠纷解决机制，化解乡村法治运行中的伦理冲突；树立新型村庄领袖权威，实现法治秩序和礼治秩序的有效融合，满足农民的公正性诉求”。

慈善：德性抑或权利——洛克的视角　贺然，道德与文明，2017(5)

在洛克研究的“宗教转向”中，财产权问题是一个核心的问题。洛克的财产权理论中蕴含着体现平等主义的慈善思想。在他那里，个人不仅有自我保存的对上帝的义务,还有使他人得以保存的慈善的义务。洛克的宗教背景使他的慈善思想非常接近于托马斯主义。他的慈善并不是外在的行为,而是人的一种德性,其基本含义有两点:一是"爱";二是"宽容"。洛克的慈善在一定的条件下会发生变化,从仅仅是内在的道德上的品格转化为一种外在的法律上的权利。洛克的慈善性质可以转化的观点显著地改变了他的财产权理论的面貌,使他同现代自由主义者区别开来。但是,洛克并没有把慈善看作一种高于财产权的权利,如果说他的理论中存在"慈善权"的话,也仅仅指的是人生存的权利。

一、慈善与财产权

洛克在他的《政府论》和其他著作中,都有对财产权的论述,他的慈善思想蕴含在他对财产权的论述中。洛克的财产权观点在很大程度上来自《圣经》。在论述财产权起源的时候,他说最初"上帝把世界给予人类共有"。洛克的"对保存手段的道德主张否决了从纯法律角度将这种行为描述为偷窃的做法"。亦即,虽然一些人通过诚实的劳动或通过继承获得了财产权,但是在特定的情况下,"正义"领域中的财产权要让位于更具有普遍性的"慈善"的权利。

二、洛克慈善思想的宗教根源

大多数研究洛克的学者现在都认为,洛克的慈善思想源于宗教的影响。宗教对洛克慈善思想的影响在《基督教的合理性》一书中表现得非常明显。洛克慈善思想的形成也同他那个时代的一些哲学家和神学家的影响是分不开的。

三、慈善是一种德性

由于受到基督教哲学家和神学家的影响,在洛克那里,慈善有浓厚的宗教色彩,其基本含义有两点:一是"爱";二是"宽容"。洛克把慈善和宽容看作同义语。洛克确信,有不同观点的基督教徒仍然可以生活在基督教的群体中,这不是因为有统一的教义,而是因为有宽容。在17世纪,宗教冲突非常严重,所以洛克要把理性从宗教中拯救出来,极力倡导宽容这种慈善的品格。他认为这种品格能使宗教派系之间和公民之间避免纷争,保持和平统一,具有重要的社会价值。

四、慈善是否是一种法律权利

在洛克研究的"宗教转向"中,许多人提出洛克的理论中存在"慈善权"概念。洛克的慈善具有托马斯主义的性质,任何试图沿着纯粹现代自由主义的逻辑来理解洛克的慈善,注定要陷入"时代的错误"中。

五、结语

和现代自由主义者一样,洛克也把慈善看作一种分外的道德行为,并没有把慈善看作一种一般意义上的高于财产权的"慈善权"。

洛克在他的正义理论中没有讨论慈善问题。对于他来说,慈善虽然是一种义务,但仅仅是一种道德义务,不是正义领域中的法律义务。国家可以以法律的方式调整人的外在行为,但不能以法律的方式要求人们具备慈善的品格。政府最多也只能通过间接的方式,如通过对教育机构施加影响来促进人们慈善品格的形成。慈善和正义有原则上的区别,不能相互替代或相互融合,否则会威胁双方各自的目的。强制人们履行慈善义务可能还会适得其反。慈善作为一种品格,是个人的内心信念问题。同时,慈善和宽容是同义语,强制人们履行慈善义务,会使人们失去宽容的品格,妨碍慈善的成长。洛克的慈善与正义也不是截然分离的,而是有一个交集。一般情况下,人们没有慈善的积极义务,但是在特定的情况下,慈善可能会成为一种"权利"。一方面,人在法律上有做错事的权利;另一方面,如果一个拒绝慈善的行为对他人的生存构成了威胁,性质就可能发生变化。

在做错事和罪恶之间是有一条界线的,对越出了界线的拒绝慈善的行为应当根据正义原则予以禁止。洛克区别于现代自由主义,因为现代自由主义认为慈善与正义是根本不相融的。所以,如果说洛克理论中存在"慈善权"的话,仅仅指的是人的生存权。只有关涉到生存权的时候,慈善问题才成为正义领域中的问题,也只有生存权意义上的慈善权能够凌驾于财产权之上。

资本的扩张与村落的"终结":中国乡村城市化进程中的资本逻辑及其伦理反思　王露璐,道德与文明,2017(5)

一、"扩张"与"终结":资本逻辑对当代中国乡村发展的双重作用

改革开放以来,中国乡村社会在市场经济浪潮的冲刷下发生了巨大变化,资本逻辑对中国乡村的发展也体现出双重作用。一方面,资本以其强大的扩张力"进入"乡村,追求自我增殖最大化的资本逻辑也成为推动中国乡村经济社会发展的强大力量;另一方面,资本逻辑不断实现对传统乡村生产与生活空间的"资本化"扩张,并由此加速了村落终结的进程。资本的扩张必然以城市为中心并产生对农村的全面挤压,市场化进程导致城市的急剧膨胀和扩张,并带来"城市过密"和"农村过疏"的现象,这已然成为一个世界性问题。

当下中国乡村社会的村落终结则在具体表现形态上体现出“中国特色”。大体而言,“村落终结”主要呈现出以下形态:城市边缘地带的村庄被迅速扩张的城市所吸纳;远离城市的偏僻村落在过疏化、老龄化背景下而走向终结;在政府社会规划工程主导下,通过村落合并等形式而走向终结。然而,这是否真的代表了当代中国乡村发展进程中的“村落终结”呢?如果回答是肯定的,吊诡的是此种看似符合资本逻辑并与中国乡村现代化进程相一致的“村落终结”为何引发的却是学术界、媒体和社会公众的担忧和质疑?如果回答是否定的,那么,我们又应当如何理解当下中国的“村落终结”?

二、何种“终结”:资本逻辑作用下村庄伦理边界的动摇和共同体的式微

村落是中国传统乡村社会的基本单位。依附土地、自给自足、相对封闭、缺乏流动的传统乡村生产方式和生活方式,必然产生以血缘和地缘为基础的村庄共同体。传统村庄有着某种可见的自然边界,但更为重要的是在形成基础、结构特征和指向意义上都显现出显著的伦理共同体特征,由此,传统村庄也存在着某种无形的伦理边界。中国传统村庄是典型的“熟人社区”,村庄成员在相对固定和狭小的地域中进行生产和交往,并产生相互之间基于熟悉的信任以及对整个村庄的认同感。然而,伴随着资本大规模“进入”乡村,资本逻辑以其扩张性、同质化和意识形态化特征不断强化对乡村生产、生活、交往和文化的影响,传统村庄的伦理边界被模糊化,村庄伦理共同体也走向式微。

首先,资本逻辑强大的扩张性必然带来城市对乡村的“挤压”,并推动城市和乡村的空间重构。其次,资本逻辑的同质性特征不断消解村庄的地方性特色,导致乡村城镇化进程的单一性和雷同化。最后,资本逻辑的意识形态化特征不断削弱农民对村庄的精神依赖并强化其对城市文化的认同和向往,传统村庄作为“精神家园”的伦理意义日渐削弱。

三、村落的“重生”:资本逻辑的伦理规约与村庄伦理共同体的重建

首先,以资本逻辑的空间正义转向实现城乡均衡发展的“新城市化”。具体体现在三个方面:一是资本逻辑引导大批污染严重的工业项目和落后的生产工艺、生产设施实现向乡村的空间转移,致使城市环境的改善建立在乡村环境恶化的基础上;二是资本逻辑引导下的“GDP中心主义”,导致政府推动的农村居住形态调整演变为地方政府与农民之间的利益博弈;三是在资本逻辑作用下“离土”比“守土”更高的利益回报,不断驱使农民在失地、失业、失居中失去基本的空间权利。上述问题的解决，需要我们以空间正义形成对资本逻辑的伦理规约，并由此实现城乡均衡发展的“新城市化”。其次，以资本逻辑的生态转向实现资本的生态化和生态的资本化，建设美丽宜居的“绿色”村庄。最后，以地方性道德知识的传承和建构限制资本逻辑的同质化和意识形态化，重建作为村庄成员精神家园的伦理共同体。

从一定意义上说，村落数量的减少已成为中国乡村城市化进程中无法改变的基本态势。然而，迄今为止，村庄依然是中国政治、经济、文化和道德生活的根基，是大多数农民的生活所在，更是大多数国民剪不断的“乡愁”所系。因此，通过有效的伦理规约实现资本逻辑的空间正义和生态转向，并通过“地方性道德知识”的传承和现代转换重建新型的村庄伦理共同体，既为实现村落“重生”提供了可能的路径，也是中国特色的社会主义新农村建设乃至全面建成小康社会不可忽略的重要问题。

伦理视阈下“经济学帝国主义”的理论误区　赵昆，道德与文明，2017(5)

当今社会，经济学原则被认为是指导人们行为选择的最有效原则，金钱被用来衡量一切，所有的社会行为都可以用经济学原理来分析，我们虽不能简单指责经济学原则的扩大化运用，也不能断言当今社会就是“经济学帝国主义”社会，但“经济学帝国主义”作为一种理论思潮对当今社会毕竟产生了这样那样的影响，在促进市场经济发展的同时，也带来了某些负面问题。就“经济学帝国主义”的理论误区而言，在伦理视阈下，可主要概括为：一元绝对的方法论、唯经济原则的行为选择论和泛市场的价值观念等三个方面。我们应该警惕将市场价值观扩大到整个人类社会所带来的巨大危险。

一、一元绝对的方法论

“一元绝对的方法论”，其意不是说“经济学帝国主义”所用的分析方法就只有一种，或是说“经济学帝国主义”的方法就是绝对不变的（事实上“经济学帝国主义”所用的方法也是在发展和完善的，例如对博弈论的引进和推崇），而是说“经济学帝国主义”将经济分析方法无限制地应用到人类社会生活所有领域的同时，将其一元绝对化了，成为一种在方法论上的唯经济主义。首先，任何方法都是有限度的，具有条件性。其次，一元绝对的方法论奢望解释人类社会生活的全部是行不通的，还因为人的行为在某种程度上存有不可预言性。最后，一元绝对化的做法在可行性上也值得怀疑。

二、泛经济原则的行为选择论

所谓泛经济原则的行为选择论,是说一些“经济学帝国主义”理论主张:人的所有行为选择都应该按照经济原则进行,而且只有按照经济原则选择才是理性和科学的。泛经济原则的行为选择论,可从以下三个方面分析:其一,人的行为选择多样,将经济原则看作人们所有行为选择都应遵循的最高原则不符合事实;其二,人的行为选择存在着“应然”问题,道德应当的问题不是经济原则能够完全解决的问题;其三,行为原则的最终依据是事物的矛盾,而非经济原则。经济学认为,只要涉及人在不同目标之间的选择问题,就应该按照经济原则进行行为抉择。

三、唯经济、泛市场的价值观念

所谓唯经济、泛市场的价值观念,就是说“经济学帝国主义”在主张将经济分析方法无限推广应用到人类社会生活的所有领域,将经济原则作为人的行为选择的最高原则的同时,在价值观念上排斥和取代其他价值观念,将经济追求和市场价值观无限夸大,把多元价值转化为一元,形成唯经济的价值取向和市场价值观的泛滥。首先,社会生活中的价值是多元的,相互之间不能简单度量。其次,人的意义世界与德性崇高。最后,市场经济不同于市场社会,市场价值取向不能成为整个社会的价值取向。推行市场社会,推崇市场价值观是危险的。当然,这并不是说要否定市场经济,或是在根本上否定经济追求和市场价值取向,经济追求和市场价值取向是有限度的,其在市场经济内有效,会发挥巨大作用,但若将之扩大到整个人类社会,就会带来巨大的危险,我们需要警惕这种危险。

五大发展理念的伦理蕴涵　王小锡,思想理论教育,2017(2)

牢固树立并切实贯彻落实五大发展理念是时代发展的必然,是国家综合实力不断增强的要求,更是全国人民的热切期待。这五大发展理念是我国经济社会发展规律的科学揭示,其中蕴涵着丰富的社会主义伦理精神和道德要求。坚持一切为了人民幸福是新发展理念的核心价值取向,坚持公平正义是落实新发展理念的根本举措,坚持共建共享的道德责任是推进新发展理念的重要条件。创新发展、协调发展、绿色发展、开放发展、共享发展需要道德力量的支撑。

一、坚持一切为了人民幸福

五大发展理念充分体现了我们党一切为了人民幸福的思想,只是体现的角度和要求有所不同而已。在以人为本、着力践行以人民为中心的发展思想指导下，发展为了人民，人民能够在经济和社会发展中不断提升幸福指数，使得每一个人都有尊严地生活和工作，进而以极大的热情参与到社会主义建设与发展的进程中。

二、坚持公平正义促发展

要牢固树立并切实贯彻落实五大发展理念，调动人民群众的参与积极性是根本，平衡各种利益矛盾、缩小发展和得惠落差是关键，建立健全科学制度是重点，而这一切都取决于是否坚持公平正义的伦理理念。其一，唯有坚持公平正义，才有可能最大限度地调动广大人民群众参与建设、发展的积极性。其二，唯有坚持公平正义，才有可能切实解决发展中的矛盾和不平衡。其三，唯有坚持公平正义，才有可能建立健全促进发展的相关制度。

三、坚持共建共享的道德责任

五大发展理念中的一个核心理念是共建共享，它内含着发展需要人人参与、人人尽力，发展成果应该人人享有、全面享有。这里的人人参与和人人尽力，意味着不同的人有不同的岗位，各自应该有着不同的行动目标和道德责任。同样，这里的人人享有和全面享有，意味着每一个人应该有实现共享的建设行动和道德责任。其一，政府要时刻不忘服务于国家和人民、服务于发展。其二，提升境界，敬业奉献。其三，公平公开分享成果。其四，德法并举，保障共建共享。

构建人类命运共同体：引领经济全球化发展的新思想新理念　林剑，理论与现代化，2017(4)

二战后，在军事与经济头号强国美国的引领与推动下，资本主义世界各国的经济联系呈现出紧密化、一体化、有计划的态势。冷战结束后，在市场经济和以信息技术为核心的当代科学技术革命的推动下，世界真正迎来了经济全球化时代。经济全球化给世界带来的改变是明显与深刻的。其一，这种改变首先表现在经济的发展上。经济全球化促进了世界资源的流动，也提升了贸易自由化、便利化的程度，商品交换日益突破地域的限制；其二，经济全球化对世界的改变还表现在对世界历史性质的改变上。在经济全球化的条件下，商品生产与交换突破地域的限制，这实质上使各个国家与民族的历史由一种地域的历史转变为一种世界性的历史。其三，经济全球化对世界的改变还表现在对世界格局的改变上。经济全球化开始使原本贫穷落后的国家与民族转变为发展中的国家与民族，并使发展中国家原本只是作为资源的供应地与产品的倾销地转变为发达国家的竞争者。

经济全球化也带来了消极的负面影响。首先,经济全球化加快了社会财富日益向少数人手中聚集的速度,社会贫富差距与分化的鸿沟反而日趋扩大;其次,经济全球化加剧了资本主义经济所固有的内在矛盾与周期性的经济危机。由发达资本主义国家主导的经济全球化引发的问题进行反思是必要的。在对经济全球化各种维度的反思中,也存在着民粹主义与逆全球化或反全球化的思潮,这种思潮有其客观存在的经济与政治的原因与基础,不能将经济全球化所呈现出来的负面效应简单地归结为以中国为代表的发展中国家的崛起。出现社会相对贫困化日趋加剧的现象的根本原因在于当下的全球化是由发达的资本主义国家主导的。社会贫富分化是资本逻辑运行的必然结果,而不是经济全球化的必然结果。因此,想要避免与消除当前经济全球化所带来的负面效应,需要改变的是资本的力量对经济全球化的主导与支配。经济全球化的总趋势是不可逆转的,人们应对经济全球化抱有坚定的信心。而民粹主义与反全球化思潮揭露了经济全球化过程中所存在的种种弊端在某种程度上引发了关于经济全球化应当何去何从的重要问题的思考。经济全球化继续由发达资本主义国家主导自然是不可持续的。习近平总书记提出的"构建人类命运共同体"理念就经济全球化如何摆脱目前的困境,如何科学正确地发展提出了中国主张与中国方案,既符合历史趋势也符合人类整体利益。

"人类命运共同体"不同于人类历史曾经存在过的绝大多数共同体,后者更多是关注圈子和集团的利益,而"人类命运共同体"的主体是整个人类,也包括未来世界中的人类,其涉及的是人类的命运前途。"构建人类命运共同体"是符合市场经济与经济全球化本质要求的思想理念。市场经济与经济全球化是互相依存与互相促进的,没有市场经济的存在,就没有经济全球化的生成与发生,没有经济的全球化也不会有市场经济的充分发展。要真正实现市场经济与经济全球化的良性互动,就必须抛弃自己利益优先,或"美国优先"等一类的自由主义思想理念,走"构建人类命运共同体"的道路。"构建人类命运共同体"虽然是以习近平总书记为核心的中国共产党为摆脱经济全球化带来的困境与挑战所开出的有效药方,但这个新思想新理念的理论基础却是马克思主义的世界观与方法论。在马克思历史观的理论逻辑中,人类的历史必然是从地域性的历史转变为世界性的历史,个人的命运、阶级的命运、民族与国家的命运最终是与人类社会历史、与整个人类命运联系在一起的。由于历史与现实的原因,个人、各个民族与国家之间存在差异是不可避免的，这些差异的存在必然使得经济全球化的过程出现各种各样的矛盾。正因为差异、矛盾、分歧的存在，人类社会才需要用“构建人类命运共同体”的思想与方法，去化解矛盾、减少分歧、缩小差异。

城镇化背景下土地私有化的经济伦理批判：基于马克思的“私地悲剧”思想　贺汉魂、许银英，甘肃社会科学，2017(5)

一、土地私有化提升城镇化与土地产出效率只是美丽的神话

何谓土地流转？土地本身无法流转，土地流转实际指土地经济权，包括土地资源权与财产权流转。所以，土地流转可以是土地所有权在流转，这意味着社会已经实行了或将要实行土地私有制，也可以是土地支配权、使用权与收益权在流转，这种流转并不必然要求土地私有化。人们关心土地所有权，归根到底是因为土地是有用的，所以土地使用权才是土地流转的实质，土地所有权只是土地流转的前提。其实，实行土地公有制，国家或集体作为土地所有者是非常明晰的，在土地流转方面并不存在所有制的障碍，相反，土地私有化必然会造成对土地有序、有效流转的重大妨碍。土地私有化不利于土地流转，自然也不利于农村城镇化推进。土地私有化并不必然会提升土地产出效率，相反，它恰恰是妨碍提升土地产出效率的重要因素。事实上，生产效率大多与生产社会化发展相关，生产社会化要求生产资料社会化，要求消灭生产资料私有制，代之以生产资料公有制。实际上，“公地”承担的效益主要表现为综合的、长远的利益，私人追求的效率往往具有片面性、短期性。

二、土地私有化避免农民的人道灾难只是道德乌托邦

土地私有化真能有效避免农民的人道灾难吗？当然不能。马克思指出，运用各种手段掠夺农民的私有土地是资本主义原始资本积累的重要方式，这也是造成当时农民深重人道灾难的重要原因。在马克思看来，资本主义社会城镇化过程中造成农民人道灾难的根本原因在于噬血是资本的本性。土地私有化论者显然不愿提及马克思的这些论述，更不愿意提及发展中国家土地私有化必然会造成农民的人道悲剧。那么，为何总有人对土地私有化情有独钟呢？几乎所有土地私有化主张者都认为只有土地私有化才能保障耕者有其田，才能保证农民按自认为最有利的方式自由地使用、处置和转让土地而致富。事实上，土地私有制根本无法保障耕者有其田，相反，耕者无其田正是因为土地是私有的。当然，不能认为在城镇化推进过程中我国没有发生过农民的人道悲剧,也不能认为不少问题的产生中地方政府毫无问题,但必须认识到官员贪污否、官商勾结否与土地制度关系甚微。

三、土地私有化保障农民土地权益逾越了正义的边界

关于土地权益所有者,马克思的基本观点有二:其一,确保劳动者是生产资料,包括劳动改造过的土地的权益所有者才合正义;其二,与自然共生之人取得与其共生的土地本是自然之理。总之,正义的所有制是"在协作和对土地及靠劳动本身生产的生产资料的共同占有的基础上,重新建立个人所有制"。农民应是农村土地权益的根本主体并不意味农村土地权益不能变化,也不意味农民不能失去土地权益,但对离开土地的农民应给予适当的利益补偿,补偿的根本要求就是要合正义。但也应看到,国家才是一国土地的终极所有者,农村集体只是农村土地的占有者,通过土地私有化保障农民土地权益是对正义的越界。

四、余论:农地完整国有化是基本方向,应稳步推进

关于土地所有制,马克思主张最终应实行国有化,"社会运动将做出决定:土地只能是国家的财产"。但迄今,我国土地公有方面实际实行的是"一国两制",即城市土地国有制与农村土地集体所有制。根据马克思的理论,在条件成熟时应该稳步推进完整国有化,我们认为这些条件越来越成熟了。首先,农地集体所有制的局限越来越明显;其次,农地完整国有化的优势越来越充分;再次,农地完整国有化的阻力越来越少。当然,土地制度改革牵一发而动全身,我国各地发展不平衡,土地构成复杂,农地完整国有化的具体推进应稳步进行。

当代中国经济治理视阈中的经济学和伦理学:疏离与对话　陈琳,上海财经大学学报,2017(5)

20世纪后半期以来,经济学和伦理学的对话在西方逐渐兴起并开始引起关注。20世纪70年代末才开始真正接触现代市场体系的中国,依然在经济学和伦理学继续撕裂的道路上一往无前。文章尝试说明当代中国经济治理需要对经济和伦理问题进行统筹考虑。从思想史上看,现代经济学萌发于对经济问题与伦理问题之间张力的沉思,由追求自由、平等之良善生活的道德敏感所催发;在特殊的历史背景、思想者的谨慎态度和社会科学方法论变迁的推动下,现代经济学逐渐与伦理学分离。但是在目前的技术限制之下,经济理论与伦理学依然存在错综复杂的联系,经济学与伦理学的二元对立的分析模式及奠基于其上的公共讨论面临诸多问题，文章最后以所有制问题为例对此进行说明。

一、研究背景与意义

20世纪90年代以来，面对经济政策失灵和社会利益分化所带来的实践难题，国际社会开始从伦理视角重新审视市场经济体系，对经济学和伦理学的理论探讨随之繁荣。在这一背景下，本文尝试从经济思想史、具体理论和当代中国实践三个角度阐释经济学与伦理学的关系。和国内现有的经济伦理研究相比，本文的贡献主要在于提供了一个基于西方主流经济学理论的经济伦理研究框架，从而为我国国内哲学和经济学关于经济伦理问题的良性对话提供了可能。

二、从思想史角度看经济学与伦理学的疏离

1. 经济学与伦理学的疏离：过程与表现。被现代经济学奉为鼻祖的亚当·斯密是《国富论》和《道德情操论》两部巨著的作者。经济问题和伦理问题似乎都困扰着这位生活于18世纪的古典哲人，也激发着其灵感，但半个世纪后，它们逐渐走向疏离。到了20世纪中期，历史上曾经存在的经济学和伦理学之间的联系几乎消解殆尽。此后至今，虽然不断有“异教徒”想要回到亚当·斯密那被经济和伦理盘根错节所缠绕着的大脑中探个究竟，但他们的尝试都未曾妨碍主流经济学沿着价值无涉的方向大步前进。

2. 经济学与伦理学的疏离：背景与原因。置古典经济学于其思想史背景之中，我们不难发现，经济学与伦理学的分离催生于古典经济学家们在探寻善治之道时谨慎而又心切的道德敏感。在亚当·斯密之后短短两个半世纪的今日，自利与贪婪划清了界限，甚至原本催生了经济学本身的道德敏感也逐渐淡化和消退。

三、从具体理论看经济学与伦理学的联系

1. 目标为何难以外生：无处不在的价值内涵。

2. 为小人立法何以难达善治：不完全契约下的“不可能三角”。

3. 向贪婪借力的代价：激励相容的负作用。

四、经济学、伦理学的对话与当代中国经济治理

1. 直面“不可能三角”和挤出效应：让经济嵌入社会。市场只是嵌入公共治理体系的一个构成部分，它需要和其他部分协调运作才能带来人类社会的良性运转。让市场替代政治、道德、宗教、社团等其他治理方式的尝试，其结果可能与政策制定者本身的愿望南辕北辙。

2. 经济学和伦理学的对话：以所有制问题为例。私有产权必须嵌入相

应的公共治理系统才会有效，而且所有权的具体安排要因地制宜。这时，双方就可以把精力放在整体制度架构的系统建设，以及对所有制在一个个行业、公司、社区层面上的具体问题具体分析之上(也即研究如何“重建个人所有制”)，意识到所有制问题的最优安排尚需人类智慧，进而更全力以赴地关注私有制和公有制同样面临的组织和激励难题。

五、结语

最后需要指出的是，本文简单阐释了经济学与伦理学良性对话的框架，更多理论细节及其在现实中的应用还有待进一步深入研究。希望本文能够抛砖引玉，让更多的国内经济学者注意到经济问题的伦理维度，也让更多的哲学和社会学者看到经济学的伦理关怀。

企业公共关系伦理资本建构：真实与价值　李华君、张婉宁，新闻大学，2017(5)

一、企业公关伦理资本的缘起：研究局限与现实困境

目前我国公关伦理的相关研究总体上尚未引起学界足够的关注，公共关系伦理方面的理论研究也无法满足公关伦理实践的迫切需要。然而，西方传统的公关伦理研究往往以道德哲学与功利主义为主要依据，集中讨论伦理决策的理性方法与伦理的外部规则，同样缺乏对市场经济体制下企业公关伦理建构与实践的探讨。与公关伦理实践相关研究成果存在较大局限甚至空白相对应的，是企业公关伦理实践的严峻现实与充满挑战。国内外公关伦理领域的研究局限与公共关系实践的现实困境，揭示了公关伦理介入企业资本市场的必要性与建构企业公关伦理资本体系的重要性。企业公关伦理资本及其所蕴含的对“真诚伦理”与“和谐关系”的追求，作为指导企业公共关系实践的重要力量，应当被视为企业的核心竞争资本，得到更进一步的理论研究与价值探求。

二、企业公关伦理资本的发展逻辑：经济价值与资本力量

关于公关伦理的经济价值，可从三方面进行论证：就宏观视角来看，公关伦理作为一种“价值机制”可有效约束组织的公关行为规范，形塑公民的公关价值观念，在提升集体内部和谐的情感关系的同时降低与其他利益群体进行谈判与交易的成本；就中观视角来看，公关伦理作为一种“伦理资本”投入在企业内部有利于增强企业凝聚力、发挥员工创造性，在企业外部则能够塑造良好企业形象、实现声誉与利润的双丰收；就微观视角来看，公关伦理则能够通过作为“精神力量”提升个人的品质、素养和境界，帮助劳动者充分发挥出个人价值，为社会创造财富，对公关伦理的学习与强化有利于帮助个体在开展公共关系过程中提升伦理精神与道德实践能力。

“公关伦理的经济价值”与“企业资本的伦理效应”为两者的融合提供了逻辑基础，“公关伦理”与“企业资本”之间并不存在绝对的二元对立，公关伦理的实现不一定产生价值弱化的经济代价，企业资本的增殖也不必然导致道德滑坡的伦理困境，面对当下社会中“功利—道义”冲突和“自身利益—他者利益”冲突的愈演愈烈，公关伦理与企业资本的整合需要得到进一步强化。

三、企业公关伦理资本的内涵特性：精神品质与社会资源

“企业公关伦理资本”实际上是指企业在开展公共关系活动过程中所体现出的一种追求真实诚信、倡导关系和谐的精神品质与社会资源。企业公关伦理资本一方面蕴含丰富的伦理道德内涵，能够有效引导企业公关行为沿着正确道路发展；另一方面则具有精神生产力的作用，能够为企业激活甚至创造新的社会资本。企业公关伦理资本的个性特征可归纳为以下三点：利益关系复杂性，无成本性，高回报性。企业公关伦理资本是企业公关的核心竞争力量。

四、企业公关伦理资本的建构路径：诚信真实与和谐价值

“诚信”已然成为企业在交往过程中契约关系得以正常维持的基本道德规范，以及企业公共关系的基本原则与核心资本，具体可以表现为真诚、真实地对待员工、竞争者、消费者、监督者乃至全社会：忠诚地对待内部员工的投入；诚实地履行与竞争者的契约；真诚地处理与消费者的关系；真实地面对监督者的监督。

“和谐”是社会关系的理想状态，也是公共关系的核心追求。企业公共关系要实现以“和谐”为目标的价值，具体可以从企业的公关资本强化、公关制度完善与公关文化塑造三方面着手：最底层是公关资本强化；中间层是公关制度完善；最高层是公关文化塑造。

五、结语

现代企业的公关伦理资本作为一种特殊公关资本，充分实现了“公关伦理的经济价值”与“企业资本的伦理效应”，而其“以诚信为基础的真实”与“以和谐为目标的价值”所构成的核心诉求，揭示了其在企业公共关系实践过程中愈来愈重要的角色——实现公共关系之于社会的伦理责任和之于企业的资本价值。

金融共享:一个经济伦理学脚注 董必荣、张雄,伦理学研究,2017(6)

金融化世界的到来,呼唤着金融共享的伦理情操。金融起源与一种共享伦理的关联密不可分。在现代性的规制下,金融共享问题变成了两种话语体系的批判问题:一种是马克思式的资本逻辑批判文本;另一种是席勒式的现代金融批判与反思的文本。在现实中,金融的“让富人更富”与金融的民主化的矛盾对立不可调和,深层原因在于共享变成了独享。金融共享伦理关涉三个逻辑预设:(1) 价值预设是追求经济正义的原则;(2) 实质是从追求最大化赚钱效应回归到追求民主,服务大众;(3) 金融共享与好的社会相关联。

一、金融共享的起源:聚合—合约—预期

金融共享有三种寓意空间:(1) 金融与人类生活的共享,即金融服务于每个人,是人与工具之间的享用与被享用的关系;(2) 金融与相关利益群体之间的分有关系,即在不同投资关系的框架中,利益的预期成果和风险应当是借债人与放债人共同担当和分有的;(3) 金融创新与社会发展各领域的分享关系。

首先,人类最初的金融活动就已有金融共享的伦理胚胎。早先金融工具的基础性作用是把相关协议记录下来。早期金融共享伦理的出现至少证明:一是金融工具的发明,意味着人类有了集体无意识的利益聚合方面的诉求;二是金融合约就是共享合约,是自主自愿、相对公平公正、有记录的。所以,从金融的起源来看,金融有着天然的共享基因。

其次,随着阶级社会逐渐发展,金融秉性发生了改变,人类有关金融伦理的认知也出现了偏差。古希腊哲学关于时空认知的发达,为后来金融的发展奠定了基础。但古代自然主义价值哲学认为,财富是天意的安排,因而玩转财富的人是不安天命的。一批古希腊哲学家们也普遍憎恨高利贷及利息。尽管如此,由于希腊当时主要依靠航海贸易,而这又充满风险,所以,用于对冲风险的合同、契约是不以人的意志、好恶为转移的。

再次,虽然远古时期就有金融的萌芽,但它还不是现代意义上的金融,在于:(1) 它是偶发性的;(2) 主要用于战争或解决王室的债务。直到近现代社会,金融才被真正启蒙。只有以合约的方式、以预期利益为目的,货币只有借助于金融这一中介,才能最后转化为资本。这充分说明,现代金融对工业革命、对现代资本主义的起源及其发展的重要意义。

二、金融共享:历史与逻辑的背离

在现代性的规制下,金融共享问题变成了两种话语体系的批判问题:

一种是马克思式的资本逻辑批判文本，主要揭示现代金融在资本的定义下如何背离共享伦理的原理。从现实的社会关系层面透析，金融所反映的已不仅仅是物与物的合约关系，更重要的是，在特定的私有制社会，它深刻地反映了人与人之间的生产关系、经济关系以及不平等的财产剥削关系。所以，金融共享必然出现历史与逻辑的背离。另一种是席勒式的现代金融批判与反思的文本，倡导现代金融之美、金融共享的伦理精神，呼吁一种新型的金融共享社会的构建，强调金融与好的社会结合的制度创新。为什么在其历史化过程中金融共享会发生偏离？以西方主宰的全球资本金融体系存在着两个致命问题：一是不断产生世界财富运动的两极分化，贫富差距有增无减；二是遵循资本逻辑的发展追求资本效益的最大化，它必然带来这个地球上的多重灾难，从根本上背离了金融共享理念。深究背离的原因，主要来自世界资本金融体系的高度垄断，由共享变成独享。如果这种"中心"与"边缘"、主体与"他者"的结构得不到根本改变，那么国际经济新秩序就是纸上谈兵。

三、金融共享的"中国方案"

构建金融共享的中国方案，首先需要处理好三对矛盾关系：一是共享的技术向度与人本向度的关系，即遵守收益至上、金融理性的最大化赚钱，又不能违背金融服务大众的人本向度的追求；二是共享的形式与内容的矛盾关系，即共享的形式要服从共享的内容，共享的内容要大众有获得感和安全感；三是整体的金融共享与局部的金融共享的矛盾关系，在国家整体金融共享战略问题步调一致的前提下也要考虑地方特殊性问题。

关注广大人民群众的养老、医疗、就业等民生需求，金融共享尤为重要。目前我国已初步建立国民金融安全和共享体系，为了实现建构人类命运共同体的伟大使命，中国又推出了"一带一路"倡议，为此，我国发起建立了"金融共享"式的"丝路基金"及"亚洲基础设施投资银行"。构建合理的金融共享模式，值得探讨的有五个现实问题：(1) 金融目标的对错决定了金融能否实现共享，要确保金融资源不被"错配"，就要坚持人民性的基本原则；(2) 金融共享要善待利益相关者；(3) 确保金融共享，政府有必要干预公司管理层应得薪酬的决策过程，解决道德危机延迟付薪问题；(4) 金融共享需要大力推进金融（主要是银行业）民主化进程；(5) 实现金融共享是一个综合工程。它至少包括金融信息共享、金融技术及工具共享、金融发展机会共享、金融话语权的共享、互联网金融红利共享。金融科技信息共享，已初步取得了良好的成效。金融集团实施共享服务战略，要从根本上杜绝控制集团服务共享所产生的内部交易行为的发生。

企业履行社会责任的成就、问题与对策:以河南省上市公司为例　乔法容、周林霞、黄卫华,伦理学研究,2017(6)

随着推进企业承担社会责任运动在全球范围内的全面展开,中国企业,尤其是上市公司,在全球化浪潮中承担社会责任的现状、问题、原因与出路,成为关注的焦点。以河南省十三家上市公司为剖析对象,发现政府引导、企业实践、社会推动的企业社会责任发展新格局基本形成,但企业承担社会责任的认知误区、制度与机制缺陷仍较突出存在,出路则在于从制度与机制上构建政府引导、企业实践、社会推动的大格局。

一、成就:政府、企业、社会共促的新格局已基本形成

企业是社会的一部分,本质属性是社会性。因此,推动企业履行社会责任,必须形成各司其职、各方支持的格局。河南省政府的制度引导,企业主动性的增强,社会组织、高校与科研单位、新闻媒体的积极推动,基本形成了凝心聚力、共建共促的工作格局。

第一,政府引导。河南省政府推进和谐劳动关系建设,加强社会信用体系建设和立法工作。

第二,企业实践。企业诚实守信经营,推动依法治企;以科技促创新,推动产品质量升级;践行环保责任,推动生态文明建设;保障员工权益,构建和谐劳动关系;保障客户权益,提升客户满意度;投身公益慈善事业,推动和谐社会建设。

第三,社会推动。河南省企业履行社会责任工作尚处于起步阶段,需要第三方社会组织进行引导和规范,推动企业诚信建设、文化建设;搭建企业履行社会责任的平台。

二、问题:企业承担社会责任的认知误区与机制缺陷

第一,政府在企业社会责任立法等方面存在薄弱环节,河南省还没有出台具有地方性质的关于企业社会责任的法律法规。

第二,社会团体推动企业履行社会责任的力度不够,社会团体在推进社会责任建设的过程中遇到一些难题。

第三,反映现实的企业社会责任理论成果较少,呈零散、学科视角多元、形不成气候的状况,且存在研究成果不接地气的现象。

第四,企业在承担社会责任的认知上存在误区,一些企业在履行社会责任的过程中存在着很大盲目性,更缺乏明确的目标及战略。

第五，社会责任报告数量少，企业履行责任信息披露不足，社会责任管理远未融入企业发展战略与企业文化之中。

三、出路：构建政府引导、企业实践、社会推动的新格局

随着河南省经济实力在全国地位的进一步提升，“五大国家发展战略”对企业提出了新的挑战。为此，我们必须抓住机遇，迎接挑战，积极推进企业承担社会责任的工作。

第一，政府加大推进力度。一是推进企业社会责任法制化；二是使企业社会责任管理与国际接轨，建立企业社会责任评价体系；三是加强对相关人员的培训工作；四是加大宣传，让各类组织都来关注企业社会责任建设；五是强化对企业履行社会责任的监督与管理。

第二，企业自觉实践。一是将企业社会责任融入发展战略；二是加强企业社会责任管理体系建设；三是发布企业社会责任报告；四是充分运用新媒体，促进企业履行社会责任的方式多元化。

第三，社会各方积极推动。一是民间组织推动；二是行业协会支持；三是媒体参与推动；四是联合高校和科研机构共同推动。

共享发展进程中的企业境遇及其伦理建构　李兰芬、王卫一，道德与文明，2017(6)

作为理念的“共享发展”要成为可践行的现实化的行动法则，必须具体化为经济、政治、社会等不同领域主体的权利、义务和责任关系。只有在理性解构这些“共享问题”的基础上，建构与之相适应的共享伦理支持系统，企业才能成为自觉践行共享发展理念的实践主体。

一、“共享不足”：企业“低利润”的尴尬境遇

在现代企业面对的所有危机中，最根本的是“共享不足”的危机，抑或“共享危机”。共享危机的实质就是人与世界的分裂，即人与自然之间、人与人之间、人与自身的分裂与冲突。共享危机是一种民生性危机，其根源在于社会发展成果的分配不公、贫富分化、环境失衡。“共享”作为一种发展理念，作为一个历史的动态范畴，需要放置于一定的时代背景和制度语境中来解读。

二、共享发展体系中企业作为的动力结构

共享，作为人的社会动物的本性，构成人类社会的基本生存样态，但把共享真正变成一种发展理念或经济形态却是伴随互联网的技术普及才发生的。它标识和表征着人的社会性本质的存在意识和发展精神。

从理论上说,共享发展理念不会也不能改变由社会分工决定的企业性质,融价值理性与工具理性于一体,国家共享发展体系中的企业作为至少包含二维动力结构:一是作为企业经济增长方式的能力共享;一是作为企业财富分配方式的成果共享。能力共享构成企业发展的机遇、方法和手段,以创新企业发展的新动能,即在产业升级中寻找企业盈利点,实现经济增长和高科技的发展;成果共享构筑企业发展的意义世界,以提升企业发展的新境界,即在共享发展中满足人民利益和民生福祉,以履行由社会分工决定的企业使命。

三、企业共享支持系统的伦理建构

建构企业共享伦理支持系统是一项高度抽象的工作。伦理支持作为一个关涉企业应当怎样构建共享、如何实现共享的顶层设计问题,旨在为企业共享发展立柱架梁、筑基铸魂,赋予企业共享发展以合目的性和合规律性的植根厚土与文化氛围。通过有目的、合规律的发展,涵养企业共享的智慧、品位、价值及其意义。伦理支持系统是企业共享发展的"精神架构"。一是当下中国企业的共享伦理支持系统尚未周全;二是建设共享伦理支持系统已是当下中国企业意愿包括未来目标、使命及核心价值的一种文化自觉。

作为市场主体的企业共享只有在与社会、政府之间的信任关系中才能得以推进和实施。企业共享精神既是孕育和产生于市场、社会和政府之间互为信任的协同共治事业的生动实践,又是为发展中国特色市场、社会和政府信任关系服务的一种新型企业伦理文化。建设企业共享伦理系统必须同时满足三个条件:其一,政府出台鼓励企业参与共享发展的机制,即在政策支持中预测企业共享发展的美好未来;其二,企业家有对某种超越性价值的精神追求,即具有共享德性的企业家精神;其三,企业必须具备参与共享发展的主体能力,即具有工匠精神的企业员工。企业共享伦理支持系统的搭建必将形成由政府的政策支持、企业家的精神引擎和企业的工匠精神协同熔铸的充满动力的动态结构。

首先,政策支持,即企业共享伦理支持系统的政府。从社会发展的视角审视,作为一种抽象理念层面上的"共享"范畴,需要转换为一系列具有可操作性的公共政策支持机制,以衡量和调整企业发展的共享关系。其次,企业家精神,即企业共享伦理支持系统的动力引擎。企业共享伦理支持系统作为一种发展理念,其价值直接指向高效生产的企业经营及其公平的财富分配,但从本质上说则是企业家精神的升华和重塑。最后,工匠精神，即企业共享伦理支持系统的基座主体。“工匠精神”作为一种职业信仰、社会责任和人生态度，既是中国传统文化的瑰宝，也是现代企业共享发展的文化元素。

四、总结

总之，由多主体、全方位、协同性的系统设计，在实践进程中不断打磨出来的企业共享伦理支持系统的最终目的，就是要有效发挥作为经济实体的企业在国家倡导全社会“共享发展”之风中造福民生、奉献社会、奉献人类的积极作用。

习近平政治经济学的伦理内蕴　乔咏波、龙静云，马克思主义研究，2017(6)

在马克思以前的西方经济伦理思想中，最为核心的是要把“富国裕民”作为最崇高的宗旨，不过这些思想中的“民”是位居当时社会统治地位的剥削阶级的“民”，而非处于被剥削、被压迫地位的“民”。而马克思主义政治经济学的根本宗旨是坚持以全体劳动人民为中心的发展思想，坚持把增进人民福祉、促进人的全面发展、朝着全民的共同富裕方向不断前进作为社会经济发展的出发点和落脚点，这种思想既继承和改造了古典政治经济学“富国裕民”的伦理思想，又在坚持生产资本公有制基础上阐明了社会主义制度下的“以人民为中心”的伦理思想。习近平同志的政治经济学所蕴含的核心伦理价值正是源于古典政治经济学，更直接的则是马克思主义政治经济学的“坚持以人民为中心的发展思想”和“增进人民福祉”的理念，充分体现了我们党对人民的热爱，尤其是对贫困人口的深切伦理关怀。

在马克思主义政治经济学中，对社会主义基本经济制度的伦理取向有一个逐步优化和完善的过程。在资本主义发展的特定阶段，通过无产阶级革命，利用无产阶级所拥有的公共权力把脱离资产阶级掌握的社会化生产资料变为公共财产。通过这个过程，无产阶级使生产资料摆脱了它们迄今具有的资本属性，使它们的社会性质有充分的自由得以实现。这说明在马克思、恩格斯的观点里，国有制和计划经济被看作是社会主义社会基本经济制度的本质特征。列宁在十月革命胜利之初遵循马克思的上述理论建设了世界上第一个社会主义国家。然而，社会主义初步实践的结构使得列宁从“战时共产主义”转向实行“新经济政策”，通过国家资本主义过渡到社会主义。列宁的这一转变对于我国新时期的经济改革具有启发意义。新中国成立后的30年，我国在不断探索的过程中逐步确立了社会主义基本经济制度。习近平的政治经济学正是在充分汲取苏联和新中国成立后社会主义建设和改革的经验,在对社会基本经济制度的选择上具有鲜明的马克思主义中国化的经济伦理取向。习近平政治经济学重申了社会主义社会基本经济制度的"两个不能动摇"和积极发展混合所有制经济,健全以公平为核心原则的产权保护制度的思想,既否定了全面私有化的资本主义改革取向,又摒弃了"纯社会主义的经济形式"的取向。这是切合社会主义初级阶段基本国情的马克思主义政治经济学中国化的重大成果。

"创新、协调、绿色、开放、共享"的发展理念是在继承马克思主义政治经济学的同时与中国改革开放新的实践结合起来的重要理论成果。发展伦理学是对于"什么样的发展才是合理的和值得的"这一重大问题所作的一种理性反思,是对发展的目的追求、发展的价值取向、发展的伦理原则和道德规范进行追问和研究的伦理学学科之一,是全面提升人的生活质量,引导人们过一种美好生活所表达的一种伦理诉求。习近平同志提出的"新发展理念",聚焦于当前我国社会存在的突出问题和明显短板,为当代中国发展的路径选择和政策制定指明了方向,同时也是对发展伦理学核心问题的准确把握,是我们在推进发展中应当遵循的伦理规范。另外,"新发展理念"具有与发展伦理学根本不同的理论基础和社会基础,属于中国特色社会主义制度下的伦理原则,这是因为"新发展理念"是通过全面建成小康社会来实现这种共享发展的价值目标,因而具有完全不同的社会制度背景。习近平同志提出在全面建设小康社会的过程中,应当在补齐短板上多用力,譬如农村贫困人口的脱贫、尊重城镇外来人口的权利。另外,习近平同志也强调经济发展中人的"实质自由"。习近平同志所提出的所有措施和努力都是切实实现广大人民最急需、最广泛的"实质自由"。"新发展理念"不仅传承了我国数千年来"为政以民"的经济伦理传统,也向世界展现了我国实现发展伦理学关于发展的伦理价值目标的途径和方法。

自然之生与宽之于公:王船山自由经济思想侧论　谢芳,广西师范大学学报(哲学社会科学版),2017(6)

王船山经济伦理思想最具近代特色的理论内核就是其关于"自由经济"的论述,而"自由经济"思想又是王船山实现"均天下"之目的善的必要工具性选择,因而具有"工具善"的性质。奠基于"理欲合性"基础之上的"经济人"假设是其经济伦理思想展开的逻辑前提,基于这样的理论假设,他不仅从人道主义角度论述了经济自由之合道德性,更从经济规律角度分析经济自由之合科学性。继而，他从行政权力与经济运行之间关系之“应当”的角度，提出了实现经济自由的根本途径，大胆地提出行政权力某种程度地退出经济运行的理论构想。

一、“人则未有不自谋其生者”：经济行为主体行使自由权利的内在驱动

王船山以批判隋王朝“遣史均田，以谓各得有其田以赡生”的行为为切入口，揭露了隋朝政府干预越多，老百姓却“困愈亟”的社会现实。在此经验事实的基础上，从理论构想角度，他大胆地提出应该给予经济活动主体以自由生产、自由竞争之权利的经济主张。但我们也必须清醒地看到王氏与亚氏的经济人假设理论所存在的异质性，而这个异质性也正是使王船山自由经济理论存在内在张力的理论局限性所在。王船山在社会经济发展方面持的是社会达尔文主义观点，而这个观点背后深层的价值取向即是主张经济自由，政府无须干预。这既是王船山经济理论突破传统而最接近于“近代特色”的地方，又在某种程度上凸显了其思想的局限性。王船山所谓的“人则未有不自谋其生者”理论，只不过是一种抽象理论上的心理动机，而在现实的表现上，由于种种复杂的社会因素，尤其是在不平等的封建社会，这种“自谋”的心理动机难以得到充分表现和发挥。

二、“上唯无以夺其治生之力，宽之于公”：经济行为主体行使自由权利的外在机制

正是在经济人“自利”之理论假设基础上，王船山提出了一系列自由生产理论，并给予了合理性存在的伦理论证。王船山追求经济自由的价值诉求是为了实现“社会自均”的理想图谱。社会不均、两极分化是导致明末农民起义的关键因素，因此，缓解社会不均现象是形势所迫。但作为有一定经济学知识的思想家，他清晰地认识到，均的过程不能靠政府的行政干预，里面有一个经济运行的内在规律，那就是充分调动个体的自利心、竞争心。

三、自由经济思想之特征及其内在张力

1. 王船山自由经济思想之特点。王船山经济伦理最大贡献在于他于“自谋”理论的基础上提出了“自由”这个核心概念。要深刻理解王船山的“经济自由”主张，我们尤其要注意把握如下两点：第一，王船山主张的“自由”并非“自然”或者“任其自然”，“自然”或者“任其自然”均有自由发展、不经人力干预、不加约束和引导之意，而王船山主张的“经济自由”，要求减少行政权力对人民经济活动无所不包式的盲目干预。第二，王船山经济自由思想与西方古典经济自由主义有相似的人性假设和市场机制理论，王船山经济自由思想又与西方古典经济自由主义存在明显的差异性，显示了中国特殊的传统文化背景和现实社会经济关系的不同影响。

2. 王船山自由经济思想之内在张力。首先，王船山所谓的经济自由只不过是一种有限的被动自由，而不是主动自由，因而还只是一种“狭隘的自由”。其次，王船山所谓的经济自由只是一种经验性的自由，缺乏牢固的理论基础。再次，王船山将其“自谋”“自均”的自由经济理论架构在一种理想的社会制度基础上，在这种社会制度下，一切经济行为主体有一致的经济利益追求，不存在对立阶级之间绝对的利益对立，经济行为主体的行为动机及价值取向都存在高度的一致性。

四、结语

通过上文的分析论证，可见，“自由之维”是王船山经济伦理思想的重要价值取向。“经济自由”是一个极具现代意义的范畴，是资本主义经济发展必要的内在动力，因而说，王船山经济伦理思想中蕴含着丰富的近代因素。

“‘两手’论”及其经济伦理意蕴　乔洪武、孙丽，华中师范大学学报(人文社会科学版)，2017(6)

“‘两手’论”在习近平政治经济学中占有非常重要的位置，其内涵的经济伦理导向既回答了当代中国的前进动力问题，又阐明了当代中国的前进方式问题。深入研究习近平政治经济学中“‘两手’论”及其经济伦理价值导向，是正确把握我国全面深化改革正确走向的关键。

一

“看不见的手”的概念是由亚当·斯密首先提出的。这只指挥人类生活秩序的手之所以“看不见”，是因为早期它被认为是“上帝之手”。而在当代，哈耶克则揭示出，这只手之所以“看不见”，因为它就是人类社会自生自发的“无形之手”。哈耶克认为，由人类社会自生自发的“无形之手”形成的秩序相较于“有形之手”建构的“人造的秩序”具有更多优点。从更深、更广的意义上看，自生自发秩序的重大价值还在于它对于人类文明进步的促进作用上。

二

相对于“看不见的手”，“看得见的手”这一术语的正式提出则晚得多。1977 年，艾尔弗雷德·D. 钱德勒(1918—2007)出版了《看得见的手——美国企业的管理革命》一书。在钱德勒看来，大企业在当代美国的发展表明，传统经济学中认为受市场“看不见的手”所调节的完全竞争是配置经济资源的最有效方式的观念是片面的。企业管理这只“看得见的手”，相比市场调节这只“看不见的手”而言，能够带来巨大的生产力和丰厚的利润，能够提高资本的竞争力，由此引发的变革会带来新型的市场经济秩序。“看得见的手”在西方经济学语境中的另一层含义是指后起国家在经济发展中应当运用政府干预这只“看得见的手”的优势来赶超先进国家。“看得见的手”在西方经济学语境中的第三种内涵是由凯恩斯所阐述的，指的是运用政府干预来消除市场失灵。“看得见的手”在西方经济学语境中的第四种内涵则是凯恩斯主义和新自由主义相互折中和融合的产物，指的是与存在市场失灵一样，政府也会出错、失灵。但人类不断进化的知识和理性可以逐步减少这种出错、失灵；政府固然不会全知全能，但政府拥有私人和市场不同的工具和目标，因而在经济活动中需要政府扮演一定的角色。

三

经济体制和经济活动总是以一定的经济伦理为指导的，经济理论也总是与其背后所隐含的价值取向或经济伦理相关联，并指导着实际经济活动。习近平的“‘两手’论”亦如此。也就是说，习近平的“‘两手’论”同样蕴含着非常丰富的经济伦理内容。其蕴含的第一个经济伦理取向就是对传统计划经济及其伦理取向的彻底否定；其蕴含的第二个经济伦理取向就是要将政府这只“看得见的手”打造成托举和呵护“看不见的手”之手；其蕴含的第三个经济伦理取向就是要让“看不见的手”与“看得见的手”在推进中国特色社会主义事业中形成合力，在经济发展中运用这种合力的优势来赶超先进国家，带领我国人民实现中华民族伟大复兴的中国梦，在全面建成小康社会的基础上，分两步走，在本世纪中叶建成富强民主文明和谐美丽的社会主义现代化强国。习近平认为，在我国，“看不见的手”与“看得见的手”是可以而且能够形成合力的。这首先是因为，我国实行的是社会主义市场经济体制，我们仍然要坚持发挥我国社会主义制度的优越性，发挥党和政府的积极作用。其次是因为，以习近平为核心的党中央庄严承诺：“人民对美好生活的向往，就是我们的奋斗目标。”我们党坚持以人民为中心的发展思想，坚持把增进人民福祉、促进人的全面发展、朝着共同富裕方向稳步前进作为经济发展的出发点和落脚点。再次还因为，经过 30 多年的市场取向改革，我国社会主义市场经济体制已经初步建立，市场化程度大幅度提高，我们对市场规律的认识和驾驭能力不断提高，宏观调控体系更为健全，完善社会主义市场经济体制主客观条件已经具备。

重新审视社会主义市场经济条件下的剩余价值定位 李继文,社会科学报,2017-06-08

一、从学好用活马克思主义政治经济学说起

剩余价值理论,是马克思毕生两大重要发现之一。正如恩格斯所说,“马克思的剩余价值理论好像晴天霹雳一样震动了一切文明国家”。马克思主义政治经济学的经典之作《资本论》,从一定意义上说,就是一部“剩余价值论”——剖析了剩余价值的生产、实现和分配,从而揭示了资本主义生产的实质及其产生、发展和灭亡的必然规律。但是,在时下兴起的马克思主义政治经济学的学习和研究中,剩余价值概念还是被当作资本主义剥削的代名词。而无论是探讨社会主义市场经济的运行和发展,还是构建中国特色社会主义政治经济学,都很少有人将其与剩余价值相联系,这无疑削弱了学好用活马克思主义政治经济学的实际效果。比如,很多人“嘴上不说,心里不服”“公开场合不讲,私下议论纷纷”“两张皮”等现象。显然,这不仅不利于提高广大党员干部特别是高级干部的马克思主义理论水平,而且也不利于坚定其马克思主义信仰;不仅不利于以马克思主义的正能量去占领意识形态和思想理论的阵地,而且也不利于打消年轻人对马克思主义政治经济学当代价值的怀疑。总之,绕开剩余价值谈马克思主义政治经济学的“学以致用”,只能是肤浅的;回避剩余价值谈“进一步深化、丰富和发展马克思主义政治经济学”,同样很难令人真正信服。

二、改革的实践呼唤着对剩余价值的重新定位

在我国,随着经济体制改革实践的推进,经济理论研究也不断冲破一个又一个的“禁区”,获得一个又一个的突破。同样地,经济理论研究的每一次突破,都推动了改革实践的发展。这里不妨举两个例子。第一,我们曾经在相当长的时间里,只强调劳动者在社会主义条件下的主人翁地位,而不敢承认劳动力的商品属性;后来冲破了这一“禁区”,劳动力市场也得到了名正言顺的发展。可问题是,按照马克思主义政治经济学,既然劳动力成为商品,那么剩余价值产生的前提也就存在了。第二,我们曾经在相当长的时间里,不敢光明正大地使用资本的概念。现在,虽然随着实践的发展和理论研究的深入,关于资本的顾虑早已经打消了,资本早已被公认为是社会主义市场经济中的一个不可或缺的“主题词”,也不再有人怀疑社会主义市场经济中资本的逐利性,但却在有意无意地回避资本的本质是带来(或能够带来)剩余价值的价值,有意无意地淡化利润是剩余价值的转化形式。也就是说,只停留在了“资本”和“利润”的现象层面。而不能不强调的是，在研究中透过现象揭示本质，恰恰是马克思主义政治经济学研究方法的题中之意；揭示出剩余价值的一般形式和它的各种特殊形态之间的关系，恰恰是马克思《资本论》中的“三个崭新因素”之一。事实上，以当前的中国为例，很多现实问题的破解恰恰都与“剩余价值”的研究有关。比如，“剩余价值”这个概念本身是否姓“资”？我们今天强调以市场作为配置资源的决定性手段，那么社会主义市场经济条件下的市场主体（以及客体）和资本主义市场经济条件下的市场主体（以及客体）有什么不同？资本主义市场经济条件下的创新动力，主要来自资本家（市场主体）对“超额剩余价值”的追逐，这对于社会主义市场经济条件下激发创新动力有何启示？资本主义市场经济条件下生产剩余价值的两种方法即绝对剩余价值生产和相对剩余价值生产，对于社会主义市场经济条件下的增长方式转换有何借鉴意义？诸如此类的众多现实问题，呼唤着对剩余价值的重新定位。

三、剩余价值本身并不姓“资”

剩余价值并不是资本主义所特有的，而是存在于包括社会主义市场经济在内的一切市场经济当中。市场经济是一种以市场为决定性手段配置资源、调节经济运行的经济活动方式，而市场之所以能够成为配置资源、调节经济运行的决定性手段，最根本的一条就在于市场主体对从事经济活动所能带来的利益的权衡和选择。并且，在社会主义市场经济条件下，对剩余价值的追求并不只限于资本家，而是一切经济行为主体共同的基本出发点。马克思之所以专门剖析了资本家追逐剩余价值的行为和本质，是因为在马克思所处的时代，资本家不仅是占统治地位的经济行为主体，而且他们利用这一地位疯狂地占有过多的剩余价值，从而造成对地位低下的工人劳动的无偿剥夺，即剥削。正是这种剥削性质，体现了资本主义的黑暗、腐朽及其必然走向自我否定的趋势。那么，人们不禁会问，难道在社会主义市场经济条件下，剩余价值就不体现剥削吗？

四、在比较中把握社会主义市场经济条件下的剩余价值

首先，从一般意义上讲，剥削是指社会上一部分人凭借他们对生产资料的占有或垄断，无偿占有那些没有生产资料的人的剩余劳动。资本主义即是如此。正是从这个意义上讲，在资本主义社会，剩余价值体现的就是剥削。在现阶段的我国，虽然国家依照法律规定保护公民的私有财产权和继承权，但无论从社会主义初级阶段还是从社会主义市场经济的角度看，都必须正视某些剥削现象的客观存在。当然，对我国现阶段存在的剥削现象，要注意不能任其从“支流”变为“主流”。

其次,资本主义及其以前历史上存在的剥削现象都是以私有制基础上的剥削阶级的存在和阶级利益根本对立为前提的,而我国现阶段存在的剥削现象,不是剥削制度条件下的阶级剥削。当然,我们也要注意化解包括劳资矛盾在内的各种矛盾,决不能任其现存的阶层矛盾转化为阶级矛盾。

再次,是否承认剩余价值的存在,不仅只是观念上的差别。我们知道,资产阶级庸俗经济学家是不承认剩余价值的存在的。他们奉行"资本—利息,土地—地租,劳动—工资"的"三位一体公式",认为工人的劳动已经以工资的形式得到了全部报酬,从而为其剥削辩护。马克思在《资本论》中对"三位一体公式"进行了批判,指出工资并不是劳动的全部报酬,而只是劳动力商品的价值或价格。笔者以为,社会主义市场经济也是如此。只要从马克思在《哥达纲领批判》中对拉萨尔"不折不扣"论的批判就可以知道,即使在未来社会,也不能把工人创造的产值全部以工资的形式分给工人,而应该作必要的扣除。也就是说,在社会主义市场经济条件下,工资同样不是劳动的全部报酬,同样只是劳动力商品的价值或价格。对此,应该按照马克思的做法,把本来的生产关系客观、公开、阳光地揭示出来,而不能像资本家及其代言人那样把精力用在掩饰或辩护上。从表面上看,是否认为工资不是劳动的全部报酬,是否承认剩余价值的存在,只是个观念上的问题,但却体现了对待劳动者的态度,体现了深层次的生产关系,尤其是人和人之间的关系。其实,同理类推,作为在量上完全相等的剩余价值和利润这两个概念,之所以有不同的称谓,从某种意义上说不也同样取决于观念上的不同吗——如果认为剩余价值是工人的活劳动带来的,就是剩余价值;如果认为剩余价值是全部预付资本带来的,就是利润。类似地,认为工资是劳动的全部报酬,就是为剥削辩护;而承认工资不是劳动的全部报酬,则至少表现出不是在有意地为剥削辩护,正如民间的格言"吃亏、占便宜都要放在明处",否则即意味着对人的"愚弄"和"欺骗",在某种意义上也即意味着"剥削"。当然,仅仅只是把剩余价值的存在客观、公开、阳光地揭示出来还不够,实践中还有一个"怎么办"的问题。比如说,对工人所创造的产值究竟以怎样的方式扣除、扣除多少,以保证其合理性和科学性?这是需要随着实践的推进而不断完善的。对此,既要学习资本主义的一些有益的做法,又要注意不走资本主义市场经济(特别是其早期)的老路。比如说,要通过法律、制度及其道德伦理等有效地规避剥削现象以及其负面效应的泛滥,以使劳动者及其社会各阶层应有的利益得到切实的保障,保持经济社会的健康发展。

打开道德资本的逻辑之门 李建华,中国社会科学报,2017-06-15

多年来,我一直是王小锡教授经济伦理研究成果的学习者,对其研究及成果较为了解。他首次提出并论证了道德资本概念,形成了较为完整的道德资本理论。《道德资本论》(译林出版社2016年9月版),集中了王小锡长期以来在道德资本问题研究中的观点,形成了相对完整的理论体系和面向实践的学术研究路径。

其一,关注道德与资本的关系问题,问题意识凸显。现代市场经济的发展及其所造就的"市场社会",在日益主导人们生产与生活方式的同时,也必然运生与现代经济活动相对应的诸多伦理困惑与道德难题。资本作为现代市场经济发展中的核心要素,不仅是经济学关注和论证的问题,而且是哲学、政治学、社会学等众多学科探究的重要概念。如何看待道德与资本的关系问题,可谓当代中国经济伦理学研究绕不过去的问题和不可或缺的基本内容。该书作者自20世纪90年代开始,敏锐地捕捉并锲而不舍地探索这一问题,体现了他作为一个伦理学研究者强烈的问题意识和学术责任感、使命感。

其二,提出并论证道德资本概念,体现独到的理论创制。此次出版的这本书,全面系统地阐述了作者的道德资本观。从对道德的阐释及分析经济与道德的关系出发,提出对道德资本概念的界定及其基本特征和形态,进而探讨在实践层面中道德资本何以可能以及如何评估与操作。可以说,这一结构不仅使"道德资本"概念的论证周密完整,也为经济伦理学乃至整个伦理学研究中的概念创制和论证提供了一种范式借鉴。

其三,坚持理论联系实际,彰显面向实践的学术路向。伦理学研究应当坚持理论联系实际的基本立场,脱离中国实际的理论研究或是单纯的现象描述,均无法对改革开放以来我国经济生活中不断出现的新的道德现象和问题做出有说服力的解释和回答。通过对现实问题的学术思考和理论提升,形成中国伦理学自身的学术话语和概念范式,进而构建较为完善的理论体系和学科体系,以此指导实践,是当前我国伦理学研究应有的学术路向。在这一点上,该书所秉持的基本理念和研究进路值得推崇。作者围绕道德是什么、道德与经济的关系、道德资本概念内涵进行了深入的学理分析,初步建立了企业道德资本的实践和评估指标,并融入了一些企业道德资本的评估案例,提出了加强企业道德资本培育与管理的实践路径。

如果说,该书作者于21世纪初提出道德资本概念,缘起于中国市场经济快速发展带来的对"道德与资本关系"问题的学术关注,那么,今天在市场化、全球化进程中快速发展的中国经济，仍然在不断改变着中国社会的生产和生活方式，并不断引发伦理关系和道德观念的新变化。在理论和实践层面，资本也在不断呈现其新的问题。由此，笔者认为，道德资本需要在符合逻辑地链接资本与道德或者是经济与伦理之间关系基础上，不断地寻找打开资本尤其是精神资本逻辑之门的钥匙。需要通过实践，让道德在规制和完备资本内涵及其运作过程中，发挥不可替代的作用，以避免仅仅是从主观愿望出发，使资本套上道德的光环，或者将道德等同于资本。

由上，资本有自身的逻辑，不能用道德逻辑代替资本逻辑，道德可以影响和规制资本，但道德不可以是独立资本。从这一意义上说，随着时代的发展，道德资本的相关研究仍有可以不断拓展与创新的"广阔天地"。

小康文明的伦理条件 樊浩，哲学动态，2017(7)

一、何种"中国问题"："中等收入陷阱"还是"小康瓶颈"

"小康"时代面临的"中国问题"并非"中等收入陷阱"，而应是"小康瓶颈"。"小康瓶颈"可能从逻辑和历史两个维度发生。

1. 逻辑瓶颈。作为一种文明形态，"小康"必须同时具备"天下为家"和"礼义以为纪"两个元素。缺失"礼义以为纪"，伦理道德条件的"天下为家"将囿"家"之"小"，而不能通达"天下"之"大"，由此"小康"将失去合理性而陷于瓶颈之中。

2. 历史瓶颈。在现代话语中，"小康瓶颈"可能存在两种情形：一是在话语转换中"小康"从一种文明气象演绎为抽象的经济指标，从而由去伦理、去文化的经济单向度产生"小康瓶颈"；二是在"天下为家"的经济与社会发展中因伦理和文化供给不足而生成的文明瓶颈。

二、"'小'—'康'"瓶颈

1. 因何"小"？"天下为家"背景下文化动力的第三次探索。三次文化动力的探索分别是：改革开放前30多年、改革开放后30多年，以及有待探索的小康社会。改革开放前30多年发展的文化动力是以政治为纲，最深刻的矛盾是公有制内部所有权与支配权的体制性矛盾，伦理表现为"公"—"私"矛盾。改革开放实行了以公有制为主的多种所有制并存的混合经济形态。以利益驱动为重心的动力机制为小康社会的建设释放了巨大动力，但一旦达到小康，它又将面临深刻的难题：其一，"需要—满足"模式的动力逻辑将逐渐失灵，产生"小康之后，到哪里寻找创造财富的更强动力"的发展难题；其二，小康社会的最大特点和难点是"混合"。"天下为家"的利益驱动机制是最强动力,而最好动力却是以理想信念为支撑的“天下为公”。一旦最强动力压过最好动力,严重的社会问题不可避免。超越“小康瓶颈”,到“最强动力”与“最好动力”的辩证统一,是小康时代的重大课题。

2. “何种康”?“山河时代”向“文化时代”的文明转型与战略转换。近30多年科技与经济的高速发展,正在根本性地改变中国社会的文明格局。在历史上,地理环境曾是决定地域文明的最重要因子之一,学术史上便有“地理环境决定论”。科技与经济的高速发展不仅改变着地域文明的格局,而且推动地域文明由“山河时代”向“文化时代”转变,因此必须进行发展理念的重大战略调整。

3. “土豪”:一个群体的气质缺陷,还是一个时代局限。“文化时代”最需要文化,然而最稀缺的资源也是文化,这种“文化供给悖论”使经济与社会发展出现气质性缺陷,其人格化表现就是“土豪”。“土豪”并不只是一部分人、一个群体的气质缺陷,也是由脱贫走向小康的过渡时期的特殊经济现象,是最典型和人格化的“小康瓶颈”。

三、走出“小康瓶颈”的国家文化战略

1. 构建小康文明的“理想类型”。小康文明的“理想类型”在根本上是一种“经济—伦理类型”,其建构需要解决两个突出性问题:一是谋利和经济冲动的可持续性及其合理性问题;二是积累的可能性问题。

2. 企业的伦理援助与经济的文化支持。实施企业的伦理援助和经济的文化支持战略,着力点就是通过伦理信任建构和积累社会资本,帮助以家族经营为基础的非公企业转型为现代管理制度,突破家族企业生命周期的伦理瓶颈。相对于经济扶持与政策支持,伦理援助与文化支持才是更具根本意义的战略。

3. 经济—伦理—文化一体化的决策评估体系。在管理上必须突破理念和体制瓶颈,核心有二:一是建立经济—伦理—文化一体化的咨询决策体系;二是建立经济、社会发展的伦理评估与文化支持体系。一方面,对现有决策咨询系统进行重大改革,在深度的伦理参与、人文参与下建立经济—伦理—文化一体化的咨询决策体系;另一方面,经济与社会发展的伦理评估的意义也绝不只是“精神文明”,还包括对小康文明品质的伦理诊断、价值指引和后力赋予,具有重大的国家文化战略意义。

伦理型领导对员工知识共享行为的内在影响机理 杨霞、李雯,贵州社会科学,2017(7)

一、引言

首先,本文基于社会学习、社会交换和社会认同理论,深入研究伦理型领导对员工知识共享行为的内在影响机理,探讨伦理氛围、组织信任和组织认同在伦理型领导与员工知识共享行为之间的中介作用。其次,本文引入员工传统性和心理安全作为调节变量,探讨伦理型领导对员工知识共享行为影响的边界条件。

二、伦理型领导与知识共享行为的内涵界定

1. 伦理型领导。伦理型领导概念,即领导在管理过程中表现出恰当、规范的个人行为和人际互动,并借助模范作用和沟通强化,影响和引导员工遵循同样的行为方式。

2. 知识共享行为。本文主要研究伦理型领导对员工知识共享行为的影响,针对受领导影响的个体,强调其作为知识拥有者向知识需求者分享知识的单向性,因此将知识共享行为界定为一种取决于个体意识的自愿行为,是组织内个体将自己的知识(包括内隐和外显知识)有选择地传递或贡献给其他个体的一系列行为。

三、伦理型领导影响员工知识共享行为内在机理的理论基础

已有研究证实,伦理型领导对员工知识共享行为有促进作用,认为可基于社会学习理论、社会交换理论和社会认同理论三方面视角探讨伦理型领导对员工知识共享行为的内在影响机理,原因如下:根据社会学习理论,员工会学习和模仿伦理型领导,并且在领导的鼓励和暗示下表现出奉献、分享、合作的组织公民行为,有助于知识共享行为的提升。从社会交换的角度分析,员工会把知识共享行为当作与伦理型领导和组织互换的资源,在工作中表现出更多的知识共享行为。根据社会认同理论,伦理型领导能帮助员工建立对组织的认同感,使员工将组织的成败和自我价值联系起来,积极进行知识共享行为来促成组织的成功。

四、伦理型领导影响员工知识共享行为的中介作用机理

基于社会学习理论、社会交换理论和社会认同理论,伦理型领导可能主要通过以下三种方式对员工的知识共享行为产生影响:一是组织的伦理氛围;二是员工对组织的信任感;三是员工对组织的认同感。

1. 社会学习视角下伦理氛围的中介作用。伦理型领导作为道德行为的榜样,能影响和帮助员工认识和处理伦理问题,并通过角色建模等方式对组织伦理氛围的构建起重要作用。伦理型领导可以通过建立和维持良好的伦理氛围来促进员工知识共享行为的产生。

2. 社会交换视角下组织信任的中介作用。组织信任是影响员工知识共享行为的重要因素之一,而伦理型领导可以显著提升员工对组织的信任程度,从而促进知识共享行为。

3. 社会认同视角下组织认同的中介作用。从理论上说,员工对领导的认同和信任度越高,越容易对团队和组织产生认同感。鉴于伦理型领导在人际互动中表现出的重视道德、积极主动和合作共赢,我们认为这样的领导对员工的组织认同有正向影响。

五、伦理型领导影响员工知识共享行为的调节作用机理

本研究拟从员工的传统性和心理安全感两方面分析他们在伦理型领导与员工知识共享行为关系中的调节作用:高传统性员工进行知识共享行为主要根据自身的角色定位,较少依赖外部环境,受伦理型领导的影响较低,而低传统性员工恰恰相反。因此,员工传统性可能会弱化伦理型领导对员工知识共享行为的正向影响。心理安全对伦理型领导与知识共享行为起到调节作用,即当员工处于高心理安全时,伦理型领导对知识共享行为的影响更强。

六、结论与展望

基于现有研究和理论,本研究探讨了伦理型领导对员工知识共享行为的内在影响机理,做出以下几点贡献:第一,提出可综合运用社会学习理论、社会交换理论和社会认同理论研究伦理型领导对员工知识共享行为的影响机理;第二,分别指出在社会学习理论、社会交换理论和社会认同理论视角下,伦理氛围、组织信任和组织认同在伦理型领导与员工知识共享行为之间的中介作用,揭示伦理型领导影响员工知识共享行为的多条路径;第三,在分析伦理型领导影响员工知识共享行为时,从员工特质角度探讨员工传统性和心理安全在伦理型领导与员工知识共享行为之间的调节作用。

一个被偷换的概念:社会资本　戴圣鹏,学术研究,2017(8)

社会资本作为马克思的资本观与政治经济学中的一个重要概念,经常作为现代经济学里面的一个重要学术术语,被广泛地应用于人们的社会经济活动中。但是近20年来,社会资本概念的内容与使用发生了根本性的变化,已经不再是纯粹经济学意义的,更不是马克思的政治经济学意义的了。美国学者林南把这种不同于马克思资本观的资本观点与理论,称为“新型的资本观”,我们也可以称之为“新型的社会资本”概念。在法国思想家布尔迪厄看来,社会资本并不是一个经济范畴,社会资本作为资本的三种基本形态之一,在本质上是一种以社会联系或社会义务形式出现的非经济资本形态。这种社会资本概念与思想和马克思的社会资本概念与思想存在着本质的区别,因为在马克思资本观的视野中,资本并不是作为一种一般性的社会关系而存在的,而是作为特定的生产关系即资产阶级的生产关系而存在的。依据布尔迪厄的资本观及其理论逻辑,人类社会的每一个人都是资本的追逐者与占有者,都是某种意义上的“资本家”。

为了更好地揭露新型社会资本思想对马克思资本观的理论危害,我们有必要对马克思的社会资本概念与思想做一个理论的梳理与澄清。从马克思的关于社会资本的几个经典论述来看,社会资本指的就是社会一切生产部门的所有单个资本的总量,也就是指社会的总资本量,即社会总资本。从马克思对社会资本的理解与把握来看,社会资本从其根本性质的角度讲,是一个经济范畴,而不是指的其他什么范畴。像法国思想家布尔迪厄那样把资本分为经济资本、社会资本与文化资本的观点是对资本的一种歪曲与滥用,这是非马克思主义的,也不具有科学性与合理性。根本原因在于,资本是私有制社会最为发达的生产关系,代表的是资产阶级的生产关系与阶级利益。社会资本作为社会总资本,是由社会各个单个资本所构成的,只有实现了单个资本的增长与积累,社会资本才会获得增长,社会总资本才会增加。因此,如何将社会资本集中在自己的控制与支配之下,也就逐渐成为资本家必然要重点考虑的问题。社会资本的增长,意味着社会财富不断地向资本家受众转移与集中,那么与社会资本总量不断增长相对应的必然是雇佣工人越来越赤贫,这是一种历史发展的必然。

西方的新型资本理论,把社会资本解读为人的社会关系网络及其社会关系资源的思想,不仅完全颠覆了马克思的社会资本概念的内涵,还在理论上以及事实上去除了马克思的社会资本概念以及思想本身所具有的阶级属性,即资产阶级的属性。但现在最为严重的是越来越多的民众与学者从非马克思主义的意义上来使用社会资本概念,并大有替换马克思的资本观及其社会资本概念的意图与趋势。这种意图与趋势,不得不引起马克思主义者及其研究者的注意。西方的新型资本理论把个人或社会组织的社会关系以及资源看作社会资本,看作个人或社会组织可以通过经营将其转化为经济利益或经济资本的思想,必然会导致人与人之间的关系除了经济利益关系或者资本关系之外,不存在其他任何形式的关系。我们每一个人在这个理论的视野中变成了每日都在算计着自己的资本的“资本家”。在这样一个每一个人都为了自己的经济资本与经济利益而不断追逐着其他形式的资本的社会里,每一个人都成了资本的奴隶,成了一个眼里只有资本而没有其他东西的异化的人。这种理论及思想从表面上看好像是给所有人奋斗的目标与公平的机会,而其真实的目的只不过是在为资产阶级的长久执政与资本主义社会的永恒存在做合理性与合法性的辩护而已。

上帝之国的政治与经济伦理:以《马可福音》为中心　查常平,西南民族大学学报(人文社科版),2017(8)

一、上帝之国的政治伦理

所谓政治伦理,指在一个共同体中人与人之间的权力关系。在上帝之国里,人的权力地位和他对他人的侍奉成正比。这种侍奉精神的极致,表现在耶稣的受难事件中。耶稣关于仆人领袖的观念,根源于第二以赛亚的仆人之歌。外邦人共同体的政治管理模式是权力控制管辖,这就是所谓领袖式的仆人。在基督徒共同体中,为大的就要做门徒的用人;为首的就是众人的仆人。这是基督教衡量一个基督徒领袖的标准,也是衡量一个基督徒的标准。

耶稣“以自己为榜样关于仆人式领袖的教导,和任何在教会生活中对于权力与优先性的迷恋正相反对。每个时代的教会,必须警惕效法那些权力与声望的压制性结构——这乃是这个世界的统治者的特征,必须效法以耶稣为代表的这种仆人式领袖——祂舍命使他人获得自由”。在马可心中,耶稣基督作为上帝与人类的用人与仆人,以其舍命的牺牲为祂的跟随者树立了政治伦理生活的典范。作为上帝的仆人,祂的意志植根于上帝、植根于上帝之国之中;作为上帝的用人,祂忠于自己的誓约和应许,为所有人的罪献上赎价。

二、上帝之国的经济伦理

马可在此借助阐明人与财产即肉体生命的物化劳动的关系来敞开人与耶稣、人与永生(或上帝之国)的关系。按照耶稣对彼得的回答,人为基督与福音的缘故所失去的,在今世必得到加倍地偿还,在来世必得永生。这种奖赏,既是未来的或终末论的,又是现在的或教会论的。人失去的是他的财产(房屋、田地)、家庭关系(儿童时期的父母关系、成长时期的兄妹关系、年老时期的儿女关系)。耶稣应许人若舍弃他的财产、家庭关系,在今世将得着百倍,因为耶稣说凡遵从上帝旨意的人都是祂的母亲、兄弟姊妹,凡是门徒聚集的地方就是祂的家。马可在这里强调人因耶稣的缘故将得着新的家庭——基督徒共同体与新的财产。不过,基督徒在今世还要受逼迫,在来世得着永生。

这样,马可关于财产的教导,其基本原则为:人神关系优先于人与财产的关系,人对于财产的拥有不应当阻碍他做耶稣的门徒。这向那些自称为基督徒的人尤其是向那些在今世的富人提出了挑战。

三、结语

《马可福音》中的9:30-37、10:35-45、10:17-31与12:13-17四段经文,直接涉及以耶稣的门徒为成员的教会政治与经济伦理的问题。本文通过对于这些经文的详细诠释,认为以地上有形教会为表征的上帝之国,在权力与权利方面的正义伦理关系,即在基督徒共同体中,应当是为大的为用人,为首的为众人的仆人;而人对于财产的拥有,应当次于人神关系的建立。这就是上帝之国的核心政治伦理与经济伦理的内容。

普惠性公正与差异性公正的平衡发展逻辑　吴忠民,中国社会科学,2017(9)

所谓社会公正,是指给每个人所应得,亦即社会成员应当"得其所应得"。现代意义上的社会公正,实际上是由普惠性公正和差异性公正构成的有机整体,两者相辅相成,共同构成了社会公正的基本内容。

一、普惠性公正与差异性公正的内容及特征

在现代社会和市场经济条件下,社会成员致力于社会公正的具体实践,主要有两个方面的普遍利益需求和基本价值取向,即追求人的尊严基本生存底线的平等对待和追求人的多样化需求的自由发展。第一个方面的基本利益需求和基本价值取向,侧重于社会成员的"人的种属尊严"的保护需求,亦即侧重于共享、平等权利一类事情的需求和追求。第二个方面侧重于人的多样化需求和追求,亦即侧重于人的自由生活和自由发展空间的需求和追求。

基于社会资源的有限性和社会成员的差异性所呈现的上述两个方面基本利益需求和基本价值取向,决定了现代意义上的社会公正必须包括两个方面相辅相成、缺一不可的基本内容,即普惠性公正和差异性公正。普惠性公正主要是围绕基本的"平等对待"问题,每个社会成员的基本尊严以及基本生活底线都能够得到保证,并随着社会的发展得以提高,每个社会成员都能持续获得由社会发展所带来的益处，能共享社会发展成果。差异性公正主要是围绕基本的“自由发展”问题，社会成员多样化的需求和自由发展空间能够得到保护，并随着社会发展水准的不断提升，每个社会成员差异化的生存和发展样式都能够愈益得到包容和保护，每个社会成员的发展潜力能够得到充分开发。

由于重心不同，两者间必然存在一些明显差别。首先，普惠性公正强调的是“人均一份”的相似性对待，差异性公正强调的则是有所差别的不同对待。其次，普惠性公正侧重于“社会他助”，差异性公正则侧重于社会成员的“个人努力”。最后，普惠性公正的社会成本相对较大，个人成本相对较小；差异性公正却是社会成本相对较小，个人成本相对较大。

作为社会公正的两个有机组成部分，普惠性公正的社会功能的重心在于促进社会整合及社会安全，拉动消费内需和开发社会整体化的潜能；差异性公正的重心在于激发社会的活力和创造力，促进形成丰富多彩充满张力的社会以及给人的个体化发展以前景和希望。

二、普惠性公正与差异性公正相辅相成、缺一不可

如果过于强调普惠性公正，将程度不同地压抑、限制异质性社会的正常生长，将造成另一种形式的社会不公亦即平均主义现象，将程度不同地窒息社会的活力和创造力。在这方面，苏东剧变前的苏联做法是一个典型。

如果过于强调差异性公正而轻视普惠性公正，在学术上会引发论辩。在现实社会运行过程中，会不同程度地造成弱肉强食的不公正现象，也会造成社会的不安甚至是动荡的局面。

三、有效推动普惠性公正与差异性公正的平衡发展

在实践中有效实现普惠性公正与差异性公正的平衡发展，维护好两者合理的“度”，确保普惠性公正与差异性公正相互促进、共同提升，防止“畸轻畸重”以及此消彼长情形的出现，就成为极为重要的实践议题。

一是要“适度优先”促进基础层面的普惠性公正。主要是指促进社会成员基本生存条件层面的保障，亦即社会成员基础性平等权利的保障，而不是指全面、全方位、社会整体化实现普惠性公正，更不是指促进较高福利层面的普惠性公正。

二是要“适度优先”促进基础层面的差异性公正。从操作角度看，这是基于平均主义的社会心理基础较强和民众期望值相对容易大幅度攀升的现实国情，针对社会公正的复杂性与当前中国社会公正的特殊性的必需之举。必须指出,适度优先促进基础层面的普惠性公正由于具有更为基础性的意义,应当比适度优先促进基础层面的差异性公正居于相对“更加优先”的位置。

绿色发展理念的生态伦理辩证法 陈爱华,中国社会科学报,2017-10-31

习近平总书记在中央政治局第四十一次集体学习时强调,推动形成绿色发展方式和绿色生活方式是贯彻新发展理念的必然要求。“两个绿色”发展理念是对已有的绿色发展理念的创新,在生态伦理的发展观、本体观、认识论、方法论与价值观等方面蕴含了丰富的辩证法。

习近平总书记“两个绿色”发展理念揭示了发展方式与生活方式的辩证统一。绿色发展理念经过几个阶段的发展,其内涵不断深化,即从质疑反思已产生的环境问题,到污染的末端治理,再到绿色经济概念的提出,最后到实施绿色发展战略,主要着眼于经济发展模式的治理。而“两个绿色”发展理念,不仅包括经济发展模式的治理,还包括对发展方式的整体梳理,进而延伸至倡导绿色生活方式。仅注重绿色发展方式,只能缓解或者解决发展方式引发的生态环境问题,而生活方式引发的生态环境问题依然存在。如生活方式与发展方式没有同步绿色化,绿色发展方式的成效、绿色发展理念的贯彻落实将会受到影响。只有生活方式与发展方式同步绿色化,绿色发展方式才能真正地惠及人民,才能真正体现绿色的生态之善——绿色富国、绿色惠民。

习近平总书记“两个绿色”发展理念体现了人与自然之间关系的辩证统一。习近平总书记指出,“绿色发展,就其要义来讲,是要解决好人与自然和谐共生问题。人类发展活动必须尊重自然、顺应自然、保护自然,否则就会遭到大自然的报复,这个规律谁也无法抗拒”,他要求我们认识到“山水林田湖是一个生命共同体,人的命脉在田,田的命脉在水,水的命脉在山,山的命脉在土,土的命脉在树”。因此,我们“要把生态环境保护放在更加突出位置,像保护眼睛一样保护生态环境,像对待生命一样对待生态环境”。

习近平总书记“两个绿色”发展理念体现了时间与空间发展的辩证统一。绿色发展理念既强调生态与经济在时间轴上的纵向协调,要为子孙后代留下天蓝地绿水清的家园,也强调同一时间点上的空间各方面的横向协调,把生态文明建设纳入“五位一体”总体布局。当前经济发展领域的改革大体可以分为两类:一是遵循经济规律、社会规律,改革不适应社会生产力发展的生产关系和上层建筑，促进科学发展和包容性发展；二是遵循自然规律，从促进人与自然和谐共生出发，实行最严格的生态环境保护制度，促进可持续发展。绿色发展理念将两类改革有机结合起来，要求经济社会发展同时符合经济规律、社会规律、自然规律，把生态文明建设融入经济建设、政治建设、文化建设、社会建设各方面和全过程，从而真正解决经济与生态之间的矛盾。

习近平总书记"两个绿色"发展理念体现了革故与鼎新、知与行的辩证统一。无论是绿色发展方式还是绿色生活方式的形成，都不可能一蹴而就。粗放型发展模式经过多年运作，已渗透在经济发展过程的各个环节与相关的机制之中，成为一种思维定式，控制着人们的行为与运思。而且就传统的生活方式而言，经过几千年的积淀，形成的固定日常生活习惯控制着人们的意识。必须促使人们深刻认识到传统发展方式和生活方式对生态环境的严重影响，从而转变观念，积极行动起来，重建一种有利于保护环境、节约资源的生态伦理行为的氛围，并且使之成为人们内心的生态伦理信念和自觉的生态伦理行为。

习近平总书记"两个绿色"发展理念体现了多重生态治理机制的辩证统一。党的十八届五中全会提出，全面建成小康社会新的目标要求之一是生态环境质量总体改善。绿色发展作为"十三五"期间的五大发展理念之一，需要重点从国土空间格局、资源节约与集约利用、环境治理和管理等方面加以落实。在加快推进生态环境治理体系与治理能力现代化的过程中，通过将生态治理的制度机制、生态治理的协同机制、生态治理市场运作机制、生态治理考核评价机制相结合，建立起与小康社会要求相适应的生态文明管理体制，让天蓝地绿水清的良好生态环境与生物多样性成为生态文明建设的成果。

习近平总书记"两个绿色"发展理念体现了"金山银山"与"绿水青山"价值关系的辩证统一。习近平总书记说："我们既要绿水青山，也要金山银山。宁要绿水青山，不要金山银山，而且绿水青山就是金山银山。"这里包括三重维度：一是在生态伦理价值观变革的顶层设计维度中，需根据绿色发展的内在要求两者并举，既要金山银山，也要绿水青山。这样才能获得更大、更长远的可持续发展空间，既能满足当代人正当的不断增长的物质文化需求，又能为子孙后代留下足够的发展空间。二是从实践维度看，一旦两者发生价值冲突，必须做出价值抉择，即"宁要绿水青山，不要金山银山"。竭泽而渔不仅直接影响人—社会—自然生态系统当下的和谐发展，而且还会影响该生态系统可持续发展,因而后患无穷。三是确立了新的生态伦理价值观,即“绿水青山就是金山银山”。这就要求在价值理念层面,摒弃将两者对立起来的形而上学思维定式。保护生态环境就是保护生产力,改善生态环境就是发展生产力。良好生态环境也是公平的公共产品,是普惠的民生福祉。我们要像保护眼睛一样保护“绿水青山”的生态环境。

体育经济与伦理道德的良性互动:评《中国体育经济伦理研究》 袁新国、吴美荣,宏观经济管理,2017(11)

体育经济的健康发展需要市场的调节以及法律的规范,但这些外在的力量并不能真正维护体育经济的发展。从本质上看,体育经济的发展还是要靠人们自觉的伦理道德约束,因此,从伦理学的角度对体育经济进行研究大有必要。

沈克印的《中国体育经济伦理研究》就是从伦理学的角度对体育经济进行详细解剖与总结的专著。作者在结合国内外研究的基础上,以跨学科的角度分析了中国体育经济伦理研究的必要性,并以多种研究方法对体育经济伦理的相关理论进行了全面的梳理,详细阐述了伦理道德与市场经济的内在关联。作者揭示二者的关系,并没有进行苍白的理论论述,而是以我国体育经济发展的实践为依据。这种理论与实践的兼备是该书的一大创新之处。

按照作者的观点,体育经济与伦理道德是分不开的。因为体育经济市场的完善必定会与违反市场规则的行为同生,这种道德上的失范是体育经济发展历程中必然要经历的,怎样化这种反面效果为正面作用则是体育经济各环节都应该考虑的事情。为了更加明确体育经济系统中各部分的任务,作者从宏观、微观、中观三个层面详细分析了体育经济领域中的伦理道德问题。这些问题的提出为政府、体育组织以及个体在体育经济发展中的不作为敲醒了警钟。作者认为,只有清楚地了解体育经济中的伦理道德问题,才能真正追本溯源,从根本上解决这些伦理道德问题。从政府层面看,政府在政策制定、体育资源配置以及体育产业经营上都存在着一对不可调和的矛盾;从体育市场组织看,诚信缺失、假冒伪劣等现象频频出现;从个体层面看,职业道德问题横生,道德责任意识淡薄。作者全面的分析向读者展示了体育经济与伦理道德良性互动实现的最顽固的三大障碍。这三大障碍不分轻重,在体育经济发展与伦理道德体系完善方面都展现了强大的“捣蛋”能力。

体育经济与伦理道德的良性互动的实现，不仅要分析存在于体育经济体系中的伦理道德问题，而且需要分析其成因，剖析体育经济伦理问题出现的制度、经济、道德、心理因素。在制度层面，主要是法律制度不完善、信用制度缺失等问题；在经济层面，主要是过度商业化、个人极端利己主义产生等问题；在道德层面，主要是道德教育弱化、水平下降等问题；在心理层面，主要是贪婪心理、侥幸心理产生等问题。对这些伦理问题原因的揭示，不仅向读者传达了体育经济市场的现实写照，而且构建出了一套特色的伦理问题原因框架。这在很大程度上能指导体育经济市场的良性发展，对实现体育经济与伦理道德的良性互动具有重大的现实意义。

该书对体育经济的建设是从理论与实践策略两个方面出发的，理论不可能脱离实践而存在，实践也不可能没有理论的支撑。作者就体育经济建设的道义论、功利论、美德论以及利益相关论进行了系统的探究，指明各大理论在体育经济发展以及伦理道德体系完善中的重要作用，并在这些理论的基础上，提出了体育经济建设的目标与原则。与伦理道德问题揭示一样，作者也是从宏观、中观以及微观三个层面直观阐述了体育伦理建设的具体策略。在具体实践策略层面主要想传达的意图是，体育伦理建设不是体育组织的单独“作战战场”，而应该与政府的调控以及个体的道德遵守相融合。政府是体育与伦理道德良性互动实现的重要保障，体育组织是体育经济与伦理道德良性互动实现的重要支撑点，而个体则是体育经济与伦理道德良性互动实现的基础与根本。

体育经济因为具有市场经济的属性而具有灵活性，在发展过程中不免会出现这样或那样的伦理道德问题。该书不仅揭示了体育经济与伦理道德的内在关联，明晰了体育经济、伦理的诸多概念与理论，而且对现阶段我国体育经济存在的伦理道德问题及解决策略进行了重点论述。在我国体育经济发展的长期过程中，该书有助于探索伦理道德规范的标准以及实施路径，也能进一步深化与推进体育经济、伦理道德的研究。

消费、消费主义与生态危机　徐琴，哲学动态，2017(12)

作为当代发达资本主义社会的本质特征之一，消费之异化体现为消费主义，按其本质来说是无度消费，它势必要求经济无度扩张，导致资源枯竭、环境污染与生态失衡，引发生态危机。

一

消费和生产共同起到基础而重要的作用，即生产与消费的同一性。不断发展的、合理的消费，既关系到个人的生活质量和健康发展，也关系到社会再生产的持续发展。当代发达社会，消费的作用和意义发生了显著的改变，对物的消费已不再仅仅以使用价值为基础定向，还变为一种出于各种目的需要对象征物进行操纵的行为，这意味着“消费社会”的到来。随着当代资本主义由生产社会进入消费社会，整个经济生活的核心和重点全面地从“生产”转向了“需求”，由此而发生了异化现象。人们一旦进行消费，就不是孤立的行为，而是进入了一个全面的编码价值生产交换系统。消费开始“作为一种经济交换价值向符号交换价值转换的消费”；生产也不仅仅是产品的生产，而且是欲望和消费激情的生产。消费主义的“文化态度”，是将个人幸福等同于物质对象的购买与消耗的这样一种价值观。

二

消费主义是一定社会历史条件的产物。其产生的前提条件包括：(1) 资本的内在逻辑。获取利润的资本本性为消费主义提供了内在动力。(2) 物品的相对丰盛。(3) 分期付款的发明与应用。(4) 科技手段特别是媒介技术的推动作用。(5) 实体性的精神和信仰的崩溃。“把购买和使用货物变成宗教仪式”，并且“从中寻找我们的精神满足和自我满足”。作为当代发达资本主义的本质特征之一，消费主义以消费作为人生的基本支点与目的。先前作为人类生存和发展之必需条件的消费开始表现出异化的特征，而异化消费又突出地成为发达资本主义的基本规定之一。这种消费植根于以资本为原则的现代经济生活的本质之中，“需要并不是直接从具有需要的人那里产生出来的，它倒是那些企图从中获得利润的人所制造出来的”。由此可见，消费主义是异化劳动在特定阶段上的产物和突出表现。生态学马克思主义的代表人物阿格尔认为，异化消费就是“指人们为补偿自己那种单调乏味的、非创造性的且常常是报酬不足的劳动而致力于获得商品的一种现象”。然而，这样的补偿和安慰是虚假的，因为消费主义所规定的需要本身是被操纵和控制的。伴随着消费主义的兴起，资源枯竭与环境污染正作为一种双重威胁，日益严重地导致生态失衡并引发生态危机。

三

必须严格区分一般消费、经济的消费驱动以及消费主义。一般消费是人类生存和发展的最基本的活动之一，是任何人类个体或社会生活必须始终具备的前提条件。经济的消费驱动是在一定阶段上经济发展的推动方式之一，它是不同的社会形态和价值取向都可以采用的发展手段。而消费主义的过度乃至无度的异化消费无疑会对社会的持续发展与全球的生态环境产生巨大的负面影响。当代资本主义清晰地表现出消费主义与生态危机的内在联系,这种联系从根本上揭示出全球性生态危机植根于特定的生产—消费模式。消费主义的兴起既开拓了生产空间而在某种程度上缓解了发达社会的经济危机,又以无穷无尽的欲求和权力威逼自然而导致全球性的生态危机。在消费主义和生态危机本质关联的主题上,一些批判性观点有:(1) 必须区分真假需求,转变消费观念;(2) 构建和谐的人际关系和社会关系;(3) 将人生价值的实现建立在自主活动的基础上;(4) 建立一种新的发展模式。对于当代中国来说,实践之所以会形成不同于发达资本主义的本质特征,一方面是因为它的社会主义定向;另一方面是由于它在现代化的进程中将不可避免地复活并重建其文化传统,进而确立自己的价值体系,即“社会主义核心价值观”。中华民族的伟大复兴不仅意味着它将成为一个现代化强国,也意味着开启一种新文明类型的可能性。

对公平与效率的新审视:西方市场经济伦理中蕴含的公共德性意旨析论　宋洁,理论导刊,2017(12)

在市场经济条件下,公共德性如何一方面维护着社会的正义、公平,另一方面又关照着个体经济之自由、效率呢?本文拟通过分析西方市场经济发展史上有着重要意义之伦理学文本,来揭示西方市场经济的建构和公共德性培育之间的内在关联,以期为当代中国经济发展环境中更好地培育公共德性、促进两者的共同发展提供启示和参鉴。

一、曼德维尔:《蜜蜂的寓言》——“私恶即公利”

(1) 为何备受争议:切中传统伦理与经济行为冲突之思想困惑。(2) 实质:为当时新兴的资本主义市场经济辩护并开辟道路。(3) 思想价值:第一,美德是可以受私欲推动的;第二,公共利益标志着社会经济的进步与繁荣;第三,“私恶即公利”的经济伦理价值,即在市场经济条件下,合理地追求自身利益,可以增进整个社会的财富与繁荣。(4)“私恶即公利”的必要限定:市场在“私恶即公利”中具有不可替代的价值:其一,市场提供了交换的场所;其二,在本质上,市场经济是竞争经济;其三,市场使人们趋从于社会公德。

二、斯密:道德情操论——道德乃人类追求自我利益的实践经验产物

(1) 核心:同情。首先,同情是一种基于设身处地想象而形成的原始情感;其次,同情是一种美德,也理应是一种品质;最后,同情是一种判断事实和克制私欲的认知与情感体现,也是一种利他动机与意志信念的行为取向,因而是一种人在公共生活中的优良品质即“公共德性”的展现。(2)道德情操:人的自私本性适应生存环境之产物——功利伦理层面上的道德功效。道德不是出自上帝的命令,道德是追求自我利益的产物,并且其中的每一条都发挥着促进个人和社会福祉的作用。(3)对“斯密悖论”的看法:在不同历史境遇中解读出来的时代问题。所谓的“斯密悖论”,不过是后人在不同历史境遇中所解读出来的时代问题。(4)启示一:自利过度膨胀必导致道德败坏。(5)启示二:自爱乃道德之基。

三、韦伯:新教伦理与资本主义精神——对求利行为的道德赞赏

(1)资本主义精神:精于职业和积累财富,又不出于个人享受考虑的精神气质。(2)哪些新教伦理有助于资本主义精神的形成?其一是职业观念;其二是禁欲观念;其三是积极入世的精神。(3)新教伦理:资产阶级精神皈依。一方面,他们将职业视为神的召唤、教义的使命,使得他们对生活的目的有了一种全新的理解;另一方面,他们遵循着世俗禁欲和积极入世精神的指引,舍弃世俗的奢华享乐,辛勤工作并敢于冒险、永不气馁。

四、麦金太尔:德性之后——实践的内在利益与外在利益依存

(1)批判剥离历史语境之道德论争无休止性。麦金太尔批判将道德论争之“繁荣景象”视为一种道德多元化的展现,批判将道德论争视为“本应该无休止存在”的观点。(2)现实根源:道德变形为“个人爱好”之情感主义——致使道德应然与实然的分裂。一方面,情感主义的盛行致使道德标准丧失;另一方面,情感主义导致道德应然与实然的分裂。(3)历史根源:启蒙运动以来道德合理性论证的失败——只有回到亚里士多德那里才能解决。(4)德性之后。亚里士多德认为,人们需要具有某种公共德性,对有利于成就共同利益的品质加以赞扬,对社会共同体的秩序加以维护,对善与恶标准形成某种相对一致性的看法。(5)德性:源自实践内在利益的需要。个体实践内在利益的获取,必须要以个体的德性为前提。(6)德性:依托于个人生活的整体。麦金太尔指出,将个人的生活视为一个统一体的善来构建整体生活的善,可以超越实践的有限利益。(7)德性:体现并改变着传统——对传统道德弃旧扬新。一方面,德性存在着两个方面的传统因素,德性主体是历史的承载者,德性概念本身具有历史性;另一方面,德性作用于传统。

共享经济发展取决于公共道德水平 金碚,人民日报,2017-12-19

党的十九大报告指出,在中高端消费、创新引领、绿色低碳、共享经济、现代供应链、人力资本服务等领域培育新增长点、形成新动能。当前,作为新增长点、新动能之一的共享经济方兴未艾,但发展中也出现了一些问题。引导共享经济健康发展,需要深入认识其特点和运行规律。

从一定意义上说,共享经济过去就有,并非全新事物,只要满足三个基本条件即可称之为共享经济:第一,物品具有耐用性,即可以多次使用;第二,边际使用成本非常低,即多次使用并不会明显增加成本;第三,在一定范围内可以实现按需、便利使用,不会出现严重短缺。例如,家庭成员共用的耐用品、一些公共场合共用的物品在某种意义上都属于共享经济范畴。而当前作为新增长点、新动能的共享经济,主要是指这样一种新情况:原先私有私用的物品在更大范围让非拥有者按需、便利使用。例如,共享自行车、共享汽车等。这些物品具有明显的耐用性,重复使用的成本很低。过去,因遵循"拥有才能使用"的原则,大量这类物品被长期闲置。充分利用这些物品的耐用性和低使用成本特点,让更多人按需使用,可以更充分地实现其使用价值,大大节约社会资源。这显然是一个值得鼓励、提倡和发展的方向。

问题在于,共享经济在运行中要严格满足物品耐用、低边际使用成本和按需、便利使用三个基本条件,因而会遇到一些复杂问题。第一,许多人共享使用的物品能否保持耐用性?第二,能否做到每次使用的边际成本很低?第三,能否保证共享物品不短缺?如果发生显著的边际使用成本,则使用者就应付费,这就使共享经济具有了有偿使用的性质。要在较大社会范围实现按需、便利使用,就得有充足的物品供应。这些供应者的身份实际上是投资者和经营管理者。营利性经济必然要参与商业竞争。因此,一般来说,现在还难以做到像在家庭(或社区单位)中那样纯粹意义上的耐用品共享。严格地说,当前的共享经济业态应称之为经营共享经济的商业经济,它既有充分发挥物品使用价值的社会共享性,又有以市场交换为原则的资本营利性。

导致共享经济运行中产生上述复杂问题的一个关键因素是,不同场合的道德文化环境不同,人们表现出的道德素养不同。在家庭或社区单位中使用共享物品时,成员大都会自觉爱护物品;使用后会存放在合适的地方,方便自己和他人下次使用;使用中也会注意不影响家庭或社区单位的环境、秩序等。而在更大的社会范围将原先私有私用的物品转化为共享共用物品,就会面对一系列复杂问题。比如,使用者会不会爱惜物品;会不会考虑到下次或他人使用的方便;会不会为了同其他人争夺使用权而将物品据为己用;有没有注意共享物品的使用不能影响公共环境和他人生活。又如,由于现实中的共享经济同商业经济密切相关,具有营利动机的投资人和经营者应遵循什么行为规则、承担什么社会责任?当参与共享经济的行为主体不能遵循公共道德和行为规范时,应该如何加以规范与监督?等等。

可见,共享经济能否充分发挥优势、持续健康发展,在很大程度上取决于社会公共道德水平。社会公共道德水平越高,共享经济的优势就越明显。如果社会公共道德水平不够高,不仅共享经济的优势难以体现,还可能产生额外的资源浪费及社会损失,并付出一定的社会管理监督成本。

共享经济的发展一方面体现了社会生产力的进步和消费大众化、平等化的进展,表明整个社会正向着按需使用、节约资源的方向前进;另一方面也表明发达生产力需要更高的社会道德水平与之匹配。因此,要像重视发展社会生产力一样重视培育互助互利的公共道德,推动共享经济健康发展,更好地贯彻共享发展理念。

民生正义论:对现代社会正义逻辑的反思　王强,哲学研究,2017(12)

民生正义不是通过满足民众的利益需求来获得合法性,而是通过民生来发挥其政治的社会整合与普遍价值的重塑,从而恢复其“政治正义”的本原功能。

一、民生正义的现代发生

民生问题的现代提出,根源于贫困问题从私人化向社会化、公共化状态的转变。在现代社会中,个人的生存都是在社会生活中实现的,然而这种“普遍需求”在市民生活中并不能得到“普遍的”满足。解决贫困问题应将其纳入社会权力的管辖范围。而在现代资产阶级革命及其民主共和国的逻辑中,市民社会的经济民生却成了异化因素。这个问题不仅关乎阶级革命的异化问题,更关乎民主革命的目标选择与取向;不仅需要理论辩护,也需要历史实践。这也表现在现代多元化的民主社会中,价值观从神圣转向世俗、从普遍性转向个体性、从公共性转向私人,社会冲突的价值观和经济利益紧密交织在一起。同时又因为个体对待社会财富源头的劳动价值、利益分配的主观态度和方案差异化,经济领域的正义问题有可能蜕变为私人利益争夺、价值冲突的战场。面对国家福利化和个人消费主义的发展趋势,民生政治的私人化、利益化是社会正义面临的危害最大的问题,也是造成民生异化的根本原因所在。如果要确保分配公正能够重新整合社会资源不至于沦为私人福利讨价还价的砝码，民生正义必须上升到政治正义的层面。

二、民生的正义：从自然需求到政治要求

民生对于社会、国家、民众而言是自然需要，然而民生经济之民的现代诞生并不是“自然”过程。马克思认为，现实的人是市民社会中以“利己的个体形式出现才可予以承认”，政治上“抽象”的公民——市民诞生。在资本主义的民主共和国里，国家普遍性存在和约束性社会机制被消解了，代之以真实的利己主义为特征的个体之人的解放。民生经济之民的诞生是人的真正解放的出发点，是重新赋予市民以政治属性的转折点。但是，政治公民的民生逻辑是要在国家层面作为对普遍财富的共享以及由此带来的对个人生活的改善。并且，通过民生正义对政治普遍性的促进，个体主观性需要也得到了充分发展。民生正义成为现代国家的本质特征。民生正义作为现代政治的要求，一个根本的依据在于以个人的自然权利——生命、自由和财产为前提，而且这种权利是以自我的所有权为基础的。民生问题的现代源起，就是以个人生存权利的社会化、世界性为开端，将个体存在转变为共同存在的问题，从共同存在认识个人生存的问题。这其中一个重要转变在于从个人所有权到公民身份的应得。民生之民的政治性要求，就在于它“强调在社会意义上实现每个成员平等享有基于平等社会地位和政治身份所获得的社会权利和经济利益”，这一民生的应得不是基于德性，而是要履行应得的政治义务。

三、回归普遍性：民生正义的公共性要求

在现代国家中，民生正义的逻辑一方面是从政治普遍性或是作为共同体成员资格出发，对社会财富、公共资源进行公正分配；另一方面是从差异化的社会现实出发，政治国家有义务矫正自然的、私人的不平等所造成的社会化后果，即正义的公共性。要实现分享财富的普遍性，就面临着自身“技能”与社会“直接基础（资本）”的制约。然而这并非意味着分配正义的终结，民生正义要终结的是以个体化需要为基础的分配，分配的正义要建立于普遍性需要基础之上。一方面，政治公民在社会公共交往中实现了从私人身份到社会身份的转变，抽象的政治权利落实为现实的社会权利；另一方面，在一种理想的公共资源公正分配的状态下，能够有效促进社会团结、增加公民认同感。这主要表现为：基于家庭关系的公共资源分配、基于社会成员的公共资源分配和基于政治身份的公共资源分配。

中国商业伦理的形成与发展 王堃,人民论坛,2017(37)

一、儒家诗性伦理

伦理学以“善”为讨论的目的,而儒学是以仁为本、用修辞建构主体性的学说,儒家伦理学之成立就在于修辞是否以“善”为目标。仁义就在于去施行普遍的爱,不过对相对主体来说,这个目标是可望而不可即的。只有当“欲”将形下的“我”拉出有限世界、回到本源仁爱时,善才显现在此绝对主体绽出的时间性——“仁至”中。在这种时间感中观照出“万物皆备于我”的时空向度,把仁爱推行给全部存在者,这是“善”的普遍性所在。儒家的早期诗歌以《诗》《易》为主,其都在用诗的文辞表达普遍的价值欲求,即孔子的“思无邪”。诗思同样是绝对主体的绽出,形诸言辞中自然的音响节奏就成了诗。言辞所呈现的具体情境,使普遍的善汇聚为一诗之旨。那么,当诗情儒学落实为伦理价值的讨论,就有了诗性伦理,即用诗学来阐发的伦理学。诗性伦理可概括为《论语》的“兴于诗,立于礼,成于乐”。诗是主体性的起兴,礼是人文精神的化成,乐是向本源诗情的回归。诗在哀乐之间往复绽出于其叙述的情境,打开新的主体时空,礼乐就在诗的吟咏中源源不绝地被给出,让主体性成为可能。儒家的伦理善是用诗的言辞建构的,因而左右时宜、柔若蒲苇,但依然有“大德不逾闲”的确定性,只不过这种确定是在柔从不流、温恭谨慎的时间感中把握到的。由此方能涵养出“温柔敦厚”的德性,而将善的普遍性推至生活的每个行为中。

二、商业伦理的主体性奠基

在诗情儒学中,传统的“性—情”架构被完善为“情—性—情”,因为性理也需要诗情的奠基。心性从本源情感中确立就是“兴于诗”,将此心性充实为具体的人情和伦理仪轨就是“立于礼”。新兴的商人群体带来的忧虑,就是一种本源的诗情;性理是在这种情感转危为安中,从诗情的左右得宜中把握到的贞一不移。在16世纪之前,可能商人没有自身的主体性,但随着有组织的商业活动渐成规模,士与商共同的不安正是为新主体性将要绽出的诗情奠基。这种本源的危机感在寻求转向安乐的途中,指向了新的主体性建构,其中涵摄并将充实为新的士商关系。伴随着明清之际的学术迁转,传统克己工夫当中逐渐生出对人的自然情欲的尊重,透露出当时学人对商业社会的有序保障的期盼。新的主体性奠基于从忧心忡忡向廓然大公的诗情流转,由此确定和给出适宜现世的判断。商人的绝对主体性并不是寂然不动的天理,而是日生日成的德性;这种主体性只有在忧患感的拉力中才能彰显,并以进入理性精微的思索、回归安乐平愉的诗情为目标。

因此，诗性乃是商业伦理之主体性的奠基。

三、商业伦理的诗性叙述

诗情往往体现为从深陷危机的忧患中，在由危转安的拉力下所绽出的"危微之几"，绝对的德性或终极的善，由此贞定于主体性绽出的时间性中。当把"善"诉诸语言，就呈现为诗的"自然音响节奏"，即时间性的感受。从明清之际至今，虽没有形成体系化的"商业伦理"话语，不过在士与商的互动实践中，关于"善"的言说是一直存在着的。在"兴于诗，立于礼"的主体性充实中，形而上的德性落实为具体而微的礼义文理，商业中须持守的各种仪轨之所以是"善"的，不在于这些规范所约束的现实行为本身，而取决于由此行为所呈现的主体性充实过程，这正是用诗性的言说来表现的。儒家的礼法社会与伦理话语是共生相成的一个系统，同在诗性的叙说中给出并敞开着可能性。在商业社会的形成与发展中，商人的绝对主体性由相亲相敬的诗情中确立，由此建构基于个人叙事的商业伦理话语。在传统四民向现代工商社会的转型中，原有的习惯法系统保持存续的可能，并逐渐接榫于现代性的个体化叙事。由此诗性的维度，儒学可以在历史叙事中为"商业伦理"营构出完整的社会、经济、政治的语境，为其提供一个可能的诠释体系。

现代企业管理的"义利"之道　宋鹏，人民论坛，2017(14)

思想决定着行动，我国传统的义利观在现代社会的经济生活中发挥着重要的作用，也为现代企业的管理和发展提供了正确的价值导向。"义利"一词随着时代的发展，被不断赋予了更加深刻的含义。在现代社会背景下对该词进行分析，可以得出三个不同层次的含义：首先，义利观是人们主观行为的一种思想指导；其次，义利观中积极、向上的内容，有利于营造良好的社会风气；最后，"义"与"利"是一对矛盾统一体，他们彼此对立，同时又相互依存。

一、传统的"以义制利"思想，在社会主义道德建设、经济建设等方面具有重要价值

倡导重义取利的价值取向，抵制见利忘义的不良道德倾向。当前我们不断强调要维护"国家和人民的利益"，并以此作为规范人们行为的准则，这一理念也与传统的义利观一脉相承。重视高尚精神追求，预防腐朽思想侵蚀。由于一些人对利益的过度追求，以至于由此衍生出"一切向钱看"等扭曲价值观。加大对中国传统义利观的学习力度，有利于在精神及人格塑造等方面培养人们正确看待金钱与利益的态度。以集体利益为重,摒弃利己主义。在社会主义市场经济条件下,经济主体难免把自身利益作为首要出发点,就不可避免地产生了一些利己主义的小团体。传统的义利观以“义”为主,强调把国家利益、整体利益放在首位。可见,中国传统义利观对当下的经济社会仍具有重要的引导作用。

二、传统义利观对现代企业责任意识的培养与建立具有积极作用

中国传统的义利思想有助于我国经济的发展,有利于我国市场经济体制的完善,有益于企业社会责任感的培养以及社会经济伦理价值体系的建构。在追求物质财富与经济利益的过程中,道德准则始终对人们的逐利行为起着制约作用,企业的信用变得越来越重要,这也反映出传统义利观对现代企业责任意识的培养与建立具有积极作用。重视社会公义、对诚信的坚守,为我国社会的发展提供了强大的凝聚力。在经济生活中,“见利思义”就是一种良好的商业道德,有助于企业的发展和经济秩序的稳定。

良好的企业形象可以为企业提供巨大的发展动力,是企业走向世界舞台的通行证。中华传统义利观可以被运用到改善企业管理思路与方法的过程中。企业可以通过对义利观的学习与运用,更加充分地考虑消费者的权益和意愿,使企业在获利的同时,也维护了消费者的权益,从而实现“双赢”。

三、与时俱进、因时制宜、因地制宜地在企业管理中融入传统义利观

不同的发展时期以及不同的社会环境向企业提出了不同的管理要求。在企业管理中融入传统义利观,应当与时俱进、因时制宜、因地制宜,才能发挥最大效用。结合目前我国社会经济发展的大环境,传统义利观在企业管理过程中的应用途径可以总结为以下三点。

1. 通过对义利观的学习和吸纳,进一步提升企业文化软实力。对于企业的经营管理,良好的企业文化是企业良性运转必不可少的条件,丰富企业文化是增强企业软实力的必由之路。软实力虽然是无形的,但对公司的形象和社会竞争力却有着重要的影响。

2. 以义利观营造企业文化氛围,打造企业文化品牌。除了提升服务竞争力、专业技能等硬实力,现代企业也应当营造积极正面的文化氛围,提升自身文化软实力。把传统义利观融入企业文化中,融入企业的经营管理过程中,能够帮助企业更好地节约管理成本,降低经营难度,增强员工的积极性,塑造良好的企业形象。

3. 以义利观培养企业员工的社会责任感,提升员工的职业操守。在企业的经营管理过程中，以传统义利观为价值导向，将传统义利观与当代企业管理有机统一起来，注重对员工社会责任感与职业操守的培养。在和谐社会的构建中，企业对经济秩序和社会道德准则的遵循，将有利于减少社会矛盾和冲突。

著作简介

报德思想与日本的近代化：二宫尊德经济伦理思想研究　崔岚，南京大学出版社，2017.4

该书论述了在日本向近代资本主义转型的过程中，报德经济伦理思想吸收了町人阶级倡导的、具有商品货币经济指向的价值观，在加速封建农本主义价值观的崩溃和瓦解以及营造有利于向近代转型的经济伦理方面做出了重要贡献。

全书共分为绪论和七个主要章节，内容如下。绪论部分主要介绍了这一课题的选题缘由以及研究报德经济伦理思想的意义。概括了日本学者、中西方学者对这一课题的相关性研究成果，对先行研究的遗留问题进行了相应的评述。在这一部分，作者还介绍了课题的研究方法，即历史的方法和逻辑的方法相结合、文本分析法、比较分析法。第一章主要考察了二宫尊德的生平、经历、报德运动的发展历程，以及报德经济伦理思想重农不抑商、贵谷不贱金价值观形成的历史背景和思想根源。本章分为两节。第一节前半部分通过对二宫尊德的生平和简要经历进行考察，阐述了报德经济伦理思想中关于“德”和“报德”的基本概念、内涵。第一节后半部分考察了到明治初期为止，报德运动的简要发展历程及其弟子们对报德经济伦理思想的继承、发扬和实践。第二节考察了报德经济伦理思想形成的历史背景和思想背景。第二章主要考察和分析了报德经济伦理思想的重要构成内容——勤劳、分度、推让，以及在复兴农村经济、提高农业生产力、促进近代价值观形成等方面所发挥的作用。本章分为四节。第一节考察和论述了勤劳伦理的意义内涵，阐释了勤劳伦理对于促进农民作为劳动主体自觉意识的形成以及近代化达成的深层动力作用。第二节考察和论述了分度伦理的意义、内涵，阐明了分度伦理在反对封建统治剥削、要求统治阶级重新分配财富、促进封建等级身份制度阶梯形成等方面所发挥的重要作用。第三节考察和论述了推让伦理的意义、内涵，阐释了推让伦理有利于建立自利、利他的功利主义价值观的特质。第四节考察和论述了分度与推让伦理的思想渊源，分析了与中国儒学的中庸精神、日本原始宗教——神道开国神话的联系。第三章主要考察和论述了道德经济一元论在提高农民精神伦理素质、恢复劳动积极性、建构日本近代新经济伦理等方面所发挥的作用。本章分为两节。第一节考察了道德经济一元论的形成及其思想渊源，前半部分考察了道德经济一元论的原型——德财一元一体论独特的思想内涵以及弟子继承之后的进一步发展；后半部分考察了道德经济一元论的思想渊源，分析了道德经济一元论与中国儒学经国济民和以义取利思想的渊源关系。第二节考察了道德经济一元论的特征，分别从天道人道论和至诚伦理两个角度出发，论述了与道德经济一元论的内在关联，阐释了道德经济一元论中的"德"与作为主义的"人道"两者内涵的一致性，阐明了道德经济一元论在报德经济伦理中的独特地位。第四章主要考察了一圆融合观的内涵，分析了其在促进农民阶级道德自律和行为伦理的内化、促进农民阶级道德主体意识形成方面所发挥的重要作用。本章分为两节。第一节考察分析了一圆融合思想的形成与思想渊源，阐明了与佛教的缘起说、因果律等的关系。第二节考察了一圆融合思想的特征。论述了一圆仁经济伦理思想和一圆融合职分论，阐释了一圆仁经济伦理表现出的对封建体制妥协性的一面，以及一圆融合职分论对于促进农民阶级和工商业者道德主体意识形成的作用。第五章主要考察分析了报德经济伦理思想与近代资本主义经济伦理思想——"论语加算盘"在诸多方面的差异和思想承继关系，阐释了报德经济伦理思想所具有的前近代性特征，以及其在从农本主义经济向商品货币经济转型期的性质特征。本章分为两节。第一节简要考察分析了"论语加算盘"的主要内容，即"道德经济合一"和"公私合一"的内涵。第二节从金钱观、公私观、奢俭观三个方面，考察论述了两种经济伦理思想的异同，探讨、分析了报德经济伦理思想之历史局限性和近代性价值及意义。第六章主要考察和分析了明治维新后日本资本主义近代化早期，报德经济伦理在农村近代化实践中所发挥的具体作用。本章分为两节。第一节考察了报德经济伦理在近代地方"殖产兴业"中发挥的促进作用。第二节考察了报德经济伦理在地方自治和地方改良运动中发挥的作用。第七章主要考察近代中后期报德思想的历史作用。本章分为两节。第一节考察和论述了报德经济伦理对近代企业经营的贡献。第二节考察和论述了报德思想在近代中后期天皇制国家统治下发挥的负面作用和影响。

总的来说，该书通过对二宫尊德经济伦理思想的形成过程、基本内涵、思想源流、精神指向及其影响进行尽可能深入的考察和研究，从伦理思想史的角度阐明其对日本近代资本主义经济伦理思想形成的影响和作用,阐释其与日本近代化之间的联系。这一研究不仅有助于厘清幕末日本是如何由农本主义经济伦理向近代商品货币经济伦理转变的历史过程,有助于明确日本近代化经济伦理形成的思想前提,而且有助于分析报德经济伦理思想是如何促进日本近代化的顺利实现的。

管理伦理学　苏勇,机械工业出版社,2017.4

该书将管理伦理理论与企业运营实践相结合,系统、全面地介绍了管理伦理在企业管理中的应用与其所起的重要作用。本书从企业的作用着手,系统地阐述了管理伦理的基本概念、发展趋势与基本原则,概括了东西方管理伦理思想的发展,并系统地阐述了社会文化与管理伦理之间的关系,等等。该书还讨论了管理伦理的基本理论在企业运营、财务管理、人力资源和企业营销中的应用,介绍了网络时代的企业伦理问题。

企业行为有三个层面的约束:法律层面是底线,伦理层面是中坚,信念层面是追求。在经营管理活动中,遵守法律、秉持伦理、勿忘信念,方能称之为企业家。该书凝结了作者 20 年来管理伦理学课程的教学经验与心得,注重理论联系管理实践。全书从企业的作用着手,主要阐述了管理伦理的基本概念、基本理论、普遍原则和发展趋势,以及东西方管理伦理思想的发展和社会文化等。管理伦理必须联系管理实践,该书特别讨论了运营管理、财务管理、人力资源管理、营销等企业活动中的伦理问题,探讨了网络经济时代的企业伦理和企业社会责任。为了不陷入理论说教,书中融入了大量企业管理乃至生活中的鲜活案例,诸如百度“卖吧”事件、苏州固锝、Uber 司机、星巴克的社会责任等,以阐释管理伦理学的相关理论,触发读者的共鸣。

全书共分为十一个章节,主要内容如下。第一章介绍了企业组织的作用,提出作为市场经济活动的主体,企业行为既是经济的也是理性的,企业在追求经济利益的同时也要考虑企业行为所产生的社会影响,而不少企业已经在企业的管理伦理方面做出了实际举动。第二章介绍了管理的基本概念及其五个特性,列举了管理学的几个著名阶段及现代管理理论的发展趋势,阐述了伦理学的起源及其内涵、经济学与伦理学的渊源、管理与伦理的交融,更向读者详细介绍了国外管理伦理学的研究与实践、管理伦理学的定义与研究对象。第三章主要介绍了西方思想家社会经济管理论述中的伦理思想,亚当·斯密、马斯洛、麦格雷戈等人的管理伦理思想,归纳了企业文化理论中的伦理内涵。同时还介绍了以孔子为代表的中国古代思想家及其著作中的管理伦理思想。第四章主要阐释了文化的概念和内涵，指出文化与伦理的关系，对道德现象进行详细的分类，解释了霍夫斯泰德的文化五维度理论，分析了日美管理文化的差异及市场经济体制下的基本价值观与公共道德。第五章阐述了管理伦理的普遍原则，包括管理行为中功利与人文的关系、企业之间竞争与合作的原则，回答了企业在经营中如何正确处理"利己"与"利他"的关系、如何正确把握公平与效率之间的关系等问题。第六章指出工作安排应该从提高工效和提高员工身心愉悦感两方面考虑，要把质量管理提升到伦理高度来认识，要重视改善作业环境和员工工作安全。第七章为读者构筑了完善的会计伦理体系，指出要从伦理和制度两方面确保会计信息的真实性，创新性地提出环境会计的内涵及其意义，指出要从财务会计方面确保企业可持续发展。第八章主要概括了管理中选才、用才的伦理观念和行为，指出要更好地做到职责明确、上下同心，明确"竞业禁止"等人力资源管理中的伦理原则、知识经济时代员工管理中的伦理新趋势。第九章分析了市场营销伦理的几种理论工具，界定"绿色营销"的含义为企业通过营销实践来满足人们不断提高的绿色消费需求，履行自己环境保护等方面的责任和义务，并为实现自身的盈利多进行市场调查、产品设计和开发、产品定价和分销以及售后服务等一系列活动，更进一步明确"绿色营销"的特点和内容，从而引出"绿色营销"的伦理含义。本章还详细向读者介绍了产品和营销手段中的伦理问题以及广告宣传中的伦理问题发展现状和伦理规范。第十章从网络经济角度入手，概括了网络经济中的伦理难题和伦理特点，阐述了网络经济中伦理规范建设的共同原则，总结了电子商务运作中的伦理障碍及其对策。第十一章提出企业社会责任概念，并客观地阐述了这一问题存在的争议，指出企业履行社会责任的四条理论依据以及企业经营者对于履行社会责任的态度，明确指出了企业社会责任实践中要处理的关系。

劳动伦理研究　马唯杰，苏州大学出版社，2017.10

以共享发展新理念引领劳动伦理研究是《劳动伦理研究》的视角创新。《劳动伦理研究》以建构共享发展理念下的劳动伦理体系为主旨，透析我国当前劳动伦理领域存在的主要问题，从劳动要素、劳动过程、劳动价值等维度揭示劳动的伦理意义，以求复归劳动应有的伦理精神。走向共享发展的体面劳动，让劳动成为财富创造的主导途径，让劳动者拥有与劳动一样崇高的地位,让劳动回归劳动应有的人本立场,是共享发展语境下我国劳动伦理建设的主要任务。

劳动推动人类社会发展,从蒙昧到文明,从低级到高级,从落后到进步。没有劳动,就没有人类的一切。劳动与社会生活中的每个人息息相关,离开劳动及其劳动成果,人们就无法生存和生活。对劳动和劳动伦理的研究,从一定意义上来说就是对人的现实写照。如何认识和对待劳动,既是一个深刻的劳动伦理问题,也是一个社会价值观念和文明程度的反映。这也正是作者想要通过本书探讨和研究的问题。

该书包括引论和正文两个部分。引论题为从共享发展看劳动伦理,其中共包含四小节的内容,作者首先构建了共享发展下的劳动伦理体系,其次阐述了对劳动伦理问题的研究意义。对劳动伦理的研究,既是劳动伦理理论丰富发展的需要,也是劳动实践中诸多困境、问题、矛盾得以寻求解决路径的现实需要。紧接着对劳动伦理的国内外研究现状进行归纳和整理,并对这一问题提出评价。作者还介绍了该书主要采用了历史与逻辑相统一、理论与实践相统一、访谈与实证相统一的研究方法。在引论的最后部分,作者指出该书的创新之处,同时指出该研究成果可能存在的问题和不足。正文部分主要包含五个章节,具体内容如下。第一章"当代中国劳动伦理问题"着重从现状入手,对当前存在的劳动领域的伦理问题进行分析,如劳方与资方的博弈问题、效率与公平的纠结问题、劳动高尚与劳动者地位卑微之间的伦理悖论问题等。第二章"劳动伦理的概念辨析"是全文的理论基础,阐述劳动和劳动伦理的概念,分析劳动何以具有伦理意义,劳动伦理的历史形态,着重分析马克思的劳动伦理观,对劳动伦理问题做出理论上的爬梳。第三章"劳动要素伦理"着重从资本与劳动伦理、科技与劳动伦理、管理与劳动伦理三个方面,对劳动要素组织过程中可能引发的伦理问题进行深入分析。第四章"劳动过程伦理"从劳动进入前的职业选择、职业劳动、离开劳动岗位后的退养三个阶段,对整个劳动过程进行伦理分析,重点对职业选择的伦理审视、职业劳动的伦理向度、延迟退休的伦理检视等问题进行分析阐述。第五章"劳动价值伦理"围绕"人为什么要劳动"这一问题进行价值上的追问,阐明从谋生手段到自我价值的实现、人的全面发展,劳动伦理呈现出一定的价值梯度。结语"走向共享发展的体面劳动"沿着劳动价值伦理问题继续向前走,以共享发展下的体面劳动为价值出口,既与国际劳动伦理实践前沿接轨,也对人类理想的、自由的劳动伦理形态做出展望。

《劳动伦理研究》一书的作者希望通过本研究试图在两个方面有所突破:一是对劳动伦理的实现做出理论上的追问,克服以往对劳动伦理的重实践批判而轻理论论证的研究倾向,力求为丰富劳动伦理思想进行力所能及的探索;二是力求把共享发展下的劳动伦理放到一个系统中进行考量,也就是作为共享发展哲学基础的劳动伦理不只是一个关涉财富创造与利益分配的经济问题,也是一个关系劳资合作与广泛交往的社会问题,还是一个关乎人的全面发展与幸福生活的伦理道德问题,也即实现形上与形下的对接。

企业伦理学(第2版)　刘可风、龚天平,武汉理工大学出版社,2017.8

该书对企业伦理学的概念、基本矛盾关系和核心范畴、基本理论、基本规范及企业社会责任等做了介绍,对企业与股东、雇员的道德关系以及企业中的个体道德等内部问题做了探讨,对企业与顾客、竞争者、政府、生态环境的道德关系及跨国经营中的道德问题做了研究,对企业伦理决策和企业的道德绩效等当代企业伦理学发展中出现的新问题提出了看法。

从结构上看,该书分为五个部分共十三章。第一部分是第一章绪论;第二部分包括第二、三章,讨论企业伦理学的基础理论和核心问题;第三部分包括第四章到第六章,主要讨论企业内部道德关系,其中企业与股东的关系既是内部的也是外部的;第四部分包括第七章到第十一章,主要讨论企业外部道德关系,一直扩展到生态和国际层面;第五部分包括第十二、十三章,深入讨论了企业经营管理中两个关键的企业伦理问题,即企业伦理决策和道德绩效问题。该书从各章体例上看,分为七个步骤,依次递进。第一步为引言;第二步为导入案例;第三步为正文,主要阐述相关理论观点和基本内容;第四步为典型案例分析;第五步为小结;第六步为专有概念的英文词汇;第七步为思考题。

从内容上看,该书具体包括如下内容。第一章绪论总揽全局,对企业伦理学概念和学科的由来、企业伦理学的定义及其外延内涵、企业伦理学的分类以及层次和领域、企业伦理学的基本矛盾关系和核心范畴等问题进行概述。随后从世界各国各地区经济社会和企业发展、中国经济体制改革和现代企业制度建立、企业管理者特别是高层管理者提升自身素养和自我完善的需求三个角度阐述了学习企业伦理学的必要性。最后扼要介绍了企业伦理学的学科特点、学习方法和特定的研究方式。第二、三章主要阐述企业伦理学的基本问题,介绍并评价了后果论、非后果论、德性论、综合社会契约论、规范性原则及其应用、道德判断框架等与企业伦理密切相关的伦理学基本理论,探讨了企业伦理的基本规范。特别阐明了作为企业伦理代名词的企业社会责任的内涵,提出了企业社会责任的根据、边界和具体内容。第四章至第六章着重讨论企业与不同类型的股东、雇员的道德关系,以及企业内部个体道德问题。考察了企业与股东之间的道德困境和道德风险及其解决办法,论述了企业与各类股东、雇员相互之间的道德规范,特别探讨了企业员工中的特殊群体如妇女、农民工、未成年工和特种作业工人的道德权利,界定了企业家、经理人、股东、员工等各个层次群体和个体在企业道德关系中的合理定位。第七章至第十一章着重讨论企业与客户、竞争者、政府、生态环境的道德关系,以及企业在国际商务、跨国经营中遇到的道德问题。论述了企业面对不同对象的道德规范的一般性和特殊性、共同性和差异性。特别分析了在这些道德关系中,企业有时采取道德回避和道德沉默的态度,甚至选择不道德行为的根本原因,并寻求提出解决的思路和途径。第十二、十三章主要提出企业伦理决策和企业道德绩效两大概念,这是企业伦理学的新概念。一般理解的企业决策和企业绩效,就是指企业经济决策和经济绩效,那么,什么是企业伦理决策和道德绩效?企业伦理决策与经济决策之间、道德绩效与经济绩效之间,究竟是什么关系?企业伦理决策和道德绩效何以必要和可能?这是该书力求解答的问题。

企业伦理学 宋智勇,清华大学出版社,2017.6

在全球化、网络化的今天,作为市场主体的企业,其终极价值和工具价值是什么?它是以终极价值的面目——追求股东利益化或者追求利益相关者利益全面化——存在于世,还是以工具价值的面目遵从普世的商业伦理或者"入乡随俗"式地遵循具有地方文化特色的营商伦理?或者是二者兼而有之?该书在综述现有理论的基础上,从理论层面进行了探讨,并在实务层面给予企业及其管理者操作指南。

从方法上,企业伦理学是一门"实然"和"应然"互通并可以进行实证研究的学科。企业伦理学的"实然"部分——企业文化通过实证验证提炼价值观和真实行为企业规范,并经过程序性规范和实体性规范的检验升华为企业道德观和道德规范。从内容上,企业伦理学是从企业的视角来研究伦理,企业作为市场的主体在适应内外环境的过程中会形成价值观和真实行为规范,在市场中可能是道德的且有竞争力的,但是当企业跨市场或跨国经营时会面临不同的道德规范体系，企业原有价值观和真实行为规范就可能与新市场道德规范体系相冲突，企业如何应对这种冲突或困境呢？该书作者认为企业必须做出战略选择。因此，该书向读者介绍了解决企业伦理战略问题和促进企业员工道德行为的企业伦理管理方案。

全书共分为十二章。第一章从对中心概念的解释入手，分别解释了什么是伦理、什么是企业伦理，进而解释该书的核心概念——企业伦理学，阐述企业伦理学的研究对象、研究内容以及企业伦理学和一般伦理学的区别。第二章向读者介绍了企业伦理的相关理论，包括传统伦理学理论、综合契约论理论以及伦理规范识别也就是案例研究方法。第三章主要分为两小节，分别介绍了企业伦理面临的困境和冲突、企业伦理战略决策。第四章介绍了企业文化和企业伦理。该章第一节从理论层面上定义了企业文化，第二节以碧桂园为例，详细介绍了碧桂园企业文化的体系、内涵、品牌扩张，第三节从碧桂园的实际案例中总结了企业伦理从“实然”变成“应然”的条件，并以表格的形式详细介绍了碧桂园企业道德观和道德规范。第五章将营商环境详细分为营商软环境（经济体系、社会政治经济体系、营商环境）和营商硬环境（可持续发展法律、消费者权益保护、劳动保护权、不正当竞争）进行论述，对商业伦理的概念和应当遵循的规范做了评述。第六章分别从企业社会责任的内容、理论模型、战略性企业社会责任等几个方面对企业社会责任进行了概述，明确企业社会责任的实质是企业与利益相关者的微观社会契约，并向读者详细介绍了企业社会责任的国际组织标准。第七章介绍了企业伦理治理的概念、模型以及企业伦理治理的相关策略。第八章从企业价值观和道德规范的角度，分别对企业道德战略决策、企业价值观和道德规范三个层面展开论述。第九章从企业道德决策和企业绩效的角度，先从企业道德、企业绩效和企业道德决策等基本概念入手，阐述企业道德决策的过程，建立了企业道德决策的模型，并进一步分析了影响企业道德决策的主要因素。第十章主要分析个体因素对道德决策的影响，其中个体因素又包括个体差异、个体道德认知发展水平、价值观三个层面。第十一章从企业道德管理的角度展开，这一章先分析了影响企业道德决策的组织因素，接着给出道德型领导和企业道德气氛的定义和相关的理论，也分析了这两个因素对道德行为的影响过程，最后该章向读者阐述了企业道德管理是企业促进员工道德行为的管理制度和管理机制。企业道德管理大体上从企业道德管理机构、企业道德行为规章、企业道德信息系统以及道德培训和奖惩机制等方面进行。第十二章从企业道德审计的角度入手,详细介绍了企业道德审计的定义、目标、主体、功能、内容以及企业道德审计的过程和方法。

商务伦理与会计职业道德　张俊民,复旦大学出版社,2017.3

会计信息作为公共产品,其质量与监管日益受到越来越多的关注,因此,商务伦理和会计职业道德一直被相关利益各方所重视。本书从商务和管理伦理出发,详细论述会计职业道德所应涵盖的各个方面,例如企业会计职业道德及其规范、注册会计师职业道德及其规范、商务伦理风险与会计职业道德冲突,并对会计师事务所诚信监管体系和评价机制做了进一步的研究与讨论,结合实证调查数据的分析,有力地支撑了本书的理论观点,附录中的十个真实案例更是对我国会计诚信监管体系的焦点和难点问题做了深入剖析。

全书共分为四编十二章,具体内容如下。第一编总论部分共分为三章,第一章绪论部分主要介绍了伦理、道德与诚信、文化、职业道德的相关概念。第二章从商务与会计利益相关者角度入手,介绍了利益相关者概念、利益相关者理论的主要内容、利益相关者管理、会计利益相关者。第三章"经济后果与盈余管理",该章主要阐述了经济人和道德人的概念及区别、会计准则经济后果、盈余管理的相关内容。第二编"商务与管理伦理",这一部分主要包含第四、五章。第四章介绍了商务伦理的基本内容、企业伦理的概念和内涵、伦理和商业决策。第五章阐述了管理伦理的概念和内涵,分析了主要管理环节的伦理问题。第三编主要从会计职业道德角度,分为第六、七、八三章。第六章介绍了企业会计职业道德及其规范,对会计人员行为和职责进行定位,详细阐述了企业会计职业道德的概念及其历史演变,列举了企业会计职业道德应当包含的规范要求。第七章是从会计师中的特殊群体——注册会计师的角度入手,介绍了注册会计师职业道德的概念及特征,梳理和描述了注册会计师职业道德历史发展简况,归纳了注册会计师职业道德的基本内容。第八章"商务伦理风险与会计职业道德冲突",本章介绍了商务伦理风险与会计职业道德冲突的概念和内涵,归纳了商务伦理风险与会计职业道德冲突种类及内容,分析了商务伦理风险与会计职业道德冲突及其解决办法。第四编"会计师事务所诚信监管及其评价",这一部分主要包含第九章到第十二章。第九章介绍了会计师事务所诚信监管概念及研究状况和会计师事务所诚信监管的制度背景考察。第十章分析了会计师事务所诚信的排他性特征、会计师事务所诚信监管的经济学、会计师事务所诚信监管的上层建筑地位、会计师事务所诚信监管的自发性与自觉性。第十一章"会计师事务所诚信权力保护"，概括了权力的内涵与分类，强调了会计师事务所诚信公力保护和私力保护。第十二章"会计师事务所诚信监管内容及评价"，本章对会计师事务所诚信监管内容进行理论分析，概括了会计师事务所诚信监管的具体内容，明确指出会计师事务所诚信监管评价指标与标准，最后对整个研究做出总结，当然作者也诚恳地指出研究还存在的问题和局限性。

商业文化伦理(第2版) 章金萍，中国人民大学出版社，2017.8

该书以较为通俗的语言，依据伦理学原理，首先提出了道德冲突和道德选择的问题，在此基础上介绍了东西方商业文化的优秀成果以及中国的商帮文化，在中国社会主义市场经济的文化语境中，进一步引导读者认识和理解商业企业营销和管理中的伦理规范。

全书共分九个专题，每个专题先设置一个小案例引发学生思考，并导入教学内容；每个专题最后再设置一个案例，既是对前面重点知识的回顾，又能引导学生进行拓展性思考、分析。同时，在每一专题教学内容的安排上，除较为系统的理论阐述外，还穿插了大量的实例和图片，使学生读来不觉枯燥，既能培养学生的逻辑思维能力，也增加了学生阅读和学习的趣味性。与第1版相比，第2版更新了大部分案例，并增加了大量的图片和人物介绍以及自测题，同时还建立了教材的素材库，使该教材更加符合当前新形态教材建设的需要。本书具体内容如下。专题一"道德冲突与道德选择"，在这一专题中作者对"经纪人"和"道德人"两个概念做了详细的阐述和分析，最终提出实现"经济人"与"道德人"的统一的观点。针对商业道德冲突这一问题，作者首先解释了道德冲突的概念，在弄清楚概念之后对商业道德冲突及其表现做出分析。接着，作者又从商业道德选择与评价的角度入手，介绍了商业道德选择的内涵、影响商业道德选择的因素、商业道德选择的原则和手段、商业道德选择的形式、商业道德评价。最后，作者提出商业行为应当遵守的伦理规范，具体包括义利并重、公私兼顾、依法办事、公平买卖、讲究诚信、忠于职守、热诚服务、保护环境。专题二"中国传统文化与商业伦理"，这一专题主要分为五个方面：一是中国传统文化及其特征，主要内容包括中国传统文化的内涵、形成、特征；二是中国古代商业伦理思想，主要介绍了中国古代商业的产生和发展、中国传统文化及其对商业文化的影响、中国古代商业伦理思想的主要内容、中国古代的"义商"；三是中国近代商业伦理思想，主要包含了中国近代经济社会出现的新阶层、中国近代商业伦理思想的主要内容两部分；四是中国当代商业伦理思想，主要介绍了当代商业伦理思想的基本来源、中国当代商业伦理思想的主要内容；五是从中国商帮的崛起和中国商帮文化的特征两个方面介绍了中国的商帮文化。专题三“西方商业文化与伦理”，首先帮助读者梳理了西方伦理思想的形成和发展；其次介绍了西方商业伦理思想的形成与发展，阐述了资本主义市场经济理论与商业伦理思想。专题四“乔致庸与晋商文化”，在这一专题中，作者主要抓住“晋商”这一特殊的商帮，向读者详细介绍了晋商的发展历史、晋商代表乔致庸、晋商的精神特征与文化观、晋商的经营管理特色。专题五“胡雪岩与微商文化”，主要讲述了徽商的发展历史、徽商代表胡雪岩、徽商文化的内容与特征。第六章“张弼士与粤商文化”，这一章介绍了粤商的发展历史、粤商代表张弼士、粤商文化的组成与特征。专题七“浙商文化”，从浙商的特色和角度入手，分别介绍了浙商的发展历史，浙商文化的含义、渊源与特征，浙江各地的商帮，当代浙商代表。专题八“商业企业的营销伦理”，在这一专题中作者抓住商业企业这一点，分别分析了它和其他因素之间的关系，如商业企业与商品生产者之间的伦理、商业企业与消费者之间的伦理、商业企业与竞争者之间的伦理。专题九“企业管理中的伦理”，一是要认识企业管理中的伦理，如企业管理伦理的含义、特点；二是要掌握企业管理中的决策伦理，如决策的含义与程序、决策伦理的含义、企业管理决策过程中的伦理问题、如何做出伦理化的决策；三是阐述了企业管理中的组织伦理，包括组织的含义、组织伦理的含义、企业的组织伦理规范；四是企业管理中的控制伦理，包括控制的含义与流程、控制伦理的含义、企业的控制伦理规范。

商业银行服务规范与职业伦理　褚红素，上海财经大学出版社，2017.11

金融业的竞争是一种服务的竞争，谁服务的好，谁就能更适应顾客的需要，谁就能占领更多的市场。银行服务体现的是银行管理水平的高低，其中也包含银行本身的文化内涵和员工的精神风貌。该书通过调研和访谈，走访了中国农业银行、中国工商银行、交通银行、浙江泰隆银行等商业银行，采访了一线从业人员，从应用型财经类高校大学生综合素质和银行业从业人员的职业素养两个角度具体阐述了零售业务服务规范、柜面服务规范、银行大堂经理服务规范、个人客户经理服务规范、客户服务中心服务规范、风险与合规管理等内容。

该书共有十章，前五章主要介绍商业银行服务规范，包含零售业务服务规范、中国银行业柜面服务规范、银行大堂经理服务规范、银行个人客户经理服务规范、商业银行客户服务中心服务规范；后五章主要介绍职业伦理，包含风险与合规管理、职业道德与职业操守、人际关系管理技巧、情绪与压力管理、职业价值与责任。具体来说，该书导言部分向读者介绍了商业银行规范与职业伦理的学习方法，以便于读者能掌握学习方法，更好地学习该书。第一章主要介绍了零售业务服务规范，包括商业银行零售业务概述、商业银行与零售业务客户的权利和义务、商业银行零售业务工作人员的服务规范、商业银行零售业务服务渠道。第二章主要介绍了中国银行业柜面服务规范，其中包含了银行柜员日常服务礼仪规范、银行柜面服务技巧，为了方便读者理解，该章还提供了柜台中合适的服务语言、《中国银行业柜面服务规范》等相关资料。第三章主要向读者阐述了银行大堂经理服务规范，以大堂经理的角度详细介绍了大堂经理岗位认知、需要精通的服务技能。第四章介绍了银行个人客户经理服务规范，该章主要分为四节，包括银行个人客户经理的角色定位、银行个人客户经理的素质要求、银行个人客户的开发与维护、银行个人客户经理的礼仪规范。第五章向读者详细解释了商业银行客户服务中心服务规范，第一节对商业银行客户服务中心进行概述，第二节到第四节分别阐述了商业银行客户服务中心的基本要求、服务质量、行为规范。第六章讲述了有关风险与合规管理的问题，包括商业银行风险的主要类别、商业银行风险控制和合规管理的主要策略、银行监管与市场约束。第七章从职业道德与职业操守角度，分别详细分析了诚实信用、专业胜任、投诉处理三方面的能力，这一章也为读者提供了某银行投诉处理流程、中国银监会关于《完善银行业金融机构客户投诉处理机制，切实做好金融消费者保护工作》的通知等相关资料。第八章主要向读者介绍了人际关系管理技巧，包括与客户的关系、与同事的关系、与领导的关系。第九章阐述了当面对情绪和压力的时候，如何正确地对待和管理的问题，在这一章中作者解释了什么是情绪和压力，分析了银行从业者压力的来源，最后介绍了情绪和压力的管理方式。第十章作者强调了商业银行服务人员应当肩负和承担的职业价值与责任，主要包括工作职责、职业胜任力和职业价值。

该书对我国金融业与财经类高校具有指导和实践意义，主要体现在以下方面：一是明确了商业银行服务规范与职业伦理的内涵和外延；二是厘清了商业银行零售业务、柜面服务、银行大堂经理、客户经理、商业银行客户服务中心等业务岗位的服务规范要求;三是提出了包含风险与合规、职业道德与职业操守、人际关系管理、情绪与压力管理、职业价值与责任等要素的商业银行职业伦理范畴。

税道德观:税收文明的伦理省察与探寻　姚轩鸽,西北大学出版社,2017.5

本书是一本关于税收伦理的学术论文与随笔集。该书作者攫取并审慎应用伦理学前沿理论研究成果,对税收治理基本范畴,诸如税收、纳税人、税率、税收目的、税收行为规律、税收核心价值、税制结构与类型、最优税制形态、税德评价等重要专题进行了原创性的探索与研究。

该书包括序言和正文。序言部分主要包括序一“拥书自雄,学术立身——轩鸽新作《税道德观》”、序二“中国财税法治亟待合力推进——姚轩鸽新著《税道德观》”、自序“制心一处,择善固执”。正文分为上中下三卷,具体内容如下。上卷“税情通变”,主要向读者介绍了分税制改革——反思及抉择,中国税制改革的问题与抉择,中国税制改革期待“四级跳”,财税体制改革的人本价值刍论,论税制顶层设计的政体前提,我们何以为“税负”如此纠结,“稳定税负”提出的新挑战与对策,房产税“合法性”要义探微——兼论中国房产税合法性问题及其未来境遇,“环保税”立法的目的、原则与难点探析,新《预算法》执行阻滞问题研究,促进转型中国纳税者准自愿服从行为之对策研究,家庭视域的中国税制改革缺憾及对策研究,“税文化”要义新探——兼论现行“税文化”的困境与出路,中国式财政困局、成因及其求解之道,青少年“税德”教育问题初探,税收与企业自主创新研究,税收新常态刍议,“进步时代”的意淫与焦虑——中美财税病因及其施治异同辨,为“纳税人权利”申辩,“供给侧”要义及其财税改革的使命,税法教育内容与方法论纲——兼论当前面临的主要问题及其对策,以及《征管法》的伦理省察及其修订建议。中卷“税道常识”,主要分析了当征税目的被异化——从“江南奏销案”谈起,财权、事权的内涵及其关系新探——兼论当前财税体制改革的主要启示,公共产品基本理论新探——当前中国公共产品供求状况分析,税制伦理基本问题探本——兼论中国税制存在的主要问题,人道视野中的税收治理构想——我国现行税收治理体系的人道审视,“税收法治现代化”要义初探——兼论中国“税收法治现代化”面临的挑战与使命,税收公正与经济增长相关性分析研究——兼论中国税制改革必须直接面对的根本问题,影响国民收入分配的总体要素探析——兼论中国收入分配不公的根源及其因应对策，论财税体制与国民尊严关系及其现实启示，税制与国民幸福相关性探析——国民幸福状况之税制视角评估及其优化建议，制度视野的收入分配与财税法治相关性研究——兼论中国收入分配存在的问题及原因，转型社会的税收风险研究——兼论税收执法风险的制度成因及其防范，税收风险与现代化之相关性研究——当前系统性税收风险辨析及其预警对策与建议，“优良”财税法的标准与体系论纲——兼评中国财税法建设现状，文明视野的税收治理要义探寻——兼论中国税制改革的未来使命，“税收国家”内涵与类型新探——兼论建设完备型“税收国家”的中国困境与策略，全球税收竞争与冲突形态分析及其价值——兼论中国参与国际税收竞争的战略与策略，伦理视域的地方税制创新构想——兼论地方税制改革面临的主要问题及其未来使命，大数据对纳税人权利生态系统影响机理探析——兼论中国纳税人权利保护面临的挑战与对策等一系列问题。下卷“税理索问”，这一部分主要阐述了纳税人新论，“税”或“租税”的内涵与本质试探，税率的伦理分析，税收目的论，税收行为问题导论，财税核心价值初探，自由视野的税收治理问题研究，论税制与经济自由相关性及其现实启示，税收法治基本范畴探究，论公正视野中的税收治理新期待，税收权利与义务问题新探，制度视野中的税收治理问题研究，最优税制基本理论新探——兼论现行最优税制理论的贡献与缺憾，论税制现代化精神实质及其实践启示——兼论中国税制现代化面临的主要问题，“税德”评价基本理论问题初探，试论国家征税的道德依据，古今赋税治理观异同辨，“税痛”基本理论问题初探。

该书对当前中国税制改革面临的主要问题与挑战给予了新颖、独特的省察，并基于对现实复杂性、实践可操作性与未来不确定性兼顾的认知，坚持现实与理想、战略与战术相统一的原则，提出了富有建设性的税制改革思路与建议。作者立意高远，视野开阔，制心一处，择善固执，旨在为渐进式推进中国税制的文明转型、发挥税收在现代化进程中的重要影响力献智献策。

西方经济伦理思想研究(全3卷) 乔洪武，商务印书馆，2017.12

西方经济伦理思想是从属于西方伦理思想范畴内的一个部分，西方经济伦理思想展示的是西方社会从古代到当代不同历史阶段发展路径的经济和伦理的二维图式，因而对西方经济伦理思想的研究就具有重大的理论和现实意义。首先，这有助于认识和了解西方经济学的价值观和哲学基础。其次，这有助于读者认识和了解西方经济学家在哪些方面、哪些问题上从经济到伦理的研究范式中得到了对社会经济现象新的伦理解释和评价,而这些新的伦理解释和评价又将对伦理学家的思想和新的伦理理论的建构产生重要的影响。再次,这有助于读者认识和了解西方经济学家所提出的政策主张的伦理价值导向和道德评价标准。

乔洪武教授主著的《西方经济伦理思想研究》(三卷本)是国际上首本系统研究西方经济伦理思想的著作。该著作的研究内容包括从公元前1500年《圣经》的出现和古希腊时期开始,至2007年美国次贷危机爆发后的整个西方经济伦理思想及其发展的脉络。在宏观结构体系上,从《圣经》的出现到凯恩斯之前的近代西方经济伦理思想,以代表人物的年代递增为研究的纵向发展轴线;从凯恩斯到目前的当代西方经济伦理思想,则以学术流派为研究的横向发展轴线。在微观结构方面,具体到每一个人物或经济学学派,首先研究其产生的时代背景、哲学基础和理论渊源,然后梳理、归纳、研究其经济伦理思想、政策主张取向和研究方法特征,最后运用马克思主义唯物史观对其进行分析和评价。

全书分为三卷四部分,共计130余万字。从总体上来看,第一卷研究古代和近代的西方经济伦理思想,即主要研究古希腊、古罗马代表人物,以及近代西方经济学家的经济伦理思想。研究对象包括从公元前1500年《圣经》的出现到凯恩斯之前的近代西方经济伦理思想,以代表人物的年代递增为研究的纵向发展轴线。第二、三卷研究现当代西方经济伦理思想,即当代西方主流经济学派以及当代西方非主流经济学派的经济伦理思想。研究对象包括从凯恩斯到现在的当代西方经济伦理思想研究,以学术流派或学术分支作为研究的横向发展轴线。具体来说,第一卷第一部分为总论,这一部分专门论述西方经济伦理思想研究的基本概念、范畴、方法、意义,以及从新中国成立以后至今我国对于西方经济伦理思想研究的发展历史和现状。第一卷第二部分为古代和近代的西方经济伦理思想,它包括从公元前1500年《圣经》的出现到凯恩斯之前的近代西方经济伦理思想。第二卷第三部分为现当代西方经济伦理思想(上),这一部分研究的是当代西方主流经济学中的经济伦理思想。第三卷第四部分为现当代西方经济伦理思想(下),主要研究的是当代西方非主流经济学中的经济伦理思想。这一系统而完整的研究体系,是国内目前为止唯一的一套最为系统、最为全面地涵盖从古代至当代的西方经济伦理思想及其发展的专著,该套著作的出版对于西方经济思想史和西方经济伦理思想史的研究具有开拓性、创新性价值。

现代商业伦理 李玮、刘建军,清华大学出版社,2017.9

伴随信息技术、人工智能、大数据技术的迅猛发展,全球所有企业所面临的赖以生存发展的商业环境发生着剧烈的变化。企业原本尚存的竞争优势可能瞬间就土崩瓦解,“网红”“自媒体营销”等互联网技术工具被很多公司运用得出神入化,加上“众筹”等整合资源理念被运用得炉火纯青,企业无论成立多长时间,都被拉到同一个竞争起点同台竞技。由此,企业发现“商业伦理”的重要性开始愈加凸显,重塑“工匠精神”,做有良心、守道德的好企业,全心为所有供应链上下游利益相关者服务,用心做事正成为企业在现代商业“红海”竞争中威力无比的撒手锏,“创新”与“道德”并存,这已成为未来企业得以生存的坚实基石。该书以通俗易懂的语言,运用大量的案例,将完整的现代商业伦理体系融入案例情境,以利于读者能更加深刻地认识和把握,从全新的角度对商业伦理从理论体系到实践运用进行了全面的解读。

在全球化经济迅猛发展的今天,信息技术加速了经济的转型发展,市场竞争可谓“白热化”,企业建立科学的商业伦理体系已成为其提升核心竞争力的必要手段和重要途径。该书立足现代商业现状,为企业指明建立高效、科学的现代商业伦理体系的基本流程及制度安排,以帮助企业更好地适应当前经济的飞速发展。全书共十章,分为基础篇和实战篇两部分。基础篇系统、全面地阐述了商业伦理的理论体系,从商业伦理理论、发展历程、机制构筑的全过程进行阐述。实战篇从企业商业运营的全过程出发,对企业道德决策设计、企业战略决策、会计管理、企业市场营销运作、企业内部组织管理、企业电子商务运作以及企业全球化运营全过程中的现代商业伦理的构建流程及规范设计进行了详尽、系统的阐述。

具体来说,基础篇共分为三章,第一章绪论部分主要介绍了商业伦理的内涵、功能及其意义,同时向读者介绍了商业伦理的研究内容、研究任务及研究方法;第二章向读者详细介绍了商业伦理的发展历程与研究体系;第三章阐述了现代商业伦理的构建机制,其中内容主要包括现代商业伦理的构筑原则、现代商业伦理的构建理论和现代商业伦理的评价体系。实战篇共分为七章,包括从第四章到第十章。第四章介绍了企业道德决策中商业伦理的构建。这一章包括三节内容,分别是商业伦理判断与道德决策、企业道德决策中商业伦理的构建模型、企业道德决策中商业伦理的规则设计。第五章介绍了企业战略决策中商业伦理的构建,在这一部分,作者主要向读者介绍了企业战略决策模式、企业战略决策中商业伦理构建的影响因素以及构建流程和规则设计。第六章作者主要阐述了其对于企业会计管理中商业伦理的构建问题,在这一章中,作者首先解释了何为企业会计管理内容,然后分析了会计职业道德规范、注册会计师审计职业道德规范以及企业内部审计职业道德规范。第七章讲述的是作者对于企业市场营销运作中商业伦理的构建问题。这一章主要分为三节,首先对企业市场营销运作进行概念上的阐述,紧接着分别分析了企业市场营销运作中商业伦理的构建流程以及企业市场营销运作过程中商业伦理的规范设计的相关问题。第八章阐述的是企业内部组织管理中商业伦理的构建问题。在这一部分中,作者首先介绍了企业内部组织管理的相关概念和内涵,接着又向读者分析了企业内部组织管理中商业伦理的构建流程和规范设计。第九章分析了企业电子商务运营中商业伦理的构建问题。从写作手法上来说,这一章的架构与前面几章类似,首先介绍了企业电子商务运营的相关内容,接着又分析了企业电子商务运营中商业伦理的构建流程和规范设计。不难看出,从第四章到第十章,从框架结构上来说是相似的,即首先针对这一章选定的特定角度,对其涉及的相关概念和内涵做出一定的界定,然后从这一角度出发分析了其构建模型和规则设计。

营销伦理 周秀兰,西南交通大学出版社,2017.6

诚信是中华民族所尊崇的一种传统美德。在中国古代,无论是浙商、徽商,还是晋商,都把诚信经营作为其成功经营的信条。也许,诚信经营、做老实人往往会吃一些眼前亏,不诚信的商业行为往往会获得一些眼前利益,因此就有一些道德水平低下的人通过投机获取短期利益。但从长远来讲,不道德的行为总会在消费者面前败露而带来严重后果,最终会受到消费者的惩罚。诚信是企业的一种美德,只有诚信经营才能赢得消费者的信任,有效降低交易成本,才能有效留住老顾客和吸引新顾客。建立在诚信经营基础之上的企业声誉是一种稀缺资源,是企业重要的无形资产,是企业永续经营的原动力。因此,要持续发展就必须诚信经营,任何自作聪明、搞商业欺诈的行为都属于短期行为。

该书共分为四篇十二章,对营销伦理的内涵、哲学基础、存在的必要性等内容进行了阐述,既有一般营销实践中的伦理问题,又涵盖了网络营销、体验营销等新营销方法与模式中的营销伦理问题,对加强营销伦理建设给出了具体的实施建议。总的来看,前两章系统地介绍了营销伦理的理论背景和演进历程,全方位地分析和论述了营销伦理的一些基本概念,并分析了营销伦理的哲学基础，力求使读者对营销伦理有一个清晰的认识。接下来的五章分别从市场调研、产品、定价、渠道建设、分销这几个环节来介绍营销伦理，通过理论与案例相结合的方法，分析了这几个环节中存在的伦理问题，突出实践中的伦理策略和技巧应用。第八章至第十一章详细地介绍了营销伦理研究新进展，如网络营销、灰色营销、国际营销中的伦理问题及策略，进一步拓展了读者对营销伦理的认识。第十二章从宏观、中观和微观角度探讨了营销伦理建设的内容，包括市场环境建设、企业营销伦理建设和个人道德建设。全书具体内容如下。第一篇绪论部分，主要包含第一、二章，阐述了市场营销理论的产生与发展、营销伦理学的产生与发展、营销伦理的基本概念、影响我国企业营销伦理的因素等问题，分析了营销伦理的理论基础，包括西方伦理哲学、儒家伦理哲学、企业社会责任。第二篇"营销实践中的伦理问题"，在这一部分，作者主要介绍了在市场调研中可能存在的伦理问题，涵盖了市场调研及相关概念、与被调查者相关的伦理问题、与委托人相关的伦理问题、与竞争者相关的伦理问题、与公众相关的伦理问题。第四章作者分析了产品策略中的伦理问题，包括产品设计中的伦理问题、产品包装中的伦理问题、产品安全、有社会争议的产品、缺陷产品召回。第五章阐述了定价中的伦理问题，如定价策略与营销伦理、定价中非伦理行为的主要表现、定价中非伦理行为的成因及危害、企业定价的伦理建设等问题。第六章"分销渠道中的伦理问题"，作者详细介绍了分销渠道与营销伦理、分销各环节中的伦理问题、渠道管理中的伦理问题、直销中的伦理问题、灰色市场等方面的知识。第七章介绍了促销中可能存在的伦理问题，包括促销与营销伦理、广告中的伦理问题、人员促销中的伦理问题。第三篇"营销伦理研究新进展"，这一部分主要是从研究新进展的"新"字入手，介绍了网络营销、体验营销、国际营销、灰市场营销四个创新性营销模式中存在的问题。具体来看，第八章分析了网络营销与营销伦理、网络知识产权问题、网络隐私问题。第九章分析了体验营销中的伦理问题，包括体验营销中非伦理问题的主要体现、体验营销的伦理策略。第十章"国际营销中的伦理问题"，作者主要解释了国际营销有别于国内营销的背景机制、国际营销中典型的伦理问题、国际营销中的伦理规范。第十一章"灰市场营销"，作者介绍了灰市场营销及其形式、影响灰色营销行为的因素、灰市场营销的危害及治理等方面的问题。第四篇"营销伦理建设"，作者针对前面几篇营销伦理中反映出的问题，创新性地提出如何建设营销伦理的观点，指出营销伦理建设遵循的基本原则、营销伦理市场环境建设、企业营销伦理建设、个人道德建设。

责任管理原理:全球本土化过程中企业的可持续发展、责任和伦理

[德]奥利弗·拉什、[美]罗杰·N.康纳威著,秦一琼、曹毅然译,北京大学出版社,2017.8

本书以国际化、系统性和实践性的丰富视角探讨了企业的责任管理和经营,是联合国"责任管理教育纲领"(PRME)倡导机构这一学术组织出版的首本官方教材,也是联合国"全球契约"成员企业的参考读物。参与编写该书的不仅有各领域的知名学者,还有为该书提供相关案例的职场成功人士。该书围绕责任管理的三大要素展开,即可持续发展、责任及伦理,探讨和发掘责任管理者可以在管理实践中施展才能的空间。从目前的研究成果来看,专门探讨责任管理的著作并不多见,而该书体系完整,通俗易懂,将理论和实践有机结合,是一本集管理学和伦理学于一体的探索性著作。

该著作分成两大板块,第一板块(1—5章),主要介绍商业伦理中一些概念的缘起和发展,以及经典的伦理理论和分析工具;第二板块(6—15章)则将负责经营的理念嵌入了管理学的各个知识模块中,从战略管理、创业精神、组织结构、运营、供应链、人力资源、营销、国际商务、会计和金融等角度展示如何将伦理精神落实到商业和管理的具体执行环节中。

具体来看,本书主要包括以下内容。第一部分从"基础"角度入手,分析了责任管理的背景,责任管理的议题和作用力、大趋势及其驱动力、阻力、抑制因素和批评,责任管理的内涵、管理学基础和卓越管理的演进、责任管理者,责任管理流程。第二部分"范畴",主要介绍了可持续发展——打造三重绩效、责任——管理利益相关者价值、伦理管理——追求道德卓越的内容。具体来说,"可持续发展——打造三重绩效"包括商业可持续发展的缘起、可持续发展的概念、经济发展和可持续发展、管理可持续发展。"责任——管理利益相关者价值"包括商业责任——追求利益相关者价值、商业责任的缘起、可持续发展的概念、以利益相关者管理为核心的责任管理。"伦理管理——追求道德卓越的内容"包括道德经营和伦理管理、商业伦理的缘起、商业伦理的基本概念、商业伦理的范畴。第三部分包含了第六章和第七章的内容,第六章主要介绍了作为责任竞争力的战略,阐述了战略和责任管理、作为责任竞争力的目标,梳理了这一问题涉及的四个阶段:制定使命、愿景和战略目标,分析战略环境,建构战略,执行和评估战略;第七章介绍了社会企业和责任管理、目标——增值型企业、理解社会创

业和社会创新、设想创建路径。第四部分从“组织”入手，分别从组织、运营、供应链三个角度指出了责任管理和组织理论、目标——责任型基础架构、理解组织、为责任经营重建组织结构、负责任的组织发展、运营和责任管理、目标——责任型企业优化、流程描述、通过精益化方式改善企业效率、通过质量管理取得效果、用六西格玛创新和设计法获得突破式改善、责任管理和供应链、目标——责任型供给与需求、理解供应链、从内部管理供应链、建立闭合循环。第五部分是从第十一章至第十三章的内容。第十一章介绍了责任人力资源管理问题，包括人力资源与责任管理的内涵、目标——HR—RM协同效应以及六个阶段——理解HR—RM协同效应、招聘、培训与发展、绩效管理、薪酬福利与员工健康、员工关系与沟通。第十二章提出要通过营销沟通建立商誉，内容涉及营销沟通与责任管理的内涵、以建立商誉为目标以及这一问题涉及的三个阶段，即确保有效地整合营销传播、责任营销传播工具的应用、定制营销传播信息。第十三章介绍了本土化的国际责任企业，主要包含了责任管理和国际商务、全球本土化责任企业以及必经的四个阶段，即理解全球本土化商务背景、分析负责任的国际商务、勾画国际商务活动、在全球化商务环境中的责任管理。第六部分分为第十四章和第十五章。第十四章详细介绍了利益相关者责任的问题，包括会计与责任管理的内涵、利益相关者责任和五个阶段，即会计基础、确认对象并收集数据、数据评估与细化、会计报告、管理控制。第十五章从财务管理的角度，分析了负责人的投资回报，内容包括负责任的财务管理的内涵、负责任的投资回报的目标以及四个阶段，即了解财务管理、负责任的企业融资、资本预算与内部规划、成果与治理。

中国经济发展的伦理底蕴(英文版) 王战，上海社会科学院出版社，2017.1

本书精选上海社会科学院学者近来的重要学术论文翻译而成。

Ethical Background of Chinese Economic Development(中国经济发展的伦理底蕴)，作者是王战。习近平指出，中国民族优秀传统文化要求应该培育社会主义核心价值观，这也为挖掘中国经济发展的伦理背景提供了新的视角。该文主要从三个部分展开：第一部分是我国当代经济发展中应该注意商业伦理的原因；第二部分是分享中国传统文化的原始商业伦理和当代价值；第三部分是商业伦理在未来发展中的重要作用和将要面临的挑战。

Strategic Connotation and Theoretic Significance of Free Trade Zone Piloting(自贸区试验的战略内涵与理论意义),作者是张幼文。该文分析了我国推进自由贸易试验区战略的历史背景,从七个方面论述了自贸区对于建设开放型经济新体制和实现改革开放发展新目标的战略意义,其中包括政府改革主题、扩大开放模式、外贸外资升级、发展推进方式、经济增长结构、分工地位提升和发展空间拓展等。自贸区试验实践创新了园区型经济在国家发展中的功能定位,构建了国内改革与对外开放协同推进的互动机制,启动了开放战略升级迈向新目标的历史进程。

Research on the Spatial Spillover Effect of SMEs Innovation Performance in China——Based on Marx's Theory of Division of Labor and Cooperation(中国中小企业创新绩效空间溢出效应实证研究——基于马克思分工协作理论),作者是朱平芳、罗翔、项歌德。该文以马克思分工协作理论为基础,重新审视了中国中小企业创新绩效的空间溢出效应。在具体的实证研究中,该文采用2003—2008年中国中小企业的省级面板数据,用空间自相关模型和空间误差模型从工业产值利税率角度考察了中小企业创新绩效的差异。研究发现,要素投入对于创新绩效的贡献不显著,劳动力存在"去技术化",但是创新活动的空间溢出效应很显著,特别是东部地区要显著优于中西部地区;企业规模差异对于创新绩效有显著影响。因此,该文提出建议鼓励中小企业地理上的集聚并实行严格的专利保护制度。

The Evolution and Technology Upgrading of Chinese Leading Industries——Expansion Based on the Analysis of Leontief Sky-line Chart(中国主导产业的变化与技术升级——基于列昂惕夫天际图分析的拓展),作者是徐赟、李善同。该文通过拓展列昂惕夫天际图分析方法,分析经济增长和产业结构、贸易结构这三者之间的关联,进而聚焦主导产业的中间投入品进口贸易的变化,并分析主导产业对外技术依存的变化。在此分析框架下,该文利用1992—2005年的可比价投入产出表数据进行实证研究,结果表明,出口是分析期内所有主导产业增长的主要拉动力。虽然主导产业带动的经济增长促进产业结构和出口贸易结构向高加工度化升级,但在一部分主导产业的发展过程中,国外生产技术的溢出效应尚未充分显现。

The Effect of Regional Trade Agreements on the Performance of China's OFDI Parent Companies in the Manufacturing Sector(区域贸易协定对中国OFDI制造企业母公司绩效的影响研究),作者是周大鹏。该文分析了贸易投资议题对中国制造企业母公司绩效的影响,并进行了实证检

验。结果表明,知识产权保护对母公司绩效具有负面影响;劳工保护对母公司绩效具有正面影响;国企属性对母公司绩效影响不显著;东道国投资自由化程度对母公司绩效不显著。该文据此对我国自贸区谈判策略提出了五个方面的建议。

Urban Modernity and the Logic of Social Transformation in China(城市现代性与中国社会转型逻辑),作者是任政。该文指出城市与社会是双向建构、双向生成的,具有深层的辩证关系。城市现代性的生成过程也是总体性、复杂性的社会转型过程。中国城市现代性既具有现代性的一般规定性,又具有其特殊性。其所展现的是中国社会发展的总体逻辑及其转型过程,包涵着丰厚的中国特色、中国内涵。我们必须通过中国城市现代性生成的历史与逻辑来探索与揭示中国社会转型的深层逻辑与道路选择,实现对当代中国社会转型的总体应对与把握,引领与推动中国社会转型。

The Influence of Institutional Factors on the Reduction of Labor Income Share in GDP(二元户籍制度下农村劳动力转移对劳动收入占比变动的影响),作者是杨昕。该文主要探讨二元户籍制度下农村劳动力流动对劳动收入占比变动的影响。首先从理论上分析了在现行户籍制度下农村转移劳动力价格普遍低于城镇本地劳动力,由此带来 GDP 中总的劳动收入占 GDP 比重低于应有水平。继而构建了一个包含多个影响因素的实证模型,以验证在现有制度框架下农村转移劳动力规模的增加会对劳动收入占比的变动产生负面影响。分析结果表明,由于农村转移劳动力的价格大大低于正常的市场价格,在控制其他影响因素的情况下,农村转移劳动力越多,国民收入初次分配中劳动收入占比会越低。从这个角度来看,改进城乡二元户籍制度、实现劳动力市场统一等措施将有助于改善我国 GDP 中劳动收入占比较低的局面,有助于提高国民收入分配的公平性。

Threat Intelligence in the Era of Big Data(论大数据时代的威胁情报),作者是范佳佳。该文通过文献调研、内容分析和归纳演绎的方法,梳理出威胁情报的主要特点、基础性技术、实践现状与趋势、重要意义和未来研究方向。初步论述了信息安全界理论前沿,论述威胁情报及其相关热点问题,试图引入新的情报概念,开拓情报研究新的领域,最后得出关于威胁情报的四条重要结论。

伦理学前沿

论文简介

道德权利与中国农村养老保障问题研究 张静,伦理学研究,2017(1)

中国养老保障的道德权利思考是针对老龄群体的伦理性探讨。本文在对农村养老保障的含义界定的基础上分析当下中国农村养老保障问题的道德权利现状,指出主要存在着农村老年人享受权利与机会的非均等化以及养老保障机制存在着显著的区别两个突出的问题。最后,本文从确立农村养老保险的核心道德理念以及凸显以人为本的孝道原则建设两个方面探讨中国农村养老保障问题的道德解决路径。

一、农村养老保障的含义

农村养老保障指的是通过国家、集体与家庭等提供农村老年人的养老所需,包括日常生活上的物质照顾与精神层面的抚慰,从而确保农村老年人的晚年生活能够有基本的保障,保证他们老有所养。具体内容有以下三点:第一,给老年人以生活上的关照,主要是日常生活上的护理;第二,提供老年人的物质所需,化解老年人的生活开支难题;第三,提供老年人在精神上的抚慰。

二、当下中国农村养老保障问题的道德权利现状

1. 农村老年人享受权利与机会的非均等化。第一,覆盖的范围存在着欠缺,农民养老保障的道德权利并不体现出公平的特点,需深入地提升;第二,农村地区的社会保障的支出比重并不大,农民养老保障的道德权利须深入地加强;第三,养老保障的差距并不小,农民所享受到的养老保障权利与机会还需要在公平方面加大力度。

2. 养老保障机制存在着显著的区别。农村地区的养老保障存在问题的主要原因在于地区性差距与城乡差距。经济不够发达区域的社会保障程度与质量都要显著地差于经济发达区域,农村地区的社会养老保障所覆盖的范围与水平显著地差于城市区域。养老保障的发展流程中牵涉到的道德权利问题需要通过公平的处理方式加以解决。道德权利主要通过规则公平的方式加以实现，即制定规则时的公平及其实施时的公平两点。

第一，养老保障政策的差异比较突出，需制定出公平的养老保障策略。越是经济落后的农村地区，在制定相应的政策时，更应优先加以顾及，加大关注度。第二，提高基金的管理力度，制定出公平的规则。加强农村地区的养老保险工作者自身的素养与水平，额外地设置养老金的领取要求，确保农村内部养老保障在规则方面的公平性，实现道德权利。第三，强化基金的监督管理，提高公平性。国家政府部门依旧要提高关注度，并保持持续性努力的态势，加强保险基金监管的力度，强化基金应用的透明度。

三、探讨中国农村养老保障问题的道德解决路径

1. 确立农村养老保险的核心道德理念。农村养老保险保障的核心道德权利能够归纳成如下的几个方面：第一，老有所养。即农村老年人难以自我化解生活中的诸多问题，于是社会与家庭的赡养所需在递增，这就需要社会提供农村养老保障，从而辅助已丧失劳动力或已到退休年限却难以通过工作得到资金资助的农村老年人安享晚年。第二，老有所乐。从广义的角度看，它主要描述老龄群体老年生活的行为模式与心理体验情况。从狭义的角度看，它在本文指的是丰富农村老年人晚年生活。广义层面上的老有所乐涵盖了各种类型，但由于农村人自身的个性差异，对于幸福与快乐的认识与追求也存在着区别，追求快乐的方式及其表达渠道也存在着显著的差异。然而大体是指农村人倍感身心愉悦与满足的一种心态。第三，老有所为。这里指的是农村老年人在安度晚年生活时，不是虚度时光，而是继续保持着奋斗与努力的姿态，在一定领域内取得成就且产生社会实效，即为社会奉献了自我，进而凸显出自我的社会价值。它分为有所作为或是有所为，大有作为，偶尔有所为、偶尔无所为。

2. 凸显以人为本的孝道原则建设。第一，建立健全和社会主义荣辱观对应的道德调控。道德调控能够有效地协调社会环境中人们的道德行为方式，诸如道德评估、道德奖惩以及道德教育等，能够在无形中规范与调节民众的道德心态，从而让整个社会构建起和社会发展方向相一致的道德氛围，进而协调整个社会的良序发展与运作。第二，建立和社会主义法制相匹配的道德权利的评估。道德权利评估主要包括社会道德权利评估与个体道德权利评估，前者是道德权利评估的核心部分，指社会或是组织机构有关行为主体活动的道德价值与权利的推断，诸如称赞、批评等，在得出相应的价值判断之后，把价值判断的结果公布给行为的主体或是社会成员，从而让民众可以基于自我的内心比对与经验推断来总结与归纳自我的行为情况。其目的在于惩恶扬善。

四、结语

本文在对当下中国农村养老保障问题的现状进行分析的基础上,挖掘其中存在的问题,然后针对性地提出相应的解决策略。当然,要真正化解中国农村养老保障的道德权利问题,不仅需要理论上的探讨,更应该努力践行,从而真正达到化解难题的目的。

论自由的生态本质 曹孟勤,伦理学研究,2017(1)

康德认为人在自然面前没有任何自由可言,即使"人为自然立法"掌握了自然必然性,目的仍然是为了满足人自身的物质欲求,不可能走出自然王国。由此康德提出实践理性优先于理论理性,强调只有"人为自身立法"的实践理性才能够将人从自然王国中拯救出来而走向自由王国。康德这一命题的危害是,否认人在自然面前拥有自由,人在自然面前只能遵循弱肉强食的生物法则,道德地对待自然万物在学理上不具有可能性。本研究试图颠覆康德的这一命题,认为人在自然面前不仅拥有本体论自由,而且这一自由还优先于认识论自由和实践理性自由。人只有证明自由的本真性具有生态性质,即人在自然面前能够拥有本体论的自由,才能担保自身从自然王国之中真正解放出来,使保护自然环境的伦理行为获得坚实的哲学基础和正当性理由。

一、对自由认识的误区

自由的本义是指不受任何束缚和限制,无拘无束方为自由。但在现实生活中,没有任何约束和限制的自由是不存在的,诚如卢梭所言:"人是生而自由的,但却无往不在枷锁之中。"人们所面临的束缚与限制主要包括两个方面:一是人在自然面前所受到的束缚与限制;一是人在社会面前所受到的束缚与限制。近现代以来,西方哲人主要是从社会方面探究个人如何摆脱束缚和克服限制而赢得自身的自由。他们认为自由是人的本质,但这种先天的自由本质只有通过建构某种合理的社会关系才能显现出来。如霍布斯、洛克、卢梭等,强调自由的社会契约性质,即人们之间唯有达成并订立一致性契约,才能克服人与人之间的相互妨碍关系而赢得真正的自由。"要寻找出一种结合的形式,使它能以全部共同的力量来卫护和保障每个结合者的人身和财富,并且由于这一结合而使每一个与全体相联合的个人又只不过是在服从自己本人,并且仍然像以往一样地自由。这就是社会契约所要解决的根本问题。"在启蒙思想家中,对自由本身进行较为系统地认识与把握，却是发生在密尔的《论自由》一书之中。密尔开宗明义地阐明《论自由》的主题是讨论“公民自由或社会自由”，以及“社会所能合法施加于个人的权力的性质和界限”，并认定自由是在不妨碍和不损害他人自由的前提下，个人不受外界强制而能够按照自身条件自主地追求自己的生活目标。他说：“唯一实称其名的自由，乃是按照我们自己的道路去追求我们自己的好处的自由，只要我们不试图剥夺他人的这种自由，不试图阻碍他们取得这种自由的努力。”由此可见，近现代启蒙思想家一开始就将自由设定在人与人的关系范围内，而与自然世界根本无涉。

二、自由是人与自然的和谐统一

证成人在自然面前拥有人本质的自由有两条基本路径：一是从形而上学的本体论层面证明人的自由本质必然从自然中生成；二是从经验层面表明人必然要道德地对待自然界。形而上学的自由落实到经验层面，自由才算最终得以完成。

三、屈从自然界不是人的自由

当我们说人与自然和谐统一是自由的本质时，我们不得不回应一个基本问题：工业社会之前的传统社会改造自然界的能力非常低下，根本不可能对自然界产生大规模的改造活动，于是人们普遍认为，在传统社会中存在人与自然和谐的统一关系。如果事实果真如此的话，笔者强调自由的生态本质，是否意味着传统社会中的人非常自由自在？我们要享受充分的自由是否就应该倒退到传统社会之中呢？笔者对此回答是，传统社会根本没有达成笔者所谓的人与自然的本质统一，因而传统社会不可能生成生态自由。传统社会中的人们所建构起来的人与自然关系，根本不是人与自然平等基础上的和谐统一关系，而是人屈从、屈服于自然的等级秩序的关系。其看似和谐统一，实质却是人匍匐在自然界的脚下，被自然界所支配和奴役，完全丧失了人的主体性价值和能力。诚如马克思所言：“自然界起初是作为一种完全异己的、有无限威力的和不可制服的力量与人们对立的，人们同自然界的关系完全像动物同自然界的关系一样，人们就像牲畜一样慑服于自然界，因而，这是对自然界的一种纯粹动物式的意识（自然宗教）。”传统社会中的人们之所以会形成屈服于自然的观念，是因为传统社会还没有发展出较为发达的生产力，人们还不能充分认识到自身的主体性能力，也不能合理确认自身的主体性地位，因而不可能从自然界中获得自身解放和自由。“没有蒸汽机和珍妮走锭精纺机就不能消灭奴隶制；没有改良的农业就不能消灭农奴制；当人们还不能使自己的吃喝住穿在质和量方面得到充分保证的时候,人们就根本不能获得解放。”

自由意志如何可能 刘清平,伦理学研究,2017(1)

一、自由与必然的外在对立

基于“自由意志”从事“自由行为”,本是人生在世的常见现象。但奇怪的是,它从古希腊起就成了西方主流学界众说纷纭的一个千古之谜,至今未看出有找到谜底的迹象。西方主流学界长达两千年的理论探讨可以说在出发点上就走进了一条死胡同,将一个价值学维度上的话题硬塞到了宇宙观的维度上,结果沉溺于主体的自由意志与决定论的外部环境是否相容的二元对立架构无法自拔,却忘记了自己的使命理应是首先揭示自由意志的本来面目。

二、趋善避恶的人性逻辑

本来,“意志(will)”作为“想要”就是基于人生在世的“需要”之中的,且因此才形成了它与“善恶价值”的直接关联:一方面,既然人们只有满足了某种需要才能维系自己的某方面存在,他们就不得不关注各种东西对于自己满足需要是有益还是有害的问题,然后再根据这一标准,把有益的东西评判成“善”的,把有害的东西评判成“恶”的;另一方面,一旦发现某个东西有益于满足自己的“需要”,人们又会“想要”得到它,生成“意欲”它的肯定性“意志”,反之则“想要”去除它,生成“厌恶”它的否定性“意志”。一旦承认了这种关联,自由意志对于趋善避恶的人性逻辑的内在遵从便一目了然,它注定是努力得到对人有益、为人意欲的好东西,避免对人有害、为人厌恶的坏东西,没有例外。

三、取主舍次的自由选择

给定了自由意志只能趋善避恶、不会趋恶避善的必然性链条,人们在它的指导下做出开放性选择,在于“诸善冲突”这种意义重大的价值现象。顾名思义,诸善冲突是指在人们想要得到的若干好东西之间存在着不可得兼的张力抵触(包括为了达成某个目的善必须耗费时间精力等工具善的内在矛盾),以致人们不可能将它们全部纳入囊中。正是这一点决定了人生在世必然要做出有得失的取舍选择,在实现某些好东西的同时放弃另一些好东西。当人们面临诸善冲突时,多会依据自己业已形成的人生理念,围绕两种不可得兼的好东西展开主次轻重的权衡比较,然后再做出取主舍次的选择,以放弃某种次要的好东西(次要善)为代价,以求达成另一种重要的好东西(基本善),以免自己失去了后者而受到实质性的损害。

四、随机偶然的两难境遇

澄清了自由意志“想要怎样就怎样”的随意任性是如何遵循着“一定这样不可能那样”的因果必然链条的，现在我们就能解释它本身是怎样在这个基础上进一步包含着“可能如此可能不如此”的随机偶然因素的了：当彼此冲突的两种可欲之善在主次轻重的程度上难分上下，以致形成了通常说的“两难”境遇时，人们往往就会以随机偶然、难以预测的方式展开自己的取舍选择。倘若我们像西方主流学界那样在脱离善恶价值内容的抽象意义上空泛地理解两难选择的随机偶然特征，很容易就会将刚才讨论的两种不同类型混为一谈了。然而，如果我们直面这些两难选择的本来面目，尤其是注意到其中包含着主次定位不同的善恶价值内容，却不难分辨出它们在哪怕都是靠抛硬币做决断的随机偶然情形下也会呈现出来的无法相提并论的深度差异。

五、外界事物的干预效应

对于西方学界设置的二元对立架构来说，最有反讽意味的一点是：一旦揭示了自由意志怎样指导人们做出自主选择的自律性奥秘，它与决定论的外部环境是否相容的问题便化为乌有了。倘若没有与人生在世的种种需要发生关联并且转化成善恶的价值，不管是外部世界（自然事物、人类社会、其他个体）注定如此的因果必然因素，还是它的难以预测的随机偶然因素，都不可能对主体的自由意志产生任何影响。而在形成了这样的关联后，它们究竟是压制封杀还是纵容敞开主体的意志自由，同样也与它们本身到底是因果必然还是随机偶然完全无关，而仅取决于它们在这种关联中对主体呈现出来的善恶价值及其主次定位。在这个意义上说，科学理论认可的任何因果解释，只有纳入趋善避恶、取主舍次的人性逻辑之中，才能成为干预主体自由意志的有效因素。

六、无从逃避的主体责任

只要承认了自由意志与承担责任的内在关联，尤其是澄清了主体在任何境遇下基于自由意志从事的任何行为都包含自主性的一面，我们就没有理由一笔勾销主体对于行为后果所承担的责任，否认像“自作自受”“咎由自取”这一类的说法——虽然对于“某人在某种境遇下基于自由意志从事的某个行为究竟负有怎样的责任”这样的具体问题，肯定还会存在五花八门的规范性异议。自由意志的问题十分复杂，不可能在一篇论文里予以穷尽。本文的分析仅仅试图表明一点，西方主流学界由于在必然与自由外在对立的二元架构中，一方面将价值性的随意任性混同于事实性的随机偶然;另一方面又将事实性的因果必然混同于价值性的强制约束,结果就以某种类似于关公战秦琼的方式,让价值学维度上的自由意志与宇宙观维度上的决定论展开了两千多年莫名其妙的彼此对垒。

西方的"生态伦理观"与"形而上学困境" 刘福森,哲学研究,2017(1)

一、形而上学困境:以一个极端否定另一个极端

形而上学是西方整个哲学的传统,一直统治着西方思想文化领域,以至于在现代生态主义兴起、开始颠覆主体形而上学在文化、哲学领域的传统之时,形而上学仍然像幽灵一样渗入这些后来的"革命者"的灵魂中,使得生态哲学的研究仍然停留在"迷恋于最终主宰、第一原理和最高统一性"的形而上学的思维框架中:人们走出了一个"主体形而上学"的"房间",又进入了另一个"自然主义的形而上学"的"房间"。最后,生态哲学的研究也不得不用一种形而上学反对另一种形而上学,用一个"极端"反对另一个"极端"。正因为如此,在进入 21 世纪后,生态伦理学在理论层面上的研究似乎陷入了停滞状态,具体表现为:第一,在理论的层面上没有重大的新的理论学派产生,人们已经不能提出新的理论问题,对旧的理论问题的回答也仍停留在原有的理论框架之中;第二,原有的争论(特别是人类中心论与自然中心论的争论)依然存在,对争论的根本问题没有达成共识。这说明,"西方生态哲学"的研究已经陷入了理论困境,即由形而上学的解释原则和思维构架所形成的困境。这个理论困境就是"形而上学困境"。

二、"自然权利论":自然中心主义的"生态伦理观"

当自然中心主义的生态伦理学越过了"人道"与"物道"、"人理"与"物理"边界的高墙,把一个仅仅适合于人的"权利"概念扩展到自然界的时候,就必然引起理论上的混乱与无休止的争论:第一,自然中心主义生态伦理观的权利概念,是建立在形而上学存在论基础上的权利概念。这种权力观"把权利等同于存在",无疑是把伦理学与存在论等同起来了。第二,西方自然中心主义的生态伦理学的权利概念,是建立在"物理"(自然原理)基础上的权利概念。由此可得出这样的结论:"生物按生态规律的存在体现了权利与义务的统一性","也就是说可以把生物相互之间的互利共生"等复杂关系"看成是由生态规律所规定的权利和义务关系"。第三,权利与义务的关系也不适合人与自然的关系。这种自然权利论从根本上否定了人的实践行为的道德合理性——因为任何实践都必然要从人的利益出发去改变自然物的存在,因而都必然会在道德上侵犯自然物的"权利"。自然中心主义的生态伦理观由于把自然绝对化了，从而否定了人的实践行为的道德合理性，把人完全变成了实现自然权利的手段，在哲学上，为了反对西方近代的主体形而上学，最终走向了自然中心主义的形而上学。

三、环境价值论：实现人与自然和谐共生的"环境伦理学"

自然中心主义的生态伦理学为了寻找纯粹自然的伦理根据提出了一个新的概念，即自然的"内在价值"。"内在价值"即自然物自身所固有的、同人的评价无关的"客观价值"。价值判断的形成需要两个前提：客观前提（关于对象的存在论的前提）和主观前提（主体的主观偏好），二者缺一不可。自然中心主义的生态伦理观之所以人为地制造一个"内在价值"概念，是为了在生态伦理学中完全排除人的因素，把生态伦理的终极根据归结为自然物本身，从而找到"一个客观的、独立于人们主观偏好的道德依据"。但是，这个伦理根据是完全不成立的。笔者认为，要创立一种既合情合理又能够被广泛应用的生态伦理学，就必须超越在生态伦理学研究中出现的"形而上学困境"，既要反对西方近代的主体形而上学，也要反对西方现代物本主义的形而上学，这要求我们必须在人与自然的统一中寻找生态伦理学的伦理根据。为此，我们提出了"环境价值"概念，并试图立足于"环境价值"解决生态伦理的伦理根据问题。

全球气候正义与平等发展权 陈俊，哲学研究，2017(1)

一、气候正义的三个权利维度

自国际社会展开气候谈判以来，"区别对待"的原则，尤其是是否赋予发展中国家持续不断的发展权利问题，一直是发达国家和发展中国家激烈争论的焦点。这种"区别对待"真的是不公平的吗？回应是：应把应对气候变化与解决全球贫困和发展问题综合考虑。一个合理的气候协议不仅要关注发达国家与发展中国家之间存在的排放量的相对差异，更要关注其发展程度上的全球差异。这种差异构成了某种道德相关性，而这种道德相关性为在全球气候治理机制中采取"区别对待"提供了理由。一个正义的全球排放分配方案必定要处理好三类权利：(1) 严格控制全球温室气体的排放总量，避免损害每个人的环境权；(2) 确保每个人所必需的生存排放权；(3) 足够重视全球在生存发展上极度不平等这一现实，给予广大发展中国家平等的发展权。

二、生存排放权的优先性

如今，富裕的发达国家已经占用了绝对大部分全球可用的大气排放空间,并且因此而变得富有;而广大发展中国家的历史排放总量和人均历史排放量相较于发达国家而言都少得多,因此还处于贫困或欠发达的状态。我们主张:一个公平的分配方案要求发达国家应该承担主要的减排任务,而发展中国家则根据自身的能力承担有限的减排任务。但这种"区别对待"能获得道德上的辩护吗?主张生存排放是一种基本权利,得到优先保障是合理的。主要由发达国家引起的气候变化不仅事实上把主要的危险转嫁给了世界上的穷人,其历史上大量占有的温室气体排放空间也严重压缩了发展中国家缓解贫困和谋求发展的环境空间。因此,只要基本的生存权能被理解为是保护人们最根本的利益,那么除非基本权利首先被满足,否则没有人能享受其他权利。把生存排放权归于基本权利就产生了一个应用于全球气候协议的分配原则:在道德上能获得优先辩护的分配是那种能确保每个人的基本的最低排放的分配。这意味着在全球可用排放空间一定的情况下,优先满足发展中国家基于生存需要的排放权是合理的。

三、谁拥有发展权

如果我们承认发展中国家拥有一个发展权,那么这意味着发展中国家拥有高于生存排放甚至于更接近于现在发达国家排放水平的排放权。当我们聚焦于谁应该拥有发展权这样的分配正义问题时,对"应得"权利的理解就存在极大的分歧。如果发展权意味着一个不间断的福利改善的权利,那么就需要回答这样的问题:无论是富人还是穷人,都应该拥有这种权利,还是只有穷人才拥有这样的权利?如果承认只有穷人才拥有这样的权利,那么,他们应该发展到什么程度,是永无止境的发展,还是有一个发展的门槛,越过这一门槛之后,就不再拥有合法的发展权?为了论证的方便,可以设想至少存在着三种方案:(1) 没有人拥有这样的权利;(2) 仅仅只有一些人拥有这样的权利;(3) 每个人都拥有这样的权利。

四、优先赋予发展中国家发展权的道德辩护

发展权是一个根植于正义理想的权利,它要确保每个人的生活前景不受基于出生的"自然博彩"的道德任意性因素的影响,而当前全球这种不平等的发展水平就是依系于一个人的国民身份这种道德任意性的因素。虽然各国的发展模式和社会治理模式是产生各国人民之间发展不平等的一个因素,但现有的全球资源分配和利用方式也是重要原因。并且,气候变化也把由发达国家引起的消极的外部性影响强加给了发展中国家,极大地加剧了全球的不平等。鉴于全球不平等与环境之间的关联性,如何保障人们的环境权和发展权就成为当代人类社会的紧迫问题。如果不认真对待环境权，那么也就不可能存在每个人的发展权；而如果不认真对待发展权，那么安全的环境也就不可能得到保障。赋予发展中国家平等的发展权既是保证一个有效的全球气候协议得以实施的策略性安排，更是一个实现全球正义的道德要求。

论全球正义理论的人权分析路径 高景柱，哲学研究，2017(1)

一、权利与人权

针对霍菲尔德对“权利”进行的四重区分，我们可以做出进一步的阐释，四种权力分别被称作要求权、自由权、权力权、豁免权。而在分析“人权”时，关键之处在于把握其内涵、外延和特征。人权是人之为人应当拥有的权利。权利的内容非常广泛，但只有那些基本权利才可以被恰当地视为人权。通过审视《世界人权宣言》等一些具有典范意义的权利宣言，人权至少具有三个特征：第一，是每个人与生俱来的；第二，被每个人平等享有，具有普遍性；第三，不可被褫夺，是享有其他权利的基础。

二、全球正义的人权分析路径的拥趸者

舒伊认为生存权和安全权属于基本权利的范畴。与其他权利相较而言，它们应该获得优先保障。在舒伊那里，基本权利是所有人对其他人提出的最低限度的合乎情理的要求。博格强调了“制度性人权观”的重要性。超国家层面、国家层面和亚国家层面的法律体系包含了各种各样的人权，但人权没有得到真正地实现。琼斯在其全球正义理论中反复申述了生存权的重要性。他认为权利进路是全球正义的一个重要分析进路，以权利为基础的理论要求社会、政府和经济制度认可人们所持有的一系列权利。曼德勒也在其全球正义理论中提出了一种基本人权的解释，认为人权应获得所有人的尊重，并被所有人享有。他还强调了基本人权所带来的义务。

三、对全球正义的人权分析理路的诘难

第一，挑战人权清单的内容。一种非常激进的反对意见是 A. 麦金太尔对权利所提出的一般意义上的反对意见，即人权是不存在的。第二，质疑人权的普遍性。有的批评意见认为人权是以不同的文化为基础的，有关人权的普遍标准是不存在的。第三，义务问题上的模糊性。比如，义务的正当性何在，承担何种义务，由谁承担义务？第四，在全球层面上保护人权会带来严重后果。舒伊曾总结道，生存权并不是绝对的，目前对所有人的生存权的保护有一种自我挫败的倾向。批评者还强调在全球层面上对人权的保护会阻碍经济发展。

四、对人权分析路径的辩护

第一,人权清单是可以接受的吗?麦金太尔的观点过于武断,政治权利、公民权利以及经济权利和社会权利都是人权的重要部分。虽然当下很多第三世界的国家因物资贫乏,其国民的生活缺乏保障,但这并不意味着世界上的穷人就不该享有经济权利和社会权利,经济权利和社会权利能否得到保障是一回事,其是否属于人权则是另一回事。第二,人权是普遍的吗?我们并不能以现实的人权话语体系中流行的欧美中心主义等为借口来质疑人权概念本身的普遍性。人权是一个人作为人所应当拥有的权利,无论其国籍、财富和民族等因素如何。第三,对义务的进一步澄清。据舒伊对与基本权利相应的义务的分类可以推断出,为了保护人权,既需要有消极义务,也需要有积极义务。消极义务的履行可能对义务的承担者不会提出太多的要求,积极义务的履行对义务的承担者可能提出了较高的要求。第四,在全球层面上保护人权会带来严重的后果吗?"它会带来更多的穷人"这一反对意见背后的理念是倘若穷人的生活水平提高以后,他们会生育更多的后代。实际上,上述理念有违世界人口的出生规律。再反思"对人权的保护会阻碍经济发展"这一反对意见,该反对意见没有注意到保护人权对经济发展的促进作用以及各种人权之间的相互依赖性。总之,公民权利、政治权利与经济权利之间并不存在冲突。

五、余论

与全球正义的功利主义、契约主义分析路径相比较而言,笔者认为全球正义的人权分析理路有值得肯定的地方,同时也有一些亟待完善的地方,尤其是其代表性理论非常强调生存权的重要性,很少强调"发展权"的重要作用。我们在全球正义的人权分析路径中除了坚持强调生存权以外,还应该不断申述发展权的重要地位,尤其是其中的"受教育"的权利。

现代友善观念的重构　赵琦,哲学动态,2017(1)

为了将"友善"改造为公共道德,现代哲学彻底否定友善的传统内涵,造成友善观念的悖论。一方面,传统的友善观念不再适合现代社会;另一方面,恢复传统友善内涵中道德情感的特殊性,方能解决友善观念的内在矛盾。在肯定现代哲学成就的基础上,纳入个体情感的合理方面,重构一个容纳个体情感的普遍的友善观念成为当务之急。

一、现代友善观念的悖论及其后果

根据现代西方主流学界的看法,友善是一种以所有人为对象的公共道德,它不为个人好恶或欲望所左右,是对他人一视同仁的无私情感与行为。然而,尽管现代哲学试图将友善从个体情感的传统局限中解放出来,但友善仍然无法摆脱个体情感的特殊性。排斥情感的特殊性尽管可以把友善的对象从狭小的群体中解放出来,却造成了友善观念的悖论。如果没有个人情感的参与,人们只能出于理性的责任或义务而对他人友好,这将使友善沦为空洞形式,甚至沦为伪善。

二、友善观念的传统内涵:个体情感的特殊性

个体情感的特质仍被认为是友善的重要属性,其根源在于友善的哲学意涵是朋友或朋友之间的友谊,东西方文明中的亦是如此,并且友善都经历了社会化的过程。然而,前现代社会的友善仍旧没有摆脱个体情感的特殊性。友善作为个体情感的特殊性有两个重要的方面:第一,友善的对象具有狭隘性;第二,无论友善的标准是什么,都遵循推己及人的朴素的情感模式,这产生了友善的等差性。

三、友善观念的现代化

作为公共道德的友善,即友善观念的现代意涵是西方的产物。基督教的道德教化彻底转变了推己及人的朴素的情感模式,为现代意义上的友善打下了坚实的基础。通过启蒙运动,西方将神学伦理转变为世俗价值,完成了友善观念的现代化。尽管近代西方社会经历了祛魅与世俗化,基督教的爱观却没有被抹去,而是转变为一种普遍的人道主义精神——"博爱"。

博爱是一种平面化的爱,它只要求友善以所有人为对象,却不考虑友善的程度差异。在现代哲学的影响下,友善最终蜕变为抽象的道德,走向否认个体情感的极端,这也是现代友善观念自相矛盾的根本原因。

四、友善观念悖论的哲学原因

现代西方的友善观念之所以产生情感的特殊性与公共道德的普遍性之间的悖论,根源在于友善被彻底抽象化。这是崇尚科学的理性精神下近现代哲学的通病,它始于从哲学本体论上将个体理解为没有内容的抽象个人。为了让哲学获得科学的确定性,近现代哲学经历了"认识论转向",它倡导要在一个同科学一样牢靠的基础上重建人类的知识体系,结果是将人的存在也抽象化,人的情感无疑不再具有哲学价值。

五、调和友善观念中对立因素的努力及其不足

现代的友善观念是主流哲学将人彻底抽象化的结果。对此,西方学界已经意识到问题的严重性。从20世纪末以来,西方学者努力为调和友善指出了大致的方向,那就是要重视情感的特殊性,并赋予它应有的位置。

与西方学界相比,中国学者更关注的是如何让友善成为一种公共道德。中国学者的解决途径大致遵循这样一个基本原则,即以东方推己及人的道德情感为基础,补充基督教式的爱观,将友善推到极致。这个方案表面上解决了友善观念的悖论,却造成了新的困难。因为在情感的特殊性的基础上拼接西方的爱观,不得不面对情感是否可能推广到所有人的理论与实践难题,并且没有看到两种情感遵循完全相反的模式,将这两种相反的情感原则并置,恐怕很难避免冲突,更不用说将两者融合起来重构一个新的友善观念。

六、现代友善观念的重构

一方面,友善作为道德情感应该容纳个体情感的特殊性;另一方面,友善必须是现代意义上的普遍的道德。重构的友善观念是以他人本身为目的,并以所有人为对象的道德情感与行为。由于友善的基础或本质是普遍的情感,它能够容纳个体情感的特殊性。第一,友善的本质是对人本身的关爱,它克服个体情感的狭隘,赋予友善以普遍的对象;第二,友善是具有等差的情感与道德,而非现代西方主张的那种绝对均等的道德。

伦理维度:马克思主义中国化研究的新视域　张志丹,武汉科技大学学报(社会科学版),2017(1)

马克思主义中国化的合法性不仅在于马克思主义本身并非“伦理无涉”“道德真空”,而是具有深厚的伦理意蕴,而且在于马克思主义中国化不能离开价值牵引——始终以奠立在集体主义之上的“人民为本”为基本价值取向以及马克思主义中国化中的科学维度与道德维度内在关联。马克思主义中国化的伦理维度研究要防范和拒斥工具理性的“唯科学化思维”的非法僭越与蔓延,充分汲取古今中外的伦理思想资源,同时,在社会实践中需要注意防范和拒斥的哲学偏向是抽象性和空洞性,以此彰显并丰富马克思主义中国化的道德内涵。

一、伦理维度:马克思主义中国化研究的一个被遮蔽的维度

原有的马克思主义中国化研究在某种程度上存在着政治维度的“过度诠释”,伦理维度被降格为仅仅是用来考量马克思主义道德理论的中国化问题,马克思主义中国化几乎就被抽象为一个没有“价值灵魂”、没有“道德体温”之物。马克思主义中国化的伦理维度就是从伦理学视域对马克思主义中国化进行伦理分析,澄清其价值合理性与伦理正当性,从而开掘马克思主义中国化新的研究层面和新的研究境界。现在的任务是要使马克思主义中国化的伦理维度和道德内涵由隐性转到显性、由边缘走向中心。

二、马克思主义中国化伦理维度的合法性诠释

对马克思主义中国化进行伦理分析，澄清其合法性和正当性何以可能的呢？回答这一问题有三个基本层面必须拷问：一是对马克思主义本身的伦理审视问题；二是对马克思主义中国化的基本价值取向的伦理分析问题；三是对马克思主义中国化中的双重维度——科学维度与道德维度之间的内在关联进行正本清源、刨根究底式的拷问。

三、拒斥马克思主义中国化的伦理维度中的理论与实践偏向

研究马克思主义中国化的伦理维度不仅仅是为了开拓研究的视角、丰富研究内容，更是为了应对现实挑战和马克思主义中国化中存在的两大偏向：一个突出的偏向是没有充分汲取古今中外的伦理思想资源为马克思主义中国化服务，构建具有中国特色的伦理思想体系；另一个偏向是对马克思主义中国化做工具理性的误读。丰富马克思主义中国化的道德内涵必须两面作战：一方面要防范工具理性的“唯科学性思维”的非法僭越与蔓延；另一方面要不遗余力地充分汲取古今中外的伦理思想资源。

日常生活中孝德的践履与核心价值观的落实　龙静云，中州学刊，2017(1)

一、在日常生活中践履孝德对核心价值观落细落小落实的意义

1. 孝德为维系血缘亲情提供现实根据。无论是从自然性还是从社会性来看，对于子女而言，生身父母都具有唯一性与不可替代性，这既是“天伦”，也是“人伦”，是“天伦”与“人伦”的统一。正因如此，亲子之间的血缘亲情弥足珍贵。要使亲子之间的血亲之情得以维系，不仅需要父母对子女的爱和付出，同样也需要子女对父母的爱和感恩。只有子女自觉践履日常生活中的孝德，尽到孝敬父母的责任，才能从根本上维系和深化亲子之间的亲情。

2. 孝德对促进家庭和谐具有重要价值。父母对子女的爱与付出是无私的、不求回报的。但这并不是说子女在任何时候都可以单方面一味地向父母索取而不给予任何回报。亲子之间实质上是平等的、互利互惠的，而不应该是父母单方面对子女的付出和牺牲。子女积极主动地对父母尽孝行孝，是家庭关系和谐的必要条件和保障。

3. 孝德是建设良序社会的一大法宝。家庭是社会的细胞，社会的良性运行必须以和谐的家庭为基础，而和谐的家庭要以孝德为基石。作为调节日常生活关系的孝德,对保障社会良性运行具有支撑与稳固的作用。从当今社会需要的视角看,孝德之于社会主义核心价值观的特殊意义和价值在于,它为社会主义核心价值观的落细落小落实提供了非常现实的可行性路径。

二、核心价值观落细落小落实的三个维度:孝心、孝情、孝行

孝心是子女对父母之养、父母之爱、父母之育、父母之恩的回馈报答之心,是对孝德规范的积极认同、主观自觉和思想意识。它包括亲爱之心、敬重之心和报恩之心三个基本层面。所谓孝情,是指子女在孝心的引领下,对自己自小就与父母朝夕相处并沐浴其恩养之中而在内心日渐积淀起来的一种最为深厚的情感。它主要包含对父母的依恋之情、牵挂之情和怀念之情三个层面。孝行是以孝心、孝情激发出的热爱父母、敬重父母、报恩父母的积极而主动的道德践履活动。它内含奉养之行、陪伴之行、立业之行、净谏之行、丧葬之行等五个层面。

三、社会主义核心价值观落细落小落实追求的价值目标

1. 政府要积极担责,科学作为。保障老年人老有所养、老有所为、老有所乐不再仅仅是家庭和子女的义务,也是现代民主国家及其政府的重要责任。政府的责任主要有两点:其一,制定完备和富有人性的法律法规;其二,不断健全完善社会保障制度。

2. 社会要义务分担,发挥优势。仅仅依靠政府承担完善社会养老保障制度建设的重任,显然是不现实的。还需要社会主体的责任分担,以其特有优势弥补单纯依靠政府的不足。具体说来,社会可以在以下方面积极作为:其一,发挥志愿服务的积极介入作用;其二,通过一些民俗和节庆开展敬老活动;其三,定期举办孝德孝风大讲堂和评选"大孝子"活动;其四,充分发挥新闻媒体的舆论引领作用。长期以来,传统主流媒体一直是我国社会舆论引导的主要力量。

3. 个人要信守孝德,躬身实践。古人云,善之极者莫大于孝。作为日常生活中的个人来说,要想使自己成为有德之人,首先要自觉履行对父母的孝敬责任,并在日常生活中尊重、礼敬老人和长辈。少数老年人"人心不古"并不能成为我们不尊重、不孝敬、不关爱他们的理由与借口,更何况这种现象只是个例,并不能代表整个老人群体。故而,在日常生活中,我们应该积极运用"推恩"的方法,给予除父母之外的老人、长者以同样的敬重与关爱。

自由与责任：网络空间伦理诉求及其实现策略　张东、代征，重庆邮电大学学报（社会科学版），2017(1)

网络的虚拟性、开放性和交互性，既给人们提供了自由的空间和舞台，又对人们的道德标准和责任担当提出了更高的要求。行为主体网络信息的自由表达有其必要的边界和限度，网络行为中的责任担当对规范网络空间和现实社会的有序发展存在着积极的应然价值，自由与责任构建了网络空间最基本的伦理诉求。

一、网络空间伦理的内涵意蕴与主要特征

网络空间伦理是伴随着互联网和移动互联技术的快速发展而产生的应用伦理，主要研究网络社会存在的伦理现象以及因网络社会引起的社会伦理问题。网络的虚拟性、多元性、隐匿性、开放性等特征，使得网络伦理具有独特的表征。第一，网络伦理更具开放性和普遍性，网络无国界，意识观念和网络行为受网络氛围和环境影响更大；第二，网络伦理更具多元性、多层次化特征，网络主体更加多元，网络交往的深度和频度更加多样；第三，网络伦理技术依耐性更强，信息和技术参与网络交往的深度和广度都在拓展，受技术伦理影响较大；第四，网络伦理具有发展性，伴随网络技术的发展，网络伦理的空间更加巨大；第五，伦理主体更具平等性，网络主体均自愿参与到网络活动中，网络隐匿中剥离了网络主体彼此的现实光环或阴影，主体间更加平等；第六，网络伦理的协商性更强，交互更加频繁，网络价值观念在不断的碰撞和融合中不断深化和发展；第七，网络伦理在自律和他律关系上，更强调其自律性。

二、网络空间伦理中的自由诉求及其限度

自由是网络社会的天性和本质特征。信息交流自由的理念是信息时代精神文化的核心价值观念。一方面，互联网扩展了表达自由的权利体系框架。网络表达、网络交往、网络传播及其他行为客观地激发了人们的自由意识，倡导了自由精神，为人类提供了自由活动的空间和平台。网络既为自由提供了平台和载体，网络空间的发展也激发了人们对自由的向往和追求，螺旋式地推进着自由的发展。另一方面，互联网给网络表达自由带来了巨大挑战。为了保证必要的秩序，“网络自由”迫切需要相应的法律、法规、准则、伦理、道德和价值观念的共同支撑，为网络自由划定合适的边界，在边界范围内享有网络信息表达和行为的自由，自由必然有其限度。人与人之间要保障彼此自由，在网络伦理允许的范围内，遵照一定的网络规约、行为举止规范，主动保持一定的限度和边界，尊重他人的自由，成就自己的自由。

三、网络空间伦理的责任担当及其应然价值

自律的道德规范、具有独立人格和严肃的道德责任感,是现代人实现自由的基本前提。在网络交往中,既要保证网络主体在网络空间的自由,又要避免有害信息和行为自由带来的负面影响,这就必须让网络责任主体对自己的经营行为以及各自的上网行为承担责任,包括道德责任和法律责任。根据承担责任的主体维度可以分为公民责任、政府责任、社会责任;根据责任行为适用领域和标准维度可分为法律责任和道德责任。不管从责任主体而言,还是从责任性质来说,政府与公民、道德与法律对网络社会均能产生积极效果。从问责角度看,政府问责可能会形成行政干预或法律惩罚,社会问责会形成舆论监督和道德约束。有限度的自由是一种"契约自由","责任自负"是主体自由的表达形式,主张自由和权利的人必定是有能力承担起责任的人,只有能承担起责任的人,才能说真正享有了法律赋予的自由和权利,二者相辅相成。自由表达是活跃和发展网络空间的必要条件,合理规范、承担责任又是网络社会的必要保障,自由和责任构建出网络空间伦理诉求的两个基本维度。

四、网络空间伦理治理的基本策略

(1) 引导公民树立自由与责任互重的网络参与意识和态度;(2) 完善基础设施搭建网络平台;(3) 健全网络空间互动的参与和保障机制;(4) 完善相关网络法律法规;(5) 积极发挥道德教化引导作用。

论人在自然面前的解放与自由　曹孟勤,阅江学刊,2017(1)

追求人在自然面前的解放与自由是人类的终极目标之一。古代人误将敬畏自然和顺从自然视为人的解放与自由,现代人则误把征服自然、统治自然视为人的解放与自由。无论是人顺从自然,还是征服自然,其前提都是人与自然的对立,当人与自然处于对立状态时,双方都会被对方所限制,没有任何自由可言。只有当自然内在于人之中,人内在于自然之中,克服了人与自然的对立,实现了人与自然的和谐统一,人在自然面前的解放与自由才会真正呈现出来。

一、屈从自然不是人的解放与自由

笔者所谓的人在自然面前的解放与自由,不是认识论意义上的,而是本体论意义上的,是人确认自身在自然宇宙中的地位中而生成的解放与自由。人是在自然界中生存的,对自然的关系属于人存在的基本关系。既然人不能脱离自然界而存在，人就必然要理解自然界、把握自然界，以求摆正人在自然界中的位置。于是，人与自然的关系就成为历代人必须应对的境遇。人怎样确认自身与自然的关系，即人在自然界中处于什么样的位置和地位，规定着人对待自然界的态度和行动。人对待自然界的态度是否合理，行动是否得当，则决定着人对自然的解放与自由。由此可以判定，人与自然的关系中内在蕴含着人的解放与不解放、自由与不自由的问题。

二、主宰自然亦不是人的解放与自由

正是古代人的自然观将人置于自然的奴役之下而没有任何自由可言，因而发生在近现代的西方启蒙运动，在以人道主义反对神道主义、以理性主义反对蒙昧主义、以人权反对神权的过程中，以批判精神审视过去的一切，力求将人从被自然的奴役中解放出来，给人以在自然面前的自由。伽利略、开普勒和牛顿对自然的科学探索，打破了自然神圣的传统观念，自然界由此被宣告成为一架没有灵魂、没有生命的机器。只要人们运用知识的力量，确认"我思故我在"的主体性地位，就能够做到"人为自然立法"，成为掌控自然这架机器的主人。人是自然的主宰者，自然万物都应当向人俯首称臣，成为启蒙运动的一大辉煌成果。达尔文对此感慨道："人由于已经进化到了（虽然不是通过他自己的努力）有机生命的最高点就感到有些骄傲，对此我们应予谅解。"

三、人与自然和谐统一才是人的解放与自由

无论是人屈从于自然界，还是人统治自然界，都属于人与自然关系的主奴式建构。这种主奴式关系结构内在蕴含着人与自然的对立和不平等，因而根本不可能实现人在自然面前的解放与自由。对立本身意味着双方都被对方所限制，不平等预示着自身必遭反对。由此我们受到的启示是，人类要想真正实现在自然面前的解放与自由，就必须放弃人与自然的对立和不平等观念，建构一种人与自然和谐统一的平等关系。所谓人与自然和谐统一，是指人与自然在本质上融合为一个整体，人在自然世界之中，自然世界在人之中。当人与自然界达成本质一体时，呈现出自然即人，人即自然的至善境界，就彻底消解了人与自然关系的主奴结构，建构起一种新型的人与自然融洽、平衡、平等的关系。人与自然融合为一体，自然必然内在于人之中，人必然内在于自然之中，自然由此就不再作为外物与人对立，人也不再外在于自然且与自然对立，人由此就真正实现了在自然面前的解放与自由。正如黑格尔所言，"自由的真义在于没有绝对的外物与我相对立"，"只有当没有外在于我的他物和不是我自己本身的对方时，我才能说是自由”。

伦理生命何以可能？ 任丑，中国社会科学报，2017－01－03

生命和伦理之间的关系问题是重要的科学哲学问题和道德哲学问题。如果说生命是伦理的自然存在根据，那么伦理则是生命对自身价值的确证或其价值根据。那么，伦理生命何以可能？

亚里士多德在《论德性与恶习》中认为，恶源自人类灵魂的非正义、不慷慨(吝啬)、思想狭隘等倾向，它往往导致仇恨、不平等、贪婪、低贱、不宽容、痛苦和伤残等不良后果。这和生命的终极目的——幸福(最高善)背道而驰。恶危害幸福，悖逆甚至践踏德性，不能成为生命的目的。笛卡尔认为上帝才是生命的终极目的。在他这里，恶源自理性和理智德性的丧失，更在于放弃生命实践的道德责任。这种悖逆上帝、拒斥道德责任的恶，不可能成为生命的价值目的。笛卡尔和亚里士多德的观点非常鲜明：恶与生命的终极目的(幸福或上帝)背道而驰。鉴于此，康德批判性反思恶的人性根源，致力于探究恶的内在本质。

康德认为，生命目的并非上帝或幸福，而是人。人之目的是自由规律或道德法则——这是善的根源。植根于人性的根本恶，源自选择并决定背离自由的道德法则的恶的自然禀性，它主要包括人性脆弱、人心不纯、人心堕落等。人性脆弱是选择能力在遵循道德法则时主观的消极软弱性。人心不纯是指合乎义务的行为并不纯粹是出自义务的，即不是为义务而义务，而是掺杂了义务之外的功利、偏好、快乐等要素。人心堕落或腐败是指选择能力具有使道德动机屈从于非道德动机的禀性。在这种境遇中，即使出现了合乎道德法则的善的行为，它仍然是恶，因为它从道德禀性的根基上败坏了道德。在康德看来，每一个人和所有人都具有恶之禀性，坏(恶)人、好(善)人乃至最好(善)的人都具有这种恶的禀性。恶之禀性是道德目的的死敌，是对自由法则的戕害。尽管道德恶植根于人性且不可能完全根除，某些大恶甚至能够危及人类，但是恶只能横行一时，不可能主导人类历史。因此，恶并非生命之目的。

那么，生命可否以善为目的？古典生命目的论的观点非常明晰：恶是善的死敌，善是生命的目的。为了阐明此论，亚里士多德明确区分了人和动物的界限，主张善(主要指德性和幸福)是人独有的目的，幸福是生命的终极目的。在此基础上，亚里士多德主张理论理性高于实践理性，认为幸福的最好标准是理智德性，理智德性范畴的沉思是最大的幸福。至此，亚里士多德合乎逻辑地主张生命的伦理目的是理智德性。不过,理智德性注重沉思和认知,相对弱化了实际道德行为的选择、判断和具体实践智慧,笛卡尔则试图弥补这个不足。

笛卡尔认可亚里士多德所注重的理性,主张唯一能够使人和动物相区别的是上帝赋予人类的理性和善感,因此人的精神生命是最终提供道德责任可能性的联合统一体。不过,笛卡尔并不同意亚里士多德关于理智德性是最高善的目的的观点。笛卡尔试图借用上帝这一神圣的道德权威,强调道德实践的重要性和实际行为的重要价值。这既是对亚里士多德把理智德性置于实践德性之上观念的颠倒,也为康德论证实践理性高于理论理性提供了经验性的理论资源。

在实践理性高于理论理性的前提下,如果德性摆脱(亚里士多德式的)灵魂和(笛卡尔式的)上帝的羁绊,成为生命的根本目的,道德目的论也就水到渠成了——这正是康德有机体论的使命。

康德认为,幸福或上帝不是终极目的,人的自由(超于任何感官的能力)是无条件的目的,因此是此世界的最高目的。康德据此颠倒了上帝、灵魂和道德自由的地位,把道德法则和自由意志作为上帝和灵魂的目的,上帝和灵魂则成为道德得以可能的保障。或者说,生命的内在终极目的是道德法则和自由规律,灵魂和上帝则从属于道德法则和自由意志。康德把人和自由意志解放出来,使道德成为生命的本质,凸显了人的道德主体地位。至此,亚里士多德和笛卡尔的善的观念被康德改造并深化为一种道德目的论:实践理性高于理论理性,生命的终极目的是善。至此,道德目的论在康德哲学里脱颖而出,赫然屹立于哲学和生命目的论的殿堂之上。古典生命目的论有力地论证了生命应当以善为目的,它所孕育的伦理生命的雏形业已清晰可辨。

古典生命目的论表明,对生命的追问和反思是一种目的性的探究而非盲目的妄想,没有目的的追问是毫无价值的。人是能够反思生命、认识生命、实践生命的生命。质言之,生命和伦理之间具有密不可分的内在关系:生命是伦理的自然存在根据,伦理是生命对其自身价值的确证。生命是具有明确价值目的的存在。恶不可能成为生命目的,生命是以善为价值目的的存在。这就是伦理生命,它是祛除内在恶和外在恶,追求内在善和外在善的自由存在。相对于自然生命而言,伦理生命既确证了生命的存在意义,又提升了生命的价值品位。

转基因技术的伦理思考 刘晓青,学习时报,2017-01-18

在遗传学领域,为了加快动植物品种的改良速度,不受物种间遗传关系限制且能进行精准操作和转移的转基因技术应运而生,解决了自然或人工基因杂交不能解决的基因改良问题,但由于技术自身的复杂性和不可预见性,现阶段人们对其运用价值充满争议。

一、技术与伦理的关系

转基因技术的应用及其社会作用的发挥需要从两个方面加以考量,一方面要注重分析满足经济社会发展需求的工具等;另一方面还要注重反思主体意愿与技术目的自身的合理性。转基因技术的问世明显以人类的需求为向度,给人们带来的好处不言而喻,让物种间的强强联合日益理想化,充分彰显了主体意愿和技术目的的合目的性。然而无论其预期目的多么合理,如果其运用的工具超越于客观规律之上,仍是不能被广泛接受的。由于外源性基因的转入,人类对物种遗传的非自然干预已经开始打破自然界的原生状态,使得技术实践无法严格遵循自然界万物生长发育的客观规律,难以掩盖其在应用过程中的超自然性,背离了合规律性与合目的性的统一,出现了一系列问题,人们开始担心对物种的“任意修改”会带来“生物同一性”的困惑,最终使人类陷入困境。长此以往,转基因技术越发展,自然界遭受的压力可能就会越大。

技术哲学研究的一个重要问题就是技术与伦理的关系。在现代社会中,技术价值日益凸显为经济利益层面的价值,但当技术价值与伦理选择相冲突时,技术价值往往会被否定,因为人们对非自然的产品天生有着严重的忧虑和发自心底的排斥。转基因技术发展的不稳定性和不成熟性使得技术应用成果在伦理尺度上表现出不可预见性,成为风险结合体,引发了一系列伦理困惑,具体可从价值域、客体域和主体域三个维度加以分析:(1) 从人类需求的价值取向来看,转基因技术的产生与发展以人类的需求为目的,而需求则可以体现价值取向。当技术应用的实际效用与人类价值取向相悖时,伦理风险便会成为不速之客。(2) 从自然价值与环境正义的角度来看,转基因商品的出现剥夺了自然环境参与社会实践的客观价值,容易引发同一物种的基因漂移和不同物种的基因污染问题,破坏了稳定的自然生态系统,打破了人—自然—社会这一复合生态系统的有机平衡,冲击了生态系统、社会系统和经济系统之间的和谐关系,改变了自然界固有的规律,使生产者、消费者与分解者之间的有序生态链出现了断裂,对生态安全构成了严重的威胁。(3) 从研究主体的责任与道德来看,科研人员在求真的同时必须要有向善的价值追求，尊重各伦理主体的不同道德利益，在公正的原则上实现沟通互动。运用负责任研究与创新理论，坚持科学研究的整体性、持续性、包容性和未来性，持续满足人们在时间轴上不同时刻的需求，实现道德伦理对科学研究的动态规约。

二、正确认识转基因技术

“科学研究无禁区”，针对转基因技术本身，我们必须时刻保持谨慎，既不能因其暗含的潜在风险断然抛弃，也不能因其带来的普惠福祉肆意标榜。

首先，要正确认识转基因技术，将其视为有效的科学问题。人类在对某项技术做出选择的时候，不仅要考虑技术本身的价值，还要考虑社会政治、经济等诸多因素。转基因技术也不例外，除了考察该技术自身的科学价值，寻求真知之外，还要不断思考人如何在新的人工环境中认识自我、改造自我、发展自我的问题，关注社会对该技术的态度，权衡利弊，做出理性判断。

其次，要科学把握转基因技术风险的必然性与不可控性。迄今为止，转基因实验大多以动植物为受试者，动植物的表现证据与数据报告并不能完全等价地适用于人类，故而对人类来说存在着潜在的健康风险。此外，尽管转基因技术的科学研究是在可控的实验室条件下开展的，自然屏蔽了所有不可控因素，但在投入社会生产生活时，这些因素便会重新复活，加之研究者们尚未彻底厘清不同基因之间相互结合的细微变化与潜在问题，没有科学地阐明这种非自然的基因重组会不会带来前所未有的危险和难以控制的后果。因此，人们在借助转基因技术生产工业原料与粮食作物的过程中，并不总是能与人们的现实利益和道德准则保持一致，相关的社会风险总会以不可控的方式呈现出来。与之相适应，我们必须保持科学理性与价值理性的张力，做好风险评估工作，完善管理程序，尽可能使不可控的未来表现出某种程度的可控性。

更为重要的是，在未来社会，我们必须培养技术社会运行的“互体思维”，强调事物之间的交互过程，实现此物与异在物之间的相互认证，丰富社会可持续发展的本质内涵。技术发展不是唯人类为中心，而是强调要尊重异己的存在，通过缓和价值冲突实现和谐共生。转基因技术的发展要充分发挥人的因素与物的因素之间的“互体思维”，明确其价值取向，实现人与自然生态之间的共存与平衡。

21 世纪是生物学的世纪，转基因技术将渗透到我们生活中的每个角落。既然不可避免,那么预防性的、前瞻性的责任伦理研究就应该走在技术的前面,设立和完善专门的伦理委员会以便更好地审查和监管该技术的研究、试验、应用,使该技术的发展遵循一定的伦理原则、法律法规的约束,在实践层面更好地为人类服务,最大限度地发挥正面价值,抵消负面价值。

网络围观的伦理审视 郑根成,伦理学研究,2017(2)

网络围观已经成为当代人们最常规化的行为方式,也已经成为人们全新的信息方式与生活方式,深刻影响了当代社会的治理方式。然而,从伦理的角度看,当下的网络围观也潜藏了诸多值得关注的伦理问题:一方面,草根话语勃兴态势下,话语方式的恶搞化、戏谑化倾向潜藏了意义解构的危机;另一方面,病毒式传播与离轨放大效应也潜藏了道德恐慌的风险。

一、网络围观

借助不断创进的新媒介技术,一种全新的围观——网络围观——正以一种新的围观样态展现出超强的社会影响力。所谓网络围观,是指网民通过门户网站或博客、微博等自媒体空间,以及各类社交网站等媒介平台或通道,以浏览、点击、转发、评论等方式关注生活事件与社会动态的行为。互联网技术还为人们日常生活与社会治理提供了越来越强大的技术支持,人们不但可以在网络空间中进行深度互动,更为重要的是,线上活动的现实性与线下活动的电子化正日益汇聚成为新的生活景观,在这个意义上,互联网空间已经成长为与现实生活空间高度趋同的互联网空间,在这个空间中,线上活动的虚拟性特点正逐渐弱化。当下的网络围观的特点是:其一,围观方式或形态的变化;其二,网络围观现场性特点的变化;其三,从时间维度看,网络围观也体现出了它的独特性,不只意味着围观正在发生的事情,借助于各种媒介技术,人们还可以围观过去发生但影响犹存的事件。有些事件虽然曾经被围观过,但随着热点的转移,人们对事件的关注逐渐淡化。然而,与事件相关的新动态则又可能重新引发围观。

二、当代中国网络围观的伦理反思

网络围观的文化特点映射出了当代中国社会与文化发展中的新趋势与新议题:网络围观已经成长为一种新的信息方式与生活方式。与发生在日常生活中的事件围观不同的是,网络围观不再只是一种点缀人们生活的单纯的猎奇行为,而成为一种深刻地改变了信息传播样态、人们生活方式乃至社会治理的活动。

第一,草根话语勃兴态势下的意义危机。当下的网络围观极其动态地呈现了新媒介时代话语权的全新格局：传统的社会精英独掌社会话语的霸权格局被打破，草根话语勃兴为一种强势话语。Web2.0时代的互联网空间作为人们的信息与社交以及自由表达的平台，为普通公众营造了一个每个人都拥有媒介接近权的相对自由的意见空间，普通公众于是拥有了前所未有的话语权。

第二，警惕网络围观所可能造成的道德恐慌效应。道德恐慌理论最初是二战后的英国社会学家和文化研究者们在研究青年亚文化及群体性社会事件时所建构的概念，意指大众媒体以价值负面形象来定义某类群体或某种类型的社会行为，并在大众传播的信息传播中刻意强化该群体或该类型行为对社会价值与社会利益的威胁，由此而引发社会公众对威胁的一致性道德判断。基于此判断的社会风险认知往往伴随着恐惧的集体反应，并进而会形成对普遍道德原则与社会整合丧失信心的心理。在草根崛起的新的互联网时代，传统的精英群体不再拥有话语权的绝对优势，在这种情况下，道德恐慌则更多地表现为一个民间自发的过程，是违反社会秩序与主流道德的行为及其负面影响在公众的围观中被不当夸大而形成的一种普遍性恐慌情绪。这种道德恐慌的危险主要体现在两个方面：其一，猎奇心与病毒式传播双重效应可能导致“离轨放大”效应下的道德恐慌。人们对反社会、反道德等现象集中关注可能导致的道德恐慌还容易形成一种先入为主的偏见，进而导致人们无视积极的社会道德现象，甚至不认可积极道德现象的真实性或其积极效应，而片面地认为道德缺失或道德失范才是真实。其二，网络围观中对道德恐慌的过度渲染还可能导致现实的道德危机。从网络围观的现实看，网络已经成了人们宣泄道德情绪的重要通道，而且人们在网络围观中大都倾向于加入到与自己道德立场或道德态度一致的“圈子”，这种能得到支持与响应的道德情绪表达往往更为积极。然而，一个值得关注的现象是，当人们得到源自网络空间的“同意”支持而集中关注某一人群或某类行为时，又或者当人们以一种“集体力量”把某一人群或某类行为解读为对社会利益的伤害或威胁时，由此形成的社会排斥会导致某些群体或个人的丑陋化与边缘化。这无益于问题的解决，相反，丑陋化与边缘化甚至还可能激发某些群体或个人的叛逆，反而可能激化其对抗的情绪与行为倾向，进而导致更为严重的社会道德问题。

技术伦理学何以可能？ 张卫，伦理学研究，2017(2)

从“自由”的角度看，伦理学是关于“应当”问题的探讨，但是“应当”的前提是“能做”。有些伦理问题的出现必须在相应的技术出现之后才会发生,这就引发了伦理学对技术的关注。技术的每一次进步,都是人的“能做”的范围增长的过程,都是人的活动的自由度的一次扩大,自由度的扩大意味着人们的选择越来越多,选择范围的扩大导致伦理问题出现的可能。譬如,基因技术的出现为父母对于未来孩子的自由控制提供了无限可能,但这也导致了一系列的伦理问题;避孕技术使得性与生育发生了分离,使人们在选择上获得了更多的自由,这改变了人们对性行为的认知的同时也改变了人们对性伦理方面的认识。技术的进步为伦理问题的产生提供了可能性,它是技术之所以会产生伦理问题的前提基础。

从“媒介即信息”的角度看,技术之所以会引发伦理问题的第二个原因是,技术形式本身就是“信息”,也就是麦克卢汉所说的“媒介即信息”。“媒介即信息”是说,媒介本身就是一种信息,而无论它上面负载的内容是什么。“媒介即信息”这一认识打破了人们通常认为的“机器的意义不是机器本身,而是人们用机器所做的事情”的观点,而这一观点正是技术工具论所坚持的。在麦克卢汉看来,技术首先是一种形式,然后才有可能在它上面附加内容。这种观点容易让人产生技术工具论的观点,把技术看作是一种承载性的中性手段,其伦理的善恶只与它所承载的内容有关,而与技术形式本身无关。这种观点的错误在于把形式和内容的区别凝固化了,而忽视了形式和内容是相对的,是可以相互转化的。“媒介即信息”这一命题意味着技术形式本身同时也是内容,而内容是可以进行伦理判断的,所以技术形式也是有伦理蕴含的。当然,不同的技术形式所蕴含的内容的多少是不同的,所以才有了所谓的“冷媒介”与“热媒介”之分。无论是冷媒介还是热媒介,本身都是蕴含着信息的,因此也都是蕴含着一定的伦理属性的,只是在程度上有差异而已。

从技术的中介本质角度看,从现象学的视角来看,技术在人与世界的关系中扮演着“中介”的角色。在认知层面,技术的“中介调节”作用表现为在转换人对世界的感知上的“放大”和“缩小”的作用。在这种作用下,世界的一些属性得到放大,而另一些属性则被缩小。通常人们容易发现的是技术的放大效果,而比较容易忽视缩小的后果。但是有时候一些技术也会实现这种缩小功能为自己的最终目的。在行为层面,技术的“中介调节”作用表现为调节人类行为上的“激励”和“抑制”作用。人的行为方式往往是被他使用的工具所塑造的。设计师在设计器物的时候通过加入自己的意图,也预先规定了使用者在使用该器物的时候会如何行动。技术通过其中介调节作用对人类行为的影响体现出其积极的能动作用,它是能够影响甚至左右我们行动的“行动者”。技术的能动作用不是价值中立的,而是有价值负载的,有些调节作用是值得肯定的,有些调节作用则在伦理上是不被允许的。技术的这种中介性决定了它是有伦理意蕴的。

实际上,这三个角度并非相互独立,而是具有密切的内在联系。技术形式所蕴含的“信息”的实质是对人的能力的一种延伸,即“自由”空间的扩大,因此技术本身所承载的“信息”就是技术所带来的“自由”。同时,“自由”和“信息”对人类和社会所造成的影响是通过技术的“中介”作用实现的。另外,这三个角度的论证还有两个共同特点:第一,它们关注的都是技术形式或媒介本身,而不是技术所负载的功能或媒介所承载的具体内容;第二,它们所讨论的都是技术之所以会引发伦理问题的前提可能性,而不是讨论技术所导致的实际伦理问题。

从规范伦理到信息形而上学:普适计算时代的德国信息哲学与伦理学研究　王国豫、朱雯熙,哲学动态,2017(2)

伴随着网络与通信技术、信息感应技术的飞速发展,普适计算已经逐渐走进人们的生活,随之而来的相关伦理问题也越发引起人们的热议。德国作为信息技术发展强国,在构建“无处不在”“随时随地”获取信息的普适计算环境的同时,也展开了对信息伦理和哲学的探索。其研究不仅停留在对普适计算技术伦理问题的反思,而且更深入地探讨了导致普适计算时代伦理问题的根源,包括技术主体的转移、现实与实在世界界限的模糊等,指出了信任体系的重建需要加强制度伦理的建设。此外,德国在将信息伦理机制化方面做了许多有益的探索。这些对于中国信息伦理的研究和建设都具有一定的借鉴意义。

一、德国信息伦理学研究的兴起

“信息伦理学”源于计算机伦理研究。20 世纪 90 年代,计算机伦理学的研究在全球范围内掀起热潮。1991 年 8 月在美国举行“全美计算机与价值”会议后,各国间的合作与互联网技术的蓬勃发展使得单一的计算机伦理学逐步向内涵更广的信息伦理学迈进。

在德国,最早注意到信息技术的责任和伦理问题的是黛博拉·约翰逊和拉斐尔·卡普罗,尽管当时信息技术伦理学尚未成熟,仍停留在计算机伦理学阶段。20 世纪 90 年代以来,从事信息技术与伦理的关系和技术伦理研究的德国学者不断涌现,专著和论文层出不穷。德国学界对信息伦理学的思考已经跨越对单一的信息内容、信息传播等基本问题的研究,开始转而关注由大量信息构建起的虚拟空间以及信息本质层面的探讨。

二、德国信息伦理研究的形而上转向

(1) 技术主体的转移。在普适计算系统下,行为的作用失去了"足迹",失去了来自确定对象的"反作用";行为的主体也隐匿、消失了,技术作用的轨迹不再清晰可见,如此,操纵技术和控制技术的发展方向也就难以实现。在这里,系统自身代替了行为主体,技术中的个体身份无法确认。(2)"现实"与"实在"界限的模糊。在普适计算时代,我们的感觉不再依赖确定性的事物,而有可能来自假定的或虚拟的事物。虚拟既不能与"现实"建立起明确的联系,也不能与"现实"划定明确的界限,而是出现一种可能的联系和界限。由于感觉、体验的实在性,因而,在虚拟的实在化过程中,同样可能出现现实的虚拟化。(3)"脱域"与信任体系的重构。吉登斯所讲的"脱域"也就是在由普适计算构建的新模式下,人们可以超越时间和空间的界限,"个性化"地组织自己的生活。因为这一"新自由模式改变了传统的确定性,它使以传统和同一性为'担保'的'地方'变成了可被任意使用的虚拟空间,这种改变也无疑让我们的信任感成为无源之水、无本之木"。在普适计算时代,要形成传统意义上的"信任"观念是十分困难的,胡比希强调以制度伦理重构信任之道德体系。

三、德国信息伦理的机制化

作为欧洲信息化程度最高、信息技术最发达的国家,德国不仅关心普适计算时代的伦理问题与价值冲突,而且注意将理论研究成果转化为制度。德国一方面在理论上深化关于信息技术伦理的本体论探讨,另一方面又注重对计算机、互联网、人工智能等新型信息技术的伦理评估、风险预测等,从而既保持了德国自古以来的思辨传统,又展现出日耳曼民族面向未来的开放性和知行合一的实践性。

四、余论

相较于德国信息伦理学研究,中国目前的信息伦理研究主要集中于网络社会中的道德思考与道德建设,视野尚未拓展到对整个社会信息活动和信息社会伦理体系建设的全面探究,关于信息技术本质的哲学探索也还有待深入,对于重大信息伦理主题和适用于中国国情的实证性研究也相对缺乏。就此而言,德国信息伦理和信息哲学的研究成果和研究方法值得我们借鉴。

大数据时代个人信息收集与处理的隐私问题及其伦理维度 吕耀怀、罗雅婷,哲学动态,2017(2)

在大数据时代,信息隐私问题尤为凸显,它涉及个人信息的收集与处理两个方面。如何在实现收集与处理个人信息之社会价值的同时,又切实保护好个人的信息隐私,维护个人的隐私利益,这需要从道德、法律及技术方面加强建设。

一、监控:个人信息收集中的隐私风险

监控对个体隐私的影响主要基于监控所收集的个人信息,而这样的个人信息往往是在被监控的个体未知监控之存在的情况下获得的。雷曼在讨论智能车辆公路系统(Intelligent Vehicle Highway,IVHS)对驾驶员的监控等问题时,论证了圆形监狱般的监控对个人信息隐私造成的严重后果。他指出,类似IVHS这样的"信息圆形监狱"的环境,使得隐私风险呈现为下述四种情况:(1)自由的外在丧失的风险;(2)自由的内在丧失的风险;(3)符号化的风险;(4)心理—政治变异的风险。基于雷曼的上述观点,我们可以进一步推论,除了IVHS的监控之外,其他类型的监控或雷曼所说的"信息圆形监狱"也或多或少对借助隐私而得到保护的价值构成了不利影响。

二、个人信息处理的隐私问题及其伦理后果

在大数据时代的科学技术条件下,在对公开的个人信息进行处理的过程中,极有可能造成新的隐私问题:碎片化的个人信息在处于离散状态时,即使被人了解也可能没有隐私风险,而一旦被集中、积聚起来形成一个信息整体时则可能造成隐私问题。其中的原因,雷曼曾有过初步的说明,如果来自不同领域的各种原本无害的信息被积聚组合为一个信息整体时,则会因各个部分之间的逻辑联系或全部信息的内在关联而形成可能对个人隐私造成威胁的新的信息。对这个问题,尼森鲍姆有过更为细致的分析,她指出充分利用信息技术的力量,人们将收集和储存的大量信息进行整理、控制,并由此而得到有意义的推论,使得杂乱的不成形数据得以成形并具备之前未有的价值。这里的价值,指的是商业价值,因为"无数企业从贩卖组合和编辑过的原本无价值的个人信息碎片中获利"。然而,这种能带来商业价值的对个人信息的处理,却对信息主体造成了令人担忧的伦理后果。

三、规范条件与物质条件:法律、道德和技术对信息隐私的保护

雷曼曾经讨论过隐私保护的两种途径,并将其分别称为规范性条件和物质性条件。在信息化的当代社会中,或在信息技术的背景下,用于隐私保护的技术手段或途径,在今天的社会情境中成为保护隐私之物质性条件的重要方面。在规范性条件中,法律与道德是两个主要因素。尤其是道德,其自身不仅可以用来规范涉及个人信息的行为,而且还能对法律规范产生影响。在保护隐私的诸种规范性条件中,道德是最为基础的因素。只有在确立保护信息隐私的道德规范或要求的前提下,才可能正确地设立用于制约个人信息之收集和处理的法律规范。尼森鲍姆的语境完整性原则基于这样一种重要的信念,即任何生活领域都受到相关信息规范的影响。并明确指出了这样的信息规范的两种类型:适宜性规范和流动或分布规范。这两种类型的规范所蕴含的道德价值主要包括:防止利用信息进行伤害、信息公平、自治、自由、维持重要的人际关系、民主及其他社会价值。因此,以其作为相关法律的设立基础,就为制约个人信息之收集和处理行为的法律的制定指明了正确的方向。尼森鲍姆的语境完整性原则为解决大数据时代的隐私问题提供了一种可资借鉴的思路或对策框架,但其对这一原则的解释不可避免地带有西方文化的烙印。因此,我们不能无批判地套用这一原则,而应当将其置于中国特有的核心价值体系的统领之下,以确保其在当代中国社会中的应用始终沿着正确的方向展开。

道德与政治的分野与互动　尚文华,哲学研究,2017(2)

划清道德与政治的界限,澄清二者不同的基础,很有现实意义。在这里,笔者主要做两方面的反思:首先,为了显示道德与政治的关系之于政治思想甚至整个近现代思想史的重要性,本文将深入追踪这个问题是如何主导近现代政治哲学思考的;其次,本文要进一步追踪"自然"的"现实意义",及其之于斯密和康德之后的政治哲学甚至政治进程本身的影响。

一、近代社会和政治哲学所塑造的自爱个体

卢瑟福把人从传统政治社会中"抽离"出来,霍布斯进一步把人从宗教传统中"分离"出来,以至于霍布斯和洛克构造出一种抽离于一切传统之外的自然人,人一步步沦为抽象的个体。在保存生命和占有财产之外,他"不是"任何东西:自爱是其唯一的本性。而思想家们要做的乃是要这种自爱的人形成普遍的共同体。这就是所谓的现代的"布尔乔亚人",也就是我们的"现代人"(Individual)生活的处境。孟德斯鸠、卢梭等人不约而同地在现代生活中发现了这样的布尔乔亚人,这证明仅仅由自爱推动的自然—自由人并非只是虚构的自然状态下的人;相反,这正是现代个体的生存事实。

如何面对这样的孤独的自爱的自由个体，是近代思想家们运思的起点。

二、道德和国家的首次联姻

卢梭认为，人的自然本性乃是一种无限的可完善性状态，从而财产、生命等任何确定的属性都不能规定人的本性；在由自爱推动其做生存选择的同时，他也被赋予一种“同情心”或“怜悯心”，从而能够出于内心而非受迫才与他者建立可普遍化的理性规则。这就是卢梭式的“道德—国家”。

三、康德体系中的道德与政治

康德认为只要有可接受的强制性的法律，即使一群魔鬼都可以建立起“好的”国家。在这样的国家中，根本的是良好的国家组织，而非个体所谓高尚的道德。无论何等完善的道德人，要是生活在败坏的国家中，成为一个恶人就是轻而易举的；而哪怕是一个恶人，要是生活在清明的国家制度中，他照样可以成为一个好人——关键在于国家制度或组织而非个人。与卢梭式的“理想个人—国家”相比，康德式的“现实国家—个人”不能以某种道德的或普遍的观念操控人类生活的一切。政治法权的目的只在于“一是保障个人基本的自由不被侵犯，二是为每个人的发展确立自由、平等、政治独立的共和制宪政原则”。即除了形式性地保障个人之外，它不能以道德或普遍幸福之名行一切之事。

四、自然抑或市民社会:道德与政治交战的舞台

黑格尔看到贫困已经成为不可解决的问题。一方面，权力不能以道德之名干涉社会的自发性行为，法国大革命已经以血的教训证明了这一点；另一方面，“贱民”或“无套裤汉”的存在却在道德上给现代社会带来道义上的困境。马克思设想了政治终结即统治—被统治结束之处的自由——共产主义社会中的自由问题。在某种意义上，马克思在理论上完成了卢梭所设想的“道德—政治”绝对统一体的理念。而一旦按照“行动”即“改变世界”的途径将这一理念施行出来，这就彻底改变了人类的生活进程。

五、不尽的尾声

无论如何，这一切取决于我们对人类理性的能力的态度，并且只要这个世界存在在这里，这种对理性能力的评估就是必要的。从根源上讲，这种状况之所以可能，是因为现代社会塑造了“原子式”的抽象个体，如何将之整合进共同体生活，是现代政治独特的问题，也是令思想家们绞尽脑汁的问题。任其自然，现代社会就要面临道义上的困境；而将其视为合法，人类就要面临革命的压力或动荡。无论哪一种路径，都不算是好的选择。但无论怎样，我们总是生活在世界之中，这些两难的问题总是纠缠着我们。

论近代家庭道德生活的现代转向 李桂梅,湖南师范大学社会科学学报,2017(2)

家族是中国封建社会的基本构成单位,家庭和宗法制度是传统中国社会结构中的基本制度。近代以来由于商品经济的发展,封建家族及其制度开始出现衰落,而一系列的革命运动也使封建家族制度受到沉重打击,人们在要求改造封建政治制度的同时也要求变革家庭制度。这一系列变化都在不同程度上促使封建宗法道德弱化,并表现在现实的家庭道德生活之中推动近代家庭道德生活开始向现代转向。

一、家族意识淡化

近代,家族制度不断受到批判和打击,人们的家族意识开始弱化。这主要表现在以下几个方面:族长的权力减弱;祭祀祖先的活动逐渐减少;家族内部民主化管理的趋势已出现;家庭规模小型化。家庭规模变小的一个重要原因是国人的生育观念有了很大改变,不再追求子嗣数量和重男轻女。另外,近代以来社会动荡不安,战争不断,也是导致家庭规模变小的重要原因。

二、家庭关系趋向民主平等

传统宗法道德以维护宗法家族的整体利益为基本特征,家法族规按等级差序规范族人行为,束缚了族人的平等自由的主体资格。民国时期的民法典贯彻主体平等之原则,以“契约”代替宗法,弱化了“尊长”特权,给予了族员平等的资格,这在法典对人的有别于宗族习惯的称谓等方面可表现出来。另外,民国时期的法律也规定成年子女自由意思于订婚、结婚有最终决定效力。近代以来,夫妻关系也日趋平等。由于自由恋爱、自由婚姻思潮风行,夫妻对婚姻满意度增加,妻子也参与家庭事务,丈夫也愿意倾听她们的意见,夫妻关系得到改善,由原来的单向被动型向双向互动型转变。家庭关系中男女平等是近代以来一个引人注目的现象,这突出表现在女子财产继承权的取得。

三、家庭的情感功能凸现

人类家庭类型的演变大致分为三个阶段:生育制度的家庭、生产制度的家庭和生活制度的家庭。家庭的功能有生育功能、教育功能、文化功能、经济功能、情感功能等等。有些功能是家庭一产生就有的,有些功能则是在家庭的发展过程中逐渐形成的,它们共同构成为一个整体。其中有的功能居于主导地位,决定其他功能的作用范围与目标,这就是家庭的核心功能。家庭的变革或转型的标志就是家庭核心功能的变化。近代中国城市和农村家庭的功能都有一定的变化。只是城市家庭的核心功能相比传统社会的家庭更是发生了根本性的变化,农村家庭的核心功能即生产功能并没有根本性的变化。近代中国的城市家庭则在家庭的核心功能和家庭功能体系上都产生了根本性的变革。城市家庭的核心功能已转化为生活功能(以消费和情感功能为主),家庭不再是物质生产单位,主要是生命生产空间和个人情感寄托场所,家庭已成为私人生活的世界,家庭生活对于维持家庭的存在更显重要。近代社会家庭的情感交流功能变得愈益重要,又由于家庭处于变迁中,家庭问题增多,家庭矛盾容易激化。

四、余论

近代中国的家庭道德正处于转型中。在这一过程中,家庭道德生活呈现过渡性、不平衡性、矛盾性的特征。在旧的宗法道德未完全消除时,新的道德已产生,近代社会新旧道德杂陈,处于新旧道德的过渡时期。不平衡性表现为城乡经济发展不平衡,家庭道德变革也有不平衡性,城市家庭道德生活的现代性远远高于农村。这一时期新旧道德观念产生矛盾和冲突,也表现为一部分思想先锋的观念和行为的不一致或矛盾。但无论如何,近代先进知识分子对传统婚姻家庭制度的批判和对家庭道德的反思,为现代家庭道德的建立留下了可贵的思想财富,为现代家庭道德奠定了基础。

宗教影响古希腊城邦生活　陶涛,中国社会科学报,2017-02-14

尽管古希腊是西方哲学与理性的摇篮,但脱离了宗教的古希腊城邦是难以理解的。甚至可以说,希腊的城邦生活即是一种宗教生活,宗教影响着城邦的所有方面,它无法与俗事相脱离。

大致地说,古希腊的宗教可以分为两种类型:第一种是较为古老的宗教形式,即家神崇拜;第二种则是人们耳熟能详的自然宗教。库朗热认为,前者正是古希腊城邦的起源。而被尼采称为“伟大导师”的历史学家雅各布·布克哈特亦认为家神崇拜是城邦的起源之一。

古希腊的自然宗教与许多原始社会的自然宗教有许多类似之处,其显著特征包括多神论、神人同构、未形成不可亵渎的圣经或教义等。古希腊宗教崇拜的对象是奥林匹斯山诸神。这些神在性格上拥有人的特性,有好有坏。但与人相比,他们有着伟大的力量,因而成为人类世界祈福的对象。从这些神的中译名上,我们读到的或许只是蹩脚的发音,但在古希腊人眼里,有些名字已然将神的特征表现得一览无余,例如,混沌之神卡俄斯(Chaos)在字面上就是“混沌”的意思,大地之母盖娅(Gaia)在字面上就是

"大地"的意思。通过未知的自然现象,人们感受到了神的权威,同时,他们又将自然现象理解为神的惩罚或恩泽。正因如此,希腊诸神便成为判别城邦事务善恶的依据。梅因在《古代法》里就曾指出,通过假定有人格的代理人来说明这些现象,是人类出生时代的惯用做法。

虽然希腊所有城邦都信奉奥林匹斯山诸神,但每一个城邦又有自己最青睐的保护者,比如雅典的保护者是雅典娜。对于雅典人而言,他们会祈求雅典娜守护或赐福于自己的城邦,同时他们也会不惜一切代价维护雅典娜的尊严和声誉。这种独特的信仰模式是理解希腊文明的关键之一。统一的诸神体系使希腊人有强烈的民族认同感,将所有城邦都牵绊在一起,而独特的保护神又使每一个城邦享有独立的尊严和荣耀。因此,在任何一个希腊城邦里,神庙都是最神圣和重要的场所。它不仅不容玷污,甚至还象征着该邦的生死存亡。城邦中的任何事务都要得到神的指示,就连城邦的统治权也不例外。

此外,城邦的许多方面也都与宗教息息相关。哲学的诞生地——城邦的市政广场(agora)最初即是举行宗教仪式的所在地,而古希腊奥林匹克运动会和悲剧亦是宗教的附属产物。作为竞技(agon)活动,运动会和悲剧都始终具有双重性质,韦尔南认为它们"既是观赏娱乐,又是宗教节庆",甚至还可以说"竞争都是神圣化了的仪式"。在这两种竞争的内容里,我们随处都可以发现宗教或神的核心地位。在运动会中,获胜者常被视为神的继承人,他们享有神的荣誉。据说当时就有一座为摔跤手希伯斯提尼建的神庙。诗人品达创作了11首著名的诗歌颂扬奥林匹克运动会,但这些诗歌的内容皆是诉说运动会的宗教起源。在悲剧中,剧作家也会借歌队之口渲染神的权威,教育公民敬神。比如,在悲剧之父埃斯库罗斯的名作《阿伽门农》里,阿伽门农想在远征特洛伊时获胜,便不得不祈求神的保佑,而若要得到神的保佑,他又不得不将女儿作为祭品供奉给神。最终,阿伽门农听从了神的旨意,将女儿献祭,但自己却因此而招致妻子克吕泰墨斯特拉的怨恨,最终被她所弑。

总之,古希腊人虽然逐渐以哲学取代宗教,采用了一种更加理性与文明的模式解读自然秩序与人类社会,但宗教的烙印依然在他们的理论中随处可寻。

以学术伦理规范研究活动 程孝良,中国社会科学报,2017-02-16

在学术研究领域,近年屡屡发生的学术失范事件及其治理过程中遭遇的种种困惑,使我们开始转换思考与解决问题的视角,尝试从伦理学的视角入手,弄清"何为学术人"以及"学术人该何为"的伦理问题,尝试通过探寻学术界普遍存在的"伦理共识或密码",构建一套适应现代社会需要的学术伦理价值体系,实现学术的良性发展。

学术伦理不仅是规范学术关系的伦理要素,还内蕴了学术活动的伦理诉求,是学术与伦理内在的双重逻辑统一。

首先,道德扬善是学术活动的内在属性。学术精神也是一种伦理精神。一是求真精神。"求真"是指学术活动的价值目标就是探究真知,追求真理。探索、发现、传播真理的行为不因环境的改变而改变,讲真话、干真事、做真人,不惜以生命来捍卫学术之真。二是创新精神。追求真理、探究和创造知识,要求人们保持不甘人后、开拓进取、敢为人先、勇于创新的精神境界。三是求实精神。求实是求真的基础,如果不坚持实事求是的学术精神就无法实现追求真理的价值目标。学术的求真、创新和务实精神要求学术研究人员要始终坚持真理,笃定扬善求实,勇于开拓进取。这些精神正是学术的道德价值意蕴。

其次,任何学术都是伦理的学术。在学术活动中,学术研究人员将个体的意志品质、道德观念、理想信念、知识技能等融化于探究学问与创造知识的具体学术行为之中,并潜移默化地影响学术共同体成员,然后再传导给其他社会成员。如果学术共同体成员认同并内化了这些价值观念,那么学术活动中的价值关系就会对个体的学术行为产生明显的约束,成为个体学术行为与学术评价的依据。学术观念决定学术行为,学术行为是学术观念的体现。每一项学术实践活动的背后,都隐藏着学术研究人员的伦理价值观念,这是学术研究人员进行价值判断的依据。从这个意义上讲,学术天然是伦理的学术,伦理是学术活动本质的、内在的要求。学术伦理包含以下几个方面的构成要素。

一是学术目标的伦理导向。从学术的本质属性来看,学术活动最终目标是发挥每个人的潜能和创造力,以学术成果推动科技和社会发展,实现全人类自由而全面发展,并在这一过程中实现学术研究人员的个体价值。学术研究人员在学术活动中的行为及价值选择取决于其对学术目标的内化情况。如果学术研究人员坚持学术的公共性,始终以社会公共利益或者学术共同体的群体利益为出发点,以实现相关者利益最大化为目标,就会在实现社会利益的同时,合理地追求个人利益。

二是学术活动的伦理调节。任何学术活动的开展都会在内部形成具体的基于主客体及相关者之间的复杂的利益关系；在学术活动的外部，也会形成学术与社会、学术与经济、学术与政治、学术与文化之间的种种关系。如何协调这些复杂的内外部关系？这就需要一套道德原则和伦理规范。学术伦理就是用以不断调节这些关系的道德观念和伦理规则。因此，学术伦理既是学术活动运行的内在逻辑和现实需要，也是创造学术价值的实际过程。

三是主体及相关者的利益关系。调节学术活动主体及相关者的利益关系、维护学术秩序是学术伦理的应有之义。众所周知，生产关系决定产品分配和交换关系，在学术活动中这种关系表现为利益关系。在学术研究活动中，作为生产资料、表现为新知识/新技术的学术研究成果的归属决定着学术利益主体及相关者的利益关系。因此，主体及相关者的利益关系是学术伦理产生和发展的前提。

四是学术行为的伦理规范。任何社会都具有自己独特的社会秩序，社会秩序建立在一定的价值原则和伦理规范之上，在学术活动中表现为学术伦理规范。一般而言，学术活动中应主要遵循互利、诚信和公正的原则。互利即学术活动须同时满足学者及相关者之间的利益，主体的价值选择与相关者的利益息息相关。诚信不仅是传统社会的道德基石，更是当代市场经济下人们的行为准则。坚持诚信原则要求学术研究主体及利益相关者之间要诚恳待人，以信用取信于他人。公正是人类的最高价值目标和追求，保持客观公正是学术研究的内在要求。坚持公正原则，要求我们在学术活动中不夹带个人私心，不戴有色眼镜，不搞因人而异。

学术研究的根本宗旨是追求学术的真、善、美、利的和谐统一。学术研究活动既要符合学者个体层面的"德"(即学术理想、需要)，学术共同体群体层面共同的"善"(即学术理性、规范)，更要符合社会层面的"理"(即真理、规律)，是合目的性、合规范性与合规律性的统一。用伦理道德规范学术研究活动，促进学术活动工具属性与道德理性的有机融合，从而构建适应社会主义的学术伦理范式，必将有助于规范我国学术研究活动，遏止并抵制学术界的失范行为。

机器人怎么可能拥有权利　甘绍平，伦理学研究，2017(3)

不少自然科学家及社会科学家均声称：机器人虽是机器，不是人，但鉴于机器人所拥有的超强的智能以及一定的情感水平，人类应赋予它以某种道德权利，将机器人当作人来看待；反之，如果滥用和虐待它，则呈现出人类的残忍与非人道。把机器与道德关联在一起,把机器推置到一种令人生畏的道德高度,展现出当代伦理学界的一道从未有过的奇观。本文直接质疑这场机器人权利运动,主要目的并不是批驳那些论证机器人拥有道德权利的所有理据,而是在于借助机器人有无道德权利问题,为阐述道德的功能、道德权利的契约论基础、人同机器人关系中所体现出的主人与工具之固有地位的不可错位、人的私密的心灵花园的不可触碰等伦理学里的一些重要话题,为之提供一个新的机会与样本。

一、机器人拥有权利的技术障碍

机器人虽然拥有智能,但这种人工智能与人类智能相差极大。人的大脑分左脑与右脑,左脑负责记忆、运算、简单的推理;右脑则承担发散性思维、超强的想象力与艺术审美。而人工智能只是在模仿人的左脑功能,机器人装备着由人类为它编制好的程序,以概率论为形式化的运算框架,搜集海量数据并在记忆中加以储存,然后对新的信息识别辨认,将之与储存库的数据进行匹配对比,最后得出结论或做出相应的决断。人类拥有左右脑,正是凭借一些特殊的认知模块,我们能够进行复杂的语言呈现、长远地规划、抽象地思考,从而具备高水平的创新思维、高度的情感介入和敏锐地解决问题的能力。

在机器人智能与人类智慧之间,横亘着一道无法逾越的鸿沟。机器人只能处理记忆和复制人脑中可以客观化的信息,而人类意识、内心活动、爱恨情仇、是非观念、审美体验、宗教信仰等灵性活动,不仅形式上似是而非,极不稳定,而且内容上只可意会不可言传,是不能通过文字、符号得以表达的。这就导致了机器人的智能永远也无法超越和取代人类的智慧。机器人无法识别双关语,无法理解人的语言及动作的暗示效应,不具备复杂环境下随机应变的能力,对彼此矛盾或含混不清的信息束手无策,在视觉、动态和直觉等方面难以实现突破,完全缺乏常识、创造力、想象力、预测力以及抽象概念与知识的提取能力,因而不可能应对复杂变量和动态条件下在无穷选项中做出选择的课题,更谈不上运用自由意志以及装备的道德知识在道德两难中做出正确的抉择。于是,从技术的可能性角度来看,机器人的智能与人类的智慧完全不可相提并论,就此而言奢谈机器人的权利完全是无谓之举。

二、机器人拥有权利的道德难关

第一,机器人不可能与人类签订契约从而相互赋予权利。道德是人际交往的行为规范,尽管这些规范有时也涉及人类之外的生存物,但道德的适用范围从根本上讲被锁定在人与人之间,因为道德规范只有在人类大家庭内部才能得到发现、建构、理解、交流和遵守。而人之所以需要有道德,则完全是出于对人类福祉本身的维持与呵护。与道德的这种对人类利益的保护之功能相类似,权利也是人与人之间建构而成并相互赋予的,人们建构权利的目的在于使自己基本的利益得以切实的保障。

第二,机器人作为人类工具这一原初地位无法改变。所谓赋予某一对象以权利,就意味着必须满足其要求。这一要求是一种自在目的,独立于它之外的其他行为主体。人与物之间的根本区别在于人是自在目的,而物则是人实现其目的的手段与工具。人作为自在目的,同时也就意味着人可以将人之外的其他存在物,包括动物、植物、无机物作为实现自身目的的工具与手段。

第三,机器人并不拥有不容破解的内心秘密。机器人想要获得人类那样的权利,就必须具备人所拥有的全部智能作为资格。这不仅包括逻辑演算,而且也涵盖情感情绪、顿悟冥想、灵感涌动、道德判断、思维的跳跃、心灵的自发自主等这些与机械思维相异质的精神功能。对于机器人而言,要做到这一点不仅几乎没有可能性,而且还会遭遇逻辑困境。

三、结束语

机器人是机器,不是人,因而无法享有人所拥有的权利。人与机器也无法形成道德关系。故人如何对待机器人,严格说来都不存在任何伦理问题。机器人是机器,不是人,没有自由意志,不可能做出自主的道德抉择,它可以形式地执行人的蕴含道德要求的指令,但它自己并不懂得任何道德意义。由于机器人不是道德行为主体,故机器人本身也不会生成任何道德问题。

试析伦理型文化背景下的大众信任危机 樊浩,哲学研究,2017(3)

自2006年彭宇案以来,“扶老人难题”已成为中国社会大众信任危机的信号,它演绎为三个不断深入的难题:“撞,没撞”的道德信用问题;“信,不信”的伦理信任问题;“扶,不扶”的文化信心问题。“道德信用危机—伦理信任危机—文化信心危机”,就是伦理型文化背景下信任危机的病理图谱。伦理信任是社会的“文明的资格”,开启伦理信任的破冰之旅必须走出三大误区:走出“市民社会陷阱”;走出信任的“伦理半径”;走出“农夫与蛇”和“宠物心态”的两极。

一、“道德信用—伦理信任—文化信心”的危机病理

“道德信用危机—伦理信任危机—文化信心危机”是伦理型文化背景下信任危机的病理图谱或伦理病理。道德病毒、伦理病灶、伦理病灶的扩散、文化恶变，是危机图谱的四个节点。伦理信任危机不仅最后演绎为文化危机，最严重的后果也是文化危机。伦理型文化背景下的信任危机有三个基本特点：道德危机是病毒，伦理危机是病灶，文化危机是最严重也是最深刻的后果。揭示信任危机的伦理图谱，对把握伦理型文化背景下伦理信任的特殊意义和信任危机的特殊规律，由“危机自觉”走向“伦理自觉”，进而达到“文化自觉”，具有特别重要的意义。

二、当今中国信任危机的演进轨迹

当今中国社会的信任危机体现伦理型文化的特殊规律，呈现以伦理病灶为中枢的病理特征，经过三次危机转换：由个体道德信用问题转换为群体伦理信任问题；由群体伦理信任问题转换为诸群体之间的伦理信任问题；由诸群体之间的伦理信任危机演绎为文化信心危机。“两极”和“分化”是其关键特征，由经济上的两极开始生成伦理上的两极，道德信用危机由人际关系不信任和群体不信任的伦理分裂，演化为诸群体之间的伦理分化。伦理的一极是政治、文化、经济三大精英群体在伦理上的集体失信和集体失落；另一极是弱势群体的自暴自弃及其制造的恶性事件，是“贫民→贱民→暴民”的演化轨迹。由此，必须发出三大“危机预警”：道德信用危机演化为伦理信任危机的预警；伦理信任危机导致伦理上两极分化的预警；伦理分化危机导致伦理文化危机或“病态不信任文化”的预警。

三、走向信任的破冰之旅

首先，必须走出“市民社会陷阱”。由于市场资本和权力资本的互动，“市”的价值逻辑已经部分地渗透到“民”的气质和素质中从而造就所谓“市民”，社会也开始“市民化”，于是，在这个“个人利益的战场中”，不仅信任可能成为危机，而且经济上与伦理上的两极分化、生理上与伦理上的两极蜕化，也成为可能，随着信任危机的演化，“可能”便成为现实。摆脱信任危机，必须在理论上和实践上走出“市民社会陷阱”，只有理论上走出“市民社会”的“乌托邦”，才能在实践上走出“市民社会”的“乌托邦”。

其次，必须走出“伦理半径”。无论是“推己立人”的“推”，还是“老吾老以及人之老”的“及”，都是建立和扩大伦理关系的规律，是由个体走向他人、由天伦走向人伦的将“神的规律”与“人的规律”统一的伦理规律，也是伦理信任由家庭走向社会从而不断拓展信任的伦理半径的规律。必须实

现忠恕之道由道德向伦理的转换,达到创造性转化和创新性发展,由此,家庭信任的伦理半径便不再是建立社会信任的鸿沟,而是社会信任的伦理策源地和伦理家园。

再次,必须走出“农夫与蛇”与“宠物心态”的两极。走出信任危机的最大难题之一,是如何对待信任风险,或应当确立关于信任的何种风险意识与风险态度。“农夫与蛇”的故事试图诉说道德底线,孩童以“宠物心态”对待困兽,于是善意的童心最后反遭伤害。走出“农夫与蛇”与“宠物心态”的两极,以一种彻底的人文精神和伦理精神对待他人和社会,才能实现当今中国信任危机的伦理破冰。

德性伦理学与规范伦理学之争及其影响 方熹、江畅,哲学动态,2017(3)

德性伦理学至今已成为与作为规范伦理学两大主要类型的功利主义和义务论鼎足而立的西方伦理思想主流之一。在德性伦理学复兴的过程中,受到德性伦理学家批判的功利主义和义务论对德性伦理学也进行了反驳和指责,并开始关注德性这个热点问题,由此形成了两大阵营批评与辩护的格局。本文主要分析德性伦理学与功利主义和义务论这两大规范伦理学之间的争论及其所产生的重大影响。

一、德性伦理学对功利主义和义务论的批判

德性伦理学家对功利主义和义务论都提出过批判,有些批判甚至措辞十分激烈。总的来说,德性伦理学批判功利主义和义务论只注重规范研究,认为伦理学应当研究作为心理现象的品质,而不是作为某种外在力量规定行为的规范;德性伦理学激烈地批判功利主义和义务论关于建立某种普遍适用的道德规则的主张,认为人们行为的情境各不相同,因而道德是不可法典化的等等。此外,德性伦理学对功利主义和义务论还分别提出了诸多批判:第一,功利主义的“无偏袒性”是错误的;第二,功利主义不能对人们如何行动提供合理的指导;第三,功利主义思考生活的方式是片面的,也是不人性、不道德的;第四,义务论否认“道德运气”的做法也是错误的。

二、功利主义和义务论对德性伦理学的反诘

德性伦理学也受到了这两种伦理学理论的反诘。下面将以德性伦理学受到的主要诘难为线索,展开德性伦理学与功利主义和义务论之间的激烈论辩:第一,德性伦理学是以自我为中心的;第二,德性伦理学不能提供正确的行动指导;第三,德性伦理学难以应用到实践中;第四,德性伦理学面临文化和德性的相对主义问题。

三、两大阵营之争促进德性研究的再度繁荣

从20世纪50年代至今,德性伦理学家与功利主义者和义务论者之间的相互批评构成了西方伦理学界的一道靓丽的风景。正是在这种相互批评和辩驳的过程中,关于德性问题的研究在西方再度兴盛并不断得以深化和拓展,并取得了一大批相关的学术成果。德性伦理学发展到今天,已经远远超出了最初简单复兴的范畴,而对整个当代伦理学发展都产生了重要影响。这主要表现在两大阵营之争促使双方都对自身的理论进行反思、清理、修正和完善:一方面,德性伦理学家建立了不少独树一帜的学说,为伦理学开辟了一个新的德性论的领域;另一方面,功利主义者和义务论者通过深化对德性的解释,促进了自身的发展,从而使整个西方伦理学理论获得了前所未有的繁荣。

第一,复兴德性伦理学并使之不断得以深化。总体而言,西方德性伦理学家复兴德性伦理学的过程可分为"破""构"和"立"三个阶段,从最初复兴至今主要循着三条发展线索:一是幸福主义;二是基于行为者的德性伦理学解释;三是关怀伦理学。

第二,引发德性问题研究向不同领域拓展。首先,伦理学界对德性问题的讨论引发了环境伦理学对德性问题的研究,出现了所谓的"环境德性伦理学"。另外,一些德性认识论者使用可靠主义作为信念证明的基础,强调理智可靠的功能。再次,德性也受到心理学的高度关注,出现了所谓的"德性心理学"。

第三,将社会德性与个人德性研究并重。从伦理学的角度看,过度的规范伦理学倾向是近代以来西方出现的一系列严重社会问题的根源所在,而其关注点使得伦理学在一定程度上丧失了社会警示、批判和范导功能,当代德性伦理学的复兴则使西方伦理思想从近代主要对社会或国家德性的关注,转向将社会德性和个人德性研究并重的新格局。

沉浸道德:*虚拟现实的伦理可能*　*林建武,云南社会科学*,2017(3)

一、虚拟现实:感知觉的沉浸

人类的感觉和知觉对于理解今天的虚拟现实有着重要的意义。所谓的虚拟,首先就是对于感觉和知觉的虚拟。而由此建构起来的虚拟现实,也是对于人们感觉和知觉而言的某种"现实"。人类之所以可以将虚拟现实当作某种"现实",首先是由于现实本身是人类感觉和知觉营造出来的某种综合体,那么主动地营造某种虚拟的景象也可以引发特定感觉和知觉,

进而产生某种对于特定现实的可能虚拟。而且,就互动性而言,人类在感知能力上的共通使得虚拟现实技术产生的对于感觉和知觉的虚拟效果,在普通人那里往往是相同的。

二、虚拟伦理主体:人替

在当前的技术条件下,一般来说,人替区别于那种计算机根据程序模拟出来的"人",更像是人类在虚拟世界之中的一个延展。这种人替对真实人的延展,其核心就在于它必须能够为真正的参与者提供感知觉上的沉浸可能——无论这种感知觉是多还是少,这种沉浸是深还是浅。人替的道德身份问题直接关系到人类在虚拟世界中沉浸道德的可能性。因此,应当以"人是目的"的原则来审视作为真实之人的延展的人替:必须以由分别的自由主体直接操纵的人替为中心,它们各自的主体性必须具有绝对优先的权能地位。在虚拟现实中,人替可能在根本上具有一种本体论的地位,正是这种本体论的地位进一步保证了人替具有一种独立的道德身份和作为伦理主体的可能性。

三、伦理主体的虚拟沉浸方式

对于虚拟现实来说,沉浸感是其中一个重要的要素。不过,首先要区分两种意义上的沉浸:身体沉浸与意识沉浸。前者主要指感觉和知觉通过虚拟设备和虚拟技术沉浸到虚拟现实之中,后者主要指借助于身体沉浸而获得一种意识上对于虚拟现实的沉浸。身体沉浸可能带来意识沉浸;意识沉浸往往伴随身体沉浸。另外,当承认人和人替在虚拟现实中都是伦理主体时,可能需要一种"主体沉浸"的概念来解释虚拟现实中的道德生活。这种主体沉浸很多时候是身体沉浸、意识沉浸的综合体,也是感知沉浸、情感沉浸和理性沉浸的综合体,它是人与人替共同作为伦理主体的结果。

四、沉浸道德的基本特征

虚拟现实中的沉浸道德呈现出如下特征:它并不因其虚拟性而成为一种虚构之物,沉浸道德指向的是人们在虚拟现实中的一种规范要求,它绝不质疑道德的实在本身;由于虚拟现实的特性,沉浸道德往往意味着要以人替为中介,通过使人替成为某种实在性与虚拟性的混合体,让道德主体在虚拟现实中遵守规范成为可能;当人们沉入虚拟现实时,沉浸道德实际上是通过在虚拟现实中重新组合出道德构成要件,来为道德活动拓展出某种规范意义上的新模式和新向度。

五、造世伦理学:道德沉浸共识

针对虚拟现实,人类可能需要一种造世伦理学,以规定虚拟世界与现实世界之间的诸般道德原则,并以此证明一种沉浸道德的可行性。实际上,虚拟世界道德原则并不能脱离现实的道德共识,造世伦理学并不是某个人或组织的道德观念的呈现,它应当是人们普遍意义上的道德理念与虚拟现实相结合的产物。因此,要回答虚拟现实中的伦理可能,需要人们承认虚拟现实中人和人替的伦理主体地位,并认识到虚拟现实中的道德事件的伦理判断原则与现实的伦理原则不完全一致,但又不毫无关联,同时,当人们开始真正将虚拟现实作为一个独立空间来看待时,可能需要虚拟空间的营造者首先明确上述虚拟现实中的伦理判断原则,形成一种"造世伦理学",并将这种判断原则和"伦理学"贯彻到虚拟现实之中,成为虚拟现实中沉浸主体的道德共识。

中国乡村伦理研究论纲　王露璐,湖南师范大学社会科学学报,2017(3)

一、"回到"乡村与"进入"乡村:中国乡村伦理研究的必要性及其理论与实践价值

重新认识并准确描述当代中国乡村的道德现状及其问题,构建具有中国特色的乡村伦理文化,探寻转型期中国社会新的伦理精神源泉,既是当代中国伦理学研究不可回避的重大理论问题,也是中国特色社会主义新农村建设乃至全面建成小康社会亟待解决的重大现实问题。

中国乡村伦理研究的理论价值在于:其一,回归"乡土",面向乡村,是转型期中国伦理学体现实践性乃至获得生命力的重要源泉;其二,中国乡村伦理研究有助于我们厘清中国传统乡村伦理与现代乡村伦理的关系,深刻理解中国乡村伦理的理论和实践特质,并在此基础上凸显这一研究的方法论意义;其三,通过对中国乡村伦理的系统研究,准确、完整、全面地概括我国乡村伦理的传统特色、历史变迁和现代转型,构建具有中国特色的乡村伦理研究的理论体系。另外,中国乡村伦理研究亦在实践层面上有利于探寻留住"乡愁"的伦理路径。

二、伦理学何以"进入"乡村:中国乡村伦理研究的四个基本方面

1. 中国乡村家庭伦理研究。在传统家庭伦理的现代转向和变迁背景下,如何正确看待乡村家庭伦理在乡村社会发展中的变化,如何发挥其在新农村道德建设中的突出作用,如何构建适应经济社会发展要求的现代乡村家庭伦理体系,尚未引起理论和实践层面足够的重视。这就需要通过对乡村生产、生活方式变化及其所导致的家庭结构、关系和功能变化的探讨,阐释传统家庭伦理的现代发展,把握乡村家庭伦理的发展规律,为新时期城镇化背景下乡村家庭伦理建设提供理论依据。

2. 中国乡村经济伦理研究。具体而言,中国乡村经济伦理研究主要涉及的问题包括:其一,中国乡村经济伦理的传统特色与历史变迁;其二,中国乡村经济伦理的发展规律;其三,当代中国乡村经济伦理的现状分析;其四,现代中国乡村经济伦理的重建路径。

3. 中国乡村生态伦理研究。中国乡村生态伦理研究应当着力解决三个主要问题:第一,如何通过乡村生态伦理的研究和实践,助推乡村经济突破单一的工业化模式而向生态经济转型,实现乡村生态经济发展与自然环境保护的统一;第二,通过乡村生态经济责任承包等具体的制度设置,强化农民对发展生态农业经济的主体道德责任,促进农民转变生活方式,提升生态伦理意识,履行生态责任,进而实现生态责任与经济效益的统一;第三,中国乡村生态伦理的研究与建设必须转变人们的价值取向,树立一种"美丽乡村的生态生活优越于城市生活,生态经济价值高于工业经济价值"的理念。

4. 中国乡村治理伦理研究。中国乡村治理伦理的研究,旨在从伦理的视角阐释中国传统乡村社会的组织结构、乡村治理的基本特征及其现代转型,分析当前乡村治理中存在的伦理问题并提出有针对性的解决路径,从而构建切实可行的乡村治理伦理范式。首先,价值目标是治理的根本;其次,制度操作是治理的核心;最后,路径选择是治理的关键。

三、伦理学如何"进入"乡村:中国乡村伦理研究的基本立场与方法

第一,坚持唯物史观的基本立场,从中国乡村社会的生产和生活方式及其所决定的经济关系中把握中国乡村伦理的基本特征和发展规律;第二,借鉴道德叙事学(moral narratives)的方法,秉持"村庄进入"与"主体贴近"的思路,通过深度访谈的定性研究与问卷调查的定量研究相结合的田野调查,揭示村庄这一伦理共同体的道德传统与特质;第三,选取不同区域具有典型意义的若干村庄作为田野调查个案,处理好"地方性道德知识"的个别探究与中国乡村伦理的整体把握之间的关系;第四,运用建立在伦理学、社会学、经济学、政治学、人类学、民俗学等学科交叉透视的基础之上的跨学科视景透视,同时注重凸显伦理学的基本理论视角。

善的求索:道德合理性的向度及其达成路径　舒婷婷、刘云林,南京师大学报(社会科学版),2017(3)

道德作为对人之行为具有应然意义的规定,其本身的价值实现程度受制于多种要素。其中,道德本身的合理性在这多种要素中最为重要。

一、道德合理性问题的提出

首先,道德的特点决定了必须关注其本身的合理性。道德作为人类实现社会理想的产物,其实质是对人们行为具有应然意义的规定。进一步而论,这种应然性又受制于道德本身的合理性。其次,道德的价值实现需要决定了人们必须关注其本身的合理性。道德作为对人们行为的应然性规定,其对社会生活的意义取决于自身的价值实现状况,而这又必须以道德本身的合理性为前置条件。再次,我国传统文化的特点决定了必须关注道德的合理性。当代中国的道德建设不能离开具体的国情,包括传统文化这一国情。

二、道德合理性的向度

道德作为一种价值体系和行为规范体系,其与事理、情理和法理的契合就成为一种逻辑的必然。这三者自然地构成了道德合理性的三重向度。

1. 合事理。作为道德合理性的首要向度,道德所合之"事理"在本质上属于科学意义的"真"的范畴。从而,道德合事理所体现的乃是人的主观认知对道德的客观真理性的准确把握。至于道德合事理的必要性,我们可以从以下两方面加以把握:一是为道德价值的实现提供人的认知基础;二是要有基于道德特点的必要之举,这是为了确保道德从"源头"上符合真。

2. 合情理。作为道德合理性的重要向度,道德所合之"情理"乃是一个综合性的范畴,具体包含了以下两个方面的要件:就主体而言,既是个人之情也是一般意义上的人之为人之情;就价值论的意义而言,其所体现的乃是人的正常的情感需求。至于道德合情理的必要性,我们可以从以下方面加以把握:首先,为道德价值的实现提供深长的动力;其次,由道德自身的特点来决定。

3. 合法理。在道德合理性的向度中,合法理是一个不可或缺的方面。而从具体指向而言,这种道德所合之"法理"则是一个综合性的范畴,应该从法之内在精神和对人外在行为的规范两个方面予以把握。关于道德契合法理的必要性,我们可以从以下两方面加以把握:首先,它由道德建设所处的法治背景所决定;其次,这是实现法治和道德建设目标的内在要求。

三、道德合理性的达成路径

1. 如何合事理。首先,提升把握道德真理的认知能力;其次,对道德建设进行自觉反思;再次,探究并昭示道德的内在依据。

2. 如何合情理。首先,对行为主体的情感予以道德的确认,从而从"源头”上确保道德与情理的契合;其次,在目标设定上,应当将人的快乐和幸福作为道德的最高价值追求;再次,注重行为主体情感和能力的培养。

3. 如何合法理。首先,对法治建设进行道德上的合义性论证,从而为人之行为契合法理奠定人的价值认知方面的基础;其次,确立法律信仰,使人们服从法律权威;再次,运用法治思维进行道德建设和实践。

现代德性幸福何以可能:兼论现代幸福观的哲学建构路径　张方玉,中南大学学报(社会科学版),2017(3)

处于物欲化与世俗化的消费主义时代,人们对“何谓幸福、何种生活”的追问更为必要。三种建构幸福观的哲学方案具有深刻的代表性:社会哲学视野中的“优雅生存”;生活哲学维度上的“可能生活”;人生哲学视域中的“德性幸福”。优雅生存、可能生活与德性幸福的内在精神相通,均是秉持了广义的德性论的思想内核,现代德性幸福将可能意味着中国幸福观的建构方向。

一、传统幸福观的表征符号:孔颜之乐

“孔颜之乐”构成儒家德性幸福的典范与榜样,此种人生之乐尽可能降低感性欲望的要求,摒弃世俗的功利幸福,从而成为儒者生活价值的精神导向。但对于普通大众而言,此种人生幸福大约与苦行无甚差别,即便是儒家弟子也难以企及,但也正是这样一种纯粹的圣贤境界展现了儒家幸福观的核心所在。在儒家传统文化的视域中,“孔颜之乐”是德性幸福的经典形态。鉴于儒家在传统文化中的主流地位,又由于“孔颜之乐”的境界高妙且影响深远,人们自然很容易将“孔颜之乐”作为传统幸福观的表征符号。

二、社会哲学的视角:优雅生存

在当代中国幸福观的哲学建构中,“走向优雅生存”正是出自一种社会哲学的视角。优雅生存的核心观念是:“幸福是人类追求的终极目标,智慧是实现幸福的最佳途径,而优雅生存是当代人类智慧的应有选择。”优雅生存的体系包括四个方面:优雅生存的必要性与可能性,优雅生存的内容,优雅生存的条件以及优雅生存的实现路径。整个体系的建构从人类文明的发展方式、人类的存在方式开始,论及了现代文明的弊端、国家发展方式、本国国情;阐述了优雅生存的生存目标、生存环境和生存状态,论及了价值体系、经济基础、政治管理、教育事业、文化生活、婚姻家庭及个人素质。它基本上是一种面面俱到的社会幸福系统。

三、生活哲学的维度:可能生活

在当代中国幸福观的哲学建构中,“可能生活”无疑是在生活哲学的维度上引人注目的典范。可能生活理论是一种所谓“新目的论”伦理学的思路,其核心观念是:生活具有自成目的性,生活的意义在于生活本身;而生活的意义是通过创造性的生活或者创造可能生活来实现的;有意义的生活才是幸福的生活,幸福来自自成目的性的行为本身。可能生活理论将幸福视为全部伦理学的第一问题,试图提出一条在每个人身上普遍有效的“幸福公理”,充分显示出生活哲学的深刻性,同时也呈现出浓厚的纯粹的理想主义色彩。进一步而言,可能世界属于逻辑学的范畴,可能生活属于伦理学的范畴,也就是说可能生活内在地能实现价值判断、价值选择和价值创造。

四、人生哲学的境域:德性幸福

在当代中国幸福观的哲学建构中,德性幸福应是人生哲学视域中的经典形态。这里的人生哲学与道德哲学、伦理学内在贯通,按照西方哲学的传统,这也就是所谓的实践哲学。德性幸福的核心观念是:道德与幸福内在相通,唯有德性主体才能“获得幸福”且“配享幸福”。广义的德性完善意味着人的全面发展,存在的完善才是人生幸福的真谛所在。德性幸福无疑是一种“德福一致”的理论,一个幸福的人必是一个有道德的人,一个缺德的人不可能获得真正的幸福。在广义的语境中,优雅生存、可能生活与德性幸福的内在精神相通,均秉持了广义的德性论的思想内核,优雅生存、可能生活自身也存有向德性幸福衍化的趋势。它们不仅为现代社会幸福观的哲学构建提供了重要的思想资源,也能够在现实中引导健康、文明、和谐的现代生活方式。

传统美德伦理的当代境遇与意义 万俊人,南京大学学报(哲学社会科学版),2017(3)

美德伦理指生活在某一特殊道德文化共同体中的个人,在承诺并实践其独特的“特性角色”的过程中所获得的卓越成就及其展示的优异品质。在现代社会结构化转型的大背景之下,传统美德伦理遭遇挑战,主要表现为以下几个方面:其一,现代社会结构化转型带来的日趋公共化趋势,动摇了传统美德伦理赖以存在的社会文化根基;其二,现代社会普遍平等的追求和价值导向,从根本上否定和冲击了美德伦理所内含的优越价值等级秩序,这实际上是一种价值或者意义的危机;其三,现代社会日趋强烈的平面化、格式化、标准化需求,对传统美德伦理追求卓越和完美成就的价值导向提出严峻的挑战;其四,现代中国社会日趋强劲的社会分层、流动、开放和反传统趋势,尤其是现代科技主义主导下的普遍理性主义,使得美德伦理赖以生长繁荣的土壤和根基被大大削弱;其五,社会发展的日趋技术化,导致现代人和现代社会对技术条件的依赖越来越重,对文化的、隐性的东西越来越缺乏信任,道德文化不断被边缘化,现代人越来越不相信道德理论。

上述传统美德伦理在当代的境遇并非意味着我们从此就对传统美德伦理的生存和复兴失去信心,恰恰相反,传统美德伦理对现代社会依然有着无法取代的独特意义和价值。传统美德伦理之于现代中国社会乃至整个现代社会的意义,集中表现在以下几个方面:首先,现代社会面临的最大困境就是其总体结构性的社会转型带来了宏大的社会结构性改变,进而导致了现代社会缺乏足够的中层与基层之生活发展空间,给私人道德生活带来了巨大的压力和挑战。因此必然要大力建构中层和基层的生活世界,传统美德伦理也可因此而重获生机。其次,美德伦理自身也有其不可消解、不可抹杀的文化价值特性。易言之,美德伦理有其永恒持久的文化生命力,只要我们还持守我们自身人之为人的本质,并且保持我们的人性人道,只要我们不想放弃对人类生活的温情和温度的期待,传统美德伦理的作用就是不可替代的。再次,现代社会的道德平面化呼唤着道德精英的引导。现代社会强调民主伦理、普遍的政治民主和市场经济使得伦理平面化、一律化,而且底线不断受到挑战。但与此同时,在现代社会中,其实人们仍然需要并欣赏一种优雅高贵的生活,需要“道德绅士”和“文化精英”——真正的“文化精英”必须具有很高的道德修养。

“形态论”视野下的生态主义伦理世界 牛庆燕,道德与文明,2017(4)

在经济现代化与价值多元化的当今时代,理性主义盛行与“精神”缺位成为难以化解的时代困惑。要完整真切地把握生态主义理论思想的“精神”内核,必须突破“学派”“流派”与“思潮”的研究理念,以“出入流派”的伦理学研究方法进行生态主义理论“形态”的研究。因此,我们的学术使命是探寻众多流派和思潮中的“一”,将纷繁庞杂的“学派”“流派”与“思潮”提升为“形态”,从而建构伦理思想的精神同一性与生命同一性。

学派林立、流派纷呈与思潮涌动的学术研究对于思想的碰撞和资源的累积固然具有不可或缺的重要价值,但是,当不同的学术元素和理论概念各自呈现时,却由于“精神”缺位而无法自洽自足,从而难以形成系统完整的精神体系,因此,“支离”的“学派”“流派”与“思潮”无法完整地呈现一个时代、一段历史、一个社会、一种哲学、一个民族、一个国家甚至一个人的精神世界的系统完整的演化脉络,进而更无法追踪一种理论与一种文明的生命成长的精神轨迹,从而难以安顿个体生命秩序与建构完善的社会生活秩序。“形态论”超越了“学派”“流派”与“思潮”而提升为一种圆融自洽的伦理研究方法,它不是伦理研究的某种思想或主张,而是伦理思想的精神呈现与生命呈现,甚至是伦理自身的生命表达。

生态主义伦理思想在人类文明初年和整个人类童年时代所表现的现实精神样态是“伦理”形态。中国道德哲学的第一种历史哲学形态是“伦理”形态,借助古神话作为自己精神生命的“伦理世界”和“实体世界”,是中国人生命深处的伦理“悲怆情愫”和彻底的伦理实体性。古希腊创世神话是整个希腊“伦理精神”的精神自觉和哲学表达,它创造了一个无“个体”的纯粹的实体性世界。万物一体与天人同构的精神气质成就了人类文明初年的伦理感,是生态主义的“伦理”形态。原初文明时期,人类依循“风俗信仰”对特定共同体的人类成员提出道德要求与伦理规约,通过对个体成员的行为有所褒扬和贬抑来设立道德规范和要求,推动人类共同体成员相互协作获得共同利益,因此,传统的“风俗信仰”凝聚了利益共同体的价值共识、伦理规约和“实体意识”,体现了明确的边界意识。

近代以来,西方道德文明陷入“伦理—道德”形态深刻的分裂与对峙。文艺复兴以来,近代自然科学的崛起和人类主体意识的觉醒对于反抗当时封建神权的压迫和人性的解放曾经起到振聋发聩的推动作用,然而,主体能动性的过度张扬和对“意志自由”的过分痴迷最终导致唯“我”独尊的价值理念,并彻底颠覆了古希腊时期混沌直观的有机论自然观和泛神论的影响。“道德”的强势推进使“意志自由”和“普遍法则”成为社会的主导价值理念并开始将“伦理”驱逐于道德哲学体系之外,然而“伦理”的责任意识和“类”的生命意识逐渐觉醒并开始回归。最大限度地保护生命物种的多样性,并尽可能地保持人与宇宙自然的生态平衡,是人类对自然应尽的道德责任和伦理义务,是对自然“祛魅”之后的重新“返魅”,也是生态主义“伦理—道德”互动融合的价值生态链条的合理对接。

在远古文明时期生态主义“伦理”形态下的自然之“附魅”、近代工业革命以来生态主义“伦理—道德”对峙与冲突形态下的自然之“祛魅”之后,未来生态主义理论形态的价值方向和哲学使命应当是完成“伦理”形态与“道德”形态的同一性的建构,实现自然之“返魅”。生态主义世界“伦理”—“道德”形态的价值生态沟通了“伦—理—道—德”的辩证生态元素，是生态主义“伦理”—“道德”的价值生态的“生命”表达和“精神”呈现，也是生态时代重要的文明觉悟。其一，“道德的主体”尊重自然生态规律，推动个体与整体、人类与自然、当代与后代的共生和谐与可持续发展，是生态主义“伦理”—“道德”的价值生态的“生命”表达；其二，“道德的主体”恪守人的“类本质”的规定性，自觉承担维持自然生态系统平衡的道德责任和伦理使命，是生态主义“伦理”—“道德”的价值生态的“精神”呈现。

爱国主义的正当性辩护　曲伟杰，道德与文明，2017(4)

一、爱国主义公民美德的生成基础

爱国主义似乎不难理解，那就是对祖国的爱或者热爱祖国。与人类的其他各种私人性的情感类型相比，爱国情感具有典型的公共性的特点，其公共性主要体现在爱国情感的表达往往是与公共领域中的公共议题相关的。爱国主义的表达是与“事件—议题”联系在一起的，当国家面对的事件人人都觉得不应该置身事外的时候，爱国情感必定会最为强烈。对“出生地”的依恋、对“古老习惯”的爱好、对“过去”的留恋是爱国主义道德情感的生成基础。作为一种公民美德，爱国主义又不能被单纯地理解为只是一种天然的情感表达，理智和情感在这一问题上是可以结合在一起的。

二、自由主义从本体论层面对爱国主义提出的挑战及其问题

当代西方很多自由主义政治学者并不承认爱国主义是一种值得辩护的政治美德。他们试图从哲学本体论角度在根本上彻底切断个人与政治共同体之间的构成性关系，其论点可以表述为：一个人的国籍可以被描述为是道德上任意的，这是因为在大多数情况下，这个人将不能为他的国民资格担负道德上的责任——人们仅仅是生在那个国家，并且毫无选择地随着自己的成长而获得那个国民资格带来的好处和坏处。这一观点的核心理念是自由意志主导下的“选择”——无选择即无所谓自由、权利、责任、义务等。既然我出生在某个国家是任意的，因此，个人与国家之间也是一种任意的联系，这种联系不足以支撑强调奉献与责任的爱国主义美德。而我们把爱国主义公民美德的生成基础奠定在一种对自身所处的命运共同体的理解之上，这一命运共同体承载着我们共享的文化、价值和身份认同。如此理解的个人与国家之间的关系显然不同于西方近代自由主义所赞同的契约论意义上的国家建构，而是更多地被理解为一种“伦理—文化共同体”。

三、伦理特殊主义:爱国主义辩护的另一种视角

我们在援引“伦理—文化共同体”这一观念对爱国主义进行辩护的同时,实际上抽离掉了自由主义的普遍主义主张:脱离特定的社会情境来谈论抽象的价值标准和道德原则是没有太多意义的,自由、平等、正义、权利等概念必须落实到具体的社会情境中才会有生命力。伦理特殊主义所支持的道德生活图景呈现出一种同心圆的结构:处于圆圈中心位置的是我们对家庭、邻里、社区以及国家的责任,我们总是从对家庭、邻里、社区、国家等群体中的成员的特殊的爱或者责任出发,逐渐延伸到对更大范围内(直至全世界)的其他人的关心的。这种推己及人的道德生活图景的主要内涵之一就是我们的伦理关系和身份认同在很大程度上会影响我们的道德行为。

动物能够拥有权利吗? 郁乐、冯宇,哲学动态,2017(4)

文章通过厘清动物权利的相关概念与理论争议,尝试回答如下问题:第一,动物能够拥有权利吗?在何种意义与根据上,动物能够主张、践行与保障自己的权利?第二,为何需要赋予动物权利?赋予动物权利的情感动机、思维方式与论证逻辑是什么?第三,如果赋予动物权利,那么,人们在价值观念、法律制度和生产生活方面会发生什么改变?

一、权利的扩张:权利与动物的权利

在道德哲学中,人们关于权利概念的哲学基础至今并未真正达成共识,有多种解释。但当不同解释融入同一种具有包容性的叙事话语时,就会发现对权利根据的各种解释并不是真正对立的,而是从不同角度看到了权利之本质与起源的不同侧面。而且不容置疑的是,它们都以人作为权利的主体,以人类社会作为权利的根基。

道德扩张主义主张将权利赋予自然存在物,认为至少应该将权利赋予动物。在他们看来,动物作为生命、感受与生活的主体,有自己的利益与价值,甚至动物在某种程度上拥有意识与信念,因此,道德扩张主义认为动物也应该拥有至少某种程度的权利。但是,权利从人类群体扩张到其他物种,就需要给出跨越物种之间本质差异的充分理由了。

二、动物权利的主张与实现:理论与实践困境

动物权利的主张面临如下三个方面的理论困境。首先,权利立足于承诺(承认)与契约,其与义务相对应而存在,如果人们主张了一项权利,那么,相关他人总是要承担某种义务,但人类无法要求自然(动物)如此承诺。

其次,权利拥有者能够主张与践行权利。权利的主张与实践是以主体的道德理性能力为基础的,道德理性能力才是拥有权利的资格,而动物则没有这种能力。最后,动物彼此之间不可能具有权利与义务关系。

当我们在谈论与实现“动物权利”的时候,需要什么样的行动、制度与路径?首先,权利意味着义务相关方的行动界限。其次,如果动物的权利被认真对待,那么这就意味着必须建立义务相关方的侵权行动之后的制裁与矫正制度,权利肯定是需要通过行动与制度来保障的。最后,在人类现行的生产生活实践中,动物权利如果被认真地对待,将会对人类的生产生活与个体行为方式产生深远影响。

三、道德扩张的心理机制:情感动机、道德想象力与道德理性

无论哪种理论根据的动物权利论,都建立在以人为中心的思维方式之上,认为赋予动物以人类所享受的权利,动物就能够像人类一样获得保护。这种激进浪漫的美好情感与道德想象,来自人类中心主义的拟人化思维,它将一切存在以人的存在方式来理解,或者将人的存在方式赋予其他一切存在。道德扩张主义源自追求完美的道德想象力,此外,道德扩张主义赋予自然以权利的重要理由,就是权利概念本身具有多重歧义,因而人们对权利的理解充满着丰富的想象。

人是道德行为的最终目的。如果这种目的王国在人与动物之间不可能成立,那么也就不能将权利赋予那些无法将其他存在者作为目的来尊重的存在者,因为双方无法共处于一个道德共同体之中。将权利赋予动物源自热爱动物的道德情感与道德想象力,然而,其在道德理性中却无法得到确证,并且在实践中也很难真正地给予某些动物以权利。

四、“动物权利”概念有存在的必要吗?

动物不可能是契约与权利的主体,但可以是而且一直是美德与关怀的对象。也就是说,动物当然可以并且一直享有着某种道德地位,但拥有这种道德地位并非意味着能够拥有权利。

对动物的保护与关爱并非一定基于动物的权利,人类能够从关怀与仁慈的善良意愿出发爱护与保护动物。其实,赋予动物权利,作为一种停留于人们内心的主观的善良意愿,是难以找到有效路径走入真实的生活世界的。并且,从语言哲学的角度进行分析,将动物或自然存在物的权利问题还原为主词与谓词的关系,本质上就是一种范畴错误。

流动的道德与绝对的责任：鲍曼和赫勒论现代道德重建的可能性　张笑夷，苏州大学学报(哲学社会科学版)，2017(4)

一、大屠杀的历史体验及其道德后果

通过欧洲知识分子对“奥斯维辛”真相的揭示和历史再现，对大屠杀与现代文明危机的本质联系及其根源的分析，我们不难发现，这场深重的灾难不仅仅是危及数万人生命的一个“历史事件”，更是向我们展示人性的黑暗和复杂并强烈地叩问每个人良知的一个“道德事件”。大屠杀打破了“善”和“恶”的截然对立，揭示了处境对人性以及人的行为的重要影响。这种普遍的人性失败证实了极权之恶与其说是一种“极端的恶”，不如说是一种良知休眠的“平庸的恶”。于是，我们从大屠杀中看清了极权主义的本质及其道德后果。

二、道德危机是现代性危机的回响

经历过大屠杀和极权主义统治的中东欧思想家们，不仅把大屠杀作为“道德事件”，而且更广泛地将其关联于现代理性文明，揭示了二者之间的本质关联。正是通过对现代性的批判性反思，他们对现代道德的不确定性以及道德冷漠与道德盲视的现代成因进行了深刻的剖析。鲍曼主要把现代道德危机归因于现代性的文化精神和技术理性背景下的社会控制。与之类似，赫勒也将道德危机归结为理性的僭越。

三、流动的现代性背景下的道德重建

鲍曼和赫勒都从人本身入手来思考和试图回答在道德不确定的时代个人如何成为道德主体。他们的伦理学都建基于对人之普遍性的重新理解和阐释之上，通过重建人之普遍性以及重建个人与人之普遍性的关联来重建道德和人类文化精神的统一。把“现在”理解为现代性历史中的一个新阶段是鲍曼和赫勒思考道德问题的认识论前提。道德的本体论地位是鲍曼和赫勒重建现代道德的理论预设。于是，在此基础上重建道德一方面是重建人之普遍性，另一方面是重建具体的个人与人之普遍性的关系。鲍曼和赫勒正是在这两个方面对道德问题进行探索。

四、鲍曼和赫勒道德理论的人道主义内涵及其缺憾

他们以“个人的道德责任”为核心构建了一种与传统的现代伦理学不同的“责任伦理学”，并在此基础上形成了不断探求道德的个人化和道德个体生成的人道主义道德理论。首先，鲍曼和赫勒的道德理论是一种文化的自我反思。其次，鲍曼和赫勒的道德理论是一种人道主义理论。最后，他们的道德理论是以个体责任为核心的责任伦理学，是朝向道德的人的自我发展和自我完善的“自律”过程。当然,除了以上共同的人道主义旨趣和内涵之外,鲍曼和赫勒的道德理论也存在着明显的差异。

正像鲍曼和赫勒对道德前景有清醒的自我认识那样,他们反思现代性的历史意识以及在此框架内寻求道德重建的途径本身已经包含并预示了他们理论上的缺憾。流动的现代性已经将普遍理性推下了神龛,已经消解了诸如进步、必然性这样的理性概念或范畴的完全合法性。这种具有内在矛盾的伦理学也就使道德重建丧失了根基。此外,责任本身还具有矛盾性。总之,这就是责任伦理学的智慧与无力,它体现着流动的现代性的悖论,从根本上讲,这也就是自由的悖论

盲视、赞同抑或拒绝:古典德性论与社会正义的契约论进路　陈治国,武汉大学学报(人文科学版),2017(4)

与近现代西方哲学着力从契约论进路探究法与国家形式的正当性以及基本社会政治制度的正义性问题明显不同,苏格拉底—柏拉图哲学和孔子儒学更愿意采取德性论的解决方案。问题在于,这些德性论进路的阐述者自身对于社会正义的契约论进路究竟持有何种态度?理由何在?这里将从一种比较的视角来探究这些问题,不仅力图促进对近现代契约论进路的深入理解,而且也借此展示先秦儒学和古希腊哲学在社会正义问题上可能的互通以及分野。

一、赞同还是不赞同:苏格拉底的契约论问题

对于苏格拉底而言,相对于先验的或德性主权的完善正义,契约论基础上的民主政治制度提供了不完善但可以部分接受的社会正义形式。不过,面对这种不完善的社会正义形式,具有德性的公民应当在继续追求完善正义的过程中努力修正和提升,而不是单纯适应,甚至破坏之。具体论证可以从三个方面展开:第一,完善的正义和不完善的正义之区分;第二,契约论基础上的城邦正义之可接受性;第三,对不完善正义的修正和提升。

二、柏拉图对社会正义之契约论进路的拒斥

柏拉图对话集中社会正义的契约论方案的另一版本,是由格劳孔提供的,它包括三个核心观点:(1) 按照自然做不正义的事情是好的、可欲的,遭受不义则是坏的、要躲避的;(2) 最好的状况是做不正义的事情而不受惩罚,最坏的状况是遭受不义而又无力报复;(3) 大多数人由于虚弱,无力保证自己能够对他人实施不正义而免受惩罚,或者遭受不正义之际以报复,权衡之下,协商放弃实施不正义的权利。

对于格劳孔的契约论辩护方案，柏拉图主要借助灵魂理论、理型论等，从人性论、形而上学和知识论的角度展开批判。在这个意义上，格劳孔社会正义的契约论版本，将完全丧失基本的形而上学和知识论的所有根基。一方面，自然世界不是道德上中立，而是本质上处于善的理型——正义的源泉——之照耀范围内的，只有少数哲学家才能认识善的理型，并以此营造正义城邦；另一方面，一般民众不能真知自我及一切事物，并可能由此而抵制一切正义的教导和安排，他们不可能行妥协性协商，人为建立任何真正的正义秩序。

三、孔子儒学与契约论方案的可能关系

在苏格拉底和柏拉图哲学中，城邦或国家范围内社会正义主要诉诸德性论的方案，要经由个体德性或灵魂秩序的个人正义，进展到城邦优秀秩序的社会正义，甚至这种正义还有某种超越性的标准或源泉，例如“神灵”或“善的理型”。孔子儒学正如我们曾经阐明的那样，就值得追求的社会正义而言，它也体现出某种德性论的进路，即由作为个人总体德性的“仁”扩展到作为国家统治秩序的“仁道之治”。契约论的方案为何没能进入孔子儒学的基本视野？我们大致从四个方面寻求背后的可能影响因素：第一，自然与社会的连续性或浑融性；第二，个体形象的特殊定位；第三，对具有强约束性的法律制度缺乏兴趣；第四，周代政治文化传统的深厚影响。

四、好好地活、活得好与人类追求正义的一个困境

孔子儒学和苏格拉底—柏拉图在整体上或者完全无视，或者不大欢迎社会正义的那种契约论方案，都不同程度地趋向于一种德性论的社会正义进路，可是引导这些方案筹划的根本动因不同。简单来说，这种动因在苏格拉底—柏拉图那里主要体现为对“活得好”的不懈追求。相比之下，孔子儒学“求仁”的动力很难说是“活得好”，而是“好好地活”。

另外，这里还涉及人类追求正义或仁道过程中的一个重要困境。苏格拉底对不完全正义的法律判决的接受，虽然没有违逆神灵或完善的正义，但一定伤害了他的家庭和子女，伤害超出了苏格拉底的可控范围，“哲学家”与“王”之间的悖论浮现出来，悖论再次体现了理论理性与实践理性、理论生活与实践生活之间的平衡性难题。最终的问题，就不是孔子在苏格拉底的处境中如何选择生死，而是要不要及以何种方式进入苏格拉底的处境。这一道难题，也是探索正义或追求仁道的当代人需要思考的。

现代世界中的伦理规范与道德相对主义问题 李晔,深圳大学学报(人文社会科学版),2017(4)

现时代是全球化时代,伦理道德问题及规范性基础需要在现代性视域中重新审视和证成。科学世界观和全球化实践的普遍伦理需要与多元文化、价值多样性、道德相对主义之间的矛盾,成为现代世界中伦理道德规范确立及其基础论证面对的主要问题。

一、伦理规范的现代"基础"问题与相对主义

价值观念与思想文化传统的冲突,造成伦理规范合法性与合理性基础的混乱与缺失,探索伦理规范的基础以及这种基础自身的合法性地位与合理性论证,成为伦理学研究的基础性问题。现代世界一方面急需不同文化传统与伦理思想观念背景的人群之间交往共处的规范原则;另一方面却没有甚至无法形成一种共同接受的规范原则。多元价值并不具有各自天然的合法性,人类要共存共处,所有的伦理道德文化与规范系统都要在现代思想观念基础上进行证成和辩护。从而,相对主义与非理性主义成为伦理学研究要回应的主要问题。相对主义以社会历史发展的某种既定性或不可改变性为基础,将其中不同文化传统及伦理道德原则和规范确定为无法进行选择和道德评价的事物。通过道德价值与道德义务的区分,我们可以得出,即使这些传统及各自的规范标准真的具有其各自的历史必然性和不可改变性(这一点值得怀疑,但这又涉及历史哲学的根本性争论,这里不做探讨),我们仍然可以对它们进行道德评价,虽然不一定因此推出相应的道德义务。

二、道德相对主义:特殊性事实描述与合理性规范论证

通常对道德相对主义的论证从道德分歧的存在这一事实开始,特别是看起来无法合理解决的分歧,因此道德相对主义可以看作对这种事实的一种理论反映。道德相对主义可以大致区分为描述性道德相对主义、规范性道德相对主义和元伦理(或元道德)相对主义。但仅仅从日常的道德直觉和常识出发,即使每个人所在的社会或共同体中的道德价值、原则与伦理规范在各自的共同体中都是一致的,我们也不能断言,相互冲突或对立的道德原则或伦理规范都是正当合理的。进一步的问题还在于,即使在同一共同体中,也可能并不存在道德价值与规范原则的完全一致性,更不用说不同文化、社会及共同体之间的一致性了。因此,进一步争论的问题就进入到在道德原则或判断以及一般的规范性原则或判断问题上,是否具有某种客观性实在或标准依据,或者退而求其次,是否存在着人类达成一致性意见的可能性与方法途径,这是元伦理相对主义是不是正确的或具有某种合理性的问题,显然,这也是根本上如何对待和判断道德相对主义的基础。

三、事实与应该:主体间一致性及其基础问题

近现代哲学家日益变得拒斥道德客观性模式而赞成一种基于主体间一致性的道德客观性理论或模式,将客观性归结为主体间的有效性,这可能主要是为了避免旧有模式的形而上学的包袱,因为这样可以避免对超自然的、先验的实在或某种"永恒真理"、内在固有价值之类事物的预设,还在于道德陈述或价值陈述与科学陈述或事实陈述本质上的不同。如果能够获得一致同意是现代世界中伦理道德规范被证明客观和正当的有效途径,作为处理相对主义的一种策略,这种一致同意还需要在理论与实践、逻辑与现实的可能性及其基础问题上做进一步的区分和论证。道德相对主义即使不是道德多样性事实的一个直接逻辑结果,也是从对这一事实看起来最为合情合理的解释中得出的一个推论。道德相对主义不应该简单地被看作显然错误的伦理学理论。道德相对主义问题最终的解决前景在于人类社会历史发展的某种新阶段,为人们在根本利益和价值认同上达成一致创造出前所未有的基础和可能性条件。这也说明,道德相对主义问题的解决在最终意义上是一个社会历史实践问题,而不是纯粹理论问题。

中国当代伦理学的理论困境 戴茂堂、谢家建,湖北大学学报(哲学社会科学版),2017(4)

现实生活的道德困境在很大程度上可以理解为中国当代伦理学的理论困境的逻辑结局或结果。中国当代伦理学的理论困境突出地表现为本体论上的客观主义、认识论上的科学主义、方法论上的规范主义和目的论上的实用主义。

一、本体论上的客观主义

在哲学史上,有人从本体论上对世界做出了主观主义的理解,也有人对世界做出了客观主义的理解。哲学史上的客观主义在中国当代伦理学中也有明显表现。中国当代伦理学普遍认为,道德上的善与恶都是客观实在的,具有外在于人的事实上的真实性。道德信念为真,当且仅当它符合道德事实,而符合道德事实的道德信念就是道德真理。在西方伦理学史上,道德哲学家们一直都将对善或恶的理解与自由关联在一起。如果说,对人而言,自由不可逃避,那么责任就成为人与生俱来的"宿命"。若要克服中国当代伦理学中广为存在的本体论上的客观主义,必须在道德与自由之间建立起友好的通道。

二、认识论上的科学主义

本体论上的客观主义与认识论上的科学主义是贯通的。科学主义的认识论模式本来就建立在对世界有一个“绝对实在”(absolute reality)的假定之上。伦理学只要在本体论上假定道德事实是客观实在的,就必然在认识论上选择以科学的模式去揭示作为事实的道德,并把道德判断置换为科学判断,把道德教化置换为知识教育,从而走向对伦理学的科学定位。中国当代伦理学不仅追求客观性,而且追求科学性,并且越强调客观就越肯定科学,反之亦然。

伦理学若要建立价值论视野,就不能只停留在人的认知上,而必须深入到人的心灵深处,呵护人的内在生命、精神诉求,把道德的良知重新根植于人类温暖的情感中,敞开人的心理之维。正是对于情感的关注,伦理学才能拥有一种被康德式的义务论或功利主义的后果论忽略了的道德心理这样的议题。

三、方法论上的规范主义

恰如本体论上的客观主义与认识论上的科学主义是贯通的一样,认识论上的科学主义可以直接通向方法论上的规范主义。中国当代伦理学的科学定位在很大程度上支持伦理学走向规范主义。中国当代伦理学关注的是行为正当与否,而判断行为正当与否的根据就是借助科学理性而确立的道德规范。于是,伦理学就与“科学”“规范”合一甚至“合谋”了,伦理学的理想是既做“科学的”伦理学又做“规范的”伦理学。如果说超越中国当代伦理学认识论上的科学主义困境必须建立起价值论的视野,那么超越中国当代伦理学方法论上的规范主义困境就必须建立起德性论的视野。德性论就是通过对道德品质的研究揭示作为道德存在的人应该达到的美德境界,从而昭示人生的价值和生活的意义。

四、目的论上的实用主义

中国当代社会的巨大转型引发了太多的道德问题,如环境伦理问题、医疗伦理问题、经济伦理问题、网络伦理问题等。在这种情况下,中国当代伦理学发生了研究范式的转换,纷纷转身应用领域,应用伦理学如雨后春笋,应运而生。如此一来,在当代中国,伦理学一下子“乘势而上”而幻化成了解决各种具体问题的“无所不能”的道德工具,走向了实用主义。

这种情况向中国当代伦理学提出了严肃的挑战。如果伦理学还想有所作为从而体现自己的应用性,那就必须对这种挑战给予有品质、有高度的回应。当然，最好的回应就是在道德哲学的制高点上就如何阻止外部世界的虚假繁荣和内在世界的萎靡不振展示卓有成效的价值引导与实践智慧。伦理学最强大的实践智慧就是唤醒每个人的仁爱之心，把道德的良知与高尚的情感深深地植入人的内心世界。真正的伦理学总是怀揣着善的理想来不断反思恶，并尽力为如何拒绝恶的诱惑指明一条正确道路。正确的态度就是，承认并承担人类本性的弱点甚至恶劣，然后积极寻找拯救之道。这就是应用伦理学的大用或作为。

自然主义视野中的道德心理学 殷杰，中国社会科学报，2017-04-18

自古以来，道德问题始终是人们孜孜探求的重要话题，它本身是多层次、复杂的，既需要对"善""责任"这样的概念进行辨析，同时也与诸如"什么样的具体情形促使人们更乐于助人"等描述性问题紧密相关，是一个兼具理论与经验特征的复杂研究领域。

为探明道德问题，人们进行了漫长而艰辛的探索。在哲学中，道德问题作为伦理学研究的核心议题，从亚里士多德《尼各马可伦理学》开始，包括休谟、康德在内的哲学家们依靠概念辨析和思想实验的方法对此都提出了自己的观点甚至是体系。而在心理学领域，自20世纪开始，以皮亚杰和科尔伯格为典型代表的心理学家开始采用心理调查和实验等研究方法，针对道德语境下的心理和行为提出了道德发展心理阶段等理论。此外，生物学、神经科学等经验科学的研究也逐渐涉及道德问题。

但是，一直到20世纪后半期，各学科对道德问题的研究都保持相对独立的状态：伦理学中以思想实验为主导的研究方法缺乏精确性和现实性，而心理学、生物学和神经科学等以社会调查、科学实验等方法为主导的研究由于缺乏系统理论的指导，其研究结果难以被整合，无法在道德研究的推进中发挥最佳效果。

到20世纪末，随着自然主义和认知科学产生日益广泛的影响，以及心理学中行为主义式微带来实证调查命题多样化等发展，哲学同经验科学之间合作的壁垒被逐渐打破，哲学家同心理学家逐渐开始相互借鉴彼此的成果，并开始进行合作研究，道德心理学应运而生。它以问题为导向，跨越哲学、心理学、生物学、人类学、认知科学等学科的界限，综合思想实验、概念辨析、田野调查、社会调查、实验室实验等社会科学与自然科学的研究方法，同时包含了对道德问题规范性的讨论和描述性的探寻，增加了道德研究的可靠性和现实性，与道德问题兼具规范性和描述性两个维度的本质相契合,弥合了伦理学研究与经验科学各自独立研究的缺陷。

作为一个新兴交叉领域,这种研究路径所展现的优势正在逐渐为学界所接纳和推崇。提比略(Valerie Tiberius)认为,“道德心理学是近年来哲学和社会科学最令人振奋的研究领域之一”。与此同时,由于其发展时间相对较短,国内外对道德心理学的研究正处于起步阶段,对其理论定位也存在多种观点。这些观点大致可以分为三类:一是将道德心理学看作同发展心理学、进化心理学等平行的心理学分支学科,以人们的心理过程为主要研究对象;二是将道德心理学看作哲学的分支,或者是道德哲学的分支,同规范伦理学、元伦理学并列,以探明道德规范、道德判断的本质等问题为研究目标,同心灵哲学产生交叉;三是认为道德心理学是涉及哲学、心理学、生物学、神经科学、人类学等多学科的交叉研究,以道德问题为核心,围绕道德相关问题,综合上述学科知识和研究方法,致力于从道德进化、人脑认知机制、道德与语言学类比等多个视角探讨道德产生、道德判断、自由意志和道德责任等问题,是一种道德研究的自然主义路径。

笔者认为,最后一种定位方式较为客观和现实。近10年来,道德心理学研究,特别是对道德判断产生过程的研究已经越来越深入,涉及的要素和学科日渐超出哲学和心理学的学科界限,同生物学中的进化论和认知科学中的脑科学、计算主义、语言学联系紧密。这种研究思路从问题出发,不囿于学科边界,体现了一种自然主义的跨学科研究路径。

中华文明蕴含全人类的共同价值　陈来,人民日报,2017-04-26

习近平主席在出席第七十届联合国大会一般性辩论时指出:“‘大道之行也,天下为公。’和平、发展、公平、正义、民主、自由,是全人类的共同价值,也是联合国的崇高目标。目标远未完成,我们仍须努力。”努力完成这些目标,需要从中华文明中挖掘有益资源。

“全人类的共同价值”意味着这些价值不仅适用于一个国家或一部分国家,而且适用于整个人类命运共同体。全人类的共同价值不仅是不同意识形态、不同制度形态的国家共同追求的价值,也是各个国家、各种文明处理好相互关系的价值准绳。

基本价值的世界化是一个老问题。民主与自由是20世纪西方国家特别重视的价值,但这些价值只被其运用于国内,而没有运用于国际,甚至在其国内也没有真正得到贯彻,所以并不是所谓“普世”的。在处理国际关系和世界事务时,西方国家真正崇尚的是强权主义、霸权主义和单边主义。

习近平主席强调和平、发展、公平、正义、民主、自由是全人类的共同价值，这反映了国际社会对建立新型国际关系的诉求，蕴含着推动全球治理体系变革的重大意义。

这使我们想起了20世纪90年代中期的"世界伦理"运动。"己所不欲，勿施于人"是公认的世界伦理金律，这一思想在18世纪末曾被写入法国的《人权宣言》，法国启蒙思想家伏尔泰认为它是"最纯粹的道德准则"，应该成为"所有人的座右铭"。这一思想还被国际社会誉为处理国家之间关系的"黄金法则"，被镌刻在联合国总部大楼大厅的墙上。可以说，它是中华文明的基本价值理念，同时也具有全人类共同价值的意义。

习近平主席提出的"全人类的共同价值"具有深厚的伦理基础。总体而言，"己所不欲，勿施于人"是和平、发展、公平、正义、民主、自由六大理念的伦理基础。"己所不欲，勿施于人"是认识和处理国家、民族和人民之间道德关系的智慧，它要求我们不能把自己不愿意接受的事情强加给别人，也不能把自己喜欢、信仰和追求的东西强加给别人，而要设身处地多从对方角度考虑问题，多为对方着想。在当今全球治理中，应大力倡导"己所不欲，勿施于人"，努力促进世界各国及其人民平等互助、合作共进，为形成公正合理的国际政治经济秩序贡献智慧和力量。

分而言之，"己所不欲，勿施于人"是"公平"的基础；"己欲立而立人，己欲达而达人"是"发展"的基础；"和而不同"倡导宽容、多元的对话，是"民主"的基础；"以德服人""协和万邦"是"和平"的基础；"天下为公"要求不以谋取私利为处世原则，是"正义"的基础。这五个方面不仅指向和平、发展、公平、正义、民主，并成为这些价值背后的深层理念，其本身也是人类社会生活应该具有的基础性道德价值，由此彰显了中华文明价值理念的普遍意义。

事实上，这五个方面都包含在儒家"仁"的原理中，可以看作儒家思想中的"仁道"对全人类共同价值的贡献。孟子说，"仁也者，人也"。《礼记》作"仁者，人也"，与孟子一致。"仁者，人也"是儒学的重要论题。在历史上，对"仁者，人也"有过不同的理解和诠释，反映了不同时代的人们对"仁"的本质的不同理解。今天，面对人们对全人类共同价值的思考，我们可以对"仁者，人也"给出当今时代的诠释，即"仁"集中体现了全人类的共同价值。

大数据时代信息价值开发的伦理问题　李伦、李波，伦理学研究，2017(5)

随着大数据技术的发展，大数据信息蕴含的潜在价值不断得到开发。

大数据信息价值开发涉及科技、商业、医疗、教育、人文以及社会生活的各个领域。在互联网、云计算和海量数据存储技术的推动下，大数据已成为全球科技界、企业界、学术界和各国政府关注的焦点，发达国家相继实施大数据发展战略，力图使大数据的信息价值得到充分开发，推动生产和信息交流方式的变革，加快信息价值的转化力度，提升经济增长质量。大数据是21世纪的"新石油"，是时代变革和经济社会发展的推动力。然而，不可忽视的是，在大数据信息价值不断得到开发的同时，由于大数据技术具有强大的收集、存储和处理数据的能力，它们容易引发诸多值得关注的伦理问题，如侵犯隐私权和知识产权，危及信息安全。

一、大数据时代信息价值开发

近年来，随着互联网的普及和大数据技术的发展，生成、收集和存储的数据呈现几何级数增长。移动通信、社交网络和监控设备的普及，以及电子商务和可穿戴智能设备的出现，个人的情感、情绪、习性、喜好、性格、行为、地理位置和社会关系，甚至身体状况的每一点变化都成为可被记录、存储和挖掘开发的数据。如今数据记录日益细微和精确，数据生成平台日益多样化、规模化和海量化，这就要求存储容量和处理技术要日渐强大，这样才能够处理传统数据工具无法存储和分析的海量数据，但值得强调的是，大数据之大不仅在于它的大容量，更在于要挖掘海量数据中的大价值。各行各业正开启一个生成、获取和挖掘开发数据的新时代。以云计算为基础的大数据技术，越来越有效地、廉价地将海量的、快速的、变化的数据记录和存储起来，并可以根据需要进行分析和运算，使得大数据中潜在的价值得到充分开发和应用。借助大数据技术，数据正成为巨大的经济资源，成为新世纪的矿产和石油。

二、大数据信息价值开发引发的伦理问题

1. 隐私权问题。在大数据时代，隐私问题是一个迫切需要关注的伦理问题，这主要是因为互联网和大数据技术的日益强大，再加上各行各业的利益驱使，使得个人隐私权更容易被侵犯。与大数据时代之前相比，现在大量的个人隐私信息被收集，更能挖掘出其潜在的价值，且更难控制，更难追究责任。大量数据的收集是信息价值开发的首要前提，现代互联网具有开放性、共享性和全球性等特征，也正是在这样开放的网络环境下，大数据信息价值的开发让人更容易通过强大的大数据技术获取大量的原始数据，更容易将从前属于个人隐私领域的信息视为公共信息，从而导致对隐私权的侵犯。

2. 知识产权问题。知识产权是一种无形资产,具有相对和绝对权利的双重属性。知识产权的绝对权利属性表现为知识产权的专有性和垄断性,非经其所有者允许,不得擅自使用。知识产权的相对权利属性表现为知识产权的地域性和时间性,也就是说,这种权利属性只有在特定的区域和时间内才有效。知识产权所具有的这种双重属性表明,它一方面是一种垄断权,具有排他性;另一方面又是一种相对权利,为合理使用和自由共享留下空间。因此,知识产权在理论和实践上始终存在着自由共享和限制使用之间的矛盾。随着大数据时代的到来,这种矛盾将变得更加突出,知识产权已成为一个令人瞩目的问题。网络大数据技术可能导致知识产权越来越容易被侵犯,使知识产权难以得到保护;网络大数据技术也可能导致知识产权的强保护,使自由共享成为不可能。这两个方面的问题都值得我们认真对待。

3. 信息安全问题。在大数据时代,网络数据信息的收集、存储和传播过程还会面临信息安全的问题。在信息网络空间中,在匿名制、虚拟身份和多重角色的掩护下,病毒和“木马”横行,恶意攻击网络;邪教组织借助网络传播其教义;国际恐怖组织利用虚拟空间发表激进言论,发动恐怖袭击;国际间谍利用网络盗窃国家机密;网络战和信息战危及国家安全和世界和平。所谓信息安全,是指国家机构、公司和个人的信息空间、信息载体和信息资源不受来自内外的各种形式的威胁和侵害。随着大数据技术日益渗透到生产、生活和观念等领域,危及信息安全的问题接踵而至,大数据信息安全问题也引起了人们的关注。

综上所述,在大力推进大数据战略的进程中,我们既要充分利用大数据技术挖掘信息的价值,促进经济社会的快速发展,促进社会的信息化发展,也要关注和解决信息价值开发过程中可能产生的隐私权、知识产权和信息安全等方面的问题。信息价值开发带来的创新和利益以及隐私权、知识产权和信息安全等都是人类极为珍视的价值和利益,只有合理平衡创新、利益、价值和风险,才能促进大数据战略的实施,促进经济社会的健康发展,并保障人类的各项权利。

近年来德语世界伦理学教程的几个新特点　叶晶珠,道德与文明,2017(5)

概括起来,最近30年来德语世界出版的伦理学教程大致具有如下四个突出的亮点。

第一,把意志自由作为伦理学的“基础概念”或者“前理解”。伦理学中的“应当”的诉求,先验地蕴含着作为行为主体的人拥有在不同的选项中进行抉择的可能性与必要性。Wolfgang Huber 在《伦理学:我们生活的基本问题》中讲到:“假如以人的行为的一种完全的被决定性为出发点,则人们就完全没有必要探寻伦理学了。因而伦理学关涉到一种出自自由的生活的可能性。”Peter Fischer 在其《伦理学导论》中也是把对“决定论”与“自由”的辨析,作为其对伦理学思考的基础。而 Arno Anzenbacher 在《伦理学:一个导论》里更是把自由意志视为对伦理学全部原则的所谓“前理解”。把自由看成最高的价值这样一种观念的变化,确立了作为行为主体的每个人所应有的权利地位和尊严价值,因而毫无疑问体现了人类社会文明意识与道德状态的巨大改观。

第二,把“人权”和“人的尊严”引入伦理学教程。人权概念进入伦理学的讨论是 20 世纪 90 年代以后的事情。德国著名伦理学家 Ernst Tugendhat 在《伦理学讲演录》中首次把人权引进了伦理学的教科书里,并且将之视为政治道德的核心概念。2003 年,Gerhard Schweppenhaeuser 的《伦理学基本概念》也把人权收录在内,并且特别强调了人权的普遍化要求。而在 2010 年,Nikolaus Knopffler 在《应用伦理学》中把人权与人的尊严确定为首要的出发点,在此基础上详尽地分析了人权与人的义务的相互关系,并且将人权作为判定应用伦理学各个领域中的道德冲突的普遍性标准。Wilfried Hasrle 在其著作《伦理学》中则把人的尊严看成“伦理学的具体化”的第一项,并视之为解决如健康、性、和平、正义等具体社会伦理问题的基础。

第三,将契约论列为伦理学中的重要理论。当今并非每部伦理学教程都将契约论列为与德性论、功利主义和义务论齐名的伦理学理论流派。2002 年,奥地利女伦理学家 Herllinde Pauer-studer 在其《伦理学导论》一书中首次把契约论列为与康德义务论、功利主义、德性论并重的伦理理论并做了大篇幅的阐发。Herllinde Pauer-studer 的这一立场得到了许多伦理学家的认同。Dietervonder Pfordten 在其著作《规范伦理学》中就把契约论与其他三大伦理学理论并列为最重要的规范伦理学分支。

第四,把应用伦理学的内容纳入到伦理学教科书之中。自 20 世纪 90 年代以来,德语世界里出版的应用伦理学教程便层出不穷。综上所述,近年来,德语世界的伦理学教程同过去相比在内容上已经发生了一些明显的变化。人权、人的尊严概念构成了许多学者进行伦理学体系建构的基石。

德国法学界与伦理学界不仅在基本的道德立场上高度一致，而且在许多研究课题上也密切相关。而伦理学教科书对人权、契约、商谈等这些政治哲学术语的引入，也反映出了当代伦理学从个体的道德良心决断到社会普遍性的伦理制度建构，从个体的德性培育到宏观的整体性行为方式的塑造这一重大转向。

药师信仰的生命伦理诠释 王富宜，道德与文明，2017(5)

药师信仰从伦理本体的角度揭示了生命的本源、意义和价值，涵盖了生命伦理的身体伦理、性别伦理和死亡伦理等议题。同时，药师信仰还提供了生命伦理的准则和实践方式，即在信解的前提下，通过多样的仪轨落实其所蕴含的生命伦理思想。由药师信仰的思想和仪轨构成的立体信仰体系使得其蕴含的佛教生命伦理思想成为中国生命伦理思想的重要组成部分。

一、药师信仰与中国生命伦理

药师信仰以药师佛及菩萨等为信仰对象，是佛教信仰的重要组成部分。大体说来，汉地药师信仰发端于南北朝，盛行于唐代，成熟于明代，经历了经典不断完善、仪轨不断形成的过程。药师佛之所以被尊称为"大药王"，首先是因为药师佛的圣众之多；其次是因为"大药王"意味着药师佛的愿力之大；最后是因为药师信仰以现世的救度为主，注重现世人生苦难之救度，包括国家层面的灾难和个人层面的病患。正是药师信仰济世利生，消灾延寿，对生命的关怀满足了人们对"健康"与"平安"的渴求，使得药师信仰在中国流行。药师信仰是中国生命伦理思想的重要组成部分。首先，生命的尊严和价值为药师信仰所重视，尤其是健全的身体、正常的死亡都为药师信仰极力推崇。其次，从践行生命思想的行为来看，持诵经典、戒除恶行等都使得对于生命的展现有章可循、有行可修。最后，从生命的追求来看，追求智慧和解脱，达到理想的净土世界是药师信仰的最终追求。

二、药师经中的身体、女性与死亡

药师信仰肯定大乘佛教所共通的"人身难得"，视珍贵人身为修行证悟的基础，尤其正视人的身体的脆弱性，开辟出善待生命与身体的"妙有"之路径，满足民众对身体的尊重与保全的意愿。药师经典对于女性处境的观照，主要体现在应对解决女性生育的"生理苦"和女性灵性追求的"心理苦"，体现出一种超越性别的身体观和解脱观。药师信仰认为人的生命的终结方式应该是正常的方式，即"善终"，而信奉药师佛可以免于不正常的死亡方式。药师信仰倚重健康与洁净,将人生物学意义上的身体康健、安全生育、正常死亡与德性意涵、解脱涅槃和心灵净化相融合,赋予现世人的生命以解脱超越的意义。

三、药师信仰的生命伦理实践方式

(1)信解。佛教的生命伦理思想更多从解脱论的角度而言,让"理解"隐退,让"信解"显现,将心灵的情感代替纯理性的思维反省,从而具备了践行生命伦理思想的动力。信解关涉知、情、意三方面,而不仅仅像理解那样,主要指知性或者理性的方面。可以说,信解为道德的实践提供了"意志"这样一个行动的前提和动力。(2)仪轨。药师仪轨具有多样性和丰富性,满足信众通过仪式将信仰落实到仪式行为中。药师佛仪轨包括持名、供养、诵经、持咒、药师佛造像、编写药师灵验记、燃灯、造幢等方式。

药师信仰从人现世和现实生活中遇到的出生、生存、生育、死亡等审视生命的意义和价值,涵盖身体伦理、性别伦理以及死亡伦理等诸多方面。在身体观上,药师信仰认为人的生命和身体十分珍贵和稀有,保持和维护身体的健全和健康具有重要意义。人具有向上发展的可能性,女性通过修行同样可以获得身心解脱,达至涅槃。在死亡观上,人的死亡应该是自然的死亡,而非"横死",药师信仰可以避免非正常的死亡。在药师信仰中,其对身体、女性、死亡的阐释契合现实和现世信众的需求,体现了济生利生的特点,并借由佛教独特的实践路向对中国生命伦理产生了影响。

传统儒家伦理的话语转换与对外传播 吴雅思,江西社会科学,2017(5)

传统儒家伦理思想饱含古代中国人对理想社会的思考与追求,在其生发与完善的过程中,逐渐厘清了理想社会中各因素之间的关系,是中华文明精髓的集中体现。然而,传统儒家伦理思想与现代文明相互碰撞,其对外传播也面临困境。了解过往的转换与传播经验,将传统儒家伦理思想进行现代话语转换,结合时代特点进行对外传播,是当今我国增强文化自信的必由之路。

一、传统儒家伦理话语转换及对外传播的阶段与特点

在萌芽时期,即公元285年至17世纪初,传统儒家伦理话语转换权受制于宗教皇权势力,传播呈现出东西方不均衡性。在形成期,即17世纪初至18世纪末,传统儒家伦理的话语转换权逐步被文人学者掌控,但其宗教性继续得以保持,并出现两个核心传播点。在发展期,即18世纪末至19世纪末,传统儒家伦理的话语转换权由研究、教职人员掌握,传播注重经典义理分析，并不再受限于核心传播点。在繁荣期，即 20 世纪初至 21 世纪初，传统儒家伦理话语转换和思想传播受国内外政治经济格局影响，逐步呈现双向度交流模式。可以看到，在这四个阶段中，传统儒家伦理的话语转换和对外传播是个经历困境、具特色、不断发展的过程。

二、传统儒家伦理话语转换及对外传播的困境与前景

就目前而言，这些困境主要集中在两个方面：其一，传统儒家伦理思想同其他社会文化的关系及融合问题；其二，传统儒家伦理的体系结构适应现代世界的问题。因此，一方面要注重传统儒家伦理核心理念与不同文化的契合，注重其话语与其他文化的言行、习俗、规范之间的关联；另一方面要注重传统儒家伦理应保持“中国特色”，使其汲取传统文明的营养，并在现代社会中生根发芽。这样的过程不仅在学术领域具有重要意义，在实际应用领域也极具价值，拥有良好的前景：从学术角度看，纠正了目前存在的以西方话语体系为模板的政治伦理研究倾向；在实际社会生活领域，加强传统儒家伦理的话语转换和对外传播，能够增加民族凝聚力和文化自信。

三、传统儒家伦理话语转换及对外传播的内容与方法

就其内容而言，大体上可分为三个部分，即传统儒家伦理思想的体系、话语转换及对外传播的机制以及具体转换与传播的核心理念。第一个部分是传统儒家伦理思想的体系，它是文化话语转换、传播的基石。因此，需要对传统儒家伦理思想体系进行系统的梳理，这包括多个方面的内容。第二个部分是话语转换及对外传播的机制，它是连接理论与现实的桥梁。因此，首先需要对不同历史时期的传统儒家伦理话语转换和对外传播过程进行历史审视，分析其内外机制。第三个部分是具体转换与传播的核心理念。传统儒家伦理思想的话语转换和对外传播是否有效果，取决于它的核心理念的影响力。因此要摒除单一视角思维，但又不能完全抛弃传统的中国思维。

在研究转换和传播这一思想体系时，应该注意方法。首先，在原则上应反对儒家伦理的简单现代移植，选择传统儒家伦理中的某些内容为先导来进行对外传播。其次，在内容上注重实践性，顺应历史却又不切断历史。最后，在分析上审慎选择比较点。未来的趋势是文化的“和而不同”，世界上各种文化都发挥或大或小的影响力，为人类社会提供独特的贡献，而中国传统儒家伦理思想能够在这个过程中发挥不可替代的作用，可使得儒家伦理能够真正地进入现代生活，引领现代生活。

移情的道德叙事与论域检视:以斯洛特移情道德学说为中心的考察
韩玉胜,齐鲁学刊,2017(5)

当代西方著名美德伦理学家迈克尔·斯洛特将“移情”视为道德发生作用的关键所在,行为者发生道德行为的根本依据在于能否“设身处地”地展现出对行为对象的关心,他系统论证了一种强调“移情”在道德生活中起普遍决定作用的道德学说。斯洛特的这一理论在当今伦理学研究领域影响甚大,有为其理论抱负而欢呼鼓舞者,也不乏质疑的声音和批评的论调,争议的核心问题在于,移情是否能够如斯洛特所认为的那样在道德生活中起普遍决定作用。本文拟对移情的道德叙事进行详尽的论域检视,以期相对客观地呈现斯洛特移情道德学说的症结所在。

一、基于“冷—暖移情”难以在旁观者与行为者之间建立起可靠的道德评价关系

斯洛特提出了道德赞同与否的情感检验标准,即对行为者所作所为产生“冷”或“暖”的感觉:当旁观者目击到行为者对他人恶劣处境缺乏移情之时会产生一种“冷”的感觉,这种情感反应代表道德反对;反之,当看到行为者对他人恶劣处境展现出移情关怀之时,旁观者会产生一种“暖”的感觉,这种情感反应代表道德支持。

首先,旁观者通过移情能够多大程度上感知行为者的所作所为和切实感受?这里涉及旁观者与行为者感觉的相似性与差异性问题。在斯洛特看来,这种感觉的“相似性”难以通过科学积累得以确切计算,这些经验层面的知识亦很少为哲学家所关注,这可能会导致不同见解,但他认为这些均无须刻意证明。显然,斯洛特的解释语焉不详,疑点重重,难以应对一些更为细致的推敲。其次,“冷—暖移情”并不能准确表达旁观者对行为者道德支持与否:其一,很多情况下,虽然旁观者感觉“暖”(或“热”),却并不代表支持某种行为,其甚至可能反对这种行为;其二,虽然旁观者对某种行为感觉“冷”,却支持这种行为。最后,“冷”“暖”仅仅是人类情感的“冰山一角”,亦非人类情感的主要表达方式。实际上,我们之所以批评斯洛特“冷—暖移情”理论的主要原因在于,“冷”“暖”这种情感表达方式太过主观,大多“忽冷忽热”的情感感受难以提供准确可靠的道德表达和道德判断。

二、移情的“利他本性”很大程度上忽视了“自我移情”的重要性

在斯洛特那里,移情在某种程度上就等同于“利他移情”,斯洛特经常提及“自我关怀”(self-care)、“自主行为”(self-directed action)等概念,而这些概念往往不涉及道德判断,斯洛特在解释“移情”这一概念时指出移情的本质是“他向的”(other-directed),斯洛特将移情定义为“感受他人的痛苦……移情关乎内心唤起对他人的情感,就像我们看到他人正处于痛苦之中”。正因如此,一些学者批评斯洛特忽视了“自我移情”的重要性,认为斯洛特并未明确解释“自我移情”的问题,未能处理好“自我移情”与“利他移情”的关系问题。首先,过于强调“利他移情”而忽视“自我移情”可能导致不道德行为;其次,不能将利他动机简单等同于道德动机。

三、移情并不能提供斯洛特所认为的那种普遍道德解释能力

在《移情与关怀伦理学》一书中,斯洛特运用“移情”这一概念对关怀伦理进行了创造性地改造与发展,初步论证了“移情关怀”作为一种广泛的个人道德和政治道德的可能性。随后他在《道德情感主义》中则进一步将“移情”作为整个道德的基础,认为它不仅涉及规范伦理的中心问题,也是理解元伦理学的关键所在。斯洛特认为这种移情机制具有相当可观的普遍性。现实生活告诉我们,人类情感自身存在诸多难以克服的天然缺陷,将道德建立在人类普遍移情基础之上必定同样面临难以克服的难题,移情在很多情况下扮演着缩小道德判断范围的角色,斯洛特道德情感主义方法的普遍解释能力值得怀疑。

公共健康伦理何以可能　朱海林、石婷婷,道德与文明,2017(6)

公共健康伦理学诞生于 20 世纪 90 年代初的美国,并迅速在 20 世纪 90 年代后期的欧洲和 21 世纪初的中国落地开花。但目前学界对“公共健康伦理是什么”与“公共健康伦理学的学科定位”这样的基本理论问题仍然存在明显分歧。就前者而言,目前主要有四类观点:一是“行动规范说”;二是“伦理问题说”;三是“伦理反思说”;四是“道德责任说”。就后者而言,主要有两类意见:一类是把公共健康伦理学视为伦理学或生命伦理学的一个分支领域;另一类是把公共健康伦理学视为一门新兴的独立学科。这些基本问题之所以存在分歧,事出有因,如鲜有学者关注和思考公共健康伦理何以可能的问题。笔者认为,之所以关注不足主要原因在于公共健康学与伦理学的理论壁垒造成的学科间的知识交叉不足。

公共健康与伦理之间既存在一种外在的关系,也存在一种内在的关联。公共健康与伦理的外在关系,即公共健康与伦理作为两种类别的事物之间存在的互相需要的关系。公共健康与伦理之间的内在关联,指的是基于公共健康与伦理之间的内在同质性,二者互相内在地包含了通往彼此的规范或精神。

笔者认为,公共健康伦理之所以可能的外在根据,在于公共健康需要伦理导向。这主要表现在三个方面:公共健康制度安排和决策需要伦理论证,公共健康活动效率的提高和目标的实现必须具备道德基础,以及公共健康活动必须接受道德评价。

公共健康伦理之所以可能的内在根据,在于公共健康本身具有伦理属性,公共健康活动也是一种道德活动。这主要表现在以下方面:首先,公共健康活动的主体是道德主体;其次,公共健康活动的目标也是道德发展的重要目标;最后,公共健康活动本身内蕴着重要的伦理精神。

如果说基于公共健康与伦理外在关系和内在关联的外在根据和内在根据为公共健康伦理提供了存在的可能性根据,那么,20世纪末不断爆发的公共健康危机所唤起的伦理反思和伦理自觉,则使公共健康伦理的可能性变成了现实性。公共健康伦理正是在公共健康危机受到越来越多的伦理关注和反思的背景下兴起和发展起来的。

技术、空间与生命伦理场　吴红涛,道德与文明,2017(6)

技术在空间之中的构境,深刻影响着空间的在世形态和表征方式。空间与技术之间的重要关系,随着时代变迁而不断改变,对其进行考察,不仅有助于正确审视各类空间问题,同时亦是反思时代伦理症候的重要切口。

一、技术境构与空间多样化

法国哲学家贝尔纳·斯蒂格勒(Bernard Stiegler)指出,"技术"对于"时—空"(time-space)都有着广泛而深刻的影响,不仅包括"个体间的时—空",还包括"身体的时—空"。但是,目前学者多就技术与时间问题做出了卓越而翔实的分析。而对于技术与空间关系的研究,无论是技术哲学领域,还是空间研究领域,学界目前依然缺乏较为有效的关注。空间与技术的关系问题是一个复杂且充满争议的问题,其也会随着时代和情境的变化而不断改变。从笼统意义上看,空间与技术的关系可以预先从以下两个方面得以确认:一方面,任何技术都需要在既定的空间中得以展开,不同技术也需要通过不同的空间形式来得以再现;另一方面,空间也可以被技术所塑造和修饰,不同的技术能够形塑不同的空间。

二、技术操作与空间生产化

技术在现代社会中具有强大的统治力,其无处不在且无孔不入,因而我们必须意识到这样一个不争的事实:如今的现实空间,几乎已全部染上了技术的因子。透视法之于人类空间观的影响,形象表征了技术之于空间的影响。正是在诸如透视法等此类技术法则的规整下,空间被逐渐剥去了宗教与神话的面纱,想象变成了直面,神秘变成了可视。而后各种现代科学技术的兴起,更是将空间纳入到了人类现代性的宏伟蓝图之中,成为资本积累和经济发展争相改造和使用的对象。显然,一旦空间被技术所占据,那么,柏拉图、亚里士多德、康德和黑格尔等人所引领的空间之形而上的征候将会彻底地消失殆尽。在技术的操作下,空间转入了形而下的境地,其往往是具体的、可观的和可造的。

三、技术控制与空间非人化

技术的机器化倾向同样深刻影响了诸多空间的存在形态,其具体体现在空间的生产方式、空间的外部装置、空间的管理形式上。时至今日,对于空间的管理,已经摆脱了以前完全依靠人力的限制,机器凭借其高效地运转技能代替了人工,实现了对于各类空间更为有效的管理和监控。从表征意义上看,机器意味着自动化和智能化。然而,从深层机理上,机器还象征着"非人化"。机器之所以能够成为时代的主导力量之一,凭借的正是其在某些方面能够完全超越"人"的执行功能,它不需要"人格",有的只是对指令的机械服从,因而其能够更为冷静和完整地实现对"他者"的控制。从这个意义上看,潜藏在空间生产和操控之后的,其实还有机器技术对于空间所施行的指令控制。有鉴于此,一方面,我们当然要在一定程度上肯定"空间机器化"为人们生活与工作所带来的便利;另一方面,我们也必须时刻警惕"空间机器化"所招致的非人化问题。无论何时,机器都只是一种辅助性的技术载体,它绝不能凌驾于人性之上。

四、技术失控与空间的生命伦理场

这里所说的技术失控,主要是指这样一种困境:首先,技术使用的预期效应在诸多方面并不符合人的本来愿景;其次,技术失控还可以意指技术对人的反控制,当人适应了技术所带来的功用,这种"适应"便会逐步演变成"依赖"。

技术失控反映到空间问题上,则显得尤为严峻。一旦空间沉溺于"技术"的狂欢之中,对于形式、功能的热衷将会全面掩盖人性的诉求。为此,在进行各类空间规划、处理各类空间问题时,我们有必要在"技术"之外,适时加入"人性"这一重要的维度。将空间视为一种"生命伦理场",实际上包含了两个层面的意蕴:一方面,作为人类生命存在的场域,空间承载了人的出生、成长、生活、交往、劳作等一切生命活动,人的生命存在以空间存在为基础,这就决定了空间本身必定包容了人的生命情境与生命经验;另一方面,“生命伦理场”也意味着我们必须以“生命伦理”的道德意识来审视空间问题,其以“生命”为基础,以“人性”为内核,唯有在这种生命与人性视角的伦理关切下,我们才能正确认识空间的本质,才能真正有效规避技术和机器占领空间后所带来的一系列非人性化现象,以此来还原空间本有的人情温度,从而构建健康和谐的空间家园。

培养担当民族复兴大任的时代新人:党的十九大报告关于社会主义核心价值观的重要论述　戴木才,道德与文明,2017(6)

习近平总书记在党的十九大报告中指出:“要以培养担当民族复兴大任的时代新人为着眼点,强化教育引导、实践养成、制度保障,发挥社会主义核心价值观对国民教育、精神文明创建、精神文化产品创作生产传播的引领作用,把社会主义核心价值观融入社会发展各方面,转化为人们的情感认同和行为习惯。”“以培养担当民族复兴大任的时代新人为着眼点”这一重要论断,与中国特色社会主义进入新时代、提出新任务新要求相适应,为培育和践行社会主义核心价值观提供了新的重要遵循。

一、注重培育“时代新人”是我们党的一贯传统

高度重视教育“为谁培养人、为谁服务,培养什么样的人,怎样培养人”这一重大问题,是中华人民共和国建立后我们党治国理政的一贯传统。正确认识时代责任和历史使命,是教育发展和人才培养的重要思想基础。基本实现和全面实现现代化、实现中华民族伟大复兴,对教育和人才的需要比以往任何时候都更加迫切,对教育的发展和人才的渴求比以往任何时候都更加强烈。党的十九大提出“要以培养担当民族复兴大任的时代新人为着眼点”,对培育什么样的“时代新人”做出了明确规定,赋予了当今中国教育的时代责任和历史使命。

二、“担当民族复兴大任”回答了培养“什么人”的根本问题

党的十九大报告明确提出“要以培养担当民族复兴大任的时代新人为着眼点”,深刻回答了“培养什么样的人、怎样培养人”这一根本问题:要培养勇于担当民族复兴大任、做基本实现和全面实现社会主义现代化的合格建设者和卓越贡献者。这是中国特色社会主义新时代培育和践行社会主义核心价值观新的重要遵循。“担当民族复兴大任”是凝聚中国特色社会主义新时代价值共识的“最大公约数”,是当代中国精神的核心内涵。

三、将“担当民族复兴大任”融入社会主义核心价值观的培育和践行

将“担当民族复兴大任”融入社会主义核心价值观的培育和践行,对于建设社会主义现代化强国、实现中华民族伟大复兴具有特殊而重要的意义，二者有着密不可分的内在联系，并有机统一于新时代中国特色社会主义的伟大实践。“担当民族复兴大任”极大地增强了社会主义核心价值观的吸引力、凝聚力，是中国特色社会主义新时代社会主义核心价值观的价值体认。

四、把“担当民族复兴大任”融入国民教育全过程

“培养担当民族复兴大任的时代新人”，要求坚持从小抓起、从学校抓起，要求遵循教书育人的基本规律。“以培养担当民族复兴大任的时代新人为着眼点”，使社会主义核心价值观培育与践行更加入情入理、可亲可信、具体实在、深入人心，充满时代特点和生活气息。为此，必须用建设社会主义现代化强国、实现中华民族伟大复兴鼓舞人心、凝聚共识，用社会主义核心价值观规范行为，形成全国上下同心同德、团结奋斗的磅礴力量。

在善与公平之间：从电车困境与“人数”选择难题谈起　晋运锋，哲学动态，2017(6)

在道德哲学中，善与公平是两个最重要的维度，然而，两者在很多时候会提出相互冲突的要求。在选择救助一个人还是五个人的电车困境中，善与公平之间的张力得到了充分展示。以人际集合为基础的后果主义要求救助多数人，但其无法兼顾公平；随机选择理论认为，不同人的善和价值是无法比较的，应该不受人数影响进行公平的随机选择；权重理论通过赋予每个人获救的机会以不同的权重来公平对待他们；平衡理论通过平衡每个人的要求来证明救助多数人的正当性。然而，这四种理论都无法有效解决人数难题。我们可以尝试通过非人际集合的方法来确定最优的选择，并诉诸一种温和的公平观，以期更好地解释道德哲学中善与公平之间的关系问题。

一、人际集合与随机选择理论

人际集合理论把不同的道德成分加在一起组成一个整体的价值，并将其与其他不同的价值进行对比。反对者认为，人际集合理论只是把个人看作价值的承载者，而没有将其当作特殊存在者，没有看到每个人都具有不可通约的内在价值，所以，人际集合理论没有认真对待人与人之间的差别，也就是没有平等关注每一个人，是不公平的。约翰·陶雷克通过抛硬币的方式来表达公平的选择机制，力证在人数选择难题中机会平等。陶雷克完成了对人数难题的经典论证，这种颇为有力的论证对我们的道德直觉确实造成了严重冲击。

二、权重理论

权重理论认为,给予双方平等的机会并不等于公平,因为这种机制并没有做到对每一个人的平等尊重。在坚持权重抽彩法的理论家看来,一种恰当的解决方法应该是,设计一种更为公平的选择程序,在这个程序中赋予每一个人以同样的权重。

然而,这种权重理论也具有难以克服的问题。首先,权重抽彩法会要求某种形式的人际集合的存在。其次,即使获救的机会是可以集合的,权重抽彩法仍然面临批评:如果采用一种完全相反的选择策略,让大家选择不被营救的机会,那么得出的结论则是反直觉的。最后,权重抽彩法把理论重心完全放在对每一个人获救机会的程序改进上,而没有关注实际获救的结果,这可能会导致令人难以接受的结果,并且只有结果公平才能使程序公平有意义。

三、平衡理论

平衡理论以斯坎伦式的契约主义为论证基础。在人数选择的困境中,平衡理论赋予每一个人以同样大小的道德重要性,“我”的决定如果没有公平对待每一个人的要求,人们就有理性的理由拒绝“我”的决定。

对于如何进行平衡的问题,理论家却存在很大争议。有批评者认为,这种方法在本质上仍然是人际集合,如果不使用人际集合的方法,平衡理论似乎没有任何办法说明为什么应该救助多数人,即使允许平衡理论在某种程度上使用集合的方法,在其理论框架内部也有自身无法解决的难题。

四、恰当权衡善与公平

基于以上论述,对于人数选择难题来说,陶雷克的抛硬币的方法、权重理论以及平衡理论,其立论的重心都是公平,并试图通过对公平选择程序的重新解释来解决人数难题,但它们都没有提供一种令人信服的解答。为了更好地解释这个问题,我们有必要重新思考人数难题所要处理的两个关键概念——公平与善之间的关系问题。实际上,要比较多个人获救与一个人获救的优劣,并不一定非得采取人际集合的方法,我们可以从非个人的立场出发,基于对称性和帕累托更优的原则来比较两种选择的优劣,进而确定哪种是更好的选择,那么接下来的问题就是,如何处理这种更好的选择所提出的善的要求与公平的要求之间的关系问题。我们或许可以求助于一种兼顾善的要求的更为温和的公平观,从而兼顾公平与善的不同层面的要求。当然,这种调和人数与公平的做法自身也有问题,因为善与公平之间的边界比较模糊，我们无法完全确定哪种因素、在什么时候应该起决定性作用。

“德行”与诠释　潘德荣，中国社会科学，2017(6)

一、引言

20世纪80年代初，我国学界开始注意西方诠释学。从哲学角度研究诠释学从狄尔泰开始，他创立的体验诠释学是哲学诠释学的第一个形态。其哲学化转向意味着它与解经学分道扬镳。诠释是“自我理解”，它所指向的主要是主体意识活动的“实践”，也因此被纳入实践哲学的范畴。研究表明，“实践智慧”同样也是构建中国诠释学的基础性概念，其中，“德行”概念是核心。

只有基于中国诠释传统的“德行”而建立的诠释学，才真正实现了理论与实践(涵盖了意识活动和践行两者之“实践”)之统一。“中国诠释学”只是一个名称，是作为诠释学任务的“立德”使“中国诠释学”与各种西方诠释学区分开来。

二、孔子的诠释理念

孔子删订六经，尤其是解《易》，是对中国诠释思想史的重大贡献之一，开启了一种新的诠释路向。史巫与孔子解《易》，在实践层面上有其一致性，但因在解经旨趣上的不同，他们在求得福祉的进路与方式上表现出根本差异。孔子的诠释理念旨在“立德”“弘道”，此宗旨使儒家的经典诠释有了鲜明的价值导向性。

“德”“德行”是中国文化传统的重要概念，在《周易》《周礼》中频繁出现。《周礼》指出了三种“德”：至德、敏德和孝德。《周易》的每一卦都可基于“德”来解，但就孔子所倡言的“九德”，《周易》以九卦来解说。其中，“履”被视为九德之首，它有两层含义：“礼”与“践行”。其后八德是在践履过程中的“德”之自我彰显，“礼”本是践履的应有之义，也制约着基于“履”的八德。综观《周礼》和《周易》所揭橥的“三德”与“九德”，旨趣皆为“践行”二字。

三、德行与实践智慧

检视西方诠释传统，古希腊学者的用力之处是概念的分析与推演，从“实践智慧”中推导出“德行”。中国的诠释传统在源头上的确与古希腊有重要的相似之处：它们都以道德层面的思考为重心，也重视合乎道德的践行。

实践智慧在理解理论中的重要性日益凸显,得益于伽达默尔的诠释学思考,他的概念源自亚里士多德。作为哲学对象的"实践"既不属于"知识"的领域,亦非包含了修辞学和技艺的"制作"科学,而是处在两者之间的独立知识领域。在这里,实践、德性(行)、逻各斯、实践智慧与善成为一组相互关联的概念,属于实践哲学的研究领域。伽达默尔理论的立足点是社会生活,实践哲学就是对社会生活的关系之反思。但实践哲学并非实践智慧——实践哲学指向"知识",实践智慧则直接引导实践。就理论探讨而言,伽达默尔对亚里士多德实践智慧的阐发极具启迪意义,将伽达默尔的诠释学视为现代诠释学研究的最高形态是毋庸置疑的。但它也忽略了一些重要内容。

四、基于"德行"的诠释

若要建立一种新的诠释学形态,我们需要亚里士多德式的论证方式。亚里士多德的"德行"理论强调:由于"沉思"具有神性,所以最高等的德行在于"沉思"。在孔子看来,"德"源于"天",乃是天之道,经圣人仰观俯察而得之。在"德行"观念上,与亚里士多德的不同点在"德",孔子将"德""行"并举,"德"在行中;儒家作为入世之学,也特别注重"行"。

综观中国诠释思想史,孔子的诠释旨在立德弘道,而不拘泥于文字含义。之后,其诠释理念在王阳明那里发展为"知行合一"说。一方面,知即行,行即知,知行合一存在于人的意识活动内部;另一方面,"认知"和见之于外的行动两件事"合一"。无论知还是行,终究是为了立德、履德。

五、结语

西方诠释学发展至今已经陷入困境。当下,孔子以"德行"为核心的诠释学理念是一个值得期许的伦理学向度。而中国诠释学的构建不仅是世界整体诠释学思考的一个重要部分,也是研究得以突破瓶颈、进而提升为一种新的理论形态——"德行诠释学"——的决定性因素。这项综合性研究主要包括诠释的方法论、本体论与德行论三个方面的工作。

"人是目的"的限度:生命伦理学视域的考察　王福玲,中国人民大学学报,2017(6)

"人是目的"的命题固然具有强有力的影响,但它在生命伦理学中的运用是有限度的。该命题越是被广泛地运用,越容易流于表面。因此,厘清"人是目的"的内涵是正确运用该命题的前提。"人是目的"源自康德的"目的公式",其核心思想是尊重理性主体的道德能力。器官买卖破坏了生命的完整性,损害了人格的载体,进而贬低了理性主体的道德能力,因而违背了"人是目的"的命题。商业化代孕之所以违背"人是目的"的命题,并非因为它破坏了生命的完整性,而是因为这种活动强化了女性被工具化的倾向。

一、重释"人是目的"

"人是目的"的命题是康德在《道德形而上学奠基》(下文简称《奠基》)中提出的"目的公式"所蕴含的核心思想。这一命题的准确表述是:"你要如此行动,即无论是你的人格中的人性,还是其他任何一个人的人格中的人性,你在任何时候都同时当作目的,绝不仅仅用作手段来使用。"理解该命题的关键在于如何理解"人格中的人性"这一术语。

在康德伦理学中,人既是一个动物性的存在者,又是一个道德的存在者,后者彰显了人的高贵和尊严。因此,"目的公式"的本质要求是保持自己作为一个自由的道德存在者的身份。然而,人的这两种角色是紧密联系在一起的,即作为动物存在者的人也作为自由的道德存在者的载体。为了逃避生活的困苦而选择自杀的人彻底毁灭了自己的生命,也就摧毁了自由的道德存在者的载体,就此而言,他贬损了自己人格中的人性,对自己的人格犯了罪。

二、器官买卖在何种意义上违背了"人是目的"

随着器官移植技术的逐步完善,器官移植的成功率大大提高,这对于器官衰竭病人的生命维系和生活质量的保证来说无疑是一个救星。不过,器官供体严重不足的问题也随之涌现。这就意味着,即使移植技术再完善,成功率再高,如果没有可供移植的供体,该技术所发挥的价值也极为有限。有少数国家,如伊朗,通过相关法律法规使器官买卖合法化;在美国,也有少数人倡导器官买卖合法化。

在康德看来,不要将人格中的人性仅仅视为工具这一命题要求我们保存生命的完整性,即不要将生命仅仅视为手段。出卖器官以牟利的行为损害了生命的完整性,将器官仅仅视为工具也就相当于将生命仅仅视为工具,进而将人格中的人性仅仅视为手段。正是在这个意义上,我们才可以说,器官买卖违背了康德的"目的公式",侵犯了人的尊严。

三、商业化代孕在何种意义上违背了"人是目的"

目前,代孕的话题也越来越成为人们关注的热点。商业化代孕被形象地称为"出租子宫"的生育行为,它以牟利为目的,为避免纠纷,通过签订合同或协议约定在分娩后自愿放弃孩子,交由委托方抚养,代孕女性获得相应的报酬。

在商业化浪潮中,如果生殖器官可以被出租,女性可以因此被标价,那就意味着它或她如同市场上的其他商品一般,被以市场化的标准来衡量,只有价格,没有尊严。概言之,我们真正不能容忍的是将生殖器官仅仅视为工具,但并不排斥生殖器官天然所具有的工具属性。而商业化代孕的问题正在于它强化或助长了将女性生殖器官或女性本身仅仅视为工具的观念,这显然违背了"人是目的"的要求。

康德的"目的公式"或尊严思想被广泛应用于生命伦理学领域。然而,当我们回归到康德文本中分析"目的公式"的内涵并将其规范性要求与生命伦理学中的具体问题联系在一起思考后就会发现:一方面,康德尊严思想或"目的公式"在生命伦理学中的运用是有限度的,因为康德尊严思想的主体是理性人,强调通过道德性凸显人之为人的本质和崇高,而生命伦理学所涉及的是与生命的产生、发展、变化和死亡等紧密相关的问题,这些问题无关崇高与否,而且生命的主体也不全是理性人;另一方面,即便有些问题(如器官买卖和商业化代孕)可以用"目的公式"对其进行分析和讨论,但针对不同的问题、不同的语境,"目的公式"的运用也是有差异的。

美德伦理研究的心理学资源与走向 李义天,天津社会科学,2017(6)

作为当代伦理学的前沿方向之一,美德伦理学具有自觉而鲜明的道德心理学诉求。随着自身向纵深发展,提出并建构一种合理的道德心理观念,日益成为美德伦理学必须认真对待的迫切问题。为此,美德伦理学不得不考虑:需要并且能够从现有的心理知识体系中汲取哪些有益的内容?现代心理知识的讨论和研究已经拓展到心理科学、心灵哲学和道德哲学等多个领域和层面,这不仅需要我们顾及和借助经验心理科学的主要成果,而且需要我们理解并引入现代心灵哲学的可能资源,更需要我们在道德哲学内部挖掘潜力,谋求共识。

一、心理科学的协助

强调经验性与实证性的现代心理科学,确实给当代学术界围绕心理现象与心理功能的探讨提出了更高的要求。起码它要求人们在表达相关的心理知识时,务必从有效合理的经验证据出发。在这个意义上,心理科学中的物理主义(physicalism)和情境主义(situationism)进路,不仅是对美德伦理学这门特别重视道德行为者之心理状态的伦理知识所提出的挑战,也是面向所有关于心灵的知识命题而提出的要求。美德伦理学首先需要从心理科学那里借鉴的，就是以实验作为基本手段的实证方法。在这方面，令人印象深刻的首推劳伦斯·科尔伯格(Lawrence Kohlberg)的道德认知发展理论。他所提出的关于道德发展的“三层次六阶段”学说之所以广为传播，不仅因为该理论在经验上具有相当大的普适性，而且因为该理论能在回避“是否存在心灵实体”这一争论的前提下，继续使用一种足以取代其解释功能的概念，即道德认知结构。必须承认，目前的道德心理研究早已突破了哲学思辨的层次，而成为经验研究的一个重要分支方向。

二、心灵哲学的支援

探讨美德伦理学的心理基础问题，除了援引心理科学，还不可避免地涉及现代心灵哲学。然而，由于现代心灵哲学很大程度上奠基于心理科学并且在方法上深受逻辑实证主义的影响，因此，在其内部，物理主义(physicalism)或物质主义(materialism)立场仍然占据上风。与心理科学相呼应，心灵哲学同样存在行为主义(behaviorism)的支持者。他们的基本观点与约翰·华生(John Watson)在心理科学中所倡导的内容是类似的，即不相信或不承诺在行为者内部还存在独立的心灵结构和心理现象。如果说物理主义是将心灵还原为物质器官的生理现象，而行为主义是将心灵还原为人类的行为反应模式，那么功能主义(functionalism)则是将心灵还原为生理结构的功能和作用。如果心灵并不是实在的，那么心灵哲学似乎就与心理科学一样，很容易成为一种瓦解美德伦理学心理基础的理论。然而，心灵哲学的内部争论所带来的复杂张力却能够为我们提供另一些思想资源，帮助我们论证(作为精神实体的)心理现象相对于物理现象的独立性或实在性。

三、道德哲学的融合

几乎所有人都承认，美德伦理学的优势在于强调行为者的内在品质。但是，几乎同样多的人承认，美德伦理学的劣势在于，如何在给出这种强调的同时提供一套明确有效的行为指南。在这个问题上，康德主义、休谟主义和功利主义等规则伦理学范式都有非常明确的答案，并反映在它们各自关于“实践理性”(practical reason)的叙述中。美德伦理学的实践理性概念固然包含着特定的实践推理过程，但作为一种试图应对具体实践情境的方案，它并非意味着纯粹理性的运用，而是一种综合了情感、欲望、感觉、知觉与意志等感性要素的思维过程。之所以需要如此，一方面在于，生活世界的正常境况本身就是“一个在义务论与幸福论的动因之间摇摆不定的状况”，知觉、感觉、情感、欲望等心理要素从来就没有脱离行为者的真实的实践思维过程;另一方面在于,行为者的生活世界及其实践活动本身是在时间的过程中展开的。

怎样应对人工智能带来的伦理问题 曹建峰,学习时报,2017-06-14

人工智能时代加速到来,算法决策兴起第三次人工智能(AI)浪潮。在此背景下,各种互联网服务中人工智能的影子越来越多,人们日益生活在算法之下,算法决策开始介入甚至主导越来越多的人类社会事务。

一、人工智能伦理问题日益凸显

人工智能的持续进步和广泛应用带来的好处将是巨大的。但是,为了让AI真正有益于人类社会,我们也不能忽视AI背后的伦理问题。

第一个是算法歧视。算法歧视会带来危害。一方面,如果将算法应用在犯罪评估等关切人身利益的场合,一旦产生歧视,就必然危害个人权益;另一方面,深度学习是一个典型的"黑箱"算法,连设计者可能都不知道算法如何决策,要在系统中发现有没有存在歧视和歧视根源,在技术上是比较困难的。

第二个是隐私忧虑。很多AI系统都是大数据学习,需要大量的数据来训练学习算法。数据已经成了AI时代的"新石油"。这带来新的隐私忧虑。一方面,如果在深度学习过程中使用大量的敏感数据,这些数据可能会在后续被披露出去,对个人的隐私会产生影响;另一方面,考虑到各种服务之间大量交易数据,数据流动不断频繁,数据成为新的流通物,这可能削弱个人对其个人数据的控制和管理。

第三个是责任与安全。AI安全包括行为安全和人类控制。安全往往与责任相伴。如果自动驾驶汽车、智能机器人造成人身、财产损害,谁来承担责任?因为系统是自主性很强的,它的开发者是难以预测后果的,包括黑箱的存在,因此事故的原因很难解释,未来可能会产生责任鸿沟。

第四个是机器人权利。自主智能机器人越来越强大,那么它们在人类社会到底应该扮演什么样的角色呢?这个问题未来值得更多探讨。此外,越来越多的教育类、护理类、服务类的机器人在看护孩子、老人和病人,这些交互会对人的行为产生什么样的影响,需要得到进一步研究。

二、构建算法治理的内外部约束机制

一是合伦理的AI设计。可以分三步来实现。第一步是发现需要嵌入AI系统的规范和价值,这存在道德过载和价值位阶的问题。第二步是将所发现的规范和价值加入AI系统,需要方法论,有自上而下和自下而上两种路径。第三步是对已经嵌入 AI 系统的规范和价值进行评估,看其是否和人类社会的相一致。一方面是使用者评估,需要建立对 AI 的信任;另一方面是主管部门、行业组织等第三方评估,需要界定价值一致性和相符性标准,以及 AI 可信赖标准。但是需要解决两个困境:其一是伦理困境;其二是价值对接的问题。所以有人提出来兼容人类的 AI,包括三项原则:一是利他主义;二是不确定性;三是考虑人类。

二是在 AI 研发中贯彻伦理原则。一方面,针对 AI 研发活动,AI 研发人员需要遵守一些基本的伦理准则;另一方面,需要建立 AI 伦理审查制度,伦理审查应当是跨学科的、多样性的,对 AI 技术和产品的伦理影响进行评估并提出建议。

三是对算法进行必要的监管,避免算法作恶。现在的算法确实是越来越复杂,包括决策的影响都越来越重大,未来可能需要对算法进行监管。此外,还有审批制度,未来可能需要监管部门进行事先审批,如果算法没有经过审批就不能向市场推出。

四是针对算法决策和歧视,以及造成的人身财产损害,需要提供法律救济。对于算法决策,一方面需要确保透明性,另一方面需要提供申诉的机制。

在今天这个人工智能快速发展的时代,对人工智能进行伦理测试同样重要。现在的 AI 界更多是工程师在参与,缺乏哲学、伦理学、法学等其他社会学科的参与,未来这样跨学科的 AI 伦理测试需要加强研究。因为在某种意义上,我们已经不是在制造一个被动的简单工具,而是在设计像人一样具有感知、认知、决策等能力的事物,你可以称其为"更复杂的工具",但不可否认,我们需要确保这样的复杂工具进入人类社会以后和人类的价值规范及需求相一致。

德性伦理学:逐渐兴盛的"第三种方法"　江畅,社会科学报,2017-06-29

德性伦理学复兴对现代文明的弊端具有明显的诊疗作用,这对于反思和纠正当代人类社会的深层次观念问题颇具意义。德性伦理学是一种以人的德性品质为主要研究对象的伦理学理论。它产生于古希腊,并成为西方古代社会中占主导地位的伦理学理论。近代以来,为适应市场经济发展的需要,以人的行为规则为主要研究对象的规范伦理学成为西方流行的伦理学理论,德性伦理学隐退。自 20 世纪 50 年代开始,西方出现了古典德性伦理学复兴运动。经过半个多世纪,德性伦理学研究在西方逐渐兴盛起来,并引起了世界伦理学界的普遍关注,被认为是当代世界伦理学中与功利主义(或结果主义)和道义论并列的“第三种方法”。德性伦理学复兴得益于伦理学理论构建的内在逻辑,但它的迅速勃兴主要是因为其现实针对性,即它对现代文明的弊端具有明显的诊疗作用。德性伦理学复兴及其理论,对于我们反思和纠正当代人类社会的深层次观念问题颇具意义。

一、纠近代以来伦理学之偏

西方近现代社会的经济基础是市场经济。历史事实已经证明,市场经济不仅是一种有缺陷、有弊端的经济形态,而且其规则一旦泛化就会使整个社会生活市场化、资本化,从而导致许多社会问题。

与近代以来资本主义制度和主流意识形态相适应,西方伦理学不再像古典思想家那样重视人的品质问题,重视“一个人应该怎样生活”的问题,而只重视人的行为问题,重视“一个人应当怎样行动”的问题。从重视作为整体的人的生活(包括人的行为),到只重视人的行为而不关心作为整体的人的生活,这给人们留下了更大的自由空间。人们可以在不违反社会规则的前提下随心所欲,各行其是。

特别是后来成为主流伦理学理论的功利主义,更是将市场经济的最大利益化原则一般化为社会的基本道德原则,使人们以为只要自己的谋利行为不伤害他人利益甚至能促进他人利益的实现,就是道德的全部含义。把经济道德原则泛化为一般道德原则的结果,是使道德放弃了对市场经济的应有限制和对它可能破坏社会生活的消极作用的应有防范。同时,功利主义也没有告诉人们,除了通过与他人利益共进实现自己的利益之外,在道德上还应该做什么。如此,伦理学就丧失了社会的预警功能、批判功能和指导功能。

近代西方伦理学特别是功利主义的偏颇所导致的后果是众所周知的。这就是人有了自由,也有了充分谋求利益的机会和环境,但放弃了对德性、人格和实践智慧的追求和培育,放弃了对人作为整体的生活的关照,人的生活就等于物质生活,人的追求就等于利益的追求。正是这样一些严重的消极后果及其可怕的社会效应使许多西方思想家痛定思痛,开始反思近代启蒙思想家对现代社会的谋划,反思西方现行的主流价值观和主流意识形态。20 世纪 50 年代出现的德性伦理学复兴,就是这种反思在伦理学领域的一种表现。

在致力于复兴德性伦理学的思想家看来,西方近代以来出现的一系列严重的社会问题，从伦理学的角度看，根源就在于只重视行为及其正当性问题，而不重视行为者及其德性问题。因此，他们要纠近代以来伦理学之偏，使伦理学重新回到古典伦理学所关心的“一个人应该怎样生活”“一个人应该成为什么样的人”的问题上来。

德性伦理学自复兴以来形成了不尽相同的理论观点，在一些问题上还存在分歧。但是，德性伦理学作为一个当代伦理学流派，也有一些大体上相同的基本立场和观点，它们体现了德性伦理学的理论个性。

第一，主张伦理学主要回答什么是好生活以及如何过上好生活的问题。近代以来的伦理学主要关注正当和不正当的行为，德性伦理学改变了我们关于伦理学所问的这类问题，主张伦理学应当关注什么是好生活，以及我们成为什么样的人才能过上好生活。“什么是正当行为”与“我应该怎样生活，我应该是什么样的人”是两种不同角度的问题。前一类问题涉及的只是行为选择，而后一类问题涉及的是人的完整生活，除了行为之外，还包括品质、情感、意志等。它认为，人们应该有德性地生活，成为具有德性品质之人。

第二，强调道德的不可规则化。道义论和结果主义之类的理论依赖那些期望应用于所有情境的原则，但这些原则是僵化的，因而不能适应所有的道德情境。在德性伦理学家看来，“我应该怎样生活”的答案不能在一个规则或多个规则中找到，伦理学不能被囊括在规则体系之中，这就是“伦理学论题的不可法典性”。这样，一些德性伦理学家把他们自己看作反理论家，拒绝那种试图囊括和组织所有实践或伦理学问题的系统理论。

第三，将德性问题作为伦理学的中心议题。当代德性伦理学从亚里士多德对品质和德性的理解中寻求理论依据，把品质和德性作为道德的中心问题。对品质发展和情感作用的强调使德性伦理学具有一种道德心理学的解释，而这是道义论和结果主义所缺乏的。当代美国著名德性伦理学家迈克尔·斯洛特说：“一种最充分意义上的德性伦理学必须把德性概念（像‘善’或‘优秀’）而不是义务概念（像‘道德上不正当的’‘应当’‘正当’和‘义务’）看作是主要的，而且它必须更多地强调对行为者及其（内在）动机与品质特征的道德评价，而不是对行为和选择的评价。”赞成丰富的德性概念就能避免责任和义务这样有问题的概念，因为德性判断是对整体生活的判断而不是对一种孤立行为的判断。

第四，肯定道德运气的存在。近代以来流行的规范伦理学，特别是康德的道义论，强调道德原则的普遍性，而完全否认道德运气的存在。当代英美著名伦理学家伯纳德·威廉斯和托马斯·内格尔第一次明确肯定道德运气的存在,认为成功和好生活在某种程度上会受到我们不能控制的外在因素的影响。德性伦理学家肯定德性是人们后天在其特殊的生活环境中形成的,因而承认道德运气的存在,无论他们是否公开宣称这一点。

第五,采取自然主义立场。真正意义的德性伦理学基本上是自然主义的,一般都从人性中寻求德性的根源。虽然有的认为德性根源于人的理性,有的认为根源于人的情感,也有的认为根源于人的脆弱性和依赖性,但他们通常将德性奠基于人的自然性之上。

二、对当代人类观念更新的启迪

虽然许多伦理学家对德性伦理学提出了种种批评,德性伦理学的复兴仍然具有重大的学术理论意义和社会历史意义。这一运动唤醒了西方社会沉睡了几个世纪的德性意识,也促进了人们对近代以来流行的规范伦理学的偏颇的认识。德性伦理学家还提出了许多有价值的思想理论观点,建立了不少独树一帜的学说。更为重要的是,德性伦理学为当代社会克服现代文明的缺陷及其导致的消极后果提供了一种可供选择的新方案,可以促进人类诸多根本性观念的更新和完善。其中特别值得重视的有以下四点。

一是针对将幸福理解为物质欲望满足的享乐主义,主张真正的好生活在于生活整体上的繁荣。在市场经济的资本逻辑驱使下,消费主义盛行。针对享乐主义的幸福观,德性伦理学家在弘扬古典德性思想的基础上,阐明了真正的幸福或好生活是人的作为一个整体的生活(包括物质生活、精神生活等)的繁荣兴旺,而不只是物质欲望这种最低层次需要的满足。亚里士多德认为,幸福是最高的、终极的、完善的、自足的善,因而是至善。

二是针对国家只管个人行为底线的法治主义,鼓励人们追求成为德性之人。近代以来,许多市场经济国家为了保护和促进市场经济发展,不断缩小国家对于人们控制的范围和程度,以至于国家成为只管制定和实施法律的最弱意义上的国家。国家只管人们的行为是否违规,而不管人格和品质如何,人因为缺乏应有的引导而陷入各种心理和精神的困厄之中。德性伦理学家深感这种普遍社会问题的严重性,大声疾呼德性对于人的生存和幸福的意义。他们反复论证,德性有益于它们的具有者,德性使其具有者成为好人,对于人而言的好生活就是德性的生活。“好生活是对德性的报偿。”

三是针对“人人为自己”的利己主义,倡导人与人之间的相互关爱。市场经济的利益最大化原则对整个社会生活的浸染和渗透,是近代以来人类社会的最突出现象。其严重后果之一是,利己成为人们主要的甚至是唯一的动机。生活在这种缺乏真情和友爱的冷冰冰社会中的女性主义德性伦理学家,尤其感到这种环境对人性的扼杀和对人情的摧残。在她们看来,长期以来对关怀的漠视是当今社会诸多问题的根源之一,因为“关怀是人类社会生活中的一个基本要素”,“我们每时每刻都生活在关怀之中,它是生命最真实的存在”。

四是针对个人自由权利至上的个人主义,强调社群的价值优先于个体的价值。把个人的自由权利视为至高无上的,是近代以来自西方蔓延至整个世界的一种主导观念,其基点是把个人视为实体和本位,而把社群视为附属物和纯粹的服务机构的个体主义。对此,许多德性伦理学家在亚里士多德那里受到启发,强调自我必须在诸如家庭、邻里、城邦、部落等共同体中,并通过他在这些共同体中的成员资格去发现他的道德身份。他们强调,“人们即便不需要其他人的帮助,照样要追求共同的生活”;人“由于具有脆弱性和折磨,所以相应地具有依赖性”;“无论权利是否被尊重,人们已经充足地依据关怀而结合”。

论道德上的完全义务与不完全义务　余涌,哲学动态,2017(8)

由于对“义务”存在不同的理解,对道德义务能否做一种“完全义务”与“不完全义务”的区分在伦理学家之间存有分歧。道德上的完全义务与不完全义务的区分虽不像法律义务与道德义务的区分那样明确,但其间的差别还是显而易见的。正确认识这种差别,避免两者之间的混淆,把握道德义务的层次性,对于充分发挥道德的规范和引导功能具有重要意义。

一

伦理学家根据不同的标准对道德义务做某种形式的归类或罗列,如把道德义务分成消极义务和积极义务、对自己的义务和对他人的义务、完全义务和不完全义务等等。他们认为,道德领域内的道德义务存在着界限,道德义务在道德规范的序列中并不是等值的,在不同的道德义务之间,规范性和约束力显然存在差别,因而在重要性上也有区别。对此,许多伦理学家对道德义务做了各种不同的区分。

密尔(又译穆勒)则在更清晰的意义上表明了道德义务的义务性质,用义务—权利模式来理解道德义务,但看起来他并不赞同一些伦理学家把道德义务区分为完全义务和不完全义务。或许是意识到义务与权利之间存在的联系,并力图摆脱像密尔那样以义务—权利模式来理解道德义务,以使道德上的不完全义务成为可能,有著作家认为存在某些并非源于权利的道德义务,不与任何权利相对应的道德义务也可被称作非权义务。

二

对道德义务能否做一种"完全义务"与"不完全义务"的区分在伦理学家之间无疑存在分歧,可以认为,这种分歧在很大程度上源于对"义务"的不同理解。在道德上要真正和全面地把握义务的真谛和意义,就应当不只是从他人的视角、权利的视角,而且更重要的是从自己的视角、自律的视角来看待道德上的义务。如果说法律义务体现了义务与权利的完全对应关系,那么,在道德领域弱化义务与权利的相关性,即认为一切权利都课以义务,但并非所有义务都赋予权利,确认非权义务的存在,确认人们基于人性、良心和自律等所产生的一定形式的对自己的义务要求,恰恰体现了道德义务有别于法律义务的道德特色,也是道德实现其引人向善的激励和引导功能的保证。

三

道德上的完全义务与不完全义务的区分首先表现在两者对人类社会生活的重要性有所不同,其次还表现在对行为者规范要求的强弱上。从根本上看,这种差别则是源于两者与权利的关系之不同。正是由于道德上的完全义务和不完全义务在与权利要求的相关性上存在着差别,其导致的直接结果就是,完全义务的要求是严格的、明确的,而不完全义务的要求则不那么严格和明确。基于上述种种不同,在道德舆论上对于履行或未履行完全义务与不完全义务的态度也是有差别的。

四

正确认识道德上完全义务与不完全义务的区别,把握道德义务的层次性,对于充分发挥道德的规范和引导功能具有重要意义。混淆这种区分,无论是弱化完全义务的强制性,还是强化不完全义务的规范性,都有碍于道德功能的发挥,其中,把不完全义务视作完全义务更为常见,也极为有害。把道德上的不完全义务视作完全义务,在某种情形下形成一定的舆论胁迫甚至是制度强制,在行为者非自愿的情况下对其行为形成道德上的压力,这无异于是以"道德"之名对行为者的一种"道德绑架"。不仅如此,这种"道德绑架"必定会造成行为者正当利益或多或少的损害。把不完全义务视作完全义务还会导致道德评价的错乱,并且也意味着把在道德上可自主选择的行为变成了一种道德上的强制行为,把一些道德上可允许的、不应受谴责的行为当作了应受谴责的不道德行为,这实质上增加了人的道德负担，并会引发人们对道德的抵触。

乡土社会中的面子观与乡村治理 董磊明、郭俊霞，中国社会科学，2017(8)

乡村社会的善治不仅依靠国家的制度供给和资源输入，还依赖乡村社会自身的秩序生产能力，这种内生的秩序生产能力构成了乡村治理的社会底盘，其中，面子观是重要的一维。

一、文献回顾与研究路径

19世纪末，传教士明恩溥将“爱面子”作为中国人性格的重大特征提出来，从此“面子”便引起了学者的重视。不过进一步的研究需要有更明确的社会学意识，尤其要注重从农民日常生活实践和村庄社会结构的视野出发。

二、作为“社区性货币”的面子

1. 个体间的“人情”“情分”与“互惠”。在乡土社会，生存能力的低下迫使农民不得不通过互助合作来保证彼此的基本生存需求。这种人情、互惠、面子所建构的村民间的关联和社区整合机制，源于村民在授受之间会产生“给予”与“亏欠”、“权利”与“义务”的关系，并不断努力维持双方平衡。

2. 社会评价、社区声望与地位。在村民的面子“账本”里，不仅记载了他和其他村民个体间的授受关系，还记载了村庄中每个村民面子的“等级评分”。这套“评分”的体系主要涉及个人的能力、与其他村民交往的情况、在村庄公共事务中的表现。

3. 面子：一种“社区性货币”。面子是个体在具体社区内形成的“印象整饰”，具有“象征资本”的意味，实质上是一种在固定社区内得到公共认可、能够流通、具有公共性价值的“通货”，是一种“社区性货币”。

三、村庄社会结构对面子观的形塑

我们主要从血缘与地缘的联结模式上把握村庄的社会结构。在血缘主导型社区，血缘边界和地缘边界基本重合。面子观具有三个基本特征：一是匹配于“向内用力的人生”，面子涉及生活的全方位，且村民注重面子和里子“名实兼具”；二是村民在村庄公共生活中的良好表现能成为面子的重要来源；三是面子的获取与竞争基本正当有序，较少出现异化。

在血缘＋地缘混合型社区中，一个社区内往往存在着若干分裂的竞争性的家族。面子观具有以下特征：一是具有仪式和象征意义的生活面上的竞争是关键点；二是面子的竞争非常激烈，时常会出现异化；三是村民会比较积极地参与社区性、竞争性的公共生活。

地缘主导型社区由很多规模不大的杂姓组成，它们处于分散状态，没有一套强有力的原生性组织权威和地方性规范。其面子观的特征是：一是面子主要关涉即时的享乐和实惠的获取，“重实轻名”；二是许多评价标准有别于传统价值规范，传统道德评判的权重大大下降；三是公共规则对村民的控制力较弱。

四、社会结构变迁与面子观的嬗变

村庄经济分化与农民面子观的“阶层性”。近20多年来，经济分化成为社会结构变迁非常重要的一维。在私人消费上，经济分化使得不同阶层形成不同的面子标准，面子具有“阶层性”；不同阶层的标准也处于由社会上层引领的变动中。在涉及具有公共性的人际交往中，阶层关系不断肢解血缘、地缘关系的组合。

社区公共性消费与面子观的金钱指南。当前，市场化的浸入、社会分层的加剧，使得村庄社区的公共性逐步衰微，甚至趋于解体。随着个体主义不断张扬，越来越多的村民不再依据原有的文化观念与价值体系追寻自身的社会性价值，品性与德望对面子的维持便越来越不重要，与之相应的是金钱财富的重要性迅速上升。

五、面子的社会治理功能

第一，作为“社区性货币”的面子，通过正向的褒誉机制和负向的排斥机制来实现社会治理；第二，这种社会治理也作用于日常生活的各个微观领域，这种相互制约的权力弥散、长久；第三，面子是一种积极的、低成本的控制机制。公序良俗、良好的社会生态，是社会秩序形成的基础，因此面子这种控制机制维持着社会良性运转的根基。

当今中国农民正逐步挣脱土地的束缚和社区的管制，直接面对现代国家的普遍性规则。面子如何定义、人心如何安顿，这是崇尚个人自由和权利的现代性留下的时代难题。

儒家“德行伦理”与中国伦理形态的现代建构　陈继红，哲学研究，2017(9)

儒家伦理形态蕴含着内外两个向度：内在向度是“在心为德”，强调行为者的道德心理是“德”之实现的内在根据，并赋予人之为人的目的性价值；外在向度是“施之为行”，即同时强调行为规则在“德”之实现中的价值。“儒家德行伦理”作为一种“会通型”伦理形态的地方性资源，应积极参与创建新时代条件下的全球伦理，而这也正是当代中国伦理形态现代建构的方向所指。

一、儒家“德行伦理”及其道德心理意涵

用“德行伦理”概括儒家伦理更为贴切。首先，需要解答儒家伦理是否具有“在心为德”的意蕴，即道德人格实现所指向的内在心理状态，亦即道德心理的完成。其次，孟子认为，“德”之内在获得——向道德人格的内在转化，是通过“心”之“思”的活动实现的。再次，孟子亦关注到了心之“志”的功能对于行为的决定作用。

孟子思想的第一条发展路线是以朱熹为代表的理学对孟子的修正。在朱熹那里，“在心为德”的表达方式是“心之德”，“心”是本体及其作用的统一体，而只有在其发用层面上，以知觉为主要形式的道德心理活动才成为“德”的内在根据。朱熹亦关注到了“情”“意”“志”等不同的心理活动形式。孟子思想的第二条发展路线是陆王心学。王阳明承续了陆象山“心即理”的心学路向，在他那里，“在心为德”的意蕴主要是在“良知”发用的意义上展开，而“是非之心”则为其具体指向。概言之，儒家伦理实然地存着“在心为德”的内在向度。

二、儒家“德行伦理”的行为规则向度及特质

儒家伦理不但具有“在心为德”的内在向度，同时亦具有“施之为行”的外在向度。所谓“施之为行”，意味着“德”在外在行为中的展开，这就使得“德”取得了行为规则的形式，并与道德心理形成了内外统一的关系。尽管此种统一性的获得是基于两条不同的进路而展开的，但在殊途同归中彰显了儒家德行伦理的特质。

儒家的仁、义、礼、智、信同时具有“在心为德”的意蕴。此五种德目既关涉行为规则，又指向道德心理，具有“德行”之意蕴，具有道德心理与行为规则相统一的特质。此种统一性的获得被分疏为两条相反的进路。其一，孟子式的由内而外的进路，即道德心理向行为规则的转化。孟子所提出的进路为陆王心学所继承。王阳明认为，心外无理，天理(良知)之获得的根本途径不在心外，而在“求诸心”。其二，朱熹式的由外而内的进路，即行为规则向道德心理的转化。这两条进路皆强调了行为规则在儒家伦理中的价值，并建构了道德心理与行为规则的内外统一性。

三、“德行伦理”:中国伦理形态建构的现代进路

儒家德行伦理表明，中国的伦理传统中本然地存在着与现代西方伦理交流对话的理性资源，依循道德心理与行为规则相统一的理论进路，或可

建构一种“会通型”的现代中国伦理形态,使中国伦理积极回应现时代的理论诉求。

同时,儒家德行伦理对现代道德危机的救赎意义也是有限的。尽管它贡献了一种内外兼及的理论进路,并能够在具体内容上提供有价值的参考,但其价值根源与内容体系等都不可能与现代社会的关系结构与生活方式完全相契,因而不可避免地面临着“前现代主义”的指控。在理论设计上,它也许能避免西方伦理形态所面临的指控,但这仅仅是抽象掉具体历史背景的理论设想,它必须经过一个现代性转化的过程才能真正获得新的生命力。

综而论之,现代中国伦理形态建构不仅要具有地方性立场,更要有世界眼光,以开放的姿态呈现自身并汲取西方文明成果。唯有如此,一种彻底摆脱道德相对主义的成熟的中国伦理形态才能真正建构起来。

信息安全风险防范与算法法则的价值原则:自动驾驶汽车研发的两个实践哲学问题　高兆明、高昊,哲学动态,2017(9)

一、问题的提出

哲学在何种意义上能够谈论与思考自动驾驶汽车的问题,这首先有赖于对自动驾驶汽车“自动”概念的澄清。“自动”是指没有人类主动操作、控制,完全由智能汽车“自主”驾驶,人在人工驾驶过程中的观察、认知、判断、选择、操作等主体活动皆为智能汽车自身所取代。这意味着此“自动”具有“自主”“自抉”的能力,类似“主体”的含义。对“自动”概念的此种澄清有双重意义:一方面,它规定了我们思考对象的具体范围;另一方面,由此“自主”“自抉”才能提出真正具有哲学意蕴的问题,诸如人将自己的安全命运完全交给自己的创造物意味着什么,它是否需要某种可靠前提,一种能够代替人类相关活动的具有“自主”能力的“主体”对人类自身意味着什么,此种具有“自主”能力的“主体”的自主活动对人类又意味着什么,它们是否应置于人类有效控制之下,人类是否可以放弃在最终关头的自主、自抉权,等等。

二、责任意识:信息安全风险防范

自动驾驶汽车不同于普通汽车的根本处是“智能”,“智能”的核心则是“信息”。在此意义上,自动驾驶汽车研发中的自由意志及其责任,就集中显现为基于造福人类的一般善良动机的信息安全,而责任意识则首先体现为信息安全风险意识。

自动驾驶汽车所面临的最大风险是实际使用中的安全性,这些安全性问题最终都需化为技术问题,并通过技术进步获得有效解决。本文的思考在技术层面的设定是:具有初步程度的数字道路,有正常的大数据支持背景、自动驾驶汽车的定位系统与地图系统,数据详细、信号准确且系统工作正常,自动驾驶汽车的信息中央处理器(电脑)工作正常,自动驾驶汽车的相关信息系统硬件正常。在此前提下,就技术角度而言,自动驾驶汽车所面临的安全风险主要有两类:非恶意的与恶意的。无论是恶意的还是非恶意的安全风险,都向人类提出一种道德责任要求:在自动驾驶汽车的研发与市场推广中,信息安全风险防范永远是第一位的;除非人类能够在技术上提供充分的安全系数,除非风险是可控的,否则,不可轻易选择完全放弃人类操控的"自动"。这是人是目的、造福人类的善良动机的基本要求。

三、算法法则的价值原则

上述自动驾驶汽车的安全风险问题,有些可以通过技术进步的方式解决,如通过特定算法法则与自动学习功能解决。但随之又进一步提出了算法法则的价值原则问题。算法法则蕴含价值问题,这就进一步提出了"以何种价值为主导;如果有不同价值且各自均有自身的合理理由,价值优先性关系怎样"等问题。人的驾驶习惯也可大致分为积极果断的与谨慎稳健的,而自动驾驶的算法法则究竟应取哪一性格类型?更为合理的思维方式则是:不同的驾驶风格模式适宜于不同的驾驶境遇,应根据不同的境遇选择不同的驾驶风格模式。同理,应根据不同领域选取设计智能机器人的相关算法法则。那么,价值原则是:谁之安全?谁之优先性?如前所述,自动驾驶汽车的研发使用以安全为首要前提。然而,当我们进一步深入具体问题做具体思考后,则不得不面对"谁之安全"这一重大价值问题。

四、"自保"算法法则是否会伤害利他美德

任何一种人类伟大发明都会对人性本身带来巨大冲击,但是,这种冲击未必使人性堕落。它既有可能使人性堕落的一面,也有可能使人性生长升华的一面。这种冲击只是提供一种强大动力,刺激并推动人性趋于丰富和完满。正是在人性不断丰富和完满的过程中,人类对自身的认识逐渐变得较为深刻和全面。自动驾驶汽车的出现会以一种特殊的方式再次警醒人类反思人我关系,反思社会性存在方式,并做出相应对策。只要人类还有文明、理性和自由精神,还有理性反思学习能力,并且拥有足够的时间与空间,人类就会在实践过程中对自动驾驶汽车的"自保"做出适当矫正。

机器人伦理设计进路及其评价 杜严勇,哲学动态,2017(9)

一、伦理设计的必要性

在关于机器人伦理的研究与争论中,其中一个问题是关于机器人(人工智能)的道德地位问题,特别是机器人是否应该成为道德行为体的问题。对该问题的回答,直接关系到我们应该如何对机器人进行伦理设计的问题,也就是让机器人拥有何种程度的道德判断与行为能力的问题。有的学者认为,机器人(包括其他类似的自主系统)可以成为人工道德行为体(artificial moral agents,以下简称 AMAs),有的学者则持反对意见。关于机器人道德地位的争论,也可以看作关于机器人道德判断与行为能力强弱的争论,争论是在机器人已经参与人类道德生活的前提下进行的。在那些主张机器人应该成为道德行为体的学者身上,强烈地反映出人们对机器人伦理设计的乐观态度与美好愿景。事实上,在技术哲学内部也存在着类似的争论。对于技术人工物的道德地位问题,学者们提出了不同的看法。不过,即使认为技术人工物不能成为道德行为体的学者,也承认技术人工物在现代社会中发挥着重要的道德作用。

二、理论进路

从理论上探讨机器人伦理设计的代表性成果是瓦拉赫和艾伦合著的《道德机器:教导机器人分辨是非》。他们把机器人的设计进路分为“自上而下”“自下而上”和混合进路三种。在机器人伦理研究中,考科尔伯格的关系论进路倡导从人与机器人互动关系的角度考察机器人伦理,强调机器人的外在表象在机器人伦理研究中的重要作用。

三、实践探索

实践探索可分为三种进路方法,分别是计算机科学进路、认知科学进路和价值敏感设计。计算机科学进路的机器人伦理设计基本上属于“自上而下”的进路,强调伦理原则在机器人身上的具体体现,基本不考虑人类道德认知的特点与规律;认知科学进路主要属于“自下而上”的进路,强调在研究人类的认知规律(包括道德认知)的基础上建构理论模型,也就是将认知理论应用于机器人设计当中;价值敏感设计接近于关系论进路,强调人与机器人的互动关系,注重在具体环境中分析不同的伦理问题。这三种进路各有自己的特点与优势。计算机科学进路注重对伦理原则与活动的量化,显然更为精确,但不可避免地会把复杂的伦理活动简单化;认知科学进路可以使机器人的道德推理与行为更接近人类,但囿于机器人的学习能力和常识水平,要发展到比较成熟的阶段尚需时日;相比较而言,价值敏感设计可操作性较强，虽然其基本原理具有一定的普遍性，但实施步骤、设计过程与结果都有很强的语境依赖性。这三种不同的进路并不是矛盾的，其研究成果完全可以相互借鉴和参考。

四、伦理设计的评价

1. 道德图灵测试。1950 年，图灵发表了《计算机器与智能》的著名文章，提出了“机器可以思维吗?”不过，直接回答这个问题比较困难，因此，图灵设计了一个“模仿游戏”来替代回答这个问题，大意是让人类提问者区分出人与机器。如果计算机的回答让提问者做出的错误判断超过了一定比例，计算机就算是通过了图灵测试。不过，究竟什么是智能、思维，图灵没有给出具体的回答。由于不同的伦理理论对道德行为的评价标准差异较大，艾伦等人建议采用“道德图灵测试”（Moral Turing Test，以下简称 MTT）来评价 AMAs。

2. 证实方法。由于对道德行为评价标准的不同，一位观察者认为是道德的行为，另一位观察者可能会认为是不道德的。从这个角度看，人类本身是否能够通过 MTT 都是存疑的。人们拥有的不同的论辩能力，使人类更难通过测试。另外，在伦理理论与道德实践之间也存在概念上的区别。MTT 所能做的只不过是判断计算机是否能够使观察者相信它的道德推理能力而已。即使做到了这一点，对于计算机的实际行为是否道德，或者应该如何评价的问题，也几乎都没有涉及。

我们何以负有服从规则的道德义务?　姚大志，哲学研究，2017(10)

每个人都有服从道德规则和法律规则的义务，对于我们何以需要承担这种服从义务，目前的道德理论还没有给出逻辑融贯的合理解释。对于该问题的合理解释应该同时包括制度规则与个人行为这两个层面。迄今为止，无论是后果主义还是义务论，无论是密尔的分层理论还是罗尔斯的限制理论，均无法给出全面合理的解释。我们可以用后果主义来解释制度规则，用公平原则来解释个人行为。通过理论的这样一种分层使用，我们就可以很好地解决遵守规则的道德义务问题。

一、后果主义

后果主义是指道德的证明基于它所促进的事务状态，也就是说，所促进的事务状态为道德的存在及其性质提供了理由。所谓“事务状态”或者后果有主观主义的解释和客观主义的解释两种。主观来看，它是指快乐、痛苦或偏好的满足。客观来看，它是指人的利益（human interests）。

二、义务论的挑战

义务论关心的东西是正义或权利(rights),在正义(或权利)与利益(或善)的关系上它有三个基本观点。首先,正义是首要的;其次,正义优先于善;最后,正义独立于善。义务论本身也存在一定缺陷。首先,义务论主张正义或者权利是首要的,但是它没有对此给予证明;其次,义务论在解释个人行为方面具有明显的优势,但是在论证义务的问题上存在困难;最后,义务论在解释制度规则方面存在更大的困难。

三、道德理论的难题

对于个人为什么负有服从规则的道德义务,后果主义和义务论都无法解释。后果主义主张,无论是法律的规则还是道德的规则都是为人们的利益服务的,规则是个人行为的基础,而人的利益则是规则的基础。它只能用于解释社会制度,不能用于解释个人行为。义务论者说,我们"应该"遵守规则。义务论者在这里用"应该"来解释尊重他人权利以及服从规则的道德义务。但是,用"应该"来解释道德义务,不过是同义反复而已。我们需要的东西正是关于人们为什么"应该"服从道德规则的解释。也就是说,我们需要更基本的解释。

四、规则后果主义

规则后果主义有两种版本:一种版本主张行为的正确性是一个社会之实际道德规则的功能;另外一种版本则认为行为的正确性是一个社会之理想道德规则的功能。在这里,后一版本的后果主义才与我们的问题相关。它主张一种行为在道德上是正确的,或者做某一事情属于道德上的义务,就是要按照理想的道德规则行事。其核心观点是我们应该按照理想的道德规则行事,而非按照社会上实际通行的道德规则行事。此版本也有一定的弊端:首先,什么是"理想的"道德规则,这是不清楚的;其次,"理想的"道德规则是否就是产生最好后果的规则,这是没有保证的;最后,即使上述两个问题都能得到肯定的回答,规则后果主义者还面临一个根本的问题,即人们为什么负有服从规则的道德义务。

五、分层理论与限制理论

密尔"分层理论"的基本思想:底层规则涉及的东西是个人的具体行为,而这些行为有正确与错误之分,有道德与不道德之分,归根结底有正义与不正义之分。罗尔斯对功利主义原则的适用性进行了限制,即功利主义只能被用来解释规则体系,而不能用来解释个人行为,即使个人行为受到规则体系的规范。

六、公平原则

“公平原则”有两个条件：第一，人们接受了制度安排所产生的利益；第二，这种制度安排本身是公平的。第一个是必要条件，它要求规则的服从者同时也是规则的受益者。第二个是充分条件，它要求制度安排(法律的或道德的)本身对所有人都应该是公平的，而不应该把某些人排斥在外，也不应该有不平等的规定。如果这两个条件都得到了满足，那么一个人就有服从制度规则(法律的或道德的)的道德义务。“公平原则”能够对个人行为提供更好的解释，是一种比上述各种理论都更好的理论解释。

羞感伦理何以可能是自律的？ 张任之，哲学研究，2017(11)

古希腊罗马时期谈论的“内在化羞感”以及先秦儒家重视的“羞恶之心”，在根本上都并非本尼迪克特等人所谓的诉诸外部的习俗伦常的“外在化羞感”，因而基于这种“内在化羞感”之上的羞感伦理也不必被视为“他律的”。当代新儒家借助于批判性地吸收康德的自律伦理学，创造性地发展出一门儒家的自律伦理学，这大大扩展了羞感伦理学的问题：不仅需讨论羞之体验，亦需关注能羞之在。自律的羞感伦理的核心意义就在于，能羞之在服从其自身立的法，这一服从的动力亦在此能羞之在自身。本文主要说明一种羞感伦理或羞感文化是否必然是他律的，进而指出一门自律的羞感伦理学是可能的，并着力去论证它何以可能是自律的。

本尼迪克特认为羞感文化总是与一种外在的习俗与约束密切相关，或总是涉及一种他人的或公众的评价。道格拉斯·开恩斯(Douglas Cairns)认为羞感和罪感的这种对举研究存在两方面的问题：一方面，“内在”与“外在”并不是罪感和羞感的根本性区别，它们中都包含有内在化的要素；另一方面，这种羞感和罪感的概念根本就是站不住脚的，因为它们在所有阶段都拥有一种内在化因素，二者并不能通过会发生在一个真实的观众、一个想象的观众或某人自身面前这种情况来加以区别。当代著名哲学家伯纳德·威廉斯在其著作中也检讨了这种罪感与羞感的对举，强调了古希腊人的罪感体验与羞感体验的复杂性，并对希腊人的羞感体验进行了深刻入微的分析。

在奥古斯丁重述和展开的鲁克雷提娅的故事中，我们可以读出三种不同的情感体验：罪感、内在化羞感和外在化羞感。外在化羞感涉及他人的评价和习俗伦常，内在化羞感与罪感都与自我或灵魂内部的“意愿”与“欲念”的张力有关，罪感产生于夹杂欲念的不纯贞的意愿，内在化羞感则源于不受意愿辖制的欲念。

在康德的道德哲学中,自律主要是指意志的自律,或者实践理性的自律。意志的自律原则,被康德视为道德的最高原则,它所强调的是意志服从其自身之立法。在此意义上,一门自律的伦理学首先就意味着一种道德主体(在康德这里是意志主体或理性主体)为自身立法,进而自己服从伦理学。

综括牟宗三、李明辉二人的论说,孟子(乃至儒家)的"自律"伦理学核心要义主要体现为:其一,孟子强调"仁义内在"说;其二,孟子所谓的"本心",即为"恻隐、羞恶、辞让、是非"之"四端之心"或"四端之情"。孟子以及儒家这里所说的"本心自律",将"善的判断原则"与"善的执行原则"同时收摄在"本心"或"觉体"之中,立法者与执行者同为"本心","本心"自我立法、自我服从,而且不假外缘自己"兴发""自身即是力量",所谓"沛然莫之能御也"。

自律的羞感伦理首先强调的是道德的立法者和执行者都需回溯到羞感这里,或可称其为"羞之存在"或"能羞之在"。孟子以及儒家的本心自律伦理学成就的就是"德性人格底真实生命",它含有"具体而真实的特殊"之经验内容,且自身为"具体而真实的普遍","今与后""己与人"都融贯其中。

本文首先澄清了"内在化羞感""外在化羞感"(以及"罪感")之间的差异,并尝试在"内在化羞感"的基础上谈论自律的羞感伦理学,随后致力于辨析"自律"之概念。羞感伦理之所以可以是自律的,恰恰是因为这一具体而真实的、生成着的、交互人格性的"能羞之在"作为道德主体,在其自己内部,在意愿与欲望、理性与禀好的张力中,服从其自身立的法,这一服从的动力亦在此"能羞之在"自身。

论道德冷漠及其化解路径 陈伟宏,哲学动态,2017(11)

一、道德冷漠的表现形态

第一,道德情感上的麻木淡漠。道德情感是个体道德能力的必备要素之一。在日常生活中,一个人若是在道德情感上麻木和淡漠,就不可能主动地与他人进行正常的伦理交往,从而错失与他人产生道德情感共鸣的机遇。

第二,道德判断上的是非不分。一些人在道德判断问题上是非不分,通常不是因为道德知识和道德经验缺失,而是由于没有形成基于正义和良知的稳定道德感。道德冷漠者往往对道德理想、道德榜样等嗤之以鼻或不以为然,相反,因其是非感、正义感和良知感的扭曲,他们对那些“失德”“败德”或“缺德”的行为过分宽容,丧失了对于道德事件或道德现象本身的正确评判能力。

第三,道德行为上的勇气缺失。道德勇气是一种与恶抗争的向善和为善的力量,是将道德情感和道德判断转化为道德实践和道德行为的必要的精神性中介。一个人的道德实践需要道德意志的支撑,需要道德勇气的激励,如果一个人缺失道德勇气,在面对必须采取道德行动的场合,就可能成为一个道德上懦弱的人,即“道德逃兵”。

二、导致道德冷漠的主要原因

第一,工具理性的泛滥。现代社会的一个突出特征是工具理性或理性的工具化对个体发展的强力牵制。理性的觉醒带来了道德生活领域的巨大变化,并且推动着自由和平等的人性的生长。在工具理性统治下的当代社会,在现代人追求感性享受和物质财富的社会生活中,道德情感的空虚、道德交往的疏离等因素产生的道德冷漠也就变得司空见惯。

第二,道德认同的危机。价值观的多元化对普遍主义价值观和主流权威性话语构成的挑战,直接影响着建立在价值观认同基础上的道德认同的培育和发展。每个个体在面对各种道德问题时,总会去寻找满足自己利益的各种理由和解释,一个人如何对待道德仿佛成了自导自演的“独角戏”。而不顾及他人利益和权利的个人任性行为,其实就是一种道德冷漠。

第三,道德相对主义的盛行。在对待道德理想、道德价值和道德规范等问题上,道德相对主义秉持道德理想多样化、道德价值和道德规范多元化的立场,认为人们不必遵循某一条或某几条具有普遍性的伦理原则和道德规范,而可以根据自己的生活境遇和情感喜好做出各自的选择。

第四,犬儒主义道德态度的影响。当代犬儒主义者缺乏对道德规范的敬重之心,他们虽然拥有基本的道德知识,具备一定的道德判断和分辨善恶的能力,但他们在维护个体权利的名义下,逃避体现社会正义和善之要求的道德规范的行为制约,我行我素,无视社会和他人对自我的道德期待。受犬儒主义道德态度的影响,社会生活中不可避免地会出现道德冷漠的现象。

三、化解道德冷漠的路径

第一,构建公平正义的社会生活秩序。对社会运行的诸种制度正义的认同与尊重,是公民遵守公共道德生活准则的前提。因此,制度建设和制度创新以及制度运行的全过程应当以公平正义作为首要的价值要求和评判准则,维护和保障公民的基本权利。

第二,培育良善的公共生活伦理。个体总是在一定的社会关系中生存和发展的,并与他人结成或大或小的道德生活共同体,这样的伦理性共同体属于公共生活领域,具有公共性特征。通过自由和平等的伦理交往,个体在公共生活领域能够感受到公平对待和相互关爱的道德温暖,从而有助于化解道德冷漠带来的心灵上的孤寂,并促进个体政治权利、经济权利、文化权利和道德权利的实现。

第三,提升公民遵守基本行为规则的意识。个体在遵守基本生活规则的基础上不断修炼,形成独立的道德人格,而一旦拥有了独立人格,个体就能够自主地做出道德判断,从而履行自己的道德责任和道德义务。遵守规则就是尊道德、敬道德,一个人做到了时时处处遵守规则,就是一个正直的、有教养的人。

主体复归与大学生诚信教育　姜晶花,国家教育行政学院学报,2017(11)

大学生是高校诚信教育的主体,尊重和凸显大学生主体性是诚信教育的前提与关键。然而,当前大学生诚信教育中存在不同程度地忽视主体性的现象。鉴于此,我们有必要梳理和排除大学生诚信教育的蔽障,坚持"人是目的"的价值立场,推动知行合一,实现主体复归,继而通过诚信教育唤醒大学生的内在潜力,实现其个性的自由全面发展。

一、确立"人是目的"的诚信教育理念

诚信,即内诚于心、外信于人,作为当代大学生教育的重要主题之一,在大学生思想道德建设中发挥着不可或缺的积极作用。进行诚信教育的目的并不是使本质上多样化的个性日益趋同化或单一化,而是尊重个体及其合理诉求以进行诚信道德的积极创造。高校进行诚信教育,其主要目的是唤醒大学生诚信的内在动力,推动大学生个体的自由全面发展,丰富和提升大学生的道德境界。因此,大学生诚信教育不能将大学生仅仅作为客体看待,不能仅仅依赖纯粹的理论灌输方式,而应立足和激发大学生的主体性,利用多样化形式进行诚信道德创造,让大学生在日常生活实践中实现诚信他律向诚信自律的转化。

二、主体迷失:对当前大学生诚信教育现状的反思

在"人是目的"的诚信教育理念下,关注大学生诚信教育中主体性的价值和地位,探讨大学生诚信问题的主体性缘由,是完善高校德育的重要环节。近年来,大学生失信行为具有扩散性,心理层面具有潜伏性和隐蔽性特征。这不仅引发了理论界的高度关注和强烈兴趣，而且推动了学术界立足大学生主体性，对各种失信行为进行了梳理和透视，对诚信教育过程进行了深入反思和剖析。

三、主体复归——对大学生诚信行为主体价值的关注

(1) 摒弃社会教育体制的功利化、碎片化、世俗化的导向。(2) 关注主体，发挥诚信主体的积极性和创造性。(3) 强调知行合一，推进主体与客体相结合。

传播伦理：以超越的时代精神为旨归　冉华，社会科学报，2017－11－09

新兴的传播时代，媒介地位突前，大数据成为潮流和趋势，传播者与受传者通过信息交流缔结实在的伦理关系，受传双方的地位越来越平等，社会思维也从因果关系的串联思维转向相关关系的并联思维。在此时，"传播"与"伦理"具有共同的特质，即"关系"，传播伦理的本质也为关系。以上种种，不仅凸显了伦理的关系实质，还强化了伦理原有的基本特征。

一、一个与当代社会全面对应的复杂系统

鉴于以上特点，我们将"传播伦理"定义为围绕传播者、受传者、信息内容、媒介实体物、社会效果、意义系统等传播要素搭建起来的伦理系统，它既是立足于现实的伦理关系，又有超越现实"关系"的独特的精神气质，其中涵盖了实体、规则、关系、心情等多个意涵丰富的价值面向。就其典型特征而言，"传播伦理"的关系内涵体现它是本质伦理，实际存在的物质实体决定它是客观伦理，适时的现场感受决定它是在场的应用伦理。但仍需说明的是，它不仅是一个整全的概念，还是一个变动不居的理念，更是一个包括物质实体、沟通过程、生产方式以及观念转变在内的具有广大意义空间的社会巨系统。

二、成为一种普遍的伦理、超越的伦理

在媒介传播时代，不仅定义传播伦理有其必要性，以发展的眼光关注和考察传播伦理的工作也势在必行。究其原因，主要表现在以下几个层面。首先，当代中国社会仍是一个伦理型为主而非道德型为主的社会。虽然传统的家族观念在现代遭遇冲击，但伦理仍不失为当代中国人价值判断的重要标准，传播伦理作为当代新型的伦理形态，对它的关注和研究十分必要。其次，"伦理"与"道德"加速分离的趋势也引发我们对传播伦理的思考。当代社会，大众对媒介高度依赖却极不信赖的心理病况，引发了我们对技术的反思,其中还不乏坚决抵制技术的声音。再次,生动活泼的传播现场带来宏大的关系格局,丰富的关系网络产生复杂的关系权力,或者说与权力关联的关系通常都会诱发全新的"关系权",它们与传播资源的生产、分配、消费密切相关,亟待传播伦理参与规范和治理。最后,传播伦理自身具有的特性也凸显出传播伦理建设的必要性。

三、构筑媒介传播时代的伦理精神家园

传播伦理的自由发展和充分发展有了现实依据和具体的可操作性。第一,传播伦理的自由发展应当遵循精神哲学规律,伦理精神应当成为伦理发展的题中之意。第二,传播伦理建设应当在伦理实体的基础上,培育全新的主体维度和主体方法。第三,在伦理实体的暗示下,发展的传播伦理应当注重制定规则制度、建设专题平台、架构中层社会组织、营造文化氛围等实体性构造。第四,在消费主义文化语境下,发展的传播伦理召唤生产和创造的理念,助推生产方式由产品生产到产品加工的转变,并呼吁将大众的"余力"整合为"创造力"和创新意识,"文化自信心"应当升进为"社会公信度"。第五,传播伦理精神应当把握住社会心理由"德者得也"(有德者与既得者是否能匹配)向"优其忧也"(具有优越地位之人是否具有忧患意识)转变的趋势,从而整体性地提高文化和审美水平。第六,充分发展的传播伦理意在通过有序的伦理分层而实现伦理贯通。以此为基,从分层的角度实现伦理贯通,以"新天下主义"情怀为精神引导,以"人类命运共同体"理念为价值刻度,以充分发展的传播伦理作为一种完美的伦理形态,不仅可能,而且值得期待。

"廉"德内含多重意蕴 王颖,中国社会科学报,2017-11-14

早在西周初年,以"廉"为本的"六廉"(廉善、廉能、廉敬、廉正、廉法、廉辨)就成为群吏考核的重要指标,并奠定了后代官吏考察的基本要素。春秋时期,管仲更是把"廉"上升至"国之四维"(礼、义、廉、耻)之一,使"廉"成为治国理政的重要内容。

一、"廉"本义指堂屋侧边

《仪礼·乡饮酒礼》上说:"设席于堂廉,东上。"郑玄注:"侧边曰廉。"段玉裁也说:"堂之边曰廉。"可见,"廉"即堂屋侧边。"廉"分内廉和外廉,靠近殿堂的一边为内廉,离殿堂较远的另一边则为外廉。由"堂屋的侧边"之本义,又引申出两个衍生义:一泛指边、角;二指事物的棱角或有棱角。《玉篇·广部》说:"廉,棱也,又箭有三廉也。"

由事物的边、角或棱角的形体特征可引申出“廉”的道德意义。首先，由边、角的狭窄特征，引申出廉洁之义。“廉，仄也。”段玉裁注曰：“此与广为对文，谓逼仄也。”“廉”还从“兼”声，而从“兼”声的字都含有小或者少的意思。这样，就由“逼仄、狭窄”引申为“缺少、不足、浅小”之义，再进一步引申到人的行为方面，就是“少拿、浅取、不多得、不贪婪”的廉洁之义。段玉裁亦云：“堂边有隅有棱，故曰廉，廉，隅也；又曰廉，棱也。”引申为“清也、俭也、严利也”。其次，由棱角的平直、方正特征，引申出人的品行端方、刚直、严谨、有气节之义。由于棱角看起来“突出、高起”，故古籍中把人之高行称作“廉”，把有节操、不苟取的人称为“廉夫”“廉士”。

二、“廉”即不贪和品行正直

“廉”德的基本要素即为不贪和品行正直，不贪乃“廉”德的核心要求。在古代文献中，“廉”“贪”二字常常对举。如“辞利刻谦谓之廉，反廉为贪”，“贪贾三之，廉贾五之”等。

“不贪”就是“敛”。《释名·释言语》说：“廉，敛也，自检敛也。”这表明，如果“贪”代表着在财货态度上的外向扩张，那么“廉”则恰恰相反，代表着在财货态度上的内向收缩。“不贪”的“敛”特征，应体现于三个方面。

第一，不贪心。这既是涵养“廉”德的最基本要求，亦是“廉之敛义”的直接表现。如果一个人能不断缩小自身物欲，防止其向外蔓延，则必会知足常乐，反之则会常处忧虑。“廉者常乐无求，贪者常忧不足。”不重财货则能“临大利而不易其义”，关键时刻能以生死求大节，“所谓廉者，必生死之命也，轻恬资财也”。

第二，不贪得。这既是不贪心的外显表现，又是在获取财货上的自我控制和检点。刘向在《说苑·谈丛》中说“廉士不妄取”。古人赞成在可取可不取的情况下选择不取，“可以取，可以无取，取伤廉”。正是由于自身的不贪得，故可从根本上杜绝他人行贿的可能，“难予谓之廉”；而要做到不贪得，则必须具有明辨力，这样就可洞察财货的来路是否正当，从而做出正确的决定，“廉，有分辨，不苟取也”。

第三，不贪奢。这是在生活理念和消费价值观上的自我约束。廉本身就包含节俭之义，“廉，犹俭也”，故古来就有“廉俭”之说。古人之所以如此提倡节俭，是因为“惟俭可以助廉”。司马光认为，俭能寡欲，侈则多欲。对于君子而言，寡欲则可不为物欲驱使而坚持正道；对于小人而言，则可谨身节用，远罪丰家。反之，君子多欲，就会贪慕富贵，违背道义；人多欲，则多求妄用，丧身败家，做官必贿，居乡必盗。

三、廉洁带来公正

“廉”德在现代生活中通常被称为清廉或廉洁。清、廉、洁均具立身清正洁白、不贪财货、不随意索取之义,有本质上的相通性。作为一种道德规范,清廉或廉洁更主要是对各级官吏所提出的最基本原则,要求他们正直无私,秉公执法,不因贪污受贿而出卖良心和枉法作弊。

“廉之谓公正。”唯有廉洁才会带来公正,公正者必定廉洁。范仲淹说:“天下官吏不廉则曲法,曲法则害民。”孟子更是道破其中缘由,“无处而馈之,是货之也”。没有合宜理由就来馈赠财货,则馈赠者必有所图,其意指向收买受馈赠者,目的是借助于受馈赠者手中的权力而为己谋利。如此一来,官吏必随势而任其驱使,从而难于坚持原则和正道而失去公正。因此,清官廉吏皆以“一介不取”的操守高度自律,从而在令自己免遭嫌疑的同时,亦使那些想要贿赂的人无机可乘。

以伦理为界:谁才是人机关系中的主导者?　吴卉,社会科学报,2017-11-30

2017年7月,国务院印发了《新一代人工智能发展规划》,作为国际竞争新焦点、经济发展新引擎的人工智能,在当时引发了各领域关注者的讨论,福祉还是挑战、自控还是他控等涉及政治、经济、文化、教育、伦理各方面的争议言犹在耳。11月15日,从规划到实施,科技部召开新一代人工智能发展规划暨重大科技项目启动会,在自动驾驶、城市大脑、医疗影像、智能语言四个领域开放创新平台,正式实施新一代人工智能战略。当科幻小说内容变成真实生活,在科技高速发展的表面事实下,对伦理和社会意识的担忧逐渐增多。

人类对高科技的向往与恐惧是共生的。从基本生活到休闲娱乐,从旅游出行到金融医疗,从传统交通到无人驾驶,这样的列举可以写上数十种,它们都明确地指向同一点:在人工智能概念首次提出60年之后,人类真的进入人工智能(AI)时代了。伴随AI和机器人的迅猛发展,挑战应运而生。传统的朴素伦理学信念是以人类为中心建构的,而“为了人和人类利益”发展出的人工智能,却无端地制造出一种“人类的终结”的恐惧。基于大数据、统计学和数字计算法则建立的AI原则,能否在生活的方方面面做出合理的判断?或者说,在一个真实的有情天地中,机器人真的能保障人类未来的利益和安全,而不是挑战人类社会的秩序从而主导我们的生活吗?

很多人可能不会想到,对人工智能的隐忧,发生在实体机器人产生之前。著名的科幻小说家阿西莫夫在20世纪40年代提出“机器人学三大法则”。这三条法则是以人为中心设定的。阿西莫夫可能没有预料到,一个世纪还没结束,机器人已经发展到拥有自我意识等高级人工智能的程度了。但在当时,作为小说家的他也意识到智能领域可能会产生的关于人类地位、伦理意识的冲突问题。这种严肃思考在当代被分散到经济学家、哲学家、人类学家、伦理学家甚至文学家和导演的身上。起码大多数普通人除了使用移动支付这一功能之外,对AI了解的渠道都集中在科幻小说或欧美科幻电影中。齐泽克在分析电影《银翼杀手2049》时提到:“电影的确很好地渲染了在我们的全球资本主义中,统治精英内部的那种对抗,即国家及其机器与追求进步到自我毁灭的地步的大企业之间的对抗。”人格化的企业在AI的加持下已经逐步实现。从交配人到基因变异到仿真人,电影的想象超不出人类的野心,却提前为大众提供了一种试探性结果:人类是有可能毁灭的。

但是在此之外,科学、公正地探讨人工智能的伦理界限依然十分必要。机器人才艺的超越性极有可能使普通人在未来社会无法立足,对人类命运的这一担忧在某种程度上已经成为现实。被沙特授予公民身份的机器人索菲亚就声称,她的目标是“上学,成立家庭,并且毁灭人类”。这句带着调侃意味的话当然是设计者开的一句玩笑。可你无法否认,这是未来人类社会必须承担的风险。健全智能系统,不仅仅是科学领域的技术任务,也是其他领域的伦理责任。

人类会被AI挑战吗?答案是肯定的。

人类会被掌控吗?这是我们要努力避免的。

法律的边界易划,伦理的探索难明,但价值观是人类永不会被超越的优势。对人工智能伦理边界的讨论不是要人为制造出科技恐慌的舆论,而是为了使更多人认识到,接受人工智能给我们的生活创造多样的可能,就必须同时直面每一种多样性背后的挑战。如此,才能真正做到安全管控,保证人类的生活稳定和幸福。科技改变生活,却不会取代生活。

伦理治理何以可能:治理什么与如何治理　田海平,哲学动态,2017(12)

一、伦理治理:是什么与为什么

伦理治理是“伦理的治理”,还是“对伦理进行治理”?涉及的是把“伦理”(或“伦理问题”)作为治理的对象,还是把“伦理”作为治理的路径依赖。历史地看,一般所谓人类生活存在着两种值得关注的伦理方式:第一种是

“通天塔上的伦理”,属于一种整体建构的伦理;第二种是“巴别塔下的伦理”,属于一种从个体出发的伦理。前者的出发点是“整体”,依从的路线是“从实体出发”。这是一种追求整体和谐的伦理。后者的出发点是“个体”,它视“总体”为一种暴力或压制,个体只有反抗和从整体的控制中挣脱出来才是自由的个体。这是一种追求个体自由的伦理。“从实体出发”的伦理和“从个体出发”的伦理,无疑关联着不同的治理方式,因而在伦理治理的具体内涵上,特别是伦理治理“是什么”和“为什么”的问题上,有着极为不同的旨趣。

二、伦理治理的问题域

“治理”一词是对英文“governance”的汉译,它本身是一个语义模糊的概念。我们从一种抽象意义上萃取其词义,认为它是“对合作关系或合作网络赋予意义并使之合理化的过程”。具体而言,在构词法上,“伦理治理”包含了“伦理”和“治理”两种逻辑关联,由此则衍生出两种不同类型的理解方式:一种是以某种形式的“通天塔上的伦理”实施的超验治理,另一种是对“巴别塔下的伦理”遭遇的问题或难题进行治理。借用“通天塔”“巴别塔”的隐喻,我们可以将伦理治理区分为超验治理和经验治理两种形态。如果对这两种形态的语境再进一步分析,我们就会得出四种解题路径,分别是“以伦理治理”“伦理地治理”“伦理即治理”“对伦理进行治理”。分析表明,“伦理治理”在语境上至少有四种理解。前面三种都属于超验治理形态的解题路径,是传统意义的伦理治理。它的特点是将治理问题伦理化。第四种“对伦理进行治理”则属于经验治理形态的解题路径,是现代性意义的伦理治理。它反对把治理问题伦理化,主张在明确区分治理与伦理之边界的基础上,将伦理治理诠释为对伦理问题或难题进行治理。

三、伦理治理:治理什么

伦理治理到底治理什么?我们要在传统与现代性两者之间做出抉择吗?在现代性条件下,伦理治理的语境必须面对“通天塔”的失坠或伦理同一性的瓦解。在现代性境遇下,伦理治理的中心议题就是对“伦理的现代性困境”进行治理。对治理“伦理的现代性困境”具体化,必然关联到对三个核心难题的治理。第一个难题是去除伦理之“伪”。当我们面对现代世界广泛存在的伦理冲突时,我们怎么办?我们如何去伦理之“伪”?第二个难题是化解“伦理—道德”悖论。当人们前所未有地遭遇现代性展现的伦理与道德之间的冲突时,如何抉择?如何才能化解“伦理—道德”悖论?第三个难题是克服道德虚无主义的危机。当现代人在道德上遭遇虚无主义并深陷道德之间的冲突时，如何走出危机？如何克服道德虚无主义？从本质上看，道德虚无主义与"伦理—道德"悖论是现代性伦理难题的一个硬币的两面。对它们的治理，理论上是现代道德哲学面临的长期而艰巨的任务，实践上是应对现代性道德危机的关键。

四、伦理治理有边界吗

伦理治理一定是有边界的，且我们必须清醒地认识到它的边界，即对伦理的现代性问题或难题进行治理。这一边界按现代性的伦理问题或伦理难题来划定，强调的重点是问题域上的分界，而不是实践域上的分界。对道德理论的探讨，特别是现代道德哲学对伦理、道德自身问题的治理所进行的探索，只有回归社会生活并落实为具体实践或具体生活方面的治理，才具有现实性。

儒家责任伦理考辨 涂可国，哲学研究，2017(12)

责任伦理是现代伦理学的基本概念，在传统儒家话语中也有相应的表达，这是一切规范性社会共有的特征。本文以儒家文本为依据，对"责""任""责任""己责""己任"等一系列相关概念进行了梳理考辨，指出儒家的"责"包含现代意义上的"责任"的基本要义，从人我、己他的人伦关系视角阐释个体的责任。

一、"责"的内涵

就原义来说，"责"从贝、朿声，是"丰"的变形字，意为"节节长高"；"贝"指钱币，"丰"与"贝"连起来就意味着"钱币节节增长"。就本义来讲，"责"指债款、债务；就转义来说，"责"表示放债、放款、放高利贷的意思。儒家话语中的"责"包含有现代意义上的"责任"的基本要义，它既指职责、尽责、位责、任务、使命等分内应做的事，也指因自己的失误而应对不利后果所承担的处罚。

二、"任"的意蕴

"任"的本义为挑担、抱、荷、肩负，进一步衍生为堪、承当、禁受等义，由此本义组合成的动词性的词组，如任受、任患、任过和任堪等，被赋予保举、担保、保用等义项。"任"最为常见的义项就是任用、委派、担任、负担、担当、使用、负责、主持等等。此外，它还有相信、信赖、信任以及听凭、听随、听信、由着、纵使等各种意蕴。而在中国古代汉语中，作为名词性的"任"主要是指担子、行李、任务、责任、职位、能力、劳役等。

三、“责任”的本质

宋代以降,与现代伦理学同义的“责任”一词,才开始大量使用。以儒家为代表的思想家、政治家立足于古代社会的语境,致力于从两方面界定“责任”。(1) 主体的承担。《新唐书·王珪薛收等传赞》和《谏西征疏》中所使用的“责任”概念即指分内应承担的事情,说的是君主的责任。程颐两次谈到了“责任”,其中一项讲的正是任务、使命,并得到了朱熹、吕祖谦的首肯。明代“蜀中四大家”之一的儒者赵贞吉在与胡庐山督学论学中讲到“以己立处未充,不能了天地万物”时引用后者的话说:“责任之重,有不容已。”这与司马光的“责任至重”共同说出了责任的重要性,表达了大任者的深沉的责任感。(2) 任之责。任之责,其特定含义是指主体的重要责任乃是对人才的任用、使用、任命、选拔,实际上就是儒家常讲的“任贤使能”,是儒家推崇的概念范式。

四、“己责”的义理

(1) 普遍责任。对责任的这一普遍性特点,儒家从不同层面做了深刻揭示,既肯定了不同社会主体责任承担的分界,又指明了每个主体自己应分担的社会责任。(2) 道德责任。孟子阐释了由忠于职守所生成的职责、言责论题,朱熹和吕祖谦也强调不能因从众而逃责,并在《近思录》中指出了“治水,天下之大任也”。重申把承继儒家的圣学视为自己的责任:“以兴起斯文为己任。”而王阳明同样注意到了继承夫子之道的自我责任。刘宗周把五伦当成人的内在责任,彰显了儒家一贯推崇的自我道德责任的自觉意识。

五、“己任”的内质

曾子是儒家“己任”说的开创者,曾子所说的“仁以为己任”本质上是“以仁为己任”,把行仁、践仁视为自己的终身责任。在新的时代背景下,《近思录》至少从三个方面丰富完善了儒家的“己任”说:首先,它在继承曾子“任重道远,仁以为己任”的思想基础上,重述了程颐“以道自任”的命题;其次,阐释了在下者和在上者“己当之为胜任”的责任伦理;再次,主张把传承圣学视为自己的责任。王阳明更为注重阐发“己任”的主体性、自我性和内在性。阳明学的推崇者赵贞吉的侧重点在自我责任的互主体性、融通性上,从人我、己他的人伦关系视角阐释自己的责任,这与当代责任伦理学把责任看成由社会关系所决定的这一理论不谋而合,体现了责任伦理的利他主义价值导向。

工匠精神:对人类自身的省思　张彤,社会科学报,2017－12－07

工匠精神是指一种专业化的工作态度,一种无私的敬业精神,一种忘我的钻研与坚持不懈的创造,一种精雕细琢和追求完美的理念。这种专业精神与精益求精的态度无论在哪儿都是人们所需要的,尤其在当今这个浮躁和追求金钱的社会,它不仅是一个人事业成功的保证,而且成为一种优秀人格的样板,一种现代社会生活中品质与卓越的典范,因而是需要大加提倡和褒奖的。

“工匠”一词常常与技术密切相关,工匠一般指技艺高超的手艺人。亚里士多德在《尼各马可伦理学》中曾经专门就科学、技艺与明智进行了论述。科学的对象是一种关于必然存在的不可改变的事物的知识,它追求的是一种依赖于推理证明而能被人学习、演绎的真理性知识,其典范就是数学。技艺活动的对象是可改变的事物,其本质在于生产和制作,而这种生产或制作不是目的,而是手段,“制作在自身之外尚有别的目的”。而且,技艺与偶性相联系,因而技艺是一种受生产和制作者的观念所引导的、关于某种可改变的事物的、依赖于巧遇的知识。学习技艺就是学习使一种可以存在也可以不存在的事物生成的方法。明智也叫实践智慧,由于实践的题材不断变化,因而明智处理的对象是可变的经验事物。又由于明智是一种同人的善相关的实践品质,其本身就是一种目的,就是追求对于人类整体生活有益的最大的善,因而,“实践不是一种制作,制作也不是一种实践”。

我们不难发现,技艺与明智(实践)活动本身性质上的巨大差异。技艺只是一种工具或手段,它追求的目的存在于制作与生产活动之外,而实践包含着一种反思,它关注人类自身的意义和价值,良好的实践本身就是一种高尚和神圣的目的。技术是中性的,我们怎样评判一个医生和将军?如果这个医生医术高明,但是拼命收费,而这个将军武艺高强,但不爱惜士兵,我们就能断言他们是优秀的医生和将军吗?当一种活动是手段的时候,目的达到时就会立即将这种手段丢在一边,而当活动本身就是一种目的时,就不会超出自身而不择手段。因此,技艺活动欠缺的正好是实践活动所具有的,实践活动不仅关注人类的幸福、公平、正义这些人生在世最大的善,而且是对人类自身的省思。因此,现代工匠精神不仅具有精益求精的思考,还提倡关于人类自身的善的知识的反思。

在我们生活的这个时代,许多工匠的技艺活动早已被更加细致更加专业化的工业劳动所取代。涂尔干在其著作《社会分工论》中清晰地描述了当代社会生活的这一现实图景,然而,非常耐人寻味的是,《社会分工论》并不是关于劳动与社会分工的专著,而是一部关于现代社会生活的道德的著作。涂尔干非常清晰地指明了,从机械团结到有机团结,从集体意识非常强大到集体意识逐渐衰微,正是道德强化的结果。因而,社会分工的增长并不必然导致社会凝聚力的瓦解,正是一整套强有力的道德规范和法律制度,使现代人具有一种尊重个人尊严、义务与责任心的强烈感情,这种道德感正是维系现代社会得以运行的一个本质要素。因而,现代工匠精神内含着一种道德精神。

在科技迅猛发展的当代,自然环境与社会世界运行的技术化倾向越演越烈。为了控制科技的盲目性应用,我们需要一种对世界进行根本反思的哲学,这不仅是亚里士多德哲学留给世人的宝贵精神遗产,而且是关于人如何生存、如何在世的重大而紧迫的现实问题。

著作简介

中国体育产业发展问题的伦理审视　李龙,中国经济出版社,2017.10

本书从我国体育产业发展过程中出现的体育市场效率与公平背离、政府体育产业管理部门"与市场争利""与民争利"、竞技体育参与者和体育消费者自身受到异化侵害等问题入手,在体育市场、行政管理、个体参与三个面向对体育产业发展问题进行伦理透视,指出市场伦理失衡、政府伦理缺位以及个体伦理失范是其成因所在,提出通过规范体育市场伦理行为,强化行政伦理导向,端正竞技体育参与和体育消费个体的伦理价值取向,对体育产业发展问题进行道德治理。

体育产业是"为社会公众提供体育服务和产品的活动,以及与这些活动有关联的活动的集合",它具有社会公益性和私人逐利性共存、政府管理与市场经营并行、强健身体和丰富精神并举的特性。改革开放以来,我国体育产业不断发展,产业规模逐步扩大,产业体系日益健全,产业结构明显优化,产业政策取得了重大突破,各项产业工作稳步推进,为国民经济发展和全民健康发挥了重要作用。但因为仍缺乏完善且公平的竞争机制和伦理环境,部分市场主体陷入对经济理性和工具理性的盲目追求中,罔顾市场契约,忽略自身社会责任,使体育市场在一定程度上陷入无序发展和无效竞争,引发体育市场内部效率与公平的背离,并因此制约了体育产业的发展效率。

在社会转型期,受利益的分化与侵蚀、观念的多元与错位、社会的发展与阵痛等的影响，部分竞技体育参与者和体育消费者道德的挺立与生长面临前所未有的复杂社会生态。一些职业体育从业者由于道德人格、敬业精神和法制观念的缺失，出现了为达到一己私利，非理性追求胜利、罔顾竞技公平公正等问题。部分体育消费者则因为对体育功能和价值的认知偏差，出现拜物教、娱乐至死等消费异化，缺乏对自由人生的必要反省和批判。

对我国体育产业发展问题进行道德治理，一要做到规范体育产业发展的市场伦理行为。要完善和规范体育市场内部各类主体的行为和价值取向，树立社会责任感和道德正义感，以避免盲目的逐利和拜物行为，维护市场的有效竞争和正常秩序。二要强化体育产业发展的行政伦理导向。要实现政府由“管理型”向“服务型”的角色转变，加强体育产业法制体系建设，落实政府与市场、政府与公民之间“权、责、利”的正当划归，避免出现“与市场争利”“与民争利”的悖逆现象。三要端正竞技体育参与和体育消费个体的伦理价值取向。要提高体育产业发展参与个体的道德建设水平，通过强化体育职业从业者的职业道德水平，让竞技体育赛场充满“真、善、美”；通过深化体育产业消费者对体育功能和价值的正确认识，端正其体育消费态度，树立体育消费“为人而非人为”的理念。

我国体育产业要加快结构转型升级，实现创新驱动发展，需要秉持“创新、协调、绿色、开放、共享”的五大发展理念，借鉴发达国家体育产业发展的先进经验，充分发挥体育产业自身固有的潜力和优势，重点发展体现体育产业自身经济功能和社会价值的主体产业，努力培育和壮大体育市场，使之成为体育产业发展的根本。

气候失律的伦理　*唐代兴，人民出版社，2017.11*

气候失律成为世界性难题，人们可从伦理切入审问气候失律及其恢复问题，其前提性努力是考察气候周期变换运动的时空韵律、动力机制及伦理意蕴。以此为判据，审查气候失律的人力之因，发掘气候失律的逆生性运作机制，揭露人力活动如何影响环境，导致气候失律的层累原理、突变原理和边际效应原理。然后拷问恢复气候、根治灾疫、重建生境的可能性：自然、生命、人的亲生命本性和共生存在，自然宇宙的自创生能力及其生境逻辑法则、限度生存原理和生境利益机制，为其提供了自然可能性；人谋求安全存在和可持续生存的意愿，以及普遍平等和自由公正的人性诉求，为其提供了人文可能性。探求自然律与人文律的统一，可建构恢复气候的生境主义认知方式、价值系统和伦理规范体系。

气候是人类21世纪以来最为切身的环境体验。与其他环境问题略有不同的是,气候问题的全球性特征更为明显,哪怕是很微小的气候改变,都有可能带来某种不可预测的“蝴蝶效应”。于是,气候所引发的伦理与价值的思考更为直接,也更具有普遍性意义。唐代兴教授的这本《气候失律的伦理》可以说是这个时代的应时之作,毕竟无论是频繁的极端天气还是雾霾围城,都已然开始警告人们:气候不会无限制地接受人类的随意行为了。

对于“气候失律”这一当下最为急迫的环境问题进行的伦理学反思与建构,是具有针对性的。在书中,唐教授系统地建构起气候伦理学的规范体系。其中不仅包含对气候失律的科学分析与理性反思,而且将伦理学的视角和方法系统地引入对其多层面的分析中;进而从道德认知、价值原理、伦理原则等几个方面建构出一套完整的伦理体系,由此展示出在气候失律的现实世界中,伦理应该如何全面发挥指导实践的作用。

从更深层次来说,气候的失律其实是人类的失律。因为,从地质时间来看,气候无论发生怎样的剧变与失序,都会慢慢恢复其稳定状态。因此,当人类感觉到气候的周期性被打破、破坏性的气候现象增加的时候,其实是从其自身的价值和发展维度去思考的。对此,作者有着深刻的洞察。在本书的序言中就提到,“气候失律,是指气候因其外力推动既丧失其自秩序要求,更丧失其周期变换运动的时空韵律,而滑向无序变化的运动进程”,而人类又是“地球生物中唯一能以自身之力改变环境的生物”。换言之,如果气候失律需要进行伦理维度的反思的话,其实意味着要重点反思人类的行为。当人们越来越感觉到气候变得不再和谐与温顺,与气候相关的各种环境变化已然脱离了人们的预期的时候,必须首先反思人类作为一个整体其原有的行为规范与秩序体系是否与气候或环境的和谐与稳定不相匹配。

正是基于这一思考,唐代兴教授在本书的后记中提出一个颇具新意也非常深刻的概念——后环境时代。他指出,在所谓后环境时代,环境将所有问题聚集于自身,形成“唯有环境,就是一切”的理论和实践结果。当这一观点深入到价值观层面时,不难总结出,在后环境时代,环境不仅作为一种优先性的价值选择,而且其本身亦成为一个价值准则。在这样一个时代,环境将成为伦理的基石之一。进言之,伦理在这一时代的建构与实践,必然冲破单纯的人类社会内部这一局限,将诸多环境元素纳入进来。对于气候的伦理之思,可以说将是这一系列工作的重要起点。而本书无疑在这一点上,为众多关注环境问题的学者提供了重要的思想参考。

在全球化的进程中,以气候失律为代表的环境问题的出现,或许更能使人们认识到,必须以一种共同体的姿态来面对自身与未来。正如唐代兴教授在书中最后一章指出的那样,要重建一种"生境主义"的道德共同体。通过这一共同体,人类能够更多地在环境问题上形成相对统一的认识,从而为自身的未来寻找到存在的根基与可持续发展的保障。

灾疫生命伦理研究 王军,人民出版社,2017.10

当代灾疫生命伦理问题研究是一门蔚然兴起的、崭新的学科方向,旨在对抗击灾疫的实践提供有力的指导。它关联了医学、公共卫生学、生命科学、伦理学、法学、政治学等诸多领域。本书阐明灾疫中"救亡图存"乃是符合全人类利益的"公共之善",透过应对灾疫之"痛"所展现的人性之美、人伦之善和人间大爱之情,能见证"人性的光辉""生命的尊严"和"人类精神的高贵"。同时它充分凸显生命的主体性精神,使人类对自身和世界的存在负起责任,从个体、市民社会、国家、国际社会四个维度,去界定和落实它们作为道德主体在风险中所要承担的责任与义务,以达至"关怀生命、拯救生命、尊重生命、促进生命"。灾疫生命伦理作为一种应对"非常态"生存境域的伦理智慧,它所追求的目标是维护生命福宁和促进社会公义;其方向是建构个体内在心性秩序(道德与自然、义务与现实之间的和谐)和建构社会外在伦理秩序(权利、义务和权力之间的和谐),在此价值论的指导下,去付诸和"筹划"抗灾治疫的行为实践。并且它进一步召唤起整体人类对抗灾疫的"类"性生存,去建立一种国际性的"和平的、合作的、普世的共同体",由"灾疫共同体""责任共同体"最终走向"全球伦理共同体",在普世性的意义上更好地实现生命权利和终极性人权的维护和保障。

《灾疫生命伦理研究》一书立足于国际化视野,力图对灾疫生命伦理问题进行整体性研究,尝试进行一种基础性建构。全书分为上下两大篇共六个章节,分别对灾疫生命伦理的核心概念、文化渊源、基本原则、理论体系内涵进行了界定和论述。在上篇中,作者分为两章,第一章分析了灾疫生命伦理问题的提出背景以及问题所在,并从目标、方向、途径、基本要素、特殊视角这几个方面论述了何谓灾疫生命伦理。第二章主要叙述了灾疫与伦理的关系,作者先对历史视野中的灾疫概念做了解读,然后对灾疫发生的历史情况进行了概述,之后再具体讲述了应对灾疫的伦理维度。对这一问题的讲述,作者又分了三小节:灾疫问题如何成为伦理问题;灾疫伦理如何成为灾疫生命伦理;灾疫生命伦理的四重建构维度。在下篇中,作者分四章内容对灾疫生命伦理原则进行论述,即论述了灾疫生命伦理的四大原则。第三章论述了第一个原则:生命自由原则。作者先告诉我们如何理解生命自由,之后又讲述了生命自由原则的三大特征:权利、爱的责任、危境中的“意志自律”。第四章和第五章分别论述了公共理性原则和政府权威原则。在这两章内容中,作者都是先告诉我们如何理解原则的要义,然后又讲述了原则在灾疫境遇中的具体内容。第六章论述了最后一个原则:国际人道主义原则,作者先对人道主义进行了理解,后对他者伦理——国际社会对受难国家的责任进行了论述,又对“他者伦理”做了介绍,还对“他者伦理”在灾疫境遇中的引鉴进行了分析。作者又详细地为我们解释了国际人道主义的践行准则,以及“允许”原则在国际人道主义救援中的境遇化适用。

结语部分,作者以捍卫人权和走向全球灾疫伦理共同体为题,讲述了全球合作应对灾疫的必要性和紧迫性,也提出了国际合作不是凭空而来的,它是有一定道德基础的,它的道德基础就是捍卫危境中的人权。之后作者还提出了对未来的展望,即走向全球伦理共同体。

新设计伦理:信息社会情境下的设计责任研究　刘军,中国文联出版社,2017.9

《新设计伦理:信息社会情境下的设计责任研究》通过反思信息技术对物品设计和生活方式的影响,及后现代伦理从理性道德到责任伦理的转向,将责任作为设计的现实维度,以生活中的设计案例和物品现象为论据,分析了信息浪潮下的物品设计特征、设计责任的认同困境和未来发展。在责任缺失的环境里,设计呈现出两种不同的实践观:一是“价值创新理论”,强调设计创造产品附加值和诱导消费的商业价值,这在一定程度上忽视了设计责任,当代经济生活中所形成的各种观念或行为误解,与过去几十年现代社会的设计导向有着无法摆脱的、直接或间接的因果关系;另一种是“合适设计观”,强调通过设计改善社会与人的合理需要,但它缺乏清晰的问责关系和理论解释。对此,此书借用“社会契约”与“利害相关者”理论,概括了设计责任的思想基础,界定了设计责任的逻辑基础、承担主体、实现方式及设计责任原则。

本书针对设计责任问题,从后工业社会情境和责任伦理出发,系统探讨了信息时代的设计责任原则及逻辑。本书在对后工业时代的科技、经济、文化与社会等变迁下人们交往、生活、生存等的社会情境予以描述的基础上,从责任视角分析了信息浪潮下物品设计变迁的特点,进而提出了后工业社会的设计责任原则，并结合具体案例做了分析论证。该书对当下设计实践及理论研究提供了新的研究视角，有助于设计学理论框架的建构与完善，具有一定的出版价值。

本书的主要内容包括五章。第一章是绪论，作者从责任视角先对设计的当代问题进行了分析，进而提出了该书的研究目的与内容架构。第二章从后工业社会的争议、后工业社会的主要思想入手，向读者呈现了设计的后工业社会情境。第三章提出后工业社会的伦理思考是责任，并分三个小节对这个问题进行了论述，即后工业社会的伦理启蒙、后工业社会的设计伦理、新情境下的设计与责任。第四章分析了后工业社会的设计责任的思想基础、承担主体以及对其的实现。第五章讲述了后工业社会的设计责任的三大特征，即“去物化”、内向化、边界扩展。第六章则对后工业社会的设计责任原则进行了详细的论述，并提出后工业社会的设计责任的四个原则，即适应原则、平衡原则、可持续原则、服务原则。

正义：历史的与现实的　何怀宏，北京出版社，2017.9

《正义：历史的与现实的》是北京大学伦理学何怀宏教授的最新著作。全书大致分为上、下两辑，上辑主要探讨正义在中国的历史发展与现实状况。作者追溯较早的历史时代，尤其是从战国到西汉，在长期战争之后大致厘定的此后延续两千多年的传统制度形成的时代，考察了孟子的政治思想和西汉政治的“更化”。这是古代的一个关键时期，而中国进入现代的一个关键时期则是20世纪初，作者主要考察了严复的思想，探讨了他的《天演论》的翻译和演绎的过程，指出了一种“双重的误读”和“伦理的阙失”的情况，同时也对随后的政治文化发展，尤其是新文化运动的趋向进行了分析。进入当代，作者集中关注的是生命原则的问题，这就涉及对暴力和战争的态度。上辑的最后一篇则是带有总结性的一个回顾，作者谈到了罗尔斯正义理论的有限性、中国历史上的差序正义以及构建中国当代正义观的多种经验与可能性。下辑主要探讨正义在西方的历史与现实。作者从美国最近的一次总统大选入手，分析其后的基本价值观念在独立建国前后的形成和发展，指出了它们之间的冲突和未来可能的趋势，以及在现代世界眼光观照下的危险和隐忧。

此外，作者也借助西方最近出现的一些颇有影响的新著，介绍和评析了人类价值观念在漫长时代的演变和发展，人们应当如何寻求光明而又理解黑暗，以及在罗尔斯之后和之外试图解决正义问题的理论尝试。作者特别关注的是平等与自由的问题,因为当平等扩展到经济领域之后,这两者的矛盾就变成不可避免的了。平等成为现代社会的主旋律,或者说一直是主旋律,但对它是否应该有一个恰当理解和适度平衡的问题?故而福山的"历史终结"论还需要重新审视。最后作者还借助朋霍费尔人物传记的书评,谈到了作为研究者和实践者的一个基本态度,即始终要面向人,正视人性与人道。

本书是对正义的阶段性研究的一个初步结集。"正义"既可以理解为一种理论或者人们的思想观念,也可以理解为社会实践中的真实原则或事实倾向。本书希望始终关注理论与实践这样两个维度,且同时关照历史与现实这两个方面。这本书的开篇就讲到了历史。在今天这个互联网、高科技的时代,历史面临着更多元的解释,不像过去的历史都是由胜利者来书写,现在胜利者的历史话语权似乎受到了责备。例如对"文化大革命"的认识,通过阅读李作鹏、吴法宪等人的很多东西,作者认为他们虽是失败者、被判刑者、有罪者,但他们的回忆录却可以反映历史事件的进程。所以,不仅是胜利者,还有失败者和旁观者都会书写自己的历史,这就为我们更加多面、更加客观公允地审视历史提供了新的诸种可能性。历史本身是很重要的。但进入一个互联网和高科技的开放时代,历史不会再被垄断时,就是"人在做,天在看,后人也在看",这是一个很好的制约因素。书中的另一点是对当前问题的思考。作者以美国发生的事情——特朗普当选为例,这在很多人看来是偶然的,但如果去追溯一下最近二三十年美国政治的进程会发现,更深的原因是在价值观念的冲突上,这早已为今天的事态埋下了伏笔。美国价值观念的冲突由来已久,不仅是独立之后,在独立之前它的"生存"和"信仰"作为独立支柱就已经形成。在独立之后,自由、平等、幸福等观念进一步扩展——这些概念都是那些信奉《独立宣言》的一代代美国人所尊崇的,被认为是他们建国的基本原则。但在某些情况下,当你把某些观念推到极端,它们之间会产生冲突。现在美国的状况,包括前不久弗吉尼亚发生的暴力冲突,似乎表明美国进入了一个多事之秋,这背后就是价值观的冲突。今天我们探讨正义这样大的话题,就要有一个比较全面的观察,既看现实又看历史。

学术职业伦理失范及其规制　张英丽、戎华刚,科学出版社,2017.9

该著作以学术职业伦理失范为主题,遵循认识→解释→治理失范的思路展开研究。首先,厘清学术职业伦理的内涵、特征与功能,辨明学术职业伦理失范的含义、性质与影响,并描述失范的表现、程度。其次,从三个方面对失范做出阐释:一是借鉴生理心理社会模型,从生物学、心理学、社会学的学科性视角来解释失范;二是利用问卷调查数据对失范的影响因素进行多维度实证研究;三是从道德环境、学术制度与规范、道德个体三个层面对失范原因进行多层面探索分析。最后,从优化学术环境、完善制度规范、强化职业自我管理与教育等方面提出失范治理对策。本书的特点是规范分析与实证研究相结合,资料翔实、内容丰富、分析周密、观点鲜明。

全书共有八章。第一章绪论阐释了学术职业伦理失范的研究缘起、学术职业伦理失范的研究目的以及本书的写作构想。第二章分别阐释了学术职业伦理的内涵、特征与功能。第三章解释了学术职业伦理失范的含义,揭示了学术职业伦理失范的性质,并且指出了学术职业伦理失范的影响。第四章进一步分析了学术职业伦理失范的表现、程度,还对学术职业伦理失范做了问卷调查。第五章列举了多学科对失范的理论阐释,分别有失范的生物学阐释、失范的心理学阐释、失范的社会学阐释。第六章从环境因素、制度因素、个人因素、内外部相关因素的角度论述了学术职业伦理失范相关因素的多维度实证研究。第七章对学术职业伦理失范的原因做了多层面探索分析,指出学术伦理失范的外在诱因、外在推力、内在诱因和内在根源。在综上论述的基础上,第八章提出了学术职业伦理失范的防治策略,即优化学术工作环境、完善规范与制度、强化职业自我教育管理。

活体器官移植法律与伦理问题研究 *唐义红、荣振华,中国政法大学出版社,2017.8*

本书主要研究活体器官移植所涉及的法律和伦理问题,试图建立更好保护活体器官移植供体和受体的良好机制以及促进捐献者捐献的法律激励机制,促进活体器官移植事业的良性发展。

本书分为七章:第一章"活体器官移植的概述",第二章"活体器官移植的原则",第三章"活体器官移植行为规制",第四章"活体器官移植中捐献人权益保障",第五章"活体器官移植中接受人权益保障",第六章"非亲属间的活体器官交叉移植",第七章"活体器官移植的激励机制构建"。第一章先论述了活体器官移植的概念和范围,又对活体器官移植做了界定,并指出了活体器官移植的优势和缺陷,还将活体器官移植进行了分类。之后对活体器官移植的历史发展以及我国活体器官移植的历史和现状一一做了介绍。接下来从法律的角度分别解释了活体内器官的法律属性、离体器官的法律属性,也介绍了活体器官移植的立法现状,包括国际组织的相关准则、活体器官移植的立法模式、其他国家活体器官移植的立法现状、我国活体器官移植的立法现状以及立法的完善。第二章介绍了活体器官移植的法律原则,明确指出了我国现行法规对活体器官移植原则的明确规定,再对活体器官移植原则进行了推定。之后又介绍了活体器官移植的伦理原则,即健康利益至上原则、权益最大化原则、自主性原则、利他主义原则、利益大于风险原则。最后说明了活体器官移植的法律与伦理原则之诘问与纠偏。第三章介绍了有效的活体器官捐献行为的概念以及条件,无效的活体器官捐献行为的概念、特征以及类型,并指出了无效活体器官捐献的法律后果。接下来对活体器官移植的交易行为进行了概述,并分析了出现的原因,还指出了当前社会对活体器官交易合法化的争议。最后对活体器官移植犯罪进行了概述,并分析了出现的原因,还提出了对犯罪行为的防范措施。第四章对活体器官移植中捐献人权益的保障进行了介绍,指出了捐献人有生命健康权、知情同意权、捐献撤销权,而且对一些特殊身份的捐献者也要有相关的权益保障,如未成年人权益保护、精神障碍患者权益保护。第五章对活体器官移植中接受人权益的保障进行了介绍,先对活体器官移植接受人的权益做了分析,然后具体介绍了活体移植接受人的权益保障有立法保障、组织保障、医疗保障。还对在一些特殊情况发生时,接受人应有的权利做了相关论述,如捐献行为撤销时接受人权利的保护、捐献的活体器官存在瑕疵时接受人权利的保护、无效器官移植时接受人权利的保护等等。第六章论述了非亲属间的活体器官交叉移植。第七章论述了活体器官移植的激励机制构建。

马克思主义政治伦理思想与当代伦理道德问题研究　肖祥,暨南大学出版社,2017.8

本书以“问题意识”为导向,选取了马克思主义政治伦理思想、伦理现实问题、生态伦理与生态文明建设、道德教育等方面的相关热点问题作为研究对象,对当前马克思主义理论和伦理现实问题进行了独到的探索和研究。

马克思主义政治伦理思想以建立正义的政治制度、合伦理的的权力运行规范、完善的权力制约机制为手段,以追求合理公平的政治关系和人的解放为政治目标,以实现人的全面发展为政治理想目标,因其革命性、科学性和道德性的崭新特征,切合中国政治变革的需要,在实现中国化的过程中推进了其形成、发展和成熟,引起了20世纪以来中国当代政治伦理文化的伟大变迁和中国政治生活的巨大变革。中国马克思主义政治伦理的形成与发展,开辟了马克思主义政治伦理发展的新境界,从制度和心灵两个维度构建了中国政治伦理新秩序,并从理论和现实推进了社会主义民主政治的发展。

伦理秩序是通过伦理规范的约束和社会个体对伦理规范约束的心理认同而实现的社会秩序。作为一种规范体系,伦理秩序随着社会生活的个体化、经济交往的自由化、人际交往的复杂化、社会结构的多元化、价值观念的多样化而发生变革;作为一种应然状态,伦理秩序是社会发展追求的一个良好运行状态。

本书是作者研究心得的成果集合和理论思考的结晶荟萃。主要内容分为四部分,第一部分"马克思主义政治伦理思想研究",作者列出了十一个小标题对这一部分内容进行了详尽的论述,分别是"制度与心灵的双重建构:中国马克思主义政治伦理秩序之建立""马克思主义政治伦理思想的终极关怀及其当代启示""党的干部队伍建设必须反对权力拜物教""和谐社会的群己问题""公正:执政伦理的核心理念""道德他律与权力约束""科学发展观的伦理之维""科学发展观之价值需求与科学规律的统一:从休谟难题说起""新时期增强社会凝聚力的利益认同研究""中国特色社会主义理想信念的历史性和现实性""契约伦理:公共和谐治理的伦理之道"。第二部分"伦理现实问题研究",作者列出了七个小标题对这一部分内容进行了详细的论述,分别是"伦理与道德之辨析""道德关怀:现代道德建设的重要理路""伦理秩序建设中的制度性道德关怀及其限度""消费主体性及其伦理建构""生存关怀:发展伦理学的当代视界""真需要与假需要:行为方式与目标指向""社会道德生态及其优化路径"。第三部分"生态伦理与生态文明建设研究",作者列出了五个小标题对这一部分内容进行了详细论述,分别是"区域生态文明共享:发展伦理视域中的生态文明建设新理路""泛北部湾区域生态安全及其对策""'反公共地悲剧'与区域生态文明共享""区域生态文明共享的生态正义问题""公民生态教养及其培育路径"。第四部分"道德教育研究",作者列出了五个小标题对这一部分内容进行了论述,分别是"哲学的启迪与青年理想的树立""道德情感与感动教育""道德关怀教育:大学德育实践与创新的一条重要理路""正义美德:大学生公民社会责任感的德性维度""大学生负心理的道德调适"。整本书还展现了研究者关注问题、直面问题、研究问题、解答问题的责任和使命。

中国共产党执政伦理建设研究 张振,上海三联书店,2017.7

该书从马克思主义执政党执政伦理建设的角度切入,结合中国共产党在不同时期执政伦理建设的实践探索和理论创新,特别是通过对党的十八大以来全面从严治党实践的研究,深刻阐明了中国共产党从一个“小党弱党”发展成为“大党强党”的历史逻辑、理论逻辑和实践逻辑,充分体现了中国共产党为中国人民谋幸福、为中华民族谋复兴的初心和使命。

该书在汲取马克思主义经典作家关于党的建设的学说精髓的基础上,比较全面地分析了中国共产党执政伦理的生成机制,清晰描述了中国共产党执政伦理的建设之路,对中国共产党不同时期的执政伦理建设进行了全景式的历史回顾。作者坚持问题意识、问题导向,结合世情、国情、党情的变化,深入探讨了我们党执政伦理建设面临的考验,有针对性地从宏观、中观和微观层面提出了进一步加强我们党执政伦理建设的路径。

本书除导言部分以外,共分为六章。第一章“执政伦理的理论生成”,从政治学、伦理学、行政学等学科交叉的视角,在探讨了政党、执政党、政党伦理、执政伦理等概念的基础上,分别从历史性、现实性、体系性、层次性、主体性、服务性等六个方面探讨了执政伦理的内涵和外延,重点阐释了执政党执政伦理的基本特征和执政伦理建设应遵循的基本原则等内容,是本书的基础理论部分。第二章“中国共产党执政伦理的理论渊源”,从马克思主义经典作家(主要是马克思、恩格斯、列宁)关于政党伦理建设的思想源头挖掘执政伦理建设的直接理论来源,研究了中国传统文化中的“治国安邦”行政伦理思想及其实践,努力把马克思主义政党伦理学说和中国传统文化中的有益成分相结合,此外还研究了中国近代政党伦理思想(重点研究的是孙中山先生关于执政党执政伦理建设的思想),这些对中国共产党政党伦理建设都有一定的启迪和借鉴价值。第三章“中国共产党执政伦理建设的历史审视”,主要阐述了中国共产党执政伦理建设思想是在继承和发展马克思主义政党学说的基础上,把马克思主义政党学说的基本原理和本国国情相结合,并在不断加强执政党执政伦理建设实践的基础上形成和发展起来的。第四章“中国共产党执政伦理面临的困境表现及其原因”,主要论述了21世纪以来,特别是由于世情、国情和党情的巨大变化,中国共产党执政伦理理论建设面临前所未有的风险和挑战,所展现出来的外在表现更是纷繁复杂,全面审视中国共产党执政伦理建设面临的困境,深入剖析内在原因,是发现问题、认识问题的基本思路,更是新形势下积极探求解决中国共产党执政伦理建设新路径的现实依据。第五章“他山之石:国外执政党执政伦理建设”，主要研究了苏联共产党执政伦理建设，当今国外社会主义国家如越、老、朝、古等国家的执政党执政伦理建设，国外发达资本主义国家行政伦理建设比较典型的美国、韩国，旨在探讨这些国家的行政伦理与廉政伦理。第六章“中国共产党执政伦理建设的路径选择”，主要研究了中国共产党执政伦理建设面对的困境，思索破解困境之道。

本书尝试从宏观（顶层设计）、中观（价值目标）、微观（党员个人伦理养成）三个层面构建中国共产党执政伦理养成的具体途径，这在学界关于执政伦理建设途径的研究方面是一个全新的提法，为学界执政伦理的养成研究开拓了新的研究视野，具有理论创新的意义。

医患伦理与医患纠纷法律防控研究 唐义红、罗刚，中国政法大学出版社，2017.7

本著作以伦理为视角，在重新界定新时期我国医患伦理内涵的基础上，阐述医患伦理的理论基础和法理基础，提炼当前医患伦理所存在的现状及问题，分析导致这些问题的各种因素，进一步提出构建医患伦理的良性运行机制，从而达到预防和处理医患纠纷、构建和谐医患关系的目的。通过重建医患之间的信任，加强法律防控，进而有效化解紧张的医患矛盾，构建和谐医患关系。具体包括：(1) 对医生而言，通过对患者伦理道德的教育和评价，增加其对医生的理解，减少其对医生的仇视，能给医生营造安全、宽松的执业环境；(2) 对患者而言，医德高尚的医生将为患者提供更优质的医疗服务；(3) 对医院而言，拥有高尚道德的医生和良好的医疗秩序将有利于医院事业的可持续发展；(4) 对社会而言，公民道德修养高，医患关系和谐，将有利于社会稳定和人民安居乐业。鉴于此，《医患伦理与医患纠纷法律防控研究》可作为高等医学院校教师和学生用书，可作为广大医务工作者从事医疗执业活动、卫生行政部门和医疗机构进行医疗管理活动的参考用书，也可为司法部门处理医患纠纷案件提供参考和借鉴。

全书内容分为上篇“理论篇”、中篇“务实篇”和下篇“建设篇”。上篇内容分为四章。第一章“医患关系的伦理解析”，先阐释了医患关系的伦理内涵，包括医患关系含义的变迁、医患关系的内容、医患关系的模式、医患关系的本质、医患关系的特点。之后从中国传统医患关系、近代医患关系变迁、现代医患关系发展这三个方面对医患关系的伦理变迁做了具体的说明。接下来论述了医患伦理的理论基础有医学人本论、医学美德论、医学义务论、医学后果论、医学公正论。第二章“医患伦理的法理基础”，分别对医方伦理的概念、特点、法理基础和患方伦理的概念、特点、法理基础进行了阐释。第三章“医患互动的伦理规范”,先阐释了医患互动的伦理内涵(含义、内容、伦理关涉),又对医患互动的伦理准则做了介绍,指出具体原则有尊重原则、不伤害原则、有利原则、公正原则。最后还指出在医患互动的过程中相关的主体,如医方、患方、社会都应该做到自律。第四章主要阐释了医患关系的伦理失范,先阐释了医患纠纷的伦理内涵(含义、范畴、特点、类型),又对医患纠纷的影响做了分析,分别是医患纠纷对医方的影响、医患纠纷对患方的影响、医患纠纷对社会的影响。除此之外,本书还介绍了要处理当前医患纠纷,可以通过非诉讼解决机制和诉讼解决机制两种模式。务实篇主要阐释了医患纠纷中的伦理现状与问题,并对医患纠纷的原因做了分析。

生命伦理学:方法、理论和领域　[德]马库斯·杜威尔著,李建军、袁明敏译,社会科学文献出版社,2017.12

《生命伦理学:方法、理论和领域》从哲学层面介绍了生命伦理学,对器官摘除、干细胞研究、医疗保健的公平性和环境伦理学问题,以及食品和农业相关问题等多个领域的主要争辩进行了概述。本书意在超越简单的问题描述,为读者提供更全面理解当前生命伦理学主要争议的方法论和理论工具,试图将生命伦理学展现为一种交叉学科,探讨其与其他学科(如法学、生命科学、神学和哲学等)的密切关系。

本书也旨在为生命伦理学领域中广泛讨论的话题提供一种导引,但目的不只是对有关克隆、基因治疗或环境生物技术的辩论进行概述。本书将尽力探讨生命伦理学学科的大致轮廓及多层面的方法和理论前提。生命伦理学出现在由法律工作者、生物学家、医生、神学家和哲学家参与构建的多学科语境中,也引起了社会公众、媒体和政治家的高度关注。

本书分为五章,第一章“什么是生命伦理学?”先介绍了生命伦理学,然后具体介绍了生物科学、生物医学和生命伦理学,最后从历史和概念的角度对生命伦理学做了具体的阐释。第二章“生命伦理学和道德哲学”,阐释了道德哲学和生命伦理学之间的张力,以及生命伦理学和规范伦理学。第三章“生命伦理学问题概览”,介绍了道德地位、自然和生命、人性和文化、新技术和责任的范围等内容。第四章“生命伦理学领域及论争”,先介绍了生命伦理学和生物医学,又提出了“绿色”生命伦理学。第五章“生命伦理学的未来”,对生命伦理学的未来做了预设。作为一部系统的方法论意义上的概览性著作，本书对法学、医学、伦理学和哲学领域的研究者和学生具有特殊的价值。

大型自然灾害紧急救援伦理决策行为研究　李良，西南交通大学出版社，2017.7

大型自然灾害带来的影响超越了常规社会资源应对极限，需要紧急调集大量的资源进行救援和缓解灾害的影响，然而这些资源和外界的帮助到达灾区之后，随之而来的是灾难中的各方将会面临艰难的决策：该如何公平地分配这些资源；谁将会优先得到稀缺的救命资源；灾难中的人们是否可以放弃诚实和正直，通过不正当的手段获得这些救命资源；政府、社会力量等都会组织大量的救援工作，然而救援是以效率为目标还是以公平和公正为目标？“自然灾害使人类诸多道德矛盾在瞬间交织爆发，因而成为进行伦理学研究的很好场域。”本书主要采用了实验研究和质性研究方法，研究在大型自然灾害中，人们在紧急救援过程中进行伦理决策的行为规律以及对我国灾害救援的启示，尝试从人的心理和行为的角度对紧急救援伦理决策行为进行探索。

本书共分为七章，分别为自然灾害救援中的伦理问题、文献回顾、紧急救援伦理决策实证研究、紧急救援伦理决策质性研究、紧急救援伦理决策行为模型、防灾减灾救灾对策及结论与展望。具体来讲，主要是由以下两个方面的主要研究汇总而成的成果。

第一个研究是紧急救援伦理决策实证研究（本书的第三章），之所以称为实证研究，实际上是因为其研究所遵循的逻辑属于实证研究的范式。这一部分讨论了如何开发紧急救援决策实验情境，研究了常规情境下伦理决策影响因素和机理在紧急救援情境下是否仍然成立的问题。为了顺利开展实证研究，也为了更为清晰地认识本书所研究的现象的背景，本书对自然灾害的情境特征和常见伦理问题进行了梳理和总结（本书的第一章），也对相关伦理决策领域的文献进行了回顾（本书的第二章）。作者发现情境深刻影响着人们的伦理决策行为，有必要突破传统的理论框架来重新审视伦理决策问题。

第二个研究是紧急救援情境下伦理决策的定性研究（本书的第四章）。基于实证研究的心得，该部分的研究建立在诠释主义的哲学基础上，采用了扎根理论的研究套路，以大型自然灾害特别是大型地震中人们的行为为研究对象，通过对大型自然灾害亲历者进行深度访谈，逐步形成了紧急救援伦理决策行为的扎根理论框架。

本书的第五章是对上述两个研究的系统集成,提出了紧急救援伦理决策行为模型,并对模型进行了简单的说明。而本书的第六章是在整个研究过程中关于防灾、减灾、救灾的总结,为了使其具有一定的完整性,作者将思考深度不尽一致的内容进行了编排和整理。其中包括应急救援体系的建设、优化救灾资源配置、考虑伦理的紧急救援资源调配建模方法、教育和培训、社区防灾减灾建设、媒体的报道和宣传、心理援助等。

贵州历史移民与家庭伦理变迁研究 冉光芬,中国社会科学出版社,2017.12

从考古和发掘成果来看,贵州早在二十四万年前就有人类居住。但由于地处九州徼外,且菁深山险,甚少与中原相通,因此被历史典籍视为蛮荒之地。尽管没有汉族及华夏文明的参与,但南来北往、东进西出的几大非汉族类在寻找生存空间的迁徙过程中,作为移民与贵州世居的民族在此交汇、融合,共同参与了构成贵州民族成分的历史进程。其中包括百越族系、氐羌族系、南蛮族系以及世居的濮人族群。这些族群和部落之间在漫长的历史过程中缓慢融合,逐渐在血缘、文化、风俗习惯等方面趋同或相近,形成了新的与汉族在文化、民族性格等方面存在差异的族群或部落。这些融合后的族群在特定时空环境下形成了相对稳定的家庭伦理价值观念和行为模式,并通过风俗习惯的方式表现出来。直至明代大规模的汉族移民进入贵州,当地的原住民在婚丧嫁娶等家庭伦理方面仍然保持着独特的族群个性。汉族移民作为一个族群进入,与少数民族杂居共处或者毗邻而居,因此“夷”汉作为族群在文化与习俗等方面的交流与融合在历史时空中继续演绎着。相较于先秦至宋元时期贵州的族群迁徙与融合,明代贵州汉族移民和少数民族之间的交汇与融合在方式和结果方面都已不同于以往。一方面,明代之前在贵州交汇的四大族系作为少数民族,他们的社会发展水平大体相当,文明进程也基本相同。明代的汉族移民较于当地少数民族来说,在社会发展的文明程度上则有绝对的领先地位。这两个族群在同一个时空环境下生活,文化的差异和价值观念的碰撞与冲突势所难免。另一方面,文明程度较高的汉族移民在数量和规模上也获得了强有力的支持。因此,儒家文化获得了异地生存和繁殖的必备条件。这种状态对于贵州家庭伦理的推进和变迁起了积极的作用。换句话说,明代进入贵州的汉族移民成功地将儒家伦理观念移植到了贵州,推动了贵州社会文明化的进程。

但是，民族的融合、文化的影响是双向的。一方面，汉族移民通过武力、教育、交往等方式同化当地少数民族，使其在家庭伦理观念方面发生改变，使他们在缔结婚姻方面从自由择偶到谨遵“六礼”和“父母之命，媒妁之言”，父子之间从一言不合便有争斗到“忠孝至上，耕读传家”以及土司头目主动要求在“丁忧服阕”方面袭汉制。另一方面，社会变迁导致移民子嗣之身份和命运发生了改变，或者与当地少数民族通婚等原因，使汉族移民在用儒家家庭伦理同化少数民族的过程中，其子嗣后代在伦理文化的取向等方面与儒家文化的发展产生了分歧和差异。

本书力避宏大叙事的空泛定论与逻辑推演，运用文献考辨、田野调查、情境还原等方法，解决了移民分期、移民分类、移民与伦理文化变迁的相关性等问题。主要包含移民与家庭伦理变迁的理论考察，明代以前贵州历史移民与家庭伦理文化的一般特征，明代贵州汉“夷”分布及其家庭伦理特征，清代贵州客民分布及原住民的伦理风俗，汉“夷”家庭伦理的共振与合流，民族融合所呈现的新型家庭伦理文化。

首先，导论主要解决了家庭伦理的一般构成，家庭伦理与风俗之间的关系，移民对家庭伦理变迁的一般影响方式及结果，相关学术史以及本书研究题材的限定和方法的说明。第一章考察了自古至明代之前南蛮、百越、氐羌、濮人、汉族等几大族系的迁徙、融合、演变的历史发展过程及文化上的碰撞与合流。第二章考察了明廷对贵州控制和治理的形式以及相应的移民类型，并根据史籍记载对“夷”汉分布进行了统计分析，查阅地方志书的“风俗志”等条目来考察少数民族和汉族在家庭伦理方面所体现出来的风俗习惯，由此得出其家庭伦理观念方面各自的形式和特点。第三章主要研究了清廷对贵州的开发策略及清代贵州移民的类型，并总结比较清代客民与原住民的伦理风俗。第四章研究了各具特色的“夷”汉文化之间的碰撞与交流，阐述了少数民族内部和汉族移民内部各自的沟通与联动方式，并探究了清代传教士的传教活动与贵州地方文化变迁的关系。第五章考察了族群之间的共振与合流以及家庭伦理变迁的影响及其结果。第六章主要陈述了明代汉族移民对伦理变迁影响的局部性和有限性，以及在时空和范围方面继续深入研究的必要性。

新时代公务员德性伦理研究 秦洁，人民出版社，2017.12

目前我国正处于现代化过程中的历史转型期，从有着几千年积淀的传统社会向民主文明的现代社会迈进。完善和发展中国特色社会主义制度、推进国家治理体系和治理能力现代化需要国家拥有高素质的治理主体。公务员作为专门行使公共权力、提供公共产品和公共服务，以实现社会公共利益为价值目标的政府工作人员，其道德品质是公共权力正确行使的重要保障，是社会公共利益实现的根本保证，也是广大公民和其他社会组织的必然要求。

随着我国经济体制和政治体制改革的不断深入，对于中国700多万公务员来说，对自身行为负责的重要性和必要性日益凸显。当代中国公务员的德性要求必须建立在整个中华民族共享的伦理规范基础之上。广大的公务员群体是国家公共权力的行使者，在执行过程中有责任从德性原则出发来澄清自身行为的正当性，以便获得广大公民的理解和支持。然而，我国在现代转型中出现道德价值迷茫、理想信念混乱等现象，社会道德状况发生问题，公务员道德水平堪忧，这直接影响政府及其工作人员在公民心目中的形象。“在公众的心目中，政府的形象已经变得越来越糟糕，以至于撇开机构臃肿、人浮于事、办事拖拉、不负责任、官僚主义、贪污腐化这些词汇，似乎就无法真切地描述政府和政府官员的形象。”特别是某些公务员甚至高级公务员德性不修，或贪污腐败，或公权私用，或执法不公，或权钱交易，或生活腐化堕落等。虽然这些人是少数，但在现代信息社会，传媒的速度之快，影响范围之大，这些人造成了很坏的影响。久而久之，他们不仅不能教化民风民德，反而带坏了民间道德风气，败坏了整个社会风气。在新的历史时期，公务员队伍建设对于国家民族的发展具有重要的作用。

为了完成这一核心任务，我国必须严格遵循“德才兼备，以德为先”的选人用人标准，积极努力地探索公务员职业伦理培训，提升其道德水平，让具有良好德性的人、把人民的利益放在首位的人来充实公务员队伍，使他们成为社会的“道德模范”，并引导和化育公民道德。目前无论是在国际还是国内学术界，对德性、公务员的行政伦理或官德等方面已有了较为丰富的研究成果，但还有三个问题亟须研究：第一，公务员德性的结构应该包括哪些方面？第二，如何对公务员的德性进行评价并选择有德性的人来当公务员？第三，如何培育公务员德性，使他们作为德性卓越的公务员而存在？

本书以马克思主义理论为指导，运用辩证唯物主义和历史唯物主义的观点和方法，采用问卷调查法、深度访谈法、模糊数学等方法，力图跨学科、多视角地对当代中国公务员德性进行较为全面和深入的分析：以中外公务员德性理论梳理为基础，从理论层面上回答了公务员“应该具有怎样的德性品质”这一命题；系统地构建了公务员德性评价体系；分析了公务员德性实践中存在的问题及其原因;提出了新时期公务员卓越的德性品质的培育路径。为了更具实际价值和可操作性,本书以公务员德性结构为指标体系,利用层次分析法设置权重,建立公务员德性模糊综合评价模型。本书从公务员和德性的概念分析入手,阐述了公务员德性的含义、特性及结构,在此基础上讨论了我国公务员德性品质中存在的问题并对其原因进行了分析。

本书有助于提高公务员群体在实际工作中所必需的对伦理和道德问题的感知能力和实践能力,并且根据公务员德性模糊综合评价模型,可以对我国公务员的总体现状及公务员个体的德性进行综合评价,这不仅有利于我国行政体制改革的推进和服务型政府的构建,而且有利于提升公务员的国家治理能力的有效性。

当代西方环境伦理学　杨通进,科学出版社,2017.6

环境污染与生态危机是人类目前所面临的最严重的危机之一,如何在地方、国家和全球层面采取统一且协调的行动,是摆在人类面前的一项重要挑战。要想就全球环境治理的责任与义务分担达成共识,各民族就必须首先对分担责任与义务的相关伦理原则达成共识。而要达成这一目标,就必须对关于环境问题的根源、人类对自然负有何种道德义务等基础性问题进行广泛且深入的探讨。当代西方环境伦理学就是在对这些实践问题的思考中产生、发展和繁荣起来的。

本书以20世纪80年代以来的西方文献为主,在追溯当代西方环境伦理学发展历程的基础上,全面而系统地梳理和探究了当代西方环境伦理学四个主要理论流派(人类中心主义、动物解放/权利论、生物中心主义与生态中心主义)的基本主张、哲学基础、论证策略,以及各自所遇到的批评和挑战,并试图以道德境界论为理论架构,探讨了整合与超越西方环境伦理学四个主要流派的可能性与途径。

从结构上看,本书主要由三个部分构成。第一章是对当代西方环境伦理学的鸟瞰,第二章至第五章具体阐述了当代西方环境伦理学四个主要流派的基本观点,第六章是对当代西方环境伦理学的总体评价。

具体而言,第一章首先从总体上概述了当代西方环境伦理学的研究主题、基本特征、重要范畴及主要流派,继而追溯了西方学者对环境伦理学的现代建构,最后探讨了当代西方环境伦理学的发展动向,并且从思想史的角度探讨了当代西方环境伦理学的两个思想渊源及西方环境伦理学的两个创始人的基本思想。第二章至第五章是本书的主体部分。第二章首先追溯了西方人类中心主义的四种形态，继而探讨了哈格洛夫、诺顿和海华德对人类中心主义所做的分析和辩护，最后阐述了西方学者对人类中心主义的主要批评，呈现了西方学者寻求人类中心主义与非人类中心主义之重叠共识的学术努力，并说明了人类中心主义的独特价值及其局限。第三章以对西方动物保护伦理的简单回顾作为开始，接着详细探讨了以辛格为代表的动物解放论、以雷根为代表的强式动物权利论、以沃伦为代表的弱式动物权利论的具体内容，最后归纳了西方学者围绕动物园制度、动物实验和肉食习惯之合理性所展开的伦理争论。第四章主要探究了以阿提费尔德为代表的后果主义的生物中心主义和以泰勒为代表的道义论的生物中心主义的基本思想，分析了他们把后果主义和道义论扩展应用于论证人类对所有生命之伦理义务时所遇到的主要困难，以及这种应用的积极意义。以克里考特为代表的大地伦理学进路、以罗尔斯顿为代表的自然价值论进路和以奈斯为代表的深层生态学进路构成了当代生态中心主义的“三驾马车”，第五章详细阐述了这三种不同进路较大的基本主张、哲学基础、论证策略以及遇到的批评和挑战。第六章探讨了整合与超越西方环境伦理学四个主要流派的可能性，并试图提供一个分析和评价当代西方环境伦理思想的总体框架。从“同情的、理解的”角度出发，本章认为当代西方环境伦理学的四个主要流派既有自己的理论优势，也面临着难题与挑战。本书认为应当把道德境界论作为超越与整合西方环境伦理学四个理论流派的基本框架，把人类中心主义、动物解放/权利论、生物中心主义和生态中心主义分别视为对人类中心境界、动物福利境界、生物平等境界、生态整体境界的理论表述，它们的优势和合理性可以分别在这四个不同的境界中得到最佳的体现和说明。

低碳旅游的伦理研究　史军、吴琰，科学出版社，2017.8

在历史发展中，人类活动与自然界两者总是相互影响的。自然生态的发展为人类社会的发展提供了必要的生存环境，而人类的活动也改变了我们赖以生存的自然生态环境。事实上，人们的出行方式与旅游意识也与气候的变化是相互作用、相互影响的。

近年来，旅游业成为全球发展最快的产业，成为全球经济的重要组成部分。随着人们生活方式及思维的转变，旅游活动日渐兴起，人们身处快速发展的社会中，利用休息时间选择出游，进行自我释放。全球越来越多的目的地开始重视旅游并在旅游中投入资金用于发展，旅游业已经成为创造就业和创业、出口创收以及拉动基础设施建设的关键驱动力。然而，在当下，全球气候正处于不断变化中，气候变化的趋势日益明显增强，气候变化的影响也逐渐突出，由此，人们不得不越来越关注全人类所面临的共同问题，而这也将可能成为人类面临的巨大挑战。因此，在当前全球气候变化的背景下，全球旅游业也正在面临着巨大的挑战。

旅游活动对气候环境的依赖性较强，气候变化对人们生活造成的影响日益凸显，因此反思经济发展与环境保护之间的关系是亟须的。无论是应对当前所面临的威胁，还是为将来发展、后代生存做出长远明智的抉择，我们都需要对旅游行为进行反思，同时我们也需要了解气候变化与旅游的关系。一是在了解气候变化与旅游关系的基础上，游客自身能够很好地适应旅游中气候变化带来的影响。同时，旅游业服务者也可以为游客提供更好的旅游服务，更好地管理旅游景区，防范气候变化为景区带来的影响。二是在当下环境日益恶化的大背景下，保护环境，携手共同应对气候变化，是每一个公民、企业的责任，无论是游客还是旅游业服务者，每一个个体都需要参与到低碳行动中，了解出行对环境产生的影响以及对能源的消耗。如果是旅游业服务者，则更需要在对这些问题进行了解和反思的前提下，改善服务，为消费者提供更低碳的产品。三是通过了解与认识，改变人们的行为，将人类活动对气候变化的影响降到最低。真正的旅游是在自然、环境和社会的交往中更多地与自己对话。低碳旅游即可以采用最低碳的方式寻找释放自我的最佳途径。

本书以旅游为主线。首先，通过对旅游相关社会现象及问题的概述，对气候变化与旅游的关系进行分析，由当下旅游的高碳现象引出低碳旅游概念并对旅游的本质进行探讨与思考，从而提出“慢”旅游概念；其次，通过深入探讨环境保护、经济发展与社会公平三者之间的关系，试图以可持续发展协调环境与发展的冲突，以社会正义协调发展与公平的冲突，以环境正义协调环境与公平的冲突，以公平的可持续发展统领环境、发展与公平；最后，本书通过对古人低碳旅行方式的追溯，并借助中国传统生态哲学的启示，对低碳旅游的实践路径进行分析探讨。主要有营造低碳旅游吸引物、旅游服务设施低碳化、低碳交通技术改进、低碳食宿等。此外，还介绍了生态旅游、乡村旅游及候鸟式旅游等几种旅游方式，以期实现低碳旅游的目标。本书在学理和方法上开展了大量深入、富有创意而极具建设性的研究，对我国应对气候变化研究有着积极的学术贡献。

十字路口的困惑:转基因食品安全的伦理问题　朱俊林,湖南师范大学出版社,2017.7

《十字路口的困惑:转基因食品安全的伦理问题》是唐凯麟教授主编的“食品安全伦理问题研究”丛书中的一本。

“民以食为天。”如果说在人类文明初曙的远古,人类对食品的需求还只是为了单纯地解决饥饿与生存的问题,那么随着生命意识的逐步觉醒,食品安全问题就被提到了人类的面前,获得了特有的道德意义。严格地讲,食品安全伦理是一个现代性的问题。在现代,随着科学技术的迅猛发展、市场经济的主导和消费社会的形成,“食品安全”一词已经越来越成为带有鲜明的反思性或批判性思想特质的概念,承载着人类对新的伦理价值的期望、对追寻生存之道的心灵救赎和自我拯救。安全成了食品生产、流通、监管和消费的最基础的价值诉求,它直接涉及人类的生存与发展、生命的权利与价值、社会的秩序与和谐,以及人类的现在与未来、代际关系的公正与正义等一系列重大的伦理问题。因此,关注和解答食品安全问题中所凸显的各种伦理难题和道德矛盾,从人及其生命的本质、基本价值理念与食品的价值本质等终极思考中寻求启示与引导,为判断与解决各种具体食品安全的道德难题提供充分有力的伦理依据,是当代应用伦理学发展的一个极为重要的任务。

所谓食品安全伦理,旨在从伦理学的特有视角,运用价值理念和道德思维的方式,对食品生产、流通、销售、监管和消费等各处环节进行伦理审视与道德判断,为维护食品的安全提供价值立场、道德观念、行为选择与评价的标准和伦理对策。食品安全伦理研究,既包括食品安全伦理的一般理论研究,也包括对维护食品安全的伦理维度的探讨,它的任务在于建构分析食品安全的一般伦理理论框架,探讨维护食品安全具体的伦理途径。

应该肯定,新技术的应用在丰富食品的种类、提高食品质量等方面做出了巨大的贡献,没有新技术的应用,就没有现代食品工业。但同时也应该看到,新技术的应用也给食品安全带来诸多不确定性的因素,转基因食品是其中最有争议的领域。转基因食品是否具有无毒性、致敏性及抗生素抗性和症状潜伏期等等,这些都具有极大的不确定性。转基因食品还存在破坏生态平衡与基因污染的潜在危害以及对特殊人群的信仰与人格的尊重等重大问题,存在引发诸如民族冲突和宗教冲突等重大社会问题的危险。如果人类盲目地将新技术视为人类生存与发展的救星,只顾发展技术而不关心技术的人文价值,不顾生态效益和社会效益,只能说明人类的价值观念还是处在被扭曲的状态，人类还没有真正意识到自己生存的危机。这种危机往往会这样或那样通过食品安全问题反映出来。新技术的发展必须走技术化生存和生态化生存相结合的道路，这就使转基因食品安全的伦理问题成为维护食品安全的一个特殊的而且必须予以高度重视的伦理问题。总之，食品安全伦理研究要充分解析食品安全问题背后的伦理成因，从生命伦理、消费伦理、传播伦理、监管伦理等方面，探讨维护食品安全的伦理途径和对策。

本丛书基于以上认识而开展了关于食品安全问题伦理的系列研究。研究试图以伦理学的视角，综合文化学、管理学、消费经济学、病理学和转基因技术等学科的相关科研成果，对食品安全问题进行了多层面、多方面的系统考察，力图揭示食品安全问题的文化内涵、伦理实质和道德治理对策与途径，为食品安全问题的解决提供一个伦理文化的重要参照系。

《十字路口的困惑：转基因食品安全的伦理问题》一书共有七章，分别从生命安全伦理、生态安全伦理、消费安全伦理、商业安全伦理、政策安全伦理等角度对转基因食品进行分析和考察，并最终给出我国转基因食品发展的伦理原则与监管建议。本书对转基因食品安全问题的伦理研究，秉承了问题研究的传统，是对现实问题的展露和分析，同时也是对伦理学理论的生发、检验和拓展。本书在沟通事实与价值、现实与理想的基础上，积极参与关于转基因食品安全的重大现实问题的讨论，用高度综合性的哲学智慧去评价有争议的行为和制度，达到对人类生存状况的整体透视，从而指导行为选择、制度创新和建设，切合了现代哲学鲜明的人学化诉求和真切的实践关怀，体现了应用伦理学直接关注实践、关注现实问题的特点和发展趋势，有助于弘扬尊重生命的伦理精神。

社会救助伦理研究　陈文庆，人民出版社，2017.5

人类社会的发展从来都不能回避对弱势群体的关注，一个社会对弱势群体的关注程度，往往折射出这个社会文明进步的程度。当历史的车轮推进到21世纪，在中华大地，构建和谐社会成为最响亮的时代主题，人们对弱势群体的关注表现出前所未有的自觉。

本书是2011年教育部一般项目“社会救助伦理研究”的最终成果。作者陈文庆在关注广西五保村建设的过程中，逐渐体会到对类似五保户这些弱势群体的救助不是一时热情，不是简单的解决基本生存的政策性工作，要使这样的行动持续并有成效，更重要的是要解决观念和思想认识的问题,尤其要解决伦理道德观念的问题。因此,对五保户救助的关注,慢慢扩大到低保救助、医疗救助、法律援助等问题。救助项目若要可持续发展,并成为一项长久的事业而非临时的救助行动,关键在于让全体社会成员认可其存在的伦理价值,及时解决项目在推进过程中遇到的伦理问题或困境,让全体社会成员从内心自觉地支持并参与这一项目。由此,作者以实地走访调查的方式,从伦理的视角讨论社会救助问题。

社会救助是基于同情心、恻隐心对遇到天灾人祸等人力不可抗拒因素而陷于生活困顿的同类施予临时性物质援助的行为。此后,社会救助在以救济为主的临时性、自发性慈善救助的基础上发展起来,并成为社会保障制度内容的社会福利性事业。由于社会救助是一种实践活动,就目前发展的形态而言,社会救助既是对困顿者的关怀、帮助,又是涉及社会公平正义的实践行动。社会救助的伦理研究首先从其存在的事实说起,在厘清其发展的历史进程的基础上,讨论社会救助的伦理主体性、客体性问题,进而研讨使主体与客体对接在一起的行为规范性原则,分析其实践呈现的样式及彰显的伦理道德价值,讨论社会救助伦理冲突及解决。目的在于从伦理的角度认识、审视社会救助,肯定其存在的意义和价值,推进其发展。

作者在对社会救助基本情况、主要方式、取得的成绩及存在问题等调查研究的基础上,结合文献,梳理了社会救助伦理的历史发展过程及救助的主要内容与形式,研究涉及东西方社会救助历史发展与伦理观念的比较。书中探讨了社会救助伦理生成、发展、实现的现实路径和典型案例,从社会救助各主体的责任、权利与义务、社会救助与社会公平、正义与效率的关系等,总结了社会救助事业发展的一般规律,揭示了伦理观念在其中的作用与影响。此外,本书针对社会救助发展过程中由于救助内容、方式、层次等认识和理解不同而产生救助伦理观念冲突的现实,从被救助对象产生的主要原因、社会救助对社会发展的意义、社会救助与人类共同美德的关系等视角对社会救助合理性进行了伦理思辨。

本书采用了社会调查与实证分析结合法以及查阅文献资料法,通过问卷、访谈、实地观察,选定典型追踪调查;通过与相关部门接触、交流,获取材料;并以文献与理论结合的方式,在总结陈述社会救助伦理的发展过程的基础上,力求揭示社会救助内涵的伦理道德因素。本书探讨了社会救助的当下意义,论证了社会救助伦理构建的价值,深入分析了目前社会救助面临的伦理困境并思考解决的方式,提出了社会救助的伦理建构的建议,为社会救助事业的可持续发展,为社会救助制度的完善,为建构更合理、更具生命力和人性关怀的社会救助体系提供了理论支撑。

建构中国生命伦理学：新的探索　范瑞平、张颖，中国人民大学出版社，2017.3

是否应当发展中国生命伦理学乃是一个在国内外学界引发争议的问题。支持者将这一尝试与复兴中华文化、实现中国梦联系起来；反对者则批评这不过是一种“打文化牌”的小动作，没有多大意义。我们认为，在看到人类文明重叠与相交的同时，必须承认各种文化特质的迥异，其经受的现代境遇的特殊性以及其所追求的终极关怀的不同。由此而言，各个文化传统探索其文化学科的可能性，取决于各个文化中人的文化自觉。虽然生命伦理学涵盖大量的现代医学科技，但更重要的是有关价值取向的问题，因此不能回避具体的历史脉络和人文传统。即便在西方，我们也能看到不少伦理学家致力于研究“基督教生命伦理学”“佛教生命伦理学”，其目的就是在生命伦理学的大框架下强调具体的宗教和文化传统的特殊性以及它们在生活世界中的指导意义。中华文化这一从未间断的古老文明，饱含一系列有关生老病死、人伦天道的价值和资源。与此同时，传统思想必须面对当今蓬勃发展的生命科技以及现代医学所伴随的种种棘手问题，并做出应有的回应。在如此重大的生命伦理关注面前，打牌的比喻似乎过于轻浮。

尊重和存续生命当为伦理学的首要意涵。中国传统的生命观念堪称久远和饱满，但也需要面对现代世界的问题、交流和挑战。《建构中国生命伦理学：新的探索》是我们继续探讨的一个上佳入口。本书关于中国生命伦理学的成果是在《中外医学哲学》期刊及香港浸会大学应用伦理学研究中心多年来的学术活动的基础上取得的。本书的编者、作者正是这些活动的一部分积极参与人，本书的内容正是这些先行探索者研究成果的总结汇聚。

具体说来，本书从一些受到热烈关注的理论和现实问题出发，探索“建构中国生命伦理学”的可能取向、意义、方式、内容及挑战，包括六大部分共二十五篇文章。这六大部分的标题分别是中国生命伦理学的本体论、中国生命伦理学的方法论、生殖科技的挑战、医疗体制的困惑、医患关系的纠结、家庭本位的伦理。这六大部分是从中国特有的关系伦理路径入手，以家庭和情感为主线，展示了一个中国式的生命伦理学进路。就临床决策而言，西方生命伦理学强调个人权利，中国生命伦理学则强调家庭共同决策，把对个人的尊重和家庭的责任以及情感关怀交融到一起,使生活的复杂性得到更加充分的展现。本书重视跨文化比较研究的重要性,突出多学科(如科技、医学、哲学、宗教)生命伦理探讨的适用性,涉及尚未有中文文献提过的一些新的生命技术问题,并且特别强调在已有研究基础上提出新的见解的可能性及突破性。在一些理论及现实问题上,各篇文章的作者存在一些不同的观点及论证,读者可以从中领略问题的复杂性和体会思想的丰富性。

本书并非人云亦云、东施效颦式的模仿性研究,而是反映了探索"建构中国生命伦理学"的最新研究成果,具有强烈的现实关怀和明确的价值取向,填补了我国生命伦理学著述的空白之处,为建构具有中国气派的生命伦理学指明了方向,是目前这个领域中最重要的研究成果。

脑成像技术的伦理问题研究 刘星,湖南大学出版社,2017.7

近年来,脑成像技术不仅在新的研究领域和技术的改进方面扩展了其广度和深度,并且促使科研和伦理共同体紧跟神经科学研究、神经临床试验的步伐,即促进了我们对健康和疾病状态的大脑的形态和大脑功能的理解。然而,在脑成像技术的进展使我们深刻理解神经生物学相关行为,例如协作、喜爱、欺骗和道德推理等,以及改进健康医疗护理水平的同时,其在非医学领域中的应用正在不断浮现,例如测谎、教育干预、神经营销和神经政治学等。特别是脑成像技术与基因测试的结合正被直接应用于疾病预测、诊断、治疗和神经功能改善等,其目标是实现疾病出现之前的诊断、确诊或疾病易感性的评估,由此产生了大量急切需要解决的社会、法律及伦理问题。本书把重点集中在脑成像技术的伦理问题方面,不仅包含脑成像技术本身发展过程中涉及的伦理问题,例如技术的可靠性、安全性、公正性、知情同意、隐私保护以及自主性等问题,而且涉及脑成像技术的超前和非医学应用等方面的问题,例如疾病的预测、思想阅读、行为控制、神经增强、道德判断以及脑信息的法律证据等。

本书共有九章,主要阐述了几种基本的脑成像技术的应用领域及其局限性,包括脑成像技术的伦理问题、隐私保护、道德判断和自由意志,脑成像技术的伦理图式以及伦理问题管理等内容,作者试图通过对脑成像技术伦理问题和它对传统哲学问题所带来的挑战的分析和探讨,让读者对脑成像技术的发展状况及其带来的现实伦理问题有一个基本的了解,对其产生的社会影响持有相对客观的和理性的认识。

引言部分介绍了本书研究的问题的实质，让读者对本书的研究有质的认识，紧接着介绍了伦理问题研究的内容和方法以及目的和意义。第一章对本书的研究对象进行了综合性的介绍，包括脑成像技术的应用领域和局限、理论基础以及未来发展的趋势等，便于读者理解研究对象的发展状况。第二章介绍了研究脑成像技术的伦理问题所需要的伦理原则，找到研究所需的合理的、具体的伦理分析和评价工具，并详细地阐释了这些伦理理论和原则的基本作用，梳理了脑成像技术研究和发展过程中涉及的伦理问题，并对之进行了概括、整理和分析。脑成像技术的发展早已突破了传统的伦理规范界限，本书尝试对这些伦理问题进行初步归类、分析和探讨，提出脑成像技术研究的新的伦理图式并对其进行哲学方面的反思。第三章介绍并论证了神经伦理学中的伦理等价原则，为解决神经干预的道德合理性提供了有力的论证工具，并为神经干预的道德合理性边界提供了新的理念和方法。第四章在综合论述有关个人同一性界定标准的基础上，重点分析并论证了帕菲特个人同一性界定的重要关系 R 的社会实现问题，从而提出在神经科学视角下要重新解读关系 R。第五章对隐私保护进行了研究，指出脑成像技术对个体隐私挑战的特殊性、脑隐私的独特性及其特殊价值。第六章至第七章把脑成像技术对道德责任判断的挑战进行了分析和阐释，并尝试运用科学发展的最新成果对道德责任判断的标准进行补充，提出了道德责任判断的合理依据及其假说。第八章针对当前脑成像技术成果的社会实际应用中的相关问题进行了伦理辩护，即从道义论和后果论两个方面对脑信息能否作为法律证据的问题进行了分析论证。第九章在上述研究和分析的基础上，针对脑成像伦理问题管理的具体问题，结合国内外相关领域研究的管理现状和经验，提出了有利于合理规范脑成像技术发展的基本的伦理原则和规范建议。

本书的主要目的是为了促进人们对脑成像技术自身发展及其社会应用现实情况的关注和基本了解，同时能够使人们理性地发展和应用科学技术各方面的能力，特别是涉及自我增强或改善方面以及人类道德领域和自我本质方面的应用，我们更应该慎之又慎。

神经科学技术带来的伦理问题是敏感的、新颖的，也是更具有挑战性的。对脑成像技术与其他现代医疗技术的伦理问题的本质区别方面的分析和论证，能够不断并有效地提高伦理原则在具体的新技术领域中分析和论证的有效性和力度，弥补对新技术领域中的伦理问题分析和论证的不足。本书的研究不仅可以有效地促进医学和生命伦理学跨学科交流与沟通,丰富医学技术人文底蕴,推动医疗技术回归价值理性,而且能够为交叉学科研究的合理发展提供理论和实践平台。

高考制度伦理研究 徐萍,华中师范大学出版社,2017.6

《高考制度伦理研究》是刘海峰教授主编的"高考改革研究"丛书中的一本。

高考是我国各类考试中最重要、影响最大的考试。高考改革不仅关系到国家创新人才的培养、学生的健康成长,而且关系到社会公平的维护、高等教育资源的分配,还涉及宏大的社会利益再分配问题,关系到维护我国改革发展稳定的大局,是一项"牵一发而动全身"的社会系统工程,具有综合性、系统性的特点。高考改革事关教育全局,不仅已成为重大的民生议题,而且是教育领域中最复杂、最敏感的问题,受到民众和国家教育主管部门的高度关注。

2010年7月正式颁布的《国家教育中长期改革和发展规划纲要(2010—2020年)》中有关于招生考试的专门一章的内容,即第十二章"考试招生制度改革"。在中国历次教育改革文件中,这是第一次将招生考试单独列为一章,足见此问题在现阶段的重要性。2012年7月,国家教育考试指导委员会在北京成立,研究制定考试改革方案,指导考试改革试点。国家专门成立一个国家级决策咨询机构来指导高考改革实践,说明考试招生改革意义非常重大。2013年11月,党的十八届三中全会通过了《中共中央关于全面深化改革若干重大问题的决定》,其中教育方面最主要的就是考试招生改革的内容。2014年9月公布的《国务院关于深化考试招生制度改革的实施意见》,是恢复高考以来最全面、最系统的改革文件。以往也有各种各样的高考改革政策出台,但多数都是单项的或者某一个侧面的改革,而这次改革涉及考试招生的方方面面,是一个顶层设计的系统改革,标志着高考改革进入一个新阶段。

由于高考是一个极为复杂的大规模选拔性考试,是一项"横看成岭侧成峰,远近高低各不同"的制度,从某一特定的角度去观察,站在某一种特定的立场去评说,可能所见都是事实,所言也都有一定道理,但也可能会出现盲人摸象、各说各话的情况。因此,在评价高考时,重要的是全面和客观。而要理性地、全面地评价高考,提出切实可行的改进意见,就应该对高考进行全面深入的研究。

长期以来,高考作为一项影响重大、关注度甚高的重要制度,总体而言是“三多三少”，即：新闻报道多，理论研究相对较少；一般议论多，深入分析相对较少；零星探讨多，系统研究相对较少。近年来，情况有了一些改观，特别是2012年前后异地高考政策问题开始被讨论，2014年《国务院关于深化考试招生制度改革的实施意见》出台以后，出现了研究高考改革的热潮，许多相关论文见于报刊。但是，对于整个高考制度还缺少系统的研究，尤其缺少真正有分量的高考改革研究著作。

高考政策的制定事关重大，高考政策的合理性、可行性及发展方向都要获得理论的支撑和引导，深刻系统的理论研究是政策制定的依据之一，高考的制度“善”以及缘何“善”、如何“善”是需要进行深入探讨的基本理论问题。《高考制度伦理研究》以高考制度伦理为研究对象，采用文献研究法、历史分析法、深度解释学等研究方法，围绕着高考制度的基本价值和终极价值，讨论公正、平等、效率、秩序和人的发展等价值取向在高考制度发展中的演绎以及彼此间错综复杂的矛盾和冲突，并结合对高考制度历史沿革的梳理与评价，对当今高考制度的评价遭遇进行解析，旨在为高考改革提供制度向“善”的理论依据。本书共有五章，分别为“高考制度的哲学观照”“高考制度的价值取向”“高考制度与人的发展”“考选制度的伦理评价：从科举到高考”“高考制度的伦理评价：反思与重构”。在本书的最后，作者得出结论，即高考制度伦理是公共行政伦理的应有之义。

本丛书也是我国第一套较全面、深入研究高考改革的丛书，对高考从理论、制度、政策、法治、内容、形式，到招生考试的区域公平、民族政策、效度和评价等各方面进行了全面的研究，同时对美国、英国、法国、俄罗斯、加拿大、澳大利亚、日本和我国台湾地区的高校招生考试制度等进行了探讨；既有对高考制度的理论剖析，又有对高考改革的一些热点问题的专题论述；是从理论到实践、从宏观到微观、从国内到域外，对高考制度及其改革进行的全面而深入的研究。其旨在循着高考制度变迁的脉络，从制度伦理学的视角对高考制度的“善”与“恶”进行全面的解析和把握，使得高考改革能随着时代发展适度取舍，多一分理性，少一分冲动。

敬畏生命：阿尔贝特·施韦泽的哲学和伦理思想研究　陈泽环，上海人民出版社，2017.2

在20世纪的西方哲学—伦理学家中，阿尔贝特·施韦泽（Albert Schweitzer，1875—1965，又译为阿尔贝特·史怀泽、阿尔伯特·史怀哲、阿尔贝特·施韦策等）是一个十分值得我们重视的人物，他不仅是一个行动的人道主义者,而且是一个独特的思想家。作为举世闻名的人物,施韦泽体现了古希腊个人自由全面发展、基督教博爱精神和启蒙运动人道主义理想的完美结合。作为西方、印度和中国思想的研究者,他又是综合东西方文化的杰出代表。在这方面,美国比较哲学专家阿契·巴姆教授(Archie J. Bahm)认为施韦泽是20世纪第一个真正的比较哲学家。著名的精神分析学家、社会学家和哲学家,法兰克福学派的重要代表人物弗洛姆则指出:"阿尔贝特·施韦泽和阿尔贝特·爱因斯坦大概是最能代表西方文化的知识和道德传统的最高成就的人。"而伟大的科学家阿尔贝特·爱因斯坦也曾经说过,在20世纪西方世界,施韦泽是唯一能与甘地相比的具有国际性道德影响的人物:"他是一个伟大人物,正争取成为世界的道德领袖。他是唯一一位可与甘地相比的、对这一代人有道德影响的西方人。和甘地一样,这种影响主要是由于他以他自身生活实践做出的榜样的力量。"

阿尔贝特·施韦泽,法国国籍,在文化上属于德国,音乐家、基督教神学家、哲学家、医生,哲学博士(1899)、基督教神学博士(1900)、医学博士(1913),于1913年放弃个人在欧洲的锦绣前程,前往非洲加蓬建立诊所,自费为当地居民服务,直至1965年逝世,施韦泽的人道主义行动获得了广泛的国际赞誉。当然,施韦泽的高度道德影响力不仅来自他的人道主义实践,而且也由于他创立的敬畏生命伦理学:"善是保存生命、促进生命,使可发展的生命实现其最高的价值。恶则是毁灭生命、伤害生命、压制生命的发展。这是必然的、普遍的、绝对的伦理原理。"这段论述可以说是施韦泽关于其"敬畏生命"哲学和伦理思想的典型阐发,在20世纪以至21世纪的人类思想史中已经并且还将继续产生极为深刻和深远的影响。他的文化哲学在20世纪的西方哲学史中独树一帜,其敬畏生命伦理学成为当代生态伦理运动的重要思想资源,其关于中国思想的研究对于当代中华文化复兴也有深刻的启示意义。

施韦泽把"敬畏生命"作为其伦理学的核心范畴,其中"生命"一词与通常"生物"的含义类同,指包括人、动物和植物在内的一切生命现象。"敬畏"一词在德语中具有"崇敬"和"畏惧"的双重意义,表达对生命的一种虔诚态度。因此,敬畏生命作为一种心理特征和行为方式,是施韦泽最基本和最深刻的道德要求。施韦泽既把生命当作一种自然现象,又把生命当作一种道德现象。他从生命的道德意义出发考察包括人在内的一切生命及其相互关系,并由此提出其伦理学的基本主张。施韦泽提出的敬畏伦理学的两个基本要素为肯定世界和生命、伦理。所谓肯定世界和生命,是一种对待社会生活的乐观主义态度，它要求承担起对一切生命的责任，为实现人的最高价值而努力。所谓伦理，则是一种思想必然的、普遍的道德原则，它要求敬畏我自身和我之外的生命意志。因此，施韦泽的伦理学作为一种道德信念，从综合了人和自然的生命范畴出发，面对自然律和道德律的二元化，促使人们思考、坚持对人类、动植物以及整个自然的道德关系。敬畏伦理学不仅扩展了西方人的道德责任和活动的领域，深化和强化了人们的道德意识，而且由于强调积极入世的原则和创立者本人的身体力行，成为20世纪具有特殊道德感召力的伦理学说之一，促使人类在当今世界中实现更高的文化理想。

施韦泽以其崇高的道德及矢志不移的道德实践赢得了世界性的声誉，他的“敬畏生命而贡献自己的力量”的伦理思想至今闪烁着时代光芒。中国学术界对施韦泽生平和思想的研究，仍然处于初步的翻译介绍和评价阶段，至今还没有一部系统研究其生平和思想的专著问世。《敬畏生命：阿尔贝特·施韦泽的哲学和伦理思想研究》一书对施韦泽的生平和思想做了一个相对集中和深入的探讨，为学术界今后的相关研究提供了丰富的基础性资料和线索。作者陈泽环在长期翻译施韦泽相关著作的基础上，搜集了丰富的一手研究资料，本书从伟大人格、文化哲学、伦理思想和中国研究四个方面，对施韦泽的生平、哲学和伦理思想进行了相对深入的介绍及探讨，对青少年生命、人文教育及当代社会道德建设具有一定意义。

大众文化价值论：*以伦理学为视角*　贾雪丽，中央编译出版社，2017.2

大众文化是在发达工业社会和后工业社会伴随文化产业化而产生的一种新型文化形态，它以现代大众传媒技术为传播媒介，按商品市场规律运作，旨在使大众获得感性愉悦，并实现现代大众的多元多样化的个性意识和主体能动性。大众文化作为一种在现代文明背景下成长起来的文化形态，蕴含着丰富的道德内涵和伦理价值，在丰富社会大众文化需要的同时，也改变着人们的生活方式，承担着塑造社会道德风尚和道德教化的社会功能，具有产生的必然性和存在的合理性。

大众文化作为当今世界最重要的文化现象之一，已渗透到大众日常生活的各个层面，潜移默化地影响着人们的道德情感、道德观念，也塑造着社会文化及其价值取向。伴随着世界全球化趋势的加剧和中国市场经济的迅速发展，大众文化日益成为当代中国社会发展的重要组成部分。大众文化在当代中国的普遍流行，影响甚至改变了中国传统的文化形态和伦理观念,对中国社会的道德生活和道德教育也产生了重要影响。因此,当代中国大众文化的产生和发展改变着社会,为伦理学研究提供着丰富的理论资源,同时也给我们提出了许多新的时代课题。

但是,大众文化本身所存在的道德价值理性缺失的问题,以及在传播过程中给整个社会所带来的负面效应也引起了人们的担忧。同时,由于大众文化本身的复杂性,学界对大众文化更多限于某一大众文化现象或某一大众文化类型的研究,直接从伦理学的角度对大众文化进行系统分析的著述并不多见。这种状况与伦理学理论和实践发展的要求相比,存有很大的差距。在这种情况下,从伦理学的角度对大众文化进行系统的理论把握,给予大众文化科学的评析和合理的价值定位,不仅具有重要的理论价值,也具有重要的实践意义。

《大众文化价值论:以伦理学为视角》一书坚持以社会主义文化和社会主义道德价值为导向,坚持用马克思主义伦理学基本观点和立场对大众文化进行理论分析和探索,通过对中国大众文化的根源、特征、现实状况和相关道德问题进行系统的梳理和概括,着力对大众文化以及当代中国大众文化的道德内涵、道德功能和道德失范等现象的本质做出积极的探索,从而为正确认识和把握大众文化的道德价值,发挥大众文化的道德教化功能以及发展社会文化的真善美,提供一定的理论支持和实践指导。

具体来讲,本书共有六章,分别为:绪论;大众文化概论;大众文化诸类型伦理分析;大众文化与现代、后现代伦理思潮;当代中国大众文化的伦理诉求以及核心价值观引领下的当代中国大众文化。第一章介绍了大众文化的相关理论,并对研究意义及方法进行了阐述;第二章主要介绍了大众文化的内涵、基本内容以及大众文化中的主要道德问题等内容;第三章主要对大众文化的各个类型进行了伦理分析,主要有流行文学、大众影视文化、流行音乐、广告文化以及网络大众文化等五个类型;第四章则介绍了现代、后现代伦理思潮及其对大众文化产生的影响;第五章从当代中国大众文化的现状讲起,分析了后现代伦理思想对当代中国大众文化的影响及大众文化对当代中国社会道德建设的影响,深刻剖析了当代中国大众文化的伦理诉求;第六章则阐述了当代中国大众文化的伦理取向与价值引领,并提出了构建当代中国大众文化的方法和路径。

本书的研究一方面有利于推进当代中国伦理学界对大众文化研究的深化;另一方面对大众文化进行系统的伦理审视,也有助于理论界对大众文化的伦理价值做出相对全面的判断和把握。此外,后现代伦理思潮伴随后现代主义在世界范围内扩展开来，几乎对所有学科都产生了这样或那样的影响。由于后现代伦理思潮本身的复杂性，我国伦理学界对这方面的研究还比较少。而大众文化作为工业社会及后工业社会的主要文化形态之一，深受后现代伦理思想的影响。从一定意义上说，大众文化所表现出来的反传统、反权威、反社会普遍价值和反永恒价值等特征，其实质也是对后现代伦理思想的某种体现。本书在后现代伦理思潮对大众文化的影响方面做了专门梳理和探讨，在一定程度上有助于理论界对后现代伦理思潮与大众文化之间的关系做出认知和研判。

技术伦理学手册 [德]阿明·格伦瓦尔德主编，吴宁译，社会科学文献出版社，2017.5

随着科技的飞速进步，特别是第二次世界大战之后，在如何规划管理技术和与技术打交道方面出现了大量的新问题，这也导致各种关于技术伦理学问题的哲学出版物卷帙浩繁。与此同时，在其他科学领域以及在公众的讨论和技术实践中，面对技术问题应采取什么样的立场和态度，也同样越来越受到社会的普遍关注。在这种情况下，《技术伦理学手册》终于如期出版。

技术伦理学的任务范畴，是要解决伴随科学和技术进步而必然出现的种种规范和原则的不明确性问题，目的是借此为经过伦理思考和能够担负责任的决策提供帮助。在过去很长一段时间里，技术在哲学和伦理学中毫无作用可言。直到工业革命进程中，技术化所带来的大规模效应和这样或那样的问题，使哲学不能再对之视而不见时，情况才起了变化。由此，哲学界普遍一致地认为，人类不断增长的行为能力乃至技术对自然和社会以及对人的身体和精神不断加深的干预和切入程度，导致了伦理反思的责任和必要性的同步提高。

本书所理解的技术伦理学的焦点，在于"切合实际的"决策取向之中如何从伦理学的角度评价技术的革新和未来设想，它们对当前决策的意义是什么，比如鼓励政策、技术的调控或实际应用。技术伦理学所探讨的是技术决策中对可选方案的思考，它的聚焦点是相关的道德因素，并且包括对技术和科技进步的条件、目的、手段和后果的伦理反思。尤其是技术的争论和带有伦理内涵的标准的不明确性，形成了技术伦理学的切入点和问题的复杂性。这里所说的争论和不明确性是围绕着技术的制成品以及技术的开发、生产、应用和处理而起的争论，其中还包括常常反映出道德观的，因而也是伦理反思可以切入的问题,甚至是关于未来构想、人类形象和社会模式的争议和论辩。

《技术伦理学手册》是有关这一主题的第一部用德文编撰的著作。本书所理解的技术伦理学的首要目的,是通过伦理学反思为切切实实的"正确"决定做出贡献,亦即如何规划管理和应用技术,如何面对技术所带来的后果。本书的作者分别来自不同的学术领域和机构组织,他们在技术伦理学框架内将各自的概念、构想、诊断和视角都带到了本书之中。

本书共分为六章。第一章为引言和概览,从历史的、理论的角度,紧扣主题阐明技术伦理学的本质特点,勾勒出本书的结构和内容概况。第二章介绍技术伦理学的几个核心基本概念,有技术本身的概念、技术后果的概念,作为补充性质的"风险"和"安全"概念以及"进步"和"责任"概念。第三章探讨技术伦理学的几个历史阶段,目的是解释技术伦理学产生的背景和动因。收录的文章包括早期对技术的质疑和批判、技术监督协会的产生、曼哈顿工程、石棉产品历史、技术进步乐观主义危机、技术争议和工程师伦理学的发展。第四章专门讨论技术伦理学与其基础,这些基础最初存在于技术哲学的传统当中,最早源自古希腊罗马哲学,再到马克思,最后到20世纪及当前对技术的解读。此外,该章还触及建立伦理学的最初论题,诸如人权、智慧伦理学、功利主义、可持续发展以及如何搭建同技术的关系。最后,该章引入并讨论了技术伦理学的几个概括性的话题,如劳动和技术、废弃物与技术、自然和技术以及全球化问题。第五章围绕具体的技术领域,一方面有技术伦理学的"经典"领域,如核能、纳米技术、基因技术和互联网;另一方面涉及技术伦理学中较少讨论的范畴,如食品加工、电脑游戏、农业技术和宇航技术。第六章将技术伦理学和各种不同的实践领域联系在一起,包括技术政策和政策咨询、各种法律法规(如预防原则)、实施方法(如公民参与)、伦理学委员会、伦理守则以及伦理学技术教育的方方面面。

道德景观:科学如何决定人性价值　[美]萨姆·哈里斯著,于嘉云译,中信出版社,2017.11

怎样的生活值得过,哪些人生目标值得追求,什么是幸福生活的定义?以大卫·休谟为代表的传统观点认为,科学与道德是两个截然不同的领域,科学研究"是如何",而道德则告诉我们"应如何",无论科学如何进步,它始终无法帮助我们做出道德判断,科学永远无法解答人生中最重要的这些问题。有关善恶对错的观念，科学无法介入，也无法解决。《道德景观：科学如何决定人性价值》一书基于神经科学的研究成果，对道德哲学提出了革命性的创见。

导论中以一个阿尔巴尼亚人古老的仇杀传统为例，如果一名男子犯下凶杀罪行，受害者家族就能杀掉他的任何一名男性亲戚作为报复。一名少年如果不幸是凶手的儿子或者兄弟，那他就得昼夜躲藏，甚至放弃正当教育、适当的医疗保健以及正常生活的乐趣。甚至到现在，还有数不清的阿尔巴尼亚男子与少年在家里过着囚徒般的生活。阿尔巴尼亚人用这种方式来建构社会，在道德上是错的吗？其血债血偿的传统是一种邪恶的形式吗？他们的价值观比我们的低劣吗？

作者指出，大多数人无法想象科学能够提出这类问题，更无法解答，如何能够从科学事实的角度宣称一种生活方式比另一种更好或更道德，“好”或“道德”的定义由谁来界定？虽然现在有许多科学家正在研究道德的进化以及其基础的神经生物学，但他们研究的目的不过是要描述人类如何思考与行动，没有人期待科学能告诉我们应该如何思考与行动。对于人类价值的争议，科学其实是避而不谈的，没有任何“官方”意见。

本书是一本雄心勃勃的科学—哲学著作。尽管传统观点认为，科学与道德是两个截然不同的领域，然而本书作者试图证明科学可以为伦理问题找到答案。作者在书中论证了价值观（即意义、道德及生命之更大目的）的问题，其实是关于有意识生物的幸福（well-being）问题。因此，价值观转换成能在科学上理解的事实：关于正面与负面的社会情感、报复性的冲动、具体法律及社会制度对人际关系的影响、快乐与痛苦的神经心理学等。作者认为，在原则上，我们能在神经科学与心理学的语境中解说文化界定我们的方式。我们在大脑的层次上对自己了解越多，就越能明了关于人类价值问题的答案有对错。

鉴于道德问题的重要以及今日科学技术的飞速进步，本书可能会引起广泛的争议和讨论。本书旨在开启一段关于道德真理如何能在科学语境中得到理解的对话。它的核心观点是价值观、意义、伦理以及人生目的，其实都是关于有意识的人的幸福问题，因而我们可以把价值观转换为科学所能理解的事实。人类幸福因而完全取决于世界上发生的事情以及人类大脑的状态。只要我们了解以下三种事实，我们所有关于善恶的讨论，都可以迎刃而解：(1) 思想与意图是如何在人类大脑中产生的；(2) 这些心理状态将如何转化为行为；(3) 这些行为又将对世界以及他人的经验产生怎样的影响。这三种事实都是理性、开放、诚实的科学探究可以考察的。因此，伦理学不过是科学的一个待发展的分支。

在书中，作者用“道德景观”(moral landscape)的假设空间贯穿全书，这是一个包含现实与潜在后果的空间，其高峰对应于潜在幸福的顶点，而其幽谷则对应于可能的最深苦难。不同的思考与行为方式——不同的文化习惯、伦理规章、统治方式等等——将转译成穿过此景观的运动，因此转译成不同程度的人类昌盛。穿越道德景观的运动可以在许多层次上分析——范围涵盖生物化学到经济学，但就人类而言，变化必然依赖人脑的状态与性能。人类经验显示了生存的每个迹象都被人脑的状态所决定与实现。因此，作者强调，人类知识与人类价值观并非是分离的。量度的世界与意义的世界最终必然调和。

学术活动

首届“阳明学与浙江文化学术论坛”

参加人员:来自香港中文大学、浙江工商大学、宁波大学、杭州电子科技大学、浙江财经大学、浙江中医药大学、武夷学院、浙江省社科院等高校科研院所的专家、学者,以及来自浙商研究会、绍兴人民医院、《都市快报》、杭州电视台等社会各界人士共80余人

主办单位:浙江省伦理学会、浙江工商大学哲学系

时间:2017年1月10日

地点:浙江工商大学

主要议题:学者们围绕“致良知”“知行合一”以及阳明学的学术论争等问题展开了学术交流。

浙江工商大学校长、浙江省伦理学会副会长陈寿灿致开幕辞。陈寿灿在致辞中指出,阳明学不是纯粹的“哲学问题”或“理念算计”,而是两汉以来浙江地区独特生活方式的自然孕生。自其发轫以来,一直聚焦于心灵超越与生活实务、玄理体知与德性实行。在良知确立中达于心灵的见诚而明,在知行合一中实现人生的真实意义。阳明学因了这种基于生活方式的文化建构而极富鲜活的现实生命力。“阳明学与浙江文化论坛”不仅旨在弘扬阳明先生“致良知”“知行合一”思想,纪念其德行、学问、事功三立完足的独特人格,还肩负了传承浙江文化的历史使命。而阳明学在中国传统文化图景中的历史地位则更是赋予论坛以担纲中国传统文化复兴乃至民族复兴的文化追求。

浙江大学求是特聘教授、浙江省哲学会副会长、中华孔子学会阳明学研究会会长董平做大会主旨发言。董平认为,阳明学是上启陆九渊心学,并历经心学在江浙地区的长期深耕,最终勃发于明代中叶的历史精神结晶。王阳明“心外无物”的命题,强调的是客观事物必须有效地进入人的现实生活,必须被人的心灵充分把握住,其客观性才能构成对人的生活的真正价值。这就要求每个人不仅需要“知物”,更须将“知”落实到行动之上,在“知行合一”的过程中构建生活的完善意义。王阳明第二十三代后裔、浙

江工商大学教师王伟波,公羊浙江总会副会长、《都市快报》副总编辑姜贤正,浙商研究会副会长、浙江金永信投资管理有限公司董事长杨增荣,杭州电视台“钱江论坛”主持人李天琼等人结合各自在教师、企业、社会公益事业、媒体传播等行业的实务经历,畅谈了关于阳明学的实践与感悟。

香港中文大学的陈志强博士提出,在心学理论中,心念陷溺是恶的根本来源。陈博士论证了心念陷溺何以是恶的来源,以及心念陷溺的形式。这一论证阐明了明代儒学(特别是心学)在恶这一问题上的基本态度,从而为学界系统把握儒学理论提供了有益的启示。浙江工商大学的卢盈华从道德情感角度诠释了良知的道德动力与实践能力含义,并从道德情感构成道德判断以及道德情感建构良知两种途径讨论了王阳明知行合一学说。浙江省社科院袁新国认为,阳明学虽倡心学,但并非务虚;相反,阳明所论皆为“针虚而倡实”,其论“致良知”在于致,“知行合一”在于行,事上磨练乃格物,因此,“实行”观才是阳明学的要旨所在,且是贯穿于阳明一生的立身行事、为官讲学的根本之道。浙江省社科院李旭认为,《中庸》“致中和”思想是阳明良知学的重要经典源头,在“致中和”思想历史演绎中,他论证了阳明良知学的存诚养中与由中导和思想以及《中庸》“致中和”思想的学术承继关系。宁波大学何静认为,程颐及其思想对阳明心学的影响颇大,这不仅表现在程颐的圣人之志在某种意义上是引导王阳明一生为人为学的价值观,也表现在程颐“格物致知”成圣之方的体验、因顿促成了阳明心学的诞生,而程颐的本体论思考,则引导了王阳明从心学角度融合心、理,确立了心本体的学理主旨。张宏敏则认为,佛道之学也是王阳明建构“良知学”、推行“良知教”的重要思想资源。浙江工商大学丁建华指出,王阳明虽然“出入佛老”,但他更自觉地站在儒学角度上从伦理维度批判了禅宗执着空寂、抛弃人伦、不分善恶等立场。宁波大学的邹建锋系统阐述了阳明夫子亲传弟子与明嘉靖间阳明文献的传承研究。此外,浙江财经大学彭传华关于王船山对王阳明及其心学的批判、武夷学院衷鑫恣关于道学大众化及其极端主义风险的阐述、杭州电子科技大学朱红关于黄绾在“大礼仪”事件中的主张及思想等,也都引起了与会专家、学者的热烈关注与讨论。

浙江省伦理学会副会长郑根成致论坛闭幕辞。郑根成指出,浙江省伦理学会与浙江工商大学哲学系致力于将“阳明学与浙江文化学术论坛”办成一个一年一度的文化盛会,其主旨有三:其一,弘扬阳明学及其研究,建构基于阳明学研究的业界与学界对话与交流的平台与通道;其二,在促进阳明学的理论研究与生活践行中,致力于开掘浙江经济、社会发展的文化力解释。基于浙江文化在中国传统文化图景中的历史地位，以及当代浙江经济、社会发展在当代中国的现实地位，这一文化力解释便具有了超越地域性的民族性意义；其三，与当代浙江经济、文化发展相悖的是浙江省哲学—伦理学学科发展的严重滞后。论坛提供了在心学复归、传统复兴的文化图景中发展浙江省哲学—伦理学学科的重要契机。

伦理学与当代中国文化自信理论研讨会

参加人员：来自中国社会科学院、清华大学、中国人民大学、北京师范大学、中国传媒大学、北京市委党校、北京信息科技大学、首都师范大学、首都经贸大学、北京邮电大学等单位的10余位专家、学者

主办单位：中国人民大学伦理学基地、北京伦理学会

时间：2017年1月14日

地点：中国人民大学

主要议题：伦理学与文化自信。

中国人民大学伦理学基地主任、北京伦理学会会长葛晨虹教授代表主办单位致辞并做发言，北京伦理学会原会长、国家行政学院王伟教授和北京伦理学会副会长、中央党校靳凤林教授以及清华大学戴木才教授分别做主旨发言，中国人民大学伦理学基地副主任、北京伦理学会副会长肖群忠教授主持会议并做总结发言。

来自中国社会科学院、清华大学、中国人民大学、北京师范大学、中国传媒大学、北京市委党校、北京信息科技大学、首都师范大学、首都经贸大学、北京邮电大学等单位的学者卢风教授、王淑芹教授、甘绍平研究员、晏辉教授、曹刚教授、张傅教授、鄯爱红教授、任建东教授、赵爱玲教授、王宝娣副研究员、李茂森副教授、张霄副教授等同志先后发言，会议气氛庄重而热烈，讨论深入而厚重。

学者们认为，“文化自信是更基础、更广泛、更深厚的自信”。这三个“更”字显示出文化自信在“四个自信”中的重要地位。坚定文化自信，就要坚定对五千多年文明发展中孕育的中华优秀传统文化的自信，就要坚定对党和人民伟大斗争中孕育的革命文化和社会主义先进文化的自信。伦理学作为哲学的重要组成部分，作为承载中国优秀传统文化的重要分支学科，在文化自信中担当了重要的历史使命和神圣责任，需要深入开展文化自信理论研究，为文化自信提供坚实的学理支撑。

部分学者指出，坚定文化自信必须牢记“不忘初心、继续前进”。坚定

文化自信必须始终不渝地推进马克思主义中国化、时代化、大众化,更好发挥马克思主义在中国当代文化建设中的指导作用。坚定文化自信,提高国家文化软实力,就要努力传播当代中国的价值观念。当代中国价值观念,就是中国特色社会主义价值观念。要把中国特色社会主义价值观念贯穿于社会生活和对外交往的方方面面,打造易于为社会大众和国际交流所理解和接受的新概念、新范畴、新表述,努力提升我国文化软实力。

部分学者谈到,文化自信是一个民族对自身文化价值的充分肯定和积极践行。中华民族五千多年博大精深的优秀传统文化,夯实了中国人底气、增强了中国人的骨气,是我们最深厚的文化软实力。然而,近代以来,中华民族积贫积弱,在漫长黑暗中苦苦摸索,面对西方文化的强烈冲击,中华民族传统文化的吸引力与创造力一度受到剧烈冲击和影响。当代中国共产党人应该牢记我们重树文化自信的艰难历程,处理好继承与创新的关系。对中华传统文化,也要分清糟粕和精华,大力弘扬传统文化中的优秀成分,自觉推进中华文明创新性发展。

部分学者认为,任何一种文化都有它的优势与缺陷。中西方文化均源远流长、气象万千。在文化交融的世界大趋势下,各国文化交流日益频繁,各种文化影响日益加深。我们既要鲜明亮出中华民族伟大复兴的文化旗帜、建立当代中国人的文化大厦,也要以高度的文化自信和博大的胸襟对待世界各地的优秀文化,以我为主,为我所用,辩证取舍,择善而从,在自信、自立、自强中彰显中国特色、中国风格、中国气派。

部分学者强调,当代中国文化自信建构应注重从目的、手段和实践等层面,探索提出一个理论层面逻辑自洽的共识性方案,要高度关注价值观自信在文化自信及其他“三个自信”形塑中的重要作用,注重加强青年人的价值观自信教育。

大家表示,坚定文化自信,归根结底是为了实现文化自强。我们要牢记“不忘本来、吸收外来、面向未来”的方针,高举文化旗帜,坚守精神高地,以强大文化自信的底气,支撑道路自信、理论自信、制度自信,滋养当代中国的发展进步。

“从严治党与加强党的执政伦理建设”高层学术研讨会

参加人员:武汉大学、华中科技大学、中南财经政法大学、武汉理工大学等高校的10余名专家、学者

主办单位:湖北省伦理学会、华中师范大学马克思主义学院

时间:2017 年 3 月 28 日

地点:华中师范大学

主要议题:执政党的伦理建设、道德建设。

会议由湖北省伦理学会会长龙静云教授主持。长江学者江畅教授首先肯定了此次会议主题的设置具有挑战性:“执政党的建设问题,有政治建设、组织建设、思想建设等等,但是伦理建设、道德建设好像还没有系统性的研究。”他认为这是一个可以贯穿各个方面建设的重要课题。华中科技大学韩东屏教授则就制度问题发表了看法;秦在东教授提出要建立“善制”,即制度有完善的、不完善的,完善与否关键在于制定制度的人是否“善治”;刘可风教授从现代社会伦理关系变化的视角谈执政伦理理念需要完成转变;戴茂堂教授从教育感化理论谈执政伦理建设;杨怀中教授从社会主义核心价值观与执政伦理的契合谈从严治党;刘从德教授从文化困境和执政基础谈执政伦理中的文化建设;龙静云教授从道德领导力理论谈从严治党的意义;等等。发言阶段充分体现了智慧碰撞、争鸣交融、精彩纷呈的特点。

湖北省社会科学界联合会党组书记、常务副主席曾婕对此次会议做了总结:一是大家从不同角度、不同方面为中国共产党执政能力建设建言献策,“大家无论如何的谦虚或是如何从主观上觉得自己没有做什么,但是都做到了我们理论工作者应该做的贡献”;二是本次会议的论题具有前沿性,她谈到,党的十八大以来,从严治党,标本兼治,依法治党的同时也在用中华优秀传统伦理文化注入灵魂,今天会议的主题很好地契合了这一方向。

京津冀国家治理与道德建设论坛

参加人员:来自京津冀三地高校、研究机构、政府部门和《新华文摘》《学习时报》《道德与文明》等媒体的 70 余位专家、学者

主办单位:中国伦理学会政治伦理专业委员会、北京伦理学会、天津社会科学院、河北伦理学会

时间:2017 年 4 月 8 日—9 日

地点:河北经贸大学

主要议题:在京津冀协同发展的战略背景下,我国的国家治理领域出现的伦理问题。

一、关于国家治理中的德治与法治

中国人民大学宋希仁教授认为,伦理和道德既是统一的,又是有本质区别的,同时也与礼法和文明礼仪相联系着。正确的阐明这些伦理的环节和作用,对构建完善的伦理学体系和国家治理具有重要意义。并提出构建伦理道德统一的法哲学的设想,即是否可以考虑把自然法、实定法、道德礼法和伦理法纳入统一的理论体系,可以划分出礼仪学、道德学、伦理学、法哲学,相应地分出学习和教育的级次或层次,以马克思主义哲学思想为指导,建立我们自己的法哲学。中国伦理学会会长、清华大学万俊人教授认为,应从如下方面正确把握德治与法治的关系,即公民权利优先于政治公共权力、法治是国家治理基础、作为治理基础的法律本身必须是良法、破除制度依赖、在后西方时代和全球化时代背景下考虑国家治理问题。

二、关于国家治理的伦理逻辑

中共中央党校朱辉宇副教授分析了国家治理的伦理逻辑,认为道德是国家治理体系的构成性要素,影响着国家治理的各个维度。在价值层面,道德制约着“治理”理念的形成,推动着“权力本位”的破除;在制度层面,道德作为一种隐性制度,不仅与其他显性制度共同构成了国家治理的制度基础,还通过制度间互动影响着显性制度的建构;在行动层面,道德为国家治理提供了“善”的治理主体,创设了良好的价值环境,增强了社会凝聚度,提供了必要的道德监督。北京建筑大学张溢木博士认为,道德治理是借助道德的认识、调节、教育、辩护等主要功能,对现实社会进行系统治理的过程。在具体社会环境中,道德治理需要完善治理主体、把控治理尺度、创制治理条件等三个难题。

三、关于志愿服务精神与公民道德精神

河北省伦理学会会长、河北省人大法制委副主任委员王莹教授认为,志愿服务不仅有效促进了社会道德水平的提升,而且为国家治理体系和国家治理能力现代化开辟了一条现实的路径。并提出志愿服务五方面的道德属性:一是志愿服务自愿性、无偿性和公益性的特征体现了道德属性;二是奉献、有爱、互助、进步的志愿服务精神,与伦理精神在本质上是一致的;三是志愿服务体现了以“善”为核心的价值追求;四是志愿服务是学雷锋活动的拓展;五是中华民族长期以来形成的向上向善、诚信互助的优秀思想文化是志愿服务广泛开展的内在动力。中央党校哲学部战略哲学教研室主任、博士生导师任俊华教授阐述了美国志愿精神对中国的启示。

四、关于精神文明建设

北京市文明办副巡视员、公共文明引导协调办公室主任孙平从实践的角度盘点和检视了15年来公共文明引导工程推进首都治理现代化的发展轨迹及经验：一是不断创新——公共文明引导工程始终不渝的宗旨；二是道德实践——公共文明引导工程牢牢把握的根基；三是公民主体——公共文明引导工程紧紧依托的力量。北京信息科技大学赵爱玲教授系统梳理了新加坡、伦敦、纽约等大都市德法共治的管理经验及实践探索，并提出这些经验和探索可以为北京公共文明建设实施德法共治提供有益借鉴。中央党校王乐副教授认为文艺作品、文艺工作和文艺工作者担负着深沉的道德使命，并借由文艺的载体与形式，发挥着一定的社会道德治理功能。具体而言，这一功能集中体现在其对社会关系中人们道德情感的培育、道德认识的提高和道德意志的坚定等层面，并最终落实到人们具体的道德行为上。

五、关于公民文化、社会包容和信任

中央党校靳凤林教授从政治文化比较研究的视角，就我国公民文化的国别特征、公民文化发展的曲折历程、公民教育的主要任务以及培育公民文化的实践路径等问题进行了深入细致的学理剖析。北京市委党校鄯爱红教授对社会包容的伦理内容和治理作用进行了分析，他认为社会包容需要从三个层次去理解：一是国家政治伦理总则的社会包容，当代国家存在的目的是保障个人的尊严与权利的平等；二是政策层面的社会包容，通过一系列的公共政策，改善收入不平等，扩大社会弱势群体获得发展的机会，增强弱势群体参与社会的能力，共享社会发展的成果；三是现代个体美德层面的社会包容，带有很强伦理色彩的概念，构建和谐社会的道德基础。他的应用对于现代社会有两方面作用：一是推动京津冀一体化，提供一个社会心理和伦理的支撑；二是对和谐社会建设起支撑作用，也是用来衡量社会发展水平的标准。河北工业大学于建星副教授分析了信任的社会治理价值，认为信任是有用的。对于社会而言，信任是社会的凝固剂，若没有信任，社会将会是一盘散沙；对于经济而言，信任是社会资本，若失去信任，经济增长将会是镜中花；对于政治而言，信任提供合法化，若失去信任，政治稳定将会是水中月；对于个体来讲，信任是幸福生活的保障，若失去信任，生活便会像在荒野一样寂寥。因而，人们重视信任，珍爱信任，痛恨失信。

六、关于传统德治伦理

河北师范大学赵忠祥教授阐释了乡贤文化的社会基层治理功能：一是

乡贤文化具有道德教化的功能;二是建设乡村、改善民生的功能;三是维护社会秩序的功能。河北经贸大学李万县教授归纳了自然信仰的六大当代价值:一是共同价值,因为自然信仰超越了任何地域、宗教、国家、民族和文化;二是多元价值,因为自然信仰认为万事万物都有自己的价值;三是博爱价值;四是共赢价值;五是认识论价值;六是可持续发展价值。首都师范大学靳海山副教授认为,儒家的善治内涵就应该包括重德性,即注重为政者个人的内在德性涵养以及国家治理中的为政以德;尚和谐,即追求一种人与社会、天性与德性、自然与人文相存并容的共生状态;求大同,即致力于实现天下为公、讲信修睦、人得其所的美好社会理想。

第二届中国生物样本库伦理论坛暨第四届组学与生命伦理学研讨会

参加人员:来自国内外政府研究机构、高校、医院及社会企业等逾百名专家

主办单位:华中科技大学国家治理研究院、深圳国家基因库、华中科技大学生命伦理学研究中心和华大基因生命伦理学研究中心

时间:2017年4月21日—23日

地点:华中科技大学

主要议题:中国生物样本及数据共享与应用的伦理共识。

一、人类遗传资源共享应用中的伦理问题

复旦大学应用伦理研究中心朱伟副教授剖析了2016年国际医学组织理事会(CIOMS)伦理准则对样本库研究的新启示。她指出生物样本库的建设与规范存在知情同意、数据安全与保密、利益冲突与共享、社群参与等诸多伦理问题。CIOMS针对这些重要的伦理问题,提出了管理框架和实践原则,这对生物样本库的建设与规范具有指导作用。华中科技大学哲学系系主任、生命伦理学研究中心执行主任雷瑞鹏教授认为我国生物样本库普遍存在伦理规范匮乏、建设无序化、技术标准不统一、质量控制参差不齐、资源共享机制缺失等问题。其中最为敏感的伦理和法律问题包括捐献者的个人隐私保护、捐献者社会和经济利益保护、研究数据的伦理/法律准入机制以及样本资源的商业化利用等。人类样本资源的保护和利用是一个世界性难题,这既需要借鉴世界先进经验,也需要根据国情充分研讨。深圳华大基因研究院高雅博士认为母婴队列建设过程中存在样本收集的知情同意、受试者的贡献与回报、队列样本库使用及研究成果等诸多伦理问题,只有将所有的资源整合起来,形成大数据,开展基于大数据的研究,

才能实现精准医疗、人人医疗，使民众真正获益。广州市妇女儿童医疗中心出生队列研究室主任邱琇博士从出生队列角度对知情同意、隐私保护、资源共享等伦理问题进行分析。她指出伦理已成为当今科学研究的内在需要，医学与伦理学同源，医学研究在新时期面临新的伦理问题，从出生队列的角度思考内在的伦理问题具有重要意义。

二、动植物遗传资源与共享国际合作

华中科技大学法学院伍春艳副教授就人体生物样本库知识产权归属与利益分享机制研究进行了报告。她首先分析了人体生物样本库样本与数据的可及性，接着介绍了人体生物样本库样本资源使用政策与知识产权权属约定，最后提出了人体生物样本库的利益分享原则与具体实现路径。深圳华大基因研究院刘欢则对“动植物样本库及数据共为、共享”问题进行了报告。他认为国内外动植物样本存在“总数大，现有样本少”的问题，应通过“共为、共享”的方式，打造全球最大的服务于全民的动植物样本库及生物信息数据库，实现动植物样本存储、物种和基因信息的存储，进而建设生物样本的“诺亚方舟”。

三、人源微生物资源遗传与共享资源

厦门大学医学院生命伦理学研究中心主任马永慧博士论证了微生物组研究和微生物样本库中的伦理和社会问题。马永慧博士介绍了人源微生物样本库及其相关知识，并分析了人源生物样本库的风险和受益问题，对于生物样本库中的伦理问题也给出了合理的建议。中华医学会消化病学分会全国委员、中国胃病专业委员会常务副会长、厦门大学消化疾病研究所任建林教授强调了整合微生态，对复兴大健康的重要作用。任建林教授系统地介绍了人体微生态与健康和疾病的关系，提出以微生态临床应用为导向，基础临床多学科相结合，实现产、学、研一体化。深圳华大基因研究院宏基因组研究所邹远强分析了人体共生微生物资源的收集与应用，以及共生微生物研究的相关伦理问题。邹远强在介绍人体肠道微生物资源库和肠道菌的应用时指出，以人和实验动物为研究对象的共生微生物研究，要遵循不伤害、有利、尊重和公正的四项基本伦理原则。

四、生物遗传资源共享与应用的展望

前任世界卫生组织（WHO）副总干事、国际生命伦理委员会委员、上海交通大学医学院附属瑞金医院终身教授胡庆澧教授就“人类生物样本库的伦理思考”相关议题展开分析。他认为快速发展的生物医学研究需要大样本和大数据的多中心研究和国际合作，但如何解决生物样本库建设中的样本与数据的管理和共享机制问题,以及如何应对生物样本库所面临的新的伦理、法律与社会问题(ELSI2.0),仍是一项艰巨的任务。科技部科研诚信建设办公室主任、中科院科技政策与管理科学研究所研究员李真真教授指出,建设人类生物样本库个体化医学、转化医学和精准医学的发展具有重大意义。李教授从伦理关切的角度梳理了当前管理上存在的问题,并结合时代的发展提出了初步的解决策略。她认为人类生物样本的国内管理水平仍处于探索阶段,但随着科研水平的进步和政府的大力支持,相应的管理规范都会逐步完善起来。华中科技大学国家治理研究院院长欧阳康教授指出,生物样本库是生命科学基础研究与医学临床研究的宝贵资源,生物样本库的建设是组学发展不可或缺的组成部分。随着中国生物样本库建设的全面推进,需要研讨的问题已从硬件规范逐步走向软硬件并重,其中样本募集、存储、释放与共享涉及的伦理和法律问题亟待明晰。

五、《生物样本库样本/数据共享伦理指南》发布会

该指南阐述了生物样本库涉及的基本伦理原则,详细界定了不同样本/数据的类型,并从样本/数据的采集、管理(包括安全性管理、共享过程管理、出境管理)、国际合作、知识产权、利益分享等环节制定了明晰的管理流程与规范。该指南借鉴了国际上遗传资源数据库和生物样本库的经验,同时整合了国内不同管理部门(科技部人类遗传资源管理办公室、环保部、农业部、国家网信部门)的相关管理规定,为各类生物样本库的规范管理奠定了基础。中国生物样本库伦理论坛已成功举办两届,此次会议在生物医学研究和技术应用的伦理治理方面成果颇丰。华中科技大学哲学系主任暨生命伦理学研究中心执行主任雷瑞鹏教授和华大基因生命伦理学研究中心主任郭肇铮教授冀望以该指南为基础,作为行业内的行为准则来规范我国方兴未艾的生物样本库和生物大数据平台的建设与发展,高效合理地保护和利用人类、微生物以及动植物遗传资源。

“生态文明建设与环境哲学、环境伦理学本土化”学术研讨会暨 2017 年环境哲学与环境伦理学年会

参加人员:全国各地 80 余名学者

主办单位:中国自然辩证法研究会环境哲学专业委员会、中国环境伦理学研究会、全国大学绿色教育协会筹委会、海南省生态文明研究中心

时间:2017 年 4 月 21 日—24 日

地点:海南师范大学

主要议题：生态文明建设与环境哲学、环境伦理学本土化。

一、生态文明前沿问题与基础理论

卢风对生态文明的概念进行了辨析，“文明”一词有两种用法：一种是日常语言用法，指开化、进步、美好，与野蛮相对；另一种是历史学家的用法，指人类超越非人动物生活方式和整体性社会形态，也蕴含着进步与发展。“生态”一词含义则应根据生态学界定，生态学基本方法是“宏观系统方法”。叶平对环境哲学视域中环境科学性质及发展特征进行分析，指出环境科学是一个发展中的大学科群。肖显静提出了“第三种科学”即“地方性科学”概念，回归“第一种科学”即“古代科学传统”，环保但不经济；近现代科学即“第二种科学”，经济但不环保；因此要走向“第三种科学”，既环保又经济。“地方性科学”为了“人与自然和谐发展”，既能促进经济发展也能保护环境，是一种比较完善的科学。孙道进提出质疑并认为“第三种科学”是个伪概念，哲学不是科学和知识，所以哲学不能像绿色和平组织那样采取纯粹的活动即环境运动来解决问题，也不能完全成为实验科学。包庆德在提交的会议论文中具体阐述了高兹的生态社会主义社会之构想，以期对其所要构建的生态社会主义社会有较为深入的理解。刘一丹认为，在萨卡生态社会主义思想中蕴含着绿色生活思想，生活中的人们也应该持这种稳态可持续发展观，降低物质需求，拥有平等而且较低收入水平，提高自身道德水平。申扶民指出，生态浪漫主义昭示和蕴含生态文明基本理念，与自然结成血缘纽带的生命共同体以及走向荒野等思想和行动，以弥合人与自然之间的裂痕，实现人与自然和谐共生，并参照自然生态系统，构想平等自由的人类社会蓝图。程广丽从福斯特生态危机论视角看生态与道德。袁春剑认为要始终坚持马克思主义生态思想发展社会主义城市生态文明。资本主义早期城市生态危机表现为城市空气、河流等污染，导致城市生态问题频发的原因主要有城市人口爆炸式增长、城市管理紊乱和资本逻辑失控。刘珺田分析《共产党宣言》中生态危机批判思想，认为近现代以来生态环境严重恶化与资本主义制度有着密不可分的关联。

二、生态文明现实问题与应用方略

徐春以海南清水湾为例探索社区生态文明建设微观路径，提出要以三生共赢准则创建生态文明建设宏观机制。通过确立环境正义、生态责任、参与型民主、社区行动，既提高生态文明建设的能力，也提高人的素质，丰富人的现代化内涵，促进人的全面发展。钱振华通过对责任伦理的发展及原则进行分析，并从责任主体角度探析对环境问题状况反思及解决之道。

周国文指出生态和谐社会既可理解为生态公民积极参与环保的进程,也可以看成是一种人与自然在相互作用中有效平衡的社会结构。作为尺度的德性是一种来自内心自觉的道德价值感,它体现在凝练过程中对言语边界及行为实践分寸的审视及其适度距离的有效把握。华启和指出,中国生态文明建设话语自信源自人类共同价值诉求,源自深厚中华传统生态智慧,源自丰富生态文明建设实践,源自中国生态文明建设道义力量。王晓路从环境正义论视域出发研究京津冀约束性资源交易机制,通过对约束性资源的使用权、碳排放权、排污权交易的前提条件和制度保障分析,论证生态补偿市场化与政策化相结合的必要性,在总结各地试点经验的基础上,强调政府在环境保护上的主导性作用和企业生态环境责任意识的重要性。王云霞指出环境正义是全球绿色运动中重要一脉,将环境正义之"正义"内涵归约和简化为单一分配视角是有失偏颇的,正义实际上是集分配、承认、能力和参与等维度于一身的统一体,所以对传统正义论的研究范式进行批判反思,并积极重构环境正义的理论框架就显得非常必要,对推动环境正义的研究具有极其重要的意义。陈杨对回溯正义作为治理环境型邻避的可能途径进行探析,认为环境型邻避在本质上是环境正义问题。回溯正义作为另一种形式环境正义,要求每个人承担与其环境利得相符的环境负担。回溯正义通过揭示人们日常行为环境代价,为环境型邻避问题治理提供了新视野和可能途径。陈云以现代汽车社会为例论述环境美德之于环境成本内部化路径的补足意义,认为现时代汽车社会的外部性环境成本是一个已经引起广泛关注的问题。要解决这一问题,即实现外部性环境成本内部化,作为第三条路径的环境美德出场能够以一种"汽车文明"价值选择模式作用于环境成本的内部化问题。卢美华探讨基于生态文明理论内涵,构建高校"五位一体"思想政治教育模式,实现思想政治教育"生态文明效应",正是生态文明思维模式实践化、具体化与功能化的表现,也是贯彻习近平"全程育人、全方位育人"的具体要求。张晓秋认为应该明确海洋生态文明基本观念、生态伦理内核以及与生态体育文化的关系,重点阐释海域高校生态体育文化特征及海洋生态文明在文化建构中的科学基础地位和价值导向。

三、中国传统文化及其生态智慧

姚晓娜对环境伦理学本土化视域下荒野保护进行探讨,通过对中美荒野观的产生与发展进行比较,提出在本土伦理内核中生发观念荒野。余玉湖在提交的会议论文中对中国传统文化的生态价值及对环境哲学研究的启发进行了深入探讨。龚丽娟在提交的会议论文中对"气"与艺术的生态耦合路径进行探索。徐朝旭对儒家生态仁学进行探索,儒家生态仁学经历萌芽、形成、完善阶段,就调节人与自然关系层面看,儒家生态仁学包含以“时”为主要内容的道德规范体系和以生生之仁为道德规范终极依据的道德本体论两方面。梁晓阳对《礼记》中蕴含的人类永续利用思想进行探究,强调人类对自然资源应当充分合理地运用,而非无限地索取。陈红兵将印度佛教与中国佛教在终极价值层面及缘起论意义层面做了对比分析,指出在生态理想方面,突出理想生态清净无染特质,佛教自然观具有多层内涵,具有多方面的生态环保意义。余泽娜对庄子审美生态智慧进行探讨,认为其思想动因最初是为了超越时代的恶。要超越时代的恶,人道应以天道为据,自然无为。“自然”是理解它的关键,审美是其特色。在庄子的生态智慧中,展示了一种不断追求境界超越的生存格调和人与自然亲和的生活方式。姜韦在提交的会议论文中对庄子《齐物论》之“齐”的三重生态意涵进行论述,兼论中国传统文化与马克思主义教育的融合。他指出从生态哲学和生态伦理角度来看,《齐物论》之“齐”有同一、平等、相通三层意思。包庆德根据游牧文明生存智慧的生态维度研究,从游牧文明多维视角审视游牧文明的生态生存智慧、游牧文明的生态对比特色以及游牧文明的生态智慧启示来阐述其观点,显现其厚重生态文明意蕴和深层生态哲学智慧。游牧文明在不同文明之间的冲突和互补,特别是游牧文明在与农耕文明、工业文明碰撞冲突和互补交融发展关系中精致地发挥了游牧草场生产力和生物多样性的独特优势,符合“生态位”原理。廖国强通过对民族生态文化进行学理辨析,指出中国少数民族生态文化对生态文明建设的借鉴和启示主要包括两个方面:一是物质文化方面,可为农业、林业可持续发展提供借鉴;二是精神文化方面,可为塑造与生态文明建设相适应的“内源调节机制”提供借鉴。

“人类命运共同体与道德责任”学术研讨会暨湘苏粤鲁伦理学年会

参加人员:来自湖南省、江苏省、广东省及山东省各高校、科研院所的140余位专家、学者和研究生

主办单位:湖南、江苏、广东和山东四省伦理学会

时间:2017年5月26日—28日

地点:湖南师范大学

主要议题:“人类命运共同体”的伦理意涵、人类树立命运共同体意识的伦理价值、建构共同体的主要伦理问题。

一、"人类命运共同体"的伦理意涵

王泽应教授认为,(人类)命运共同体是当代中国提出的关于国与国、人与人之间生死相关、患难与共关系的认识及其意义建构的价值理念。这一理念超越了一般意义上的共同体类型及其价值要求,同时又是地域共同体、精神共同体等共同体精神和特质的综合化集成和辩证统一。它彰显了交互主体性和共生主义的伦理深蕴,内含着利益共生、情感共鸣、价值共识、发展共赢和责任共担的伦理精义,凸显着同舟共济、同甘共苦和同心同德的伦理精神和价值意义。其他学者也认为,人类命运共同体理念关乎人类生存发展的根本价值,是中华文化逐步融入世界文化并引领世界文化发展的例证,体现了中国文化从自觉走向自信并逐步向自强迈进。王公伟教授认为,人类命运共同体是人类社会发展到一定阶段的产物,也是人类社会进一步发展的必然要求。当前人类社会发展面临着各种各样的问题,如资源和能源约束问题、环境污染问题、生态问题、传染性疾病等问题。这些问题牵涉到所有国家和民族,需要所有国家和民族同心协力才能解决。同时,只有坚持人类命运共同体理念,人类社会才能解决和处理好以往发展的问题,引领人类社会走向光明未来。庞桂美教授认为,人类命运共同体是中国优秀传统文化与现实创新的有机统一体,是对中国优秀传统文化的继承,具有丰富而深刻的传统文化意蕴。其理念本身蕴含了"以和为贵"的生存之道、"己所不欲,勿施于人"的忠恕之道、"四海之内皆兄弟"的处世之道和"天下为公,协和万邦"的治理之道。有学者还强调,人类命运共同体理念是中国文化对人类发展的重要贡献。其理念所倡导的"共生、共赢、共享"的价值原则,将打破传统西方工具理性主导的两极分化的资本伦理观,有力地遏制日益抬头的贸易保护主义,为人类和平与繁荣的持续注入了源头活水。

二、树立命运共同体意识的伦理价值

有学者认为,从现实角度看,就中国而言,现代城市构建中所出现的不公平、结构失衡、功能紊乱以及生态失序,已成为阻碍城市发展的严峻问题。只有以命运共同体理念为导向,通过构建一个结构合理、功能高效、生态优化的"空间利益共同体",才能助力城市健康有序的发展。有学者指出,现代网络技术的发展在方便人们生活的同时,也导致了一系列的网络伦理问题。只有以命运共同体理念为价值导引,构建公平、共享和有序的"网络空间命运共同体",逐步解决网络发展的伦理问题和危机,才能推动网络社会健康积极的向前发展。还有学者认为,现代社会是一个建立在精确计算和数据知识基础上的信息时代，人们对于计算精确化和知识数据化的执着追求可能异化和永恒化人的道德记忆，由此产生对人类道德生活的消极影响。相较而言，人类之遗忘本性或可消弭技术化社会对人类道德生活的恶劣影响，成为现代人类道德生活的基本原则。田广兰副教授强调，现代社会由于社会主体对于自身责任的“不知道”“不能够”和“不愿意”而形成一个责任意识不充分的时代。面对此伦理困境，我们可树立人类中心主义价值观、技术风险意识和公民身份意识等共同体意识，重塑人们的主体责任意识和道德精神。还有学者则认为，“精神”与“伦理精神”是现代人类文明最为稀缺的价值资源，尤其是在生态危机全球化背景下，为一种“共同体精神”的“生态伦理精神”更是弥足珍贵。它的生成有助于消解“经济中心”与“科技至上”的价值霸权，规避文化殖民主义和文化相对主义，促成人类各个文明的生态对话与合作，实现人类的共同发展。有学者强调，现代社会是一个消费主义盛行的时代，人们大量虚妄和非道德的消费异化了人的本性，撕裂了人与人的和谐关系，加剧了自然环境的恶化。人类命运共同体理念则要求人们破除消费主义、物质主义的消费观，树立健康、道德和持续性的消费理念，建立起绿色、低碳、循环和可持续的生活方式，以实现人与自身、人与人、人与自然和谐统一。

三、建构人类命运共同体的主要伦理问题

卞绍斌教授认为，从康德“人是目的”和人的“自由”两个价值理念出发，依据理性和法则的道德自由遏制人自身贪欲的自然本性，以服从人们为自己所指定的法律，成就人自律的道德人格。由此，才能使人成为自己的主人，实现人自主自由的道德生活。但在现实生活中，道德主体之间却真实地存在着权利与义务不平衡状态，这种状态会影响人们之间正常的道德生活。为了解决这一问题，有学者就提出一个理论范畴，即“道德债务”，试图以债权人与债务人之间的“承认共识”为基础，以物性偿债、灵性偿债和生命偿债为平衡方式，促成共同体的精神集成和有机团结，实现人们平等有序的道德生活。易小明教授指出，传统伦理学将“理性能力”作为人与人之间道德对待的基本前提，但在现代社会生活中越来越多的“无理性能力”者被视为道德者，由此理论想定与现实生活之间产生了疏离和矛盾。解决这一矛盾的方法在于，我们可以在坚持传统“理性”原则前提下，增设以“情感”为原则的人际对待方式，建立起“理性”和“情感”双原则的人际对待模式。刘永春副教授认为，通过分析罗尔斯对“正当与善”的区分，可从中获得对两者关系认知的启示。他指出，罗尔斯通过证明“正当”的不可定义性,阐释“正当”与“善”的不可通约性,以及批判功利主义将正当性完全建立在结果为善的基础上的观点,试图在“正当”与“善”之间划出一条明确的界限。这种区分彻底颠覆了传统道义论与功利论所遵循的义务单一性原则,从而奠定了义务多元论的理论基础。但罗尔斯过分倚重道德语言意义的逻辑分析,这就造成对“正当”与“善”关系的认知缺乏实践性审视。因此,只有从现实生活从发,实质性的解读正当与善的概念,才能真正把握善与正当的行为的区别和联系。

“儒家·女性·生态:多元现代性语境中的儒家女性伦理何以可能”国际学术工作坊会议

参加人员:韩国、美国、新加坡近30位专家、学者

主办单位:北京大学高等人文研究院

时间:2017年6月3日—4日

地点:北京大学

主要议题:儒家·女性·生态。

一、儒家、性别与解放

天津师范大学杜芳琴教授从社会性别和历史交叉视角出发,对当代大陆新儒家领军人物蒋庆的“政治儒学”等论说的文本做了分析,并进一步揭示其背后的学理、内在的逻辑,评估其对女性发展和社会公正可能造成的负面影响。杜教授追根溯源,阐述蒋庆“弘扬三纲”等论说的理论基础源于董仲舒的“自然秩序”“宇宙秩序”,而这一推论却陷入普遍主义、本质主义的误区,由此逻辑推出的“安顿女性”也只不过是父权制社会结构的亡魂罢了。而对女性安顿的错置无疑违背了儒家的人文精神,也与男女性别平等原则背道而驰。武汉大学吴根友教授提出面向智能人时代,我们应该如何谈女性解放的新问题。通过对女性解放历史的回顾,吴教授指出绝大多数女性是一个等待解放的被动存在者。吴教授的基本观点是基于人性的共通性与男女平等的现代观念的基础上,在科学研究的基础上重视男女有别的事实,体现落实男女平等的现代思想,共同处在一个“调适而上遂”的通道之中,实现男性和女性在人性上的全面解放与自我提升。张祥龙先生从时间意识流阐述亲子、夫妇、亲属关系呈现的家庭形态多样化的本质,主张母系家庭具有良善特点和某种绝对对内优势,其合理性、合法性和多元之一的地位,应该得到儒家的认可。美国洛约拉玛莉曼特大学的王蓉蓉(Robin Wang)教授提出话题——“什么造就女性之美(可爱)?”女性是什

么,如何定义女性,女性的幸福源泉在哪里?王教授将《列女传》中的女性典范做了三个方面的解析,即德、才、色。她进一步将这三个层面一一诠释,从母仪、贤明、仁智、贞顺、节义等方面论述女德,并将其作为女性之美建构的基础。王教授指出,在两难境遇下践行女德,捍卫了女性的自尊。对比西方理性和男性的关系,王教授指出中国的女性之"道"源自宇宙之理,蕴含创造性的生活,阴阳不仅体现男女的差异而且对男女元素进行了整合,是一种互补。新加坡南洋理工大学的张丽丽博士借鉴卫德明(Hellmut Wilhelm)对乾的解释——乾字阐明男性和女性的差异是一个动态的形成过程,张丽丽博士提出以"流动的性别"说明女性的存在更加符合其本质。张丽丽博士从认知层面建构女性的流动性特征,区别于波伏娃、朱迪斯·巴特勒对女性确定、静态的描述。来自清华大学的贾沛韬博士从三个方面讨论"被发明的传统女性和女性传统"。贾沛韬博士指出晚近中国针对女性的不对等德行要求(例如亲密关系中的忠贞、人际互动中的顺从、良善生活观抉择中的以家庭为重等)都更近于一类被发明或重新发明的行为准则,而非"传统"儒学必会导致并持守的道德规范。贾沛韬博士对阴—阳、乾—坤、内—外等成对界定女性特质的形而上学基础进行了重新梳理,描绘"被发明的传统女性和女性传统"的实质区别,旨在说明人伦和哲学的希望系于开放和多元。

二、儒家女性伦理的话语与实践

韩国国立韩巴大学的金惠经教授考究了李贽女性观的来源及其与女性往来的实际活动,意在发掘并理解李贽的男女平等思想与其对女性教育的先进性。李贽站在男女无别的基础上强调修养的重要性,并重视和践行对女性悟道与方法上的教育,实为现代女性解放思潮之前奏。武汉大学的姜含琪博士从哲学的视角对《蒋兴哥重会珍珠衫》予以反思和整理,从思想史的角度出发探讨《蒋兴哥重会珍珠衫》中发生变化和蕴含张力的妇女贞洁观。北京大学高等人文学院的王堃博士以朱熹女性伦理为例,就"成就坤德:儒家女性人格的养成与效应"做了阐述。以坤道的诚敬养成女性的道德人格——坤德,是朱熹女性伦理的工夫路径。在内外层层包裹的公共话语之外,坤道养成坤德,是一种实在,即个人内在的情感、意向体验、信仰、工夫修为,而"内"(实在)决定"内外"纲纪(话语)。女性的人格养成因此有了跨越内外的元语言特征,在与乾德的平等并建中,对后者有着给出与决定的作用,并有了相应的外在效应。扬弃其语言层级视角,王堃博士认为保留为当下社会规范的客观给出方式,对调谐良好生活的主观领会亦有借鉴。《妇女研究论丛》编辑部的宓瑞新副研究员对编辑部的女性主义工作做了简短汇报,并叙述女性主义面临的问题和挑战。李存山、杜芳琴、王蓉蓉等学者对区分不同历史时期阴阳、“三纲五常”的重要内容和意义做了深入探究,李存山指出,“官本位”“钱本位”实为一种上对下、强对弱的伦理异化,女性的解放须与社会结构的改革相关联。在阴阳—天地—敬—地—生态间的链接上,李存山等学者主张中国传统思想具有女性、生态原初意义上的渊源。在女性家庭、女性与亲子对良善生活是否必要的问题上,张祥龙、王向贤等学者展开了热烈的讨论。王蓉蓉、于闽梅、张红萍(中国艺术研究院文化所研究员)、刘静、张薇薇等学者提到传统经典阐述女德的对象区分也是研究中不可忽视的问题。

三、多元化视域中的性别政治与生态伦理

于闽梅副教授以“检抄大观园”一幕为中心展开论述,揭示激烈的闺阁政治斗争在何种意义上属于有效的政治运作,即服从伦理社会的“三纲五常”的规范和诸多层次分明、关系微妙的小伦理规范;而又在何种意义上丧失了其合法性,即丧失光明公正和不采取暴力的底线。于老师运用现代、后现代女性主义批评和社会学的观察方法,厘清《红楼梦》中闺阁政治的诸多线索,以“同情之理解”进入古代闺阁政治,以期有效关联现代性别政治之建构。于老师有关闺阁政治的研究激起在座学者对传统“内”“外”、公私划分的激烈讨论。山东大学外国语学院的朱明爱副教授梳理了自 1948 年韩国建国至今的女性运动,分析不同历史阶段女性运动的特征,并指出女性运动在 20 世纪 90 年代实现了女性运动的大众化,韩国女性运动真正成为社会运动的重要组成部分。作为这场会议的主持人,金惠经教授提出梳理韩国的女性运动不能忽略以下两点:第一,女性运动与社会民主运动的关系;第二,女性运动与宗教,尤其是基督教的关系。同时,金教授就韩国目前的女性运动与民主政治、宗教关系做了简短介绍,指出韩国女子梨花大学与宗教、政治活动的内在关联。

四、当今儒学应对女性主义的机遇与挑战

山东济南长清区委党校的王硕对当前社会上儒学复兴与女权主义各自的庸俗化倾向展开了批判,他认为这些思潮在历史根源上有缺陷,其理论框架尤其是形而上学方面不合理。解决这些问题,王硕认为有三条途径:一是宗教式“爱的教育”、道德教化;二是强化历史视角,从历史发展的内在逻辑看问题;三是重建形而上范畴表。他着重说明第三条,以宋学的路数解构、重建一个系统,兼容传统宗教的形而上阳性崇拜与现代社会形而下的男女平等。张红萍、于闽梅等学者纷纷质疑第三条路径的重构，即形而上阳性崇拜与形而下的男女平等如何转换的论证问题。

山东科技大学的金小燕博士主张中国传统女德教育在现代社会凸显了女性道德德性狭隘化问题，而忽略女性理智德性的“女德”也并不能让女性生活得好。无论是历史传统对女性的建构，还是后现代女性主义对女性的解构，都难以让我们对男女平等或女权主义在何种意义上的“平等”或“主义”以及如何“平等”等问题感到满意。基于德性能力的共通性，金博士采用德性伦理学的视域探究女性的德性能力，并以此作为讨论“淑女”的前提和基本内容。她总结女性德性能力对差异——权力关系建构的回应，可以为真正有意义的男女平等做出说明。

第十一届建构中国生命伦理学研讨会

参加人员：来自香港和内地高校的生命伦理学领域的专家、学者共50余人

主办单位：北京师范大学哲学学院、香港浸会大学应用伦理学研究中心

时间：2017年6月24日—25日

地点：北京师范大学

主要议题：中国传统文化视野下的医疗与生物科技伦理。

一、中国传统文化视角下的医疗政策问题

复旦大学王国豫教授首先做了题为“精准医疗的伦理政策法规框架研究”的报告，她认为精准医学已使医学进入了新时代，其基本特征为数据的共享，正因为如此，如果精准医学的发展没有相应的伦理规约和法律法规的保障，则很有可能带来不精准的伦理社会后果。河北医科大学边林教授做了题为“健康水平平等追求与中国纲常伦理——基于中国医疗卫生体制改革进程的思考”的报告，他认为中国传统纲常蕴含着深刻的生命道德原则，发掘、认识和理解这一传统伦理文化的核心内容，对认识和审视当代中国以追求社会健康水平平等为目的的医疗卫生体制改革具有现代价值。追求公民健康水平的平等应成为我国“新医改”的目标，而中国传统纲常中保障生命安全以及提供生命基本供养的道德原则和伦理智慧对于“新医改”具有基础性作用。吉林大学张艳梅教授做了题为“儒家与平等主义医疗资源分配理论比较分析”的报告，她指出儒家医疗资源分配理论是建立在人们相互关怀的行善原则基础上的，而平等主义医疗资源分配主张是建

立在自由主义基础上的,应使用以行善原则为基础的儒家伦理思想指导中国的医疗资源分配实践。西安交通大学吴静娴做了题为“谁应为医疗保健买单?——建国以来中国城镇卫生筹资责任主体的儒家反思”的报告。在儒家卫生正义观的基础上,她提出道德上合理的卫生筹资责任应该是个人、家庭和政府的平衡与和谐。香港城市大学范瑞平教授做了题为“儒家生命伦理学——新的探索”的报告,他对儒家生命伦理学研究做出了两方面的探索:一是超越了所谓心性儒学与政治儒学之间的争议;二是寻求差等之爱与平等之爱之间的平衡。就心性儒学与政治儒学而言,他认为两者不必有我无他,也不必非要区分何者更为重要的问题。他论证儒家差等之爱对于公共政策具有两个重要作用:一是提供反面限制;二是提供正面鼓励。河北北方学院李振良教授做了题为“从《黄帝内经》看健康的中国概念”的报告,他提出健康是一个文化概念,并从多元的角度分析了健康的标准。另外,他还分析了追求健康的手段,包括“平”“法”“节”“常”“不妄”“避”及“内守”等。北京协和医学院翟晓梅教授的报告探索了器官捐献和移植的伦理学问题,她对脑死亡进行了哲学和伦理学的分析,同时指出器官移植和脑死亡技术的发展应当是相互独立进行的。她对器官捐献的经济激励策略进行了讨论,认为经济激励政策有很大的争议,需要经过医学和伦理学的检验。东南大学张阳卉做了题为“遗体捐献行为的中国文化困境”的报告,她认为在中国文化中,保留个人躯体的完整性具有重要意义。报告基于访谈和文献分析,指出导致医学教学和科研中的尸源短缺现象的原因在于子女与父母在看待身体、死亡和“孝”上存在的多元价值观冲突。

二、中国传统文化视角下生物医学技术问题

北京师范大学田海平教授做了题为“大数据时代的健康革命与伦理挑战”的报告,他认为数字化技术的引入使医学呈现个体化发展趋势,基因技术的应用带来了精准医学兴起。数字化和基因技术的融合,在关涉总体人类健康、社会公共善、共享的伦理和个人医疗服务诸方面推进了医学道德形态的革命性重构,体现了“以患者为中心”的伦理理念。医疗大数据既产生于数字化身体,同时又不断地推进将数字化纳入医疗的超级融合进程。《医学与哲学》杂志常务主编赵明杰教授做了题为“健康人文与医学人文的异同辨”的报告,报告梳理了健康、疾病、医学的概念、联系及分野,阐释了健康人文和医学人文的内涵。同时他赞同健康人文在视角上发生了从自上而下到自下而上的变化,在视域上发生了从医疗场域到整个社会的变化的观点。湖南女子学院罗希做了题为“基因权的法哲学之辩”的报告,报告认为基因权作为新型权利具有不同于传统权利之处,必须从法哲学深度予以辨明,方能进入到立法中。

广东医科大学马俊领做了题为"器官移植与儒家生命伦理的外在紧张与内在契合关系及其缓和方案"的报告,报告认为"保全自己的身体"作为儒家生命伦理命题之一,其意义超越了个体生物特性的工具目标,把身体的存在从器物的存在序列中抽离出来。北京大学医学部石严洲从忠恕之道的角度对代孕问题做了分析。香港浸会大学张颖教授做了题为"从大脑神经基因之改造看生命伦理学的挑战——佛学的视域"的报告,报告梳理了感觉、意识、大脑构造、自我意识、自我意志的概念,并从神经科学、基因组学、神经发生学的角度阐明了大脑神经基因改造的生命伦理学的挑战。西安电子科技大学王珏做了题为"中国老龄化背景下的养老资源分配与代际公平问题——从家庭本位的代际团结模式出发"的报告,她指出,在养老领域代际公平问题上,儒家理想中的正义社会是以家庭、家族为本位,政府有责任帮助家庭积累资源完成照顾老人的责任。北京大学邱楚媛从儒家生命伦理学的角度对"换头术"的伦理问题进行了探索,她认为在"生生原则"的视角下,以对人类生命的尊重为第一原则,将身心看作交互关联的整体,将自我放在家族血脉的代际传递中考量个体选择,是儒家伦理对"换头术"所引发的伦理争议做出的可能回应。河南师范大学耿苗苗基于儒家包容思想对基因编辑技术发展观进行了探讨。她提出儒家的包容思想及其制度设计为形成包容性的基因编辑技术观提供了理论基础和有益借鉴。北京师范大学李建会教授对"人的胚胎是否有尊严"进行了探讨,他首先说明了在西方伦理学中,尊严概念是否可以应用于胚胎、胎儿甚至受精卵,然后阐述了儒家的观点,并与西方观点进行比较。报告指出,在儒家看来,所有的胚胎都有普遍尊严,但不同的胚胎可能具有不同的人格尊严。普遍尊严要求我们尊重每一个人类个体的生命,人格尊严鼓励我们实现自身的道德追求。人格尊严可以为普遍尊严提供更好的保护。

三、生命伦理学案例研究

东南大学程国斌副教授从一个有关家庭医疗决策的案例出发,研究了当代中国家庭医疗决策的伦理策略。他指出当代中国家庭医疗决策过程中存在的三个主要特点:(1) 病人的自主权并未完全消失,但其实现程度和方式受到诸多限制;(2) 对病人的行为能力和权利限度的判断上存在家长主义和后果论的特征,在一定程度上构成了对病人权利的剥夺;(3) 病人的最大利益和个人意愿仍然是决策依据的重要方面,但对这两者的解读体现出了偏重客观利益和共享价值观的特点，又受到家庭具体权力结构的影响。总而言之，当代中国家庭医疗决策过程是一个传统与现代、家庭与个人价值观共同作用的复杂过程，因此，今天的中国在临床医疗中实际上已处于价值多元化的状况，利用任何单一的理论模式都无法有效描述其真实图景。湖北医药学院何学军副教授基于十堰市竹山县乡镇卫生院的调查对基层医院医务工作的伦理困境及解决对策进行了探讨。香港城市大学谢文野以北京市为例，对居家养老服务政策的必要性、发展与挑战等问题进行了讨论，她认为养老服务应实现从社区、机构养老到居家养老的转向。

"文化发展、正义与责任"国际学术研讨会

参加人员：来自中国、美国、加拿大、荷兰、罗马尼亚、澳大利亚、泰国、印度尼西亚等国的60余位学者

主办单位：美国价值与哲学研究协会(Council for Research in Values and Philosophy)、湖南师范大学道德文化研究中心、湖南师范大学社会主义核心价值观研究院、湖南师范大学共享思想研究中心、湖南师范大学道德文化研究院

时间：2017年7月14日—16日

地点：湖南师范大学

主要议题："文化"(Culture)、"正义"(Justice)、"责任"(Responsibility)。

一、"文化"方面

与会学者着重关注了以下问题：(1) 全球化浪潮中的文化交流和文化多元性；(2) 传统文化的价值和道德文化自信；(3) 高科技时代的人类道德发展。John T. Giordano通过大量实例分析了文化交流的机制，他提醒人们，文化多元性的丧失已严重影响到文化的交流传播。Karim Douglas Crow则认为，深入理解并努力保持文化多元性是人类文化更显成熟的重要体现。与会学者意识到，维护人类文化多元性要求各民族更好地认识、评价、继承自身的文化传统。Peter Jonkers认为，无论是在传统社会还是在现代社会，文化传统对人们道德心理、道德行为的形成发挥重要作用，在全球化浪潮中，人们应该包容不同地域的文化传统。Vincent Shen教授分析了高科技时代人类道德发展的新处境，深入思考了高科技时代人类道德发展的基础和实践。

二、"正义"问题

一些学者在特殊文化背景或在一般学理上考察正义。Hu Yeping、Asna Husin 等学者分别从基督教文化、儒家文化、伊斯兰教文化的角度对正义进行不同解读,凸显了正义内涵的丰富性和复杂性。高兆明教授认为,"仁爱"与"正义"存在某种内在紧张,人类社会持续追寻两者的调和。韩东屏教授严辨"正义"和"公正",Mihai Dan Chitoiu 结合东欧的社会现实,认为向他人传递善、与他人共享善这样的"等级"理解深刻影响了东欧社会的正义观、责任观。甘绍平研究员结合中国经济、社会发展的实际情况,认为保障公民的基本权利、确保社会的公平正义、维持社会的安全稳定具有紧密的内在联系。陈真教授结合世界冲突的现状,区分了可接受的民族主义(爱国主义)和不可接受的民族主义(极端民族主义),认为要警惕极端民族主义对世界和平的威胁。

三、"责任"问题

大会研讨情况如下:(1) 针对全球化浪潮中民族特色文化不断丧失及极端民族主义、民粹主义不时涌现等阻碍文化发展、正义实现的现象,John T. Giordano、John Farina 等学者认为,人类应在继承文化传统、推动文化交流、保持文化多样性、实现世界和平、维护全球正义等方面承担应有的责任。(2) 针对经济全球化背景下各国企业"走出去"日渐增多的情况,Yang Xiaohua 教授以实际案例论及了"中国海外公司企业社会责任",她认为,"走出去"的中国企业要想获得更好的发展,就必须有更为广阔的"利益相关者"视野,对当地社区、社会、制度文化、生态环境等乐于承担责任。(3) 针对现实生活中有些人"道德责任"意识不强的现象,向玉乔教授认为要让一个人为他过去的承诺或行为承担相应的道德责任,一个有效的途径是唤醒他对过去的"道德记忆"(Moral Memory)。

全国第一届体育伦理研讨会

参加人员:来自全国各地的 150 余名学者

主办单位:中国伦理学会、上海体育学院

时间:2017 年 7 月 19 日—21 日

地点:上海体育学院

主要议题:人民体育与国家责任。

上海体育学院副校长王兴放教授在开幕致辞中指出,在世界体育的"膨胀"与体育哲学的"贫瘠"的时代背景下,中国体育伦理学界齐聚上海,

聚焦全球体育伦理问题,为协同建构具有中国特色的体育哲学社会科学体系迈出坚实的步伐,希望本次会议在睿智交流与思想碰撞中结出累累硕果。作为我国体育伦理学的奠基人,唐凯麟教授回顾了过去30年体育伦理学发展历程,他认为中国体育伦理学科的发展受益于"湖湘伦理"给予的"学术营养",同时刘湘容、龚正伟等一批体育伦理研究者秉承了湖湘文化"经世致用"的优秀传统,在重视理论研究的基础上关注社会现实。经过30余年的积累与沉淀,如今全国体育伦理学界齐聚于此,表明了一个不争的事实——体育伦理学已经引起了学界和社会的广泛关注,已经形成一支稳定的学术队伍,已经产生了一批卓有成效的学术成果,此次会议具有里程碑意义,也预示着体育伦理学科将进一步发展、壮大、繁衍、成熟。唐教授认为自己对"体育伦理"的认识是一个逐步深化的过程:其一,西方伦理发轫于古希腊荷马时代的英雄崇拜伦理,道德与身体融为一体,对西方伦理起点的解构离不开对当时身体伦理的解读,因而进行体育伦理研究(尤其是奥林匹克运动伦理)能够为母学科(伦理学)提供理论上的支撑;其二,从人的四种需要(恩格斯)与体育之关系角度讲,体育伦理研究有助于完善"怎样做人,怎样做个好人"这一顶层制度设计;其三,过度竞争、市场操纵、政治追求的膨胀足以扭曲体育本质,成为异己力量,体育伦理研究能够为如今体育异化和乱象丛生的体育实践提供解决之策。唐教授对当代体育伦理学者提出了殷切希望——要基于国家、社会和体育伦理学科本身需要,要按照"让人更有尊严、更高尚"的价值标准,要关注体育领域中的道德问题,要以"构建中国特色体育伦理体系和提升我国体育伦理的国际话语权"为己任,为中华民族的伟大复兴做出应有努力。

刘岩认为开展体育伦理研究有助于将人们把认识体育的观念上升到哲学层面,并以哲学思维审视体育领域中纷繁复杂的问题。党的十八届四中全会强调"法治"与"德治"的结合,指出推进国家治理体系和治理能力现代化就必须发挥"法治"与"道德"的协同作用。在体育治理中就是要以"体育法治"观念体现体育道德理念,以"体育道德"理念滋养体育法治精神。显然,在体育治理中,体育法学和体育伦理学在各自领域都很重要,两个学科间跨学科、跨领域的协同研究更为重要。刘岩希望体育伦理学界人士与体育法学界同仁携手并进,深入实际,鼎力前行,通过扎实而又有针对性的研究为我国体育改革和发展献计献策,为建设"体育强国、健康中国、法治中国"做出更大贡献。陆晓禾认为"人民体育"理念的形成是一个逐步深化的过程,先后经历了蔡元培"康强之身",毛泽东"体育之研究","发展体育运动，增强人民体质”的流变，体现人们对“体育责任主体”认识的不断深化。另外，体育实践蕴含着深厚的体育伦理，从传统文化角度讲，“凡德道以修己为本，而修己之道，又以体育为本”，体育是“修己之道、人伦之道”，也是“为国效忠”之道；从体育伦理层次讲，可分为“个人、组织、国家和国际”四个层次，体育伦理在实践中对于协调不同主体间关系具有重要作用，尤其以国家体育赛事（如奥林匹克）对化解政治纷争、价值冲突、经济矛盾具有不可替代的作用。

上海体育学院体育与健康伦理E—研究院首席专家龚正伟教授表示，要积极探索符合本土文化底蕴的体育道德新秩序和体育道德新风尚。就体育伦理而言，不仅有伦理学家的系列成果，更有著名政治家的伦理哲学理论体系，尤其要重视从毛泽东思想直至习近平治国理政新理念新思想新战略的学习与践行。在体育一域，从青年毛泽东之《体育之研究》，到建国初期毛泽东发出“发展体育运动，增强人民体质”的号召，直到现今以“全民健康”助力“全面小康”的伟大的人民体育理论，都值得学习研究，并竭力将其贯穿于伟大的全民实践。他认为，需要特别说明的是，对于现代体育这样一种“非常西方”的现代化创造物，就中国而言，必然也必须首先回到支撑中华民族安身立命的古典精神家园。何家弘、钟秉枢、刘雪丰三位学者分别做了大会主题报告。何家弘做了题为“足坛腐败与体育道德”的报告，他结合自己担任国际足球道德委员会委员的工作经历，论述了国际足坛腐败根源、机制与道德治理途径。钟秉枢以“运动训练实践带给体育伦理学的思考”为题，梳理了运动训练领域中的道德伦理问题，从“五大发展理念”、构建“大体育”体制机制、中外训练实践比较等视角提出了训练领域中的伦理治理路径。刘雪丰做了题为“发展体育事业与体育伦理学人的担当”的报告，介绍了湖南师范大学体育伦理研究团队发展历程，剖析了当代体育伦理问题热点及其成因，提出了“三个区分、一个定位”的体育伦理学学理思路。

本次大会还从基本理论、立德树人、科技伦理、竞技伦理、女性体育、传统文化、国际体育、体育治理等方面进行了分会场报告。与会学者围绕体育理论元理论构建、学校体育改革中的人文关怀、高科技风险及科技异化、竞技场域中的道德秩序、性别视角下的女运动员公平问题、传统体育中的伦理意蕴与价值、国际体育中的道德问题及全球共治、社会转型时期的体育治理中的伦理问题等方面展开了探讨与交流。本次大会还举办了“青年学者论坛”活动，论坛由《云梦学刊》主编、湖南理工学院杂志社社长彭柏林和《青年学报》编辑刘宏森共同主持。两位资深编辑结合自身多年学术期刊编辑工作经历,向与会青年学者介绍了学术期刊的办刊理念、稿源要求、学术规范和审稿程序,针对青年学者普遍关心的相关问题进行现场答疑。此外,青年学者们还围绕体育伦理学元理论、当下体育领域道德问题等议题进行探讨与交流。

“道德资本与企业经营”学术研讨会

参加人员:来自西班牙、印度、日本、菲律宾等国家以及中国人民大学、中国社会科学院等著名高校、科研院所的40多位专家、学者

主办单位:中国伦理学会、南京师范大学、江苏今世缘酒业股份有限公司

时间:2017年7月22日—24日

地点:江苏淮安

主要议题:“道德资本的相关理论与实践”“道德与企业经营”“企业道德资本评估”“企业道德资本培育”等相关专题。

一、企业经营中的道德要素研究

中南财经政法大学的刘可风教授指出,企业中的道德建设仍存在很多问题。首先,部分企业热衷于用“行善”维护自身形象,对企业的社会责任认识不清。其次,不同行业关注社会责任的侧重点不同,多依据影响行业盈利的社会压力聚焦程度决定,这也是道德差异的体现。因而,他提出现阶段的企业道德实践往往是工具性的、有选择的、差异化的经营管理过程。国际著名领导行为学家、西班牙纳瓦拉大学教授阿莱霍·何塞·G.西松也谈到,道德作为企业的生产性精神要素,不仅能够从宏观上引导企业确立合理的价值观,更能够在具体的生产、分配、交换、消费过程中为产品质量的提升、分配和交换机制的完善、消费的理性化提供可渗透的道德理念和可依据的道德规范。上海财经大学的徐大建教授认为,工商管理的教育往往强调管理的科学方法而忽视科学管理内含的伦理观念,现有的企业伦理教育则存在着从外部将伦理观念加诸科学管理的倾向。但事实上,管理的科学性和伦理性是有机结合在一起的,效率依赖于公平,因而企业伦理不仅在企业管理之中,而且是企业管理的本质所在。华中师范大学龙静云教授谈企业道德资本培育时提到,企业要想培育道德资本,就要开展“绿色革命”。企业的“绿色革命”是指企业在价值观念上彻底改变生产、消费和营销过程。企业绿色革命的实现,一方面凭借国家和整个社会的努力;一方

面依赖企业自身的彻底变革。上海财经大学夏明月副教授同样提到了企业绿色转型，指出企业的绿色转型意识是企业道德要素中不可或缺的组成部分。

二、道德资本的概念、形态、特征、功能等研究

中国社会科学院孙春晨研究员从经济人类学角度解读了道德资本，道德资本概念的提出开启了研究经济的新视角。在经济人类学视角中，道德更多地被理解为互惠，因而经济目标与道德宗旨应该是一致的，每个历史时期道德的发生形式都是前人对其所处时代道德的投资而形成的。湖南师范大学王泽应教授从先秦思想入手，探究经济伦理思想源头。先秦时期"以人为本"和"民为邦本"经济伦理思想的建构使得中国发展起了一种人本主义和民本主义的经济伦理思想。人本主义的经济伦理思想有着对物本主义和神本主义经济伦理思想的批判与超越，民本主义的经济伦理思想有着对君本主义和国本主义的批判和超越，确保了中华文明"虽则纷披，根终为一""虽则纵横，源终不竭"的伦理合理性和价值特质。南京师范大学曹孟勤教授提出，有些人将道德资本视为道德工具化，认为道德资本有可能会造成企业的伪善，对于这种看法可以从义务论角度加以回应。首先，在市场经济中，"利己"应是最终目的，"利他"只是作为手段。在投入市场中，企业要求员工必须忠于企业与获得消费者偏好，而这个前提就是企业要先有"德"，只有企业做出有道德的行为，才有配享的利润。道德资本带来了两个革命：首先是经济学的革命，经济学要从消费者角度出发，看消费者如何把钱给有道德的企业；其次是观念上的革命，就是企业如何成为有道德的企业去获得利润。

三、道德资本及其评估研究

上海师范大学的周中之教授认为，在现实生活中，企业慈善的伦理评价呈现出复杂的情况。要对这些社会事件中的伦理困惑给予有说服力的回答，必须从伦理学的理论层面加以深刻的反思，关键点是在21世纪市场经济条件下，如何正确认识和处理慈善与功利的关系。在慈善活动中，人们把具有善良动机的慈善行为才称之为合乎道德的，因而对企业慈善评价要分为三个层次，即建立在无私奉献基础上的高尚慈善动机、含有一定功利内容的普通慈善动机、超越道德底线的异化的慈善动机。南京师范大学王小锡教授阐释了道德资本的概念，并建构了企业道德资本实践与评估指标。道德资本概念中的"资本"不同于马克思政治经济学中作为反映或批判资本主义社会制度和经济关系的资本概念。道德资本是指资本的价值源于活劳动的价值创造过程,所有在价值的创造与增值中影响活劳动发挥作用的物质和精神因素都具有资本属性。社会道德能够以其特有的引导、规范、制约和协调功能作用于生产过程,促进经济价值增值。尽管企业道德资本不能完全用数据来进行计量,但可以依据企业道德行为及其道德现象建立实践与评估指标体系。

四、企业道德资本培育研究

南京师范大学李志祥教授认为,企业社会责任正在经历一个从企业道德负担向企业道德资本的转化过程,因而企业社会责任的培育实质上也是道德资本的培育过程。中国企业社会责任运动在发展中必须坚持以下几点:(1) 走义利结合推进之路;(2) 增强企业的社会责任意识,一方面需要企业明白履行社会责任是实现企业利润的前提,另一方面还需要明白必须将履行社会责任视为自己的神圣使命并内化为“企业良心”;(3) 提升公众的企业社会责任观念,社会不仅需要“有责任感的消费者”,还需要“有责任感的投资者”;(4) 建立流畅的企业社会责任信息机制。企业社会责任信息机制同时也是一种市场声誉机制。日本立命馆的刘庆红教授认为,组织伦理气氛的营造成为树立企业文化与企业理念的核心内容之一,更是企业人力资源管理部门提升企业员工内涵与绩效的具体实证研究与运用的重点。其通过分析在华日资企业组织伦理氛围中产生的问题提出来以下解决方法:(1) 本土文化研究是在华日企营造组织伦理氛围的基础;(2) 重视集团主义与集体主义在组织伦理氛围营造中的差异化;(3) 打破对外族员工的排斥与不信任,不能被富于充分的担当的权利,一方面员工很难感受到企业关怀型伦理氛围,另一方面不利于员工产生对组织的感情承诺和理想承诺;(4) 制定符合中国国情的员工培训体系,通过培训和教育强化员工对企业主要倡导的伦理氛围的感知。

五、经济伦理、企业伦理相关理论与实践研究

河海大学的余达淮教授从《资本论》研究的当代价值进行了阐述,马克思在对资本无情批判的同时肯定资本在推动生产力发展、创造社会文明、促进人的全面发展等方面的作用。当代中国需要运用资本手段达到发展生产力,以资本之枢为社会主义事业发展提供便利,寻求共享发展;需要意识到运用资本只是一种手段,在社会主义的意识形态框架内引导资本,发挥出实现其全部历史容量的能量。中国人民大学葛晨虹教授从社会公正与扶贫角度出发,指出 30 余年来,中国社会分配差距处于不合理状态:一是城镇内部收入差距悬殊;二是农村内部收入差距扩大;三是城乡居民收入差距过大;四是区域收入差距拉大;五是行业收入差距扩大。上海社会科学院陆晓禾研究员从不完全契约理论与利益相关者理论出发,认为当前中国企业发展已经由利益相关者控制代替了企业所有者控制,也就是经营权、代理权取代了产权与委托权。从学科角度而言,我们应基于利益相关者理论与实践来考察不完全契约理论,促进两者学科及其相互关系的认识。从实践层面而言,对解决国内企业所遭遇的经济难题,这方面的研究具有一定的参考价值。南京师范大学王露璐教授从乡土伦理角度阐述了中国乡村城市化进程中的资本逻辑及伦理反思。在改革开放以来的中国乡村城市化进程中,一方面,追求自我增值最大化的资本逻辑必然,并日渐获得其在现代乡村社会的宰制性地位;另一方面,资本逻辑不断实现对传统乡村生产与生活空间的“资本化”扩张,并由此加速了村落“终结”的进程。在乡村工业化、市场化和城市化的进程中,应当通过对资本逻辑有效的伦理规约来实现村落的“重生”。武汉大学乔洪武教授围绕着供给侧结构性改革与经济伦理观念的变革提出了自己的看法。供给侧结构性改革引发的经济伦理观念变革之一是就业伦理观念的转变;之二是致富观念的变革,要抛弃过去那种“竭泽而渔”的财富攫取方式及其所形成的“快富”和财富“只升不降”的伦理观,树立“平稳致富”的经济伦理观;之三是政府角色伦理观念的变革。在市场经济中,现代政府最根本角色就是“服务”,为社会民生提供真实而必要的集体主义制度保障。

“伦理学与当代中国文化建设”学术研讨会

参加人员:来自中国社会科学院、清华大学、中国人民大学、中央民族大学、南京师范大学、首都师范大学、上海师范大学等高校和科研机构的80余位专家、学者

主办单位:中国人民大学伦理学与道德建设研究中心、浙江工商大学和浙江省伦理学会

时间:2017年7月22日—24日

地点:浙江工商大学

主要议题:当代中国文化建设及伦理学研究使命。

一、当代中国社会发展及其文化力研究

浙江工商大学陈寿灿校长指出,习近平总书记曾说过“浙江的今天就是中国的明天”,浙江现在的发展离不开浙江山水所培育的浙学传统,但深入思考就会发现当代浙江发展与传统浙学之间存在着某种程度的疏离,人

们由此追问:支撑浙江发展的文化力到底是什么?这种追问既代表了一种基于文化自觉的危机感,也代表了一种重塑社会与经济发展的文化力的使命感。中国伦理学会万俊人会长认为,浙江民间存有中国最好的传统文化,这些无疑滋养了浙商群体。他同时指出,当代中国文化建设的使命在于,要以一种新的更具有真实普遍意义的文化逻辑取代以美国为代表的西方自由主义文化帝国逻辑。《中国社会科学》杂志社孙麾副总编指出,拉美地区极其关注如何在建构文化力量的基础上引领社会发展,在此比较视野中,本次会议显得尤有价值。华中师范大学龙静云教授则对"贫困"与"文化"的关系做了逆向思考,指出物质贫困问题必然会导致文化贫困,反之,文化贫困也会加剧物质贫困及各种社会问题,并从经济发展、文化力量、人文环境和民间组织等方面提出了对策。中国社会科学院龚颖研究员关注中小企业经营的有效性与持久性,通过介绍日本"伦理法人会"的理念与活动,指出伦理化经营是对经营伦理的模式颠覆,中小企业长盛不衰的法宝是"敬爱与感恩"。河南财经政法大学朱金瑞教授认为价值观是企业之魂,建设的着力点是以质量为道德底线的价值观、遵守以法治精神为基础的公正观、坚持以安全发展为企业理想的伦理观。上海师范大学苏令银副教授认为,有必要研究政治性企业社会责任的主要框架,以便在经济全球化过程中更合理地接纳国际上更加严格的法律和道德规范。

二、文化自信与中华民族伟大复兴

中国人民大学伦理学与道德建设研究中心葛晨虹主任认为,对文化自信的研究,首当其冲的是文化自觉,对文化内涵不能贴标签,理论只有彻底才有说服力,才能树立文化领导力,加强文化影响。中国社会科学院孙春晨研究员从人类学研究视角指出,第一,基于人类文化多样性及其产生原因的逻辑进路,文化自信建构应持开放、包容的态度;第二,文化自信的建构应当葆有并光大自身的传统,但又要避免夜郎自大式的文化自我主义。上海师范大学周中之教授认为,文化自信的实质是要通过深入到中国文化历史的根性中去论证其他三个自信,尤其是中国特色社会主义道路的合法性。井冈山大学曾建平校长认为,当代中国语境中的文化自信固然要考虑国家的独立富强目标指向,但同时更应将中华民族共有精神家园的重建作为其根本的价值指归。这是文化自信的最高境界。北京信息科技大学赵爱玲教授认为,文化自信特指观念、精神层面的自信。浙江工商大学沈卫星副教授认为,要从道势论视野把握文化自信,中国历史悠久、辉煌的奥秘为善恶论、大同理想、阳儒阴法、家国长盛,中国近现代革命胜利之道为德性决定物性、共产主义、革命，今后文化建设应取向德性引导、新大同理想、自主创新。

三、当代中国社会建设与传统文化的现代创新

安徽师范大学赵平教授认为，现实中的未成年人缺乏孝心，主要原因在于父母，孕而不生、生而不养、养而不育关闭了三道孝门，功利主义教育则加剧了孝心丧失。改善这个问题的阿基米德支点就是修复撕裂的亲子关系。北京市委党校鄯爱红教授认为，孝的根基是慈，应从历史角度分析孝的内涵变迁，把握孝的度。湖南第一师范学院贺汉魂教授认为，孝不是教出来的，而是养出来的。济南大学王常柱副教授认为，中国家风是家规、家法、家训、家教等思想意识的综合，其本质已形成教育说、家规说、价值观说、习性说等四大观点，在经历了撕裂、沉寂和苏醒之后，现在正面临着复兴。但中国人民大学张霄副教授认为家风不是现代道德建设的出路。鄯爱红认为急剧的时代变化凸显了包容的重要性，并分析了儒家包容的三个层次以及包容的哲学基础。中央民族大学王文东教授认为要从关系思维中把握包容，并认为儒家很包容。赵平则连续追问：为什么儒家能包容，包容的目的是什么、底线是什么、主体是谁？葛晨虹认为，包容是必需的，文化价值观可以存在分层，但要警惕分裂，如果意识形态出现问题，国家肯定要灭亡，这就是西方强调文化领导力的原因所在。浙江省委党校何建华教授认为，乡村文化具有塑造精神家园、规范村民行为、凝聚价值共识和整合社会等伦理治理功能，但面临弱化趋势时亟须加强。周中之认为，商业与慈善的界限日益模糊，传统的慈善伦理面临着新的挑战，慈善是“做好事”和“做得好”的统一，在慈善动机上要分类分层，在行善中注重功效。对功利的过度追求必然导致慈善的异化，引领与规范慈善必须德法并举。上海社会科学院陆晓禾研究员认为，东西文化各有其内在逻辑，这意味着我们的文化创新要有自己的进路，奠基于文化反思基础之上的综合文化创新是唯一正途。这种文化创新要以自身文化为根，兼容并包，发展自己。

四、社会治理与伦理文化功能

南京师范大学王小锡教授认为，道德滋养法治的根本依据在于法律的逻辑起点与法治的逻辑终点都是道德，滋养途径主要在于普及道德知识，使得立法者、执法者等都成为道德人。中国人民大学曹刚教授运用福勒的道德层次理论把道德分为三个层次，即义务道德、角色道德、愿望道德。据此“以德治国”也应包含三个层次，即导之以德、齐之以礼、绳之以法。首都师范大学王淑芹教授认为，法治与德治相结合的意蕴主要指法律源于道德、现代德治置身法治框架之下、道德与法律功能互补,要发挥伦理作用以避免法治专横。葛晨虹指出,意识形态的核心就是价值观,文化治理是社会治理的构成,因此要重视“文化领导权”。使国家意识形态主流价值观大众化,是一种必要的国家任务和国家能力。山西师范大学聂静港副教授认为,要增强公共服务的有效性,可以考虑从制度伦理化、政府改革和公民精神三个方面着手。北京建筑大学秦红岭教授认为,城市建筑遗产的有效保护可以提升城市文化软实力,在“保护什么”的问题上存在“厚薄伦理价值”之分,在“怎么保护”的问题上提出实质性与合理利用两原则。浙江工商大学郑根成教授认为,社会热点事件新媒介机制表明新媒介空间已成为集中呈现社会道德问题的窗口以及社会道德情绪的策源地,这为当下社会道德问题的解决提供了重要的平台或通道。

五、伦理学基本理论问题

浙江工商大学陈华兴教授认为,伦理学的起点在于“我是人”这一命题,从“感性的人”到“理性的人”,从“个体理性”到“公共理性”,从“抽象理性”到“现实理性”,揭示了伦理的内在原点和公共伦理的理性实质,彰显了埋藏在人类公共生活和历史发展中的逻辑线索和内在规律。南京师范大学高兆明教授探讨了义务冲突中的价值排序问题,认为义务具有层次性,苏格拉底对法律的服从与对自己的辩护说明了伦理优先,但又秉持良知。何丽野认为,从理论体系地位视角看,马克思的自由论不是自由主义,离开阶级性、时代性谈自由就毫无价值。马克思批评利己主义自由观,强调个人自律,只有自律才可能出现每个人的自由发展是一切人自由发展的条件。长沙理工大学成海鹰教授认为,马克思主张通过社会运动或革命克服异化,以实现人的自由,这为批判各种混乱的自由观提供了思想武器。

中国伦理学会地方高校德育专业委员会2017年会暨学术研讨会

参加人员:全国数十所高校近百名思想政治理论课教师和德育工作者

主办单位:地方高校德育专业委员会、沈阳大学

时间:2017年7月25日—26日

地点:沈阳大学

主要议题:围绕“讲好中国故事、增强四个自信”,交流各高校的思想政治理论课教学和德育工作经验。

在开幕式上,地方高校德育专业委员会副主任,金陵科技学院党委副书记、副校长宋丁全致开幕辞,沈阳大学党委副书记、副校长李鹏致欢迎

辞。中国伦理学会常务副秘书长王海滨到会并讲话,他对近年来地方高校德育专业委员会的工作给予了充分肯定,认为管理规范,成效显著,希望今后更加广泛联系地方高校德育工作者,进一步丰富研究成果,努力创新德育方式方法,促进专业委员会工作迈上新台阶。会议由江汉大学党委书记、校长李强主持。

2017年7月25日上午,辽宁省社会科学院副院长梁启东做了题为"东北现象与老工业基地振兴"的主题报告,报告简要梳理了辽宁工业的辉煌历史,比较全面、深入分析了辽宁和整个东北工业面临的困境,并基于自己的长期研究提出了一系列独到见解和对策建议。报告得到与会者的高度评价。7月25日下午进行分组讨论。与会者围绕"讲好中国故事、增强四个自信"这一主题踊跃发言,各抒己见,广泛交流各高校的思想政治理论课教学和德育工作经验。7月26日上午,大会进行主题发言和交流发言。沈阳大学马克思主义学院院长李庆杨做主题发言,介绍了学院努力打造教学科研高地、积极探索思想政治理论课实践教学模式等方面的成功经验。漳州职业技术学院学工办主任邱书明、河北科技大学纺织服装学院副院长郭金峰副教授、乌鲁木齐职业大学社科部主任木拉提·巴海教授、江汉大学团委副书记吴云龙先后进行大会发言。

江汉大学党委书记、校长李强做总结讲话。他指出,本次年会暨学术研讨会主题好、安排好、交流好、氛围好、效果好,同时强调专业委员会应该坚持"自愿、专业、开放、规范"方针,充分发挥平台作用,有效促进地方高校思想政治理论课教学改革和德育工作。他认为当前德育工作条件越来越好,同时面临的挑战也越来越多,要求也越来越高,因此需要高校思想政治理论课教师和德育工作者敢于担当,不断探索适应时代需要的思想政治工作新方法,为培养中国特色社会主义事业的合格建设者和可靠接班人提供重要保障。

会议期间召开了专业委员会常务理事会议,评选了优秀论文,与会代表参观了沈阳大学思想政治理论课实践基地和"九·一八"历史博物馆。

"国家治理与政治伦理高层论坛"暨中国伦理学会政治伦理学专业委员会第九次会议

参加人员:国内高校、党校和期刊社等学术机构的百余位专家、学者和研究生

主办单位:中国伦理学会政治伦理学专业委员会、中国人民大学伦理

学与道德建设研究中心、浙江师范大学马克思主义学院

时间:2017年9月15日—17日

地点:浙江师范大学

主要议题:“国家治理与政治伦理”的基本理论问题、现实实践问题和中外思想资源等热点问题。

一、“国家治理与政治伦理”的基本理论问题

杨明教授以“伦理学视阈下的治国理政”为题进行了深入而全面的阐述。王小锡教授指出,国家治理离不开道德力量,一方面,国家治理需要当政者的道德自觉与道德担当;另一方面,改革发展需要道德价值引领,依法治国需要道德的滋养,他特别以“民主政治建设需要道德力量”为例对此问题进行了系统阐释。左高山教授指出,政治伦理关乎国家治理的价值理性问题。肖祥教授认为,伦理秩序作为“基础秩序”为国家治理现代化提供了伦理结构支撑和深层的价值动力。德治与法治关系问题也是本次论坛关注的基本理论问题之一。对此问题,左高山教授认为,国家治理既需要价值理性,亦需要工具理性,就我国当前的具体情况来说,法治建设解决的是工具理性问题,社会主义核心价值观建设解决的是价值理性问题,根据习近平总书记的论断,社会主义核心价值观就是国家治理之德。吴宁、梅飒进一步指出,社会主义核心价值观充分蕴含和体现了法德共济的思想和治国理念。另外,冯琪还清醒地指出,我国具有历史悠久的浓郁德治传统,其中固然有值得继承和发扬的精华,但也有诸多值得反思的糟粕,因而应以史为鉴,不仅必须将依法治国与以德治国结合起来,“两手抓,两手都要硬”,绝不可偏废,而且要考虑到历史沉淀在人们心中的德治主义思维惯性,恐怕当前更应该多多强调的是制度建设、法治建设。在此次论坛上,万俊人教授以“政治哲学的基本问题”为题做了大会主题演讲,就政治与道德的关系、政治哲学与政治伦理学的关系、政治伦理与政治文明的关系以及政治哲学或政治伦理学的核心问题等诸多方面进行了较为深入、全面而精彩的阐述。他认为,正义是政治哲学的最高理念,公民权利与国家(政府)权力是其核心概念,公民权利优先于公共权力则是其价值取向,其主题围绕着政治的基本原则与社会的基本制度安排而展开。李建华教授简洁而具体地指出,政治伦理由政党伦理、政制伦理和公务员伦理三个部分组成,其中,政党伦理以代表人民的根本利益为旨归,制度伦理以公平正义为价值取向,公务员伦理的要旨是勤政廉政。

二、"国家治理与政治伦理"的现实实践问题

汪荣有教授认为,习近平总书记的政治伦理思想继承了马克思主义政治伦理思想,在充分汲取了中西方优秀政治伦理思想的基础上,结合我国当前社会历史条件和中华民族的发展目标,对党的自身建设、党内政治生活等提出了具体的伦理道德要求。高春花教授认为,习近平总书记的人类命运共同体思想具有深刻的伦理意蕴,其伦理要义表现为三个方面:谋求全球正义的伦理目标,坚持"弘义融利"的价值取向,倡导共商共建共享的实践准则。黄云明教授指出,人类命运共同体是习近平总书记基于当下国际政治关系局面提出的协调处理国际关系的新理念,倡导世界各国放弃完全自利、对抗的战争或冷战思维,确立平等相待、合作共赢的国际关系新理念。人类命运共同体理念蕴含着正义、和合与仁爱的伦理价值,体现着中华优秀传统文化的伦理智慧,勾画了人类未来社会发展的伦理愿景,也指明了实现伦理愿景的途径和方式。另外,还有许多学者指出,"一带一路"倡议中蕴含着丰富、深刻而又新颖的国际政治伦理意蕴,值得深入研究。在政治伦理建设方面,杨冬艳、赵家俊提出了政治伦理制度化、法治化的主张。他们认为,行政伦理作为一种规范伦理,本身就包含了行政伦理必须制度化的内容。行政伦理制度化的主要途径就是行政伦理的法治化,也就是通过立法程序将一定的行政伦理以法律、国家意志的形式明确表现出来,并使之具有法律的效力。肖祥教授认为,国家治理现代化的政治伦理建构应从伦理价值秩序、伦理制度秩序、伦理心灵秩序三种路径入手。李耀锋教授指出,公共政策具有重要的社会道德效用,选择有效的公共政策社会治理路径,可以增强公共政策的道德传导性、辐射性,充分发挥公共政策在城市道德治理中的普遍价值,对于化解城市发展面临的社会道德风险具有重要意义。庞永红教授结合空间正义理论,通过考察我国住宅福利发展的空间正义历程及当下社会保障房福利之空间特征现状,指出社会主义住宅福利在空间规划、空间生产、空间分配和消费等领域必须坚持社会主义空间正义的理念,同时住宅福利也是社会主义福利空间正义的重要表现,应该进一步探讨加强我国社会保障房福利建设,从而推进我国社会主义住宅福利发展所凸显的政治伦理意义。

三、"国家治理与政治伦理"的思想史资源考察

首先,陈玲芬阐释了孔子"天下归仁"的天下观及其当代价值。她指出,孔子"天下归仁"的天下观不仅是孔子追求"天下为公""天下归仁"的道德理想和政治价值理想,也是社会主义核心价值观和人类未来世界秩序建

构的价值理想和价值目标。叶丹在廓清《贞观政要》中官德修养具体内容的基础上指出,虽然《贞观政要》中的官德修养理论有其历史局限性,但亦有其可创造性转换和创新性发展的有益因子,经过扬弃,对于我国当前官德建设依然颇具借鉴价值。刘诗贵分析论述了井冈山精神这一红色思想资源在新时期党的执政伦理建设中的作用。另外,王传峰深入探析了老子"无为而治"的政治伦理思想,高恒天教授系统研究了中国古代作为政治伦理基础的"等级秩序中的特分序维",蒋玉洁通过对《列女传》的文本分析阐释了古代妇女的伦理觉悟。其次,詹世友教授以"康德政治哲学的形式主义特质"为题系统地阐释了康德政治哲学的思想逻辑、核心主张及其特质。董山民深入阐述了杜威的民主观,并在与萨托利、熊彼特等人的比较中突出杜威民主理论的鲜明特质。他认为,杜威关于"是资本主义经济模式不断削弱了民主的基础,而不是主体资格、参与成本构成了民主的障碍。并由此得出,值得批判的不是民主,而是资本主义经济制度"等洞见是非常深刻的。杨晓别出心裁地阐述了伯林"共通人性"视阈下的基本道德范畴。最后,龙静云教授探讨了治党伦理与治国伦理之间的辩证关系;陆通探讨了国家治理的现代化与人的现代化问题,并指出国家治理现代化应以人的现代化为前提,要将人的自由全面发展作为最终目的;江峰教授颇有新意地从政治伦理视角出发,深入探析了政协委员履行民主监督的职责;晏辉教授探讨了政治哲学视阈中的中国问题与中国道路;王伟教授探讨了制度伦理与公德培育问题,诸如此类话题丰富杂多,不一而足。

中国农业伦理学研究会成立大会暨"农业伦理学与农业可持续发展"学术研讨会

参加人员:来自中国社会科学院、中国人民大学、浙江大学、山东大学、北京师范大学、中央民族大学、兰州大学、中国农业大学、南京农业大学、西北农林科技大学、东南大学、南京师范大学、山东农业大学、青海省畜牧兽医科学院、荷兰乌得勒支大学和国家图书馆中国文化管理协会新农村文化建设管理委员会等 20 多家高校院所及相关机构的 100 余位代表

主办单位:中国草学会

时间:2017 年 9 月 21 日—24 日

地点:南京农业大学

主要议题:农业伦理学与农业可持续发展。

一、搭建“中国农业伦理学”交流合作平台、构建学术共同体

任继周院士具体对“地”这一核心范畴进行了深入细致的农业伦理学诠释，任院士一方面从中国传统文化角度探析中国传统农业伦理资源，反思其不足之处；另一方面又结合农业生态系统，以“土地类型维”为中枢，从四个角度来深入阐发土地的伦理学认知，即一为地境的地理带性之伦理学认知，二为地境的类型学之伦理认知，三为地境的生态学伦理认知，四为地境的土地耕作之伦理认知。其农业伦理学内涵逐层加深，环环相扣，逐渐构建成完整的农业伦理学系统。接着，弗兰克(Franck)教授做主旨发言，充分阐发了农业伦理学中的“合作”(cooperation)这一观念，他从伦理反思之必要性、综合性研究之方法以及合作之重要性三个角度展开分析。弗兰克教授认为，尽管人们通常从一种经验生活或技术挑战的视角去看待农业问题，而现代农业和食物生产也需要一系列科学技术支撑，但是如果缺乏伦理学关照，则现代农业无法实现健康可持续发展。这些伦理学维度包括权力与社会地位(选择的自主权与自由度)、价值(社会的、历史的和文化的)、道德问题(基于价值冲突和新型情境)。当今时代，由于社会发展变迁而带来的农业领域价值冲突和新道德问题较为突出，必须加以伦理反思；同时又由于关涉到公共领域—私人领域、地方性—全球性两个维度而变得更加复杂。因此，我们必须对它们采取综合方法(integrated approach)进行研究，开展跨学科、综合性交叉研究。

二、农业伦理学与学科发展

东南大学陈爱华教授追问“农业伦理何以可能?”这一追问具体分为三个问题：首先追问农业伦理历史生成，探究历史悠久的中华农耕伦理文化；其次探问农业伦理何以必要，主要是因为需要梳理和研究农业发展中的多重伦理关系与多重伦理悖论，规避其中的伦理风险；最后是如何研究农业伦理，包括农业伦理史学维度、农业发展的生态与环境伦理维度、农业发展模式的伦理维度、农业的科技伦理维度和农业发展的生命伦理维度等。兰州大学方锡良副教授结合中外农业伦理思想资源和历史发展进程开展了一种“基础探源”工作：在农业领域复杂问题谱系与矛盾处境中，深入思考农业领域的基础问题与发展方向，敏锐感受农业的现代化与生态转型主导趋势，提升自己的伦理洞察力与决断力；我们还需要在历史文化传统中进行追根溯源，深入理解农业与文化、伦理之间的内在紧密关联。最后，结合中国农业文化传统与农业生态系统规律来探究中国农业伦理学的观念奠基与规则导引。中国农业大学李建军教授以一篇非常翔实有力的“农业伦理学与研究方法”报告向我们清晰展示了国外农业伦理学的兴起背景、基本主旨、研究状况与研究方法，具有较强的指示与启益作用。北京林业大学周国文教授从现时代工业化、城市化、全球化和技术化的发展趋势出发，结合利奥波德的“大地伦理”来思考农业伦理，分析大地伦理所强调的“重视生命(生活)共同体、尊重自然存在物的内在价值与基本权利、人类应尽可能维护大地之完整与美丽”等观念，能否以及如何作为一种普遍伦理扩展到农业伦理上去。南京农业大学阎莉教授以卡尔纳普的逻辑实证主义和高度逻辑化的物理学为参照系，分析农业为何是“非逻辑的”。南京农业大学姜萍副教授则选取了公共卫生领域中的一个独特概念——唯一健康(One Health)，结合这一个概念的提出背景、发展历史、价值意义进行综合性交叉研究，尤其是结合我国的生态环境状况、生态文明建设战略与公共卫生风险等，探讨这一概念的当代价值和实施路径，最终达致一种“整体健康观”。

三、农业伦理学思想与科学

兰州大学任继周院士、林慧龙教授和方锡良副教授合作探讨“伦理学容量与中国农业现代化”关系，着重阐释了伦理学容量的基本含义，分析伴随着社会的进化而来的伦理学容量扩增趋势，揭示了伦理学容量扩容之需必然倒逼农业结构转型。中国社会科学院肖显静教授的“人类应该给予生态系统以道德关怀吗”这一报告结合对生态系统的性质、特征的认识及其深化，深入考察了人与自然之间伦理道德关联的内在理路。南京农业大学吴昊博士后和卢勇教授从汉代经学的视角探析农业伦理学思想，总结了两汉时期的农业整体思想特点。山东农业大学孙金荣教授着重分析了“《齐民要术》天地人和合思想及其文化意义”，从上古天命观中就已经孕育出来的天地人和合思想，是中国传统文化的精髓。其中，顺天应时、因地制宜、合理种植与养殖等思想，对后世的农业科技思想、农业生产的理论与实践产生了积极影响，对现代农业生态文明发展有着重要意义。厦门大学陈玲教授以“农畜牧品种的改良；群策群力治理蝗灾；疏理河渠，完善灌溉，化水害为水利”等几大主题为例，阐发了“唐代农学思想”，认为它们体现出唐代将发展农业作为壮大国力措施的重要观念。南京农业大学张敏副教授结合欧洲动物福利观念的发展演变历史，深入探讨美国动物福利观念的演变历程。中国农业大学孙振钧教授的“基于动物权利的有机畜牧业”这一报告结合中外动物权利思想演变、我国畜牧业发展现状及其伦理反思，在尊重自然、爱惜生灵、健康可持续发展的理念指引下，承认动物自身权利和生存方式，促进有机畜牧业的发展。南京农业大学严火其教授与郭欣博士则“从动物福利科学兴起的角度探讨了科学与伦理的融合”问题。

四、农业伦理学与乡村发展

中国文化管理协会新农村文化建设委员会曹山明研究员的“中国农耕伦理的探讨”，以传统儒释道文化为底基，紧密结合传统农业生产生活经验，提出农业伦理学研究应遵循“众生平等”“得其所”和“生生不息”三个原则，其伦理核心在于“心安、积德”。南京师范大学曹孟勤教授聚焦探讨“中国乡村环境伦理”：现代化进程和工业生产方式的冲击，使得广大纯朴自然的乡村地区受到严重的环境污染与生态破坏，而城市病则强化了人们对美丽纯朴乡村的向往之情，为了修复和保护乡村自然生态，建设美丽乡村，极有必要建构中国乡村环境伦理，为美丽乡村构筑一道社会文化与伦理道德的坚实屏障。贵州省委党校崔树芝副教授分析了“梁漱溟乡村建设的理路与启示”，在梁漱溟那里，乡村建设事关中国向何处去的问题。就乡村建设的具体组织而言，其核心是要发挥农民在乡村治理中的主体地位，变消极被动为积极主动。就乡村建设的基本途径而言，则是具有先进知识技能的知识分子与农民打成一片，知识分子积极帮助农民发挥其自主力量。云南农业大学赖毅副研究员集中研究藏族“聚”观念的农业伦理意涵。这一观念蕴含着注重“农业生产的节制性、生产的多样性、农业与自然的互哺性以及生产活动的统一性”等农业伦理观念。浙江大学王景新教授从农村空间重构角度来分析特色小城镇建设与农业农村复兴之间的关系。王教授的基本判断是中国已进入农业产业拓展融合、农村地域空间重构、农民市民差距全面缩小的阶段。最后政策导向是“城乡一体化”应该以县域为单元，以特色小镇建设和美丽乡村同建为重心。

中华民族传统美德教育第二十七次研讨会

参加人员：全国各地的210名代表

主办单位：中国伦理学会传统美德教育专业委员会

时间：2017年10月11日—13日

地点：西宁

主要议题：传统美德教育创造性转化、创新性发展的有效运行模式与保障机制。

研讨会由徐向东秘书长主持。在会上，栾传大主任介绍了“新常态下学校如何实施传统美德教育”的新模式；太原市张燕身校长结合自身经历介绍了“传统文化与母亲成长”;深圳市玉龙学校介绍了“生活成就教育,教育创新生活”;上海市普陀区曹阳实验小学介绍了“花韵德泽,文化传承”,哈尔滨医科大学附属逸夫学校介绍了“构件课程文化,传承中华美德”,长春市繁荣校园教育学校介绍了“运用动漫传播中华传统美德的设计与制作”等经验做法。104 名一线教师分为小学、中学 5 个组,进行了传统美德说课大赛,交流了传统美德进学科、进课堂的经验。这一活动不仅推动了中华民族传统美德进课堂,同时也有效锻炼了教师队伍,促进了良好行为习惯地养成。与会代表一致认为,本次传统美德研讨会既有理论研究,又有实践探讨,还有线上线下的展示,大家在交流中学习,在培训中启发,是一次创新、务实、有收获的研讨会。徐向东秘书长做了会议总结,并对下一步中华传统美德教育课题深化研究提出了具体要求。

全国第五届教育伦理学学术研讨会

参加人员:全国各大著名高校与研究机构等 230 多位专家、学者及教育一线工作者

主办单位:中国伦理学会教育伦理学专业委员会

时间:2017 年 10 月 20 日—22 日

地点:湖北大学

主要议题:教育伦理、师德评价和立德树人。

在会议开幕式上,湖北大学高等人文研究院院长江畅教授代表中国伦理学会会长万俊人教授在开幕式上致辞。他指出,习近平总书记在党的十九大报告中反复强调,要培养德智体美全面发展的人,也就是说我们要培养人格完善的人。教师必须要有完善的人格,才能把我们的学生培养成优秀的人才,新师德就是要解决这个问题。湖北大学校长赵凌云教授在致欢迎辞时指出,本次会议旨在推动我国的教育伦理、师德建设、各级各类学校立德树人理论与实践研究。加强教育伦理与师德建设,实现立德树人的根本任务,是值得每个教育人去深入探索并努力践行的重大课题。之后,南京师范大学钱焕琦教授做学会四年工作总结。

中国伦理学会教育伦理学专业委员会主任、上海师德研究与评价中心主任、上海师范大学王正平教授做了题为“立德树人是教育工作的根本价值”的主旨报告。他认为,落实立德树人根本任务,应当倡导新时代中国特色社会主义所需要的新师德,凝练中华民族新师魂。为此,王正平教授在以往长期研究的基础上,结合学习贯彻党的十九大报告关于教育工作要立

德树人和加强师德师风建设的精神，汇聚中国广大教师集体道德智慧，正式在全体大会上推出和阐述了自己起草的《新师德宣言》。《新师德宣言》言简意赅，内涵深刻，引起全体与会代表的强烈共鸣，纷纷在《新师德宣言》签名墙上做承诺签名。

在大会主题报告和分组讨论阶段，与会专家、学者围绕会议主题展开了深入、热烈的讨论。大会主题报告的第一阶段由北京师范大学王本陆教授主持。东北大学田鹏颖教授认为，教育优先发展是民生的基础工程，因此，作为教师更应当注重在日常生活与学习工作中的"四个统一"意识，即教书与育人相统一、言传与身教相统一、潜心问道与关注社会相统一、钻研学术与遵守学术规范相统一。井冈山大学曾建平教授结合自己学习党的十九大报告的体会，基于自己对新时代、新矛盾、新思想、新方略等方面的认识，提出"四有"好教师应具备的素质是真正做到"四者"，即信者、善者、学者以及师者的统一。湖北大学戴茂堂教授提出当今社会不能把教育者仅仅限定于独立的个人，而是要扩展视野，不可忽视天、地对人们的教育启示，强调从自然之法中反思人与世界的相互依存关系，并认为好的教育应帮助人找到在世界中合理存在的位置，进而发现自我价值。湖南师范大学向玉乔教授从文明与教育的关系出发，指出教育应发扬人之善性，以培养"道德人"为目的，并从人的平等诉求方面肯定教育打破阶级、阶层固化的功能，从而实现社会公平，提升人的生存品质。

大会主题报告的第二阶段由中山大学李萍教授主持。华东师范大学宋芳明博士和余玉花教授指出，当前师德评价观存在功利化、泛道德化、独白化三种不合理的评价取向，而寻求评价观的合理化应该立足现代社会语境，消除动机性评价和效果性评价的对立，注重美德塑造和制度约束相统一，以满足评价的目的性和规律性。南京森林警察学院糜海波教授指出，师德评价面对伦理目标偏差、多元文化冲击和教育观念滞后等诸多问题和挑战，因此，应使评价标准的设立体现完整性和层次性，明晰评价的范围和教育行为的道德类型，将具体考察与总体判断结合起来，使教师评价逐步走上科学化、规范化、民主化的轨道。陕西师范大学袁社教授认为，教育的目的关联着教育伦理，教育伦理不能脱离个体与社会现实，在教育实践日益受到社会中多维冲击的时代背景下，应秉持传承、适应、变革、创新的信念，使教育面向人的整全性和生命的发展性，最终实现"美好生活"的理想目标。福建师范大学廖志诚教授认为，加强师德师风建设是教师一生的重要课题，而习近平总书记所提出的"以德立身、以德立学、以德施教"则是当前广大教师自觉加强师德师风建设的根本指针。在分组讨论阶段,专家、学者就"新型教育伦理与师德理论建构研究""立德树人、教师发展与中国当前的师德建设研究""中国教师道德评价面临的问题、挑战与进路"和"中国师德状况与师德实践经验探讨"四个主要议题展开热烈的讨论,取得良好的学术交流效果。

该届研讨会恰逢中国伦理学会教育伦理学专业委员会换届选举,经过充分的民主酝酿,选举产生了第二届理事会,进一步重视专业学会的学术性、年轻化、跨界跨学科和区域代表性,更加充满活力,有利于推进中国的教育伦理学术研究和师德实践研究。上海师范大学何峰教授介绍了下一阶段学会的工作计划。

研讨会和会上发布的《新师德宣言》受到社会各界和舆论媒体的广泛关注、重视。人民网、中国社会科学网、中国新闻网等全国20多家主流媒体做了专题报道。

第六届全国人权与伦理学论坛

参加人员:来自中国社会科学院、中国人民大学、北京师范大学、南京师范大学、上海师范大学、湖南师范大学、西南大学、广西大学、苏州大学、深圳大学、昆明理工大学等高校与科研机构的近40位专家、学者

主办单位:中国社会科学院应用伦理研究中心

时间:2017年10月21日—22日

地点:深圳

主要议题:人权的道德证成、权利观念反思。

一、人权进入道德语境的学理论证

中国社会科学院甘绍平指出,人权之所以能够进入道德语境应归因于道德思维的逻辑结构的存在。通过将伦理学和现代医学进行对照,他认为伦理学也需要像现代医学的人类构造图谱那样首先弄清"人究竟是什么",在此基础上才能精确地掌握一种伦理思维的逻辑结构,从而获得道德内容逻辑展演的脉络。在他看来,从人的本质图景出发,就会发现体现为自主选择权利的人权位居于道德思维的逻辑结构的顶端。人权是道德的基础,也构成了道德本身最根本的内容。中国社会科学院孙春晨强调,道德原本就是权利和义务相统一的结合体,在人类的道德生活中,没有无义务的权利,也没有无权利的义务。人权进入道德语境,一方面揭示了"人之为人"的内在本质;另一方面展现了人的权利与义务之间的真实联系,建立在权

利基础上的义务才是真正的道德义务。西南大学任丑站在道德普遍适用性的立场上论证人权符合伦理学的普遍性诉求。长沙理工大学成海鹰从人的自然属性出发,认为脆弱性是人权关联道德的前提和基础。北京师范大学田海平另辟蹊径地从权利的对立面——责任维度论证了人权进入道德语境的可能性和必要性。在他看来,权利一词是伴随着责任的加大而出现的,当人们逐渐意识到"我有某些不应该承担的责任的权利"的时候,便开始趋于回避和逃避这些责任。由于社会分工和职业化进程的加速,责任的形态、类型发生了很大变化,以至于我们可以以一种高度负责的方式去不负责任。而为了避免这种情况的发生,就需要人权作为社会的"零原则",从社会的底线层面去避免对个体的伤害。

二、人权进入道德语境的现实成因

南京师范大学高兆明强调人权概念进入道德和伦理学,首先揭示的是道德实践和伦理学的当今历史形态。人权是新的历史时代的象征与标志,是使当今的道德理论具有鲜活的、有生命力的存在。其次,人权具体指向的是20世纪人类现代社会出现的困苦、两次世界大战所带来的灾难以及在现代社会中出现的争取自由的精神走向。它表现出一种对历史上曾经存在的专制、暴政、蔑视生命尊严这类现象的反对与抗争。广西大学杨通进主要从现代社会的角度为人权进行道德辩护。他认为,人权之所以成为现代道德话语的关键词,主要是由于人权话语较好地回应了现代社会的核心关切,这主要表现在三个方面:第一,现代社会是一个高度原子化的契约社会。契约社会中的人是拥有高度自主性的个体,人权特别重视个人的自由选择,因此人权是原子化社会的一个必然产物。第二,民主社会中可能会出现多数人的暴政,而人权的出现为民主社会设定了底线。第三,道德生活重心的转移,即从注重私德(私人领域)到公德(公共领域),从内在(主观)美德到外在(客观)规则。权利的存在使每个人在追求幸福的同时,为社会守住一些基本规则和边界。持同样看法的还有三明学院郑丽珍,她也强调民主社会是人权进入道德领域的必要条件。湖南师范大学李伦主要从当代科学技术伦理维度来探讨人权问题,在他看来,人权产生的最初背景是防范国家、政府对个人权利的干预,如今的时代背景则是现代科学技术对人类各种权利的伤害。苏州大学田广兰认为技术时代的到来促进了人权思想的产生和发展,但科学技术的强势同时也对人权构成了潜在威胁,这种威胁主要表现在现代技术的快速发展会加大人类的"技术鸿沟"并催生技术歧视;人类对现代技术的依赖性会削弱人的自主性和自我选择能力;人类的智性工作为智能技术替代的趋势将质疑人的存在合法性和重要性;技术对人的身体和精神的干预和改变会侵蚀人的身心完整性。昆明理工大学韩跃红和南昌工程学院王伟均从有效性的层面上对人权进行道德证成,认为道德诉求如果离开了权利就失去了根本的保障。韩跃红教授所说的有效性主要包含两个层面:第一,在多元社会里只有借助强势的人权话语才能化解价值多样化所带来的纷争;第二,现代社会已经见证了人权的胜利,尤其是在生命伦理学的研究领域。

三、普遍人权与多元文化冲突

上海师范大学黄素珍提出了当代文化多元主义语境下人权话语所面临的两大困境:从证成角度来看,抽象的普遍人权似乎无法回应具体的多元文化的诉求;在应用层面上,作为人权应答者的国家和社会在促进不同的文化诉求上所扮演的角色仍是未知。通过对普遍人权的道德证成理论的分析对照,她试图论证以效用概念作为普遍人权的道德基础,以更好地回应来自文化多元主义现实的挑战。针对这一问题,中国社会科学院张永义尝试用康德的世界公民主义理论来解答。通过分析公民人权伦理的历史流变,他认为人的身份必然经历从自然人到社群人,再到国家公民,最后到世界公民四个阶段。在前三个阶段构成人权两大要素的人权主体和人权内容都无法得到充分的明晰,这种困境唯有在世界公民阶段才能有所突破。他引用哈贝马斯和康德的主张,认为世界公民才是人的第一属性和身份。南京林业大学李广博也认为,并不存在所谓的多元的人权观念,我们应该在普遍知识信念上去讨论人权。中国社会科学院王延光和龚颖分别以美国和日本为例分析了文化多元主义在现实中的具体表现。王延光以美国的《排华法案》为例,具体分析了华人的本质属性、现实需要和价值地位在美国是如何受到侵害的。龚颖则从日本《明治宪法》中获得启示,认为普遍的人权观念原本就有,人权入宪只是人权具体化、现实化的方法和手段之一,无论人权是否入宪都不能妨碍普遍抽象的人权观得到大力提倡。

四、中国人权观念的建设与反思

上海师范大学陈泽环指出,中国古代社会制度及伦理学没有发生根本性变革的原因之一,在于没有形成典型的近代西方人权观念。人权已经逐步成为中国社会制度及其伦理学变革的建设性因素,伦理学界当前的任务就是继续推进这一事业。人权事业的发展任重而道远,与会学者分别从理论和实践层面提出自己的建议。深圳大学李隼认为,推动立法是当代中国人权建设的核心。他从反面强调，不是人权进入道德语境，而是道德进入人权语境。北京师范大学晏辉和中国人民大学龚群则分别在理论层面上对此做出回应。晏辉教授认为，中国未来发展一定会走三条道路：经济中国、政治中国、文化中国。文化方面面临的最大问题是权利的观念问题，人权的问题主要表现为两方面——不足与过度。他提倡在研究人权问题时引入主体主义思维方式，更多讨论“谁之人权”的问题，这样才不会忽视弱势群体和边缘群体的利益。龚群教授则从人权的观念转变上给出了一些建议，即构建一种以交互主体为中心的伦理学，这种伦理学改变了以往伦理学的单主体中心地位，取而代之的是以交互主体为中心，这种以交互主体为中心的当代伦理学能够确保人权概念落到实处。交互主体关系要求主体之间首先相互承认，即所有的人类主体都是平等的道德行为者或道德主体。其次是相互尊重，这也是交互主体概念内含更高层次的要求。相互承认可以相互冷漠，而相互尊重则要求把他者主体都看成目的，而不仅仅是手段。中国人民大学王福玲则对作为一项人权的尊严概念进行了剖析和反思。其一，她认为尊严是一个能够涵盖不同层次的概念，不仅包含人的脆弱性，还应包含自主性；其二，她认为尊严可以作为人权的道德根基，不过其前提是对尊严概念进行清晰的界定。

全国媒介化社会背景下的新闻伦理构建研讨会

参加人员：来自中国人民大学、中国传媒大学、暨南大学、南京大学、华中师范大学、兰州大学等30余所知名高校，以及新华社新闻研究所、中国新闻社山东分社、中国联通集团、“北京时间”新闻中心、山东互联网传媒集团等媒体的专家

主办单位：中国新闻史学会媒介法规与伦理研究委员会

时间：2017年10月28日

地点：山东大学

主要议题：当前媒介化社会背景下存在的种种新闻伦理问题和困境、新闻伦理的重新构建、新闻业的伦理建构与道德自律、新媒体时代的传播伦理与公共治理。

一、媒介技术背景下如何构建新闻伦理

中国新闻史学会媒介法规与伦理研究委员会会长顾理平教授提出了网络技术背景下新闻伦理领域存在的三个困惑和难题：第一，隐私博弈成为网络传播中普遍的伦理难题；第二，网络传播中面临的伦理难题，包括虚

假新闻及新闻反转、网络暴力、谣言、网络诈骗及人际关系的梳理等;第三,人工智能和算法新闻等新传播方式的出现使网络传播面临最新的伦理难题。中国传媒大学文科科研处处长、《现代传播》主编隋岩教授探讨了在新的群体传播背景下,“网红”的伦理问题与资源配置。他指出,我们处在一个互联网群体传播的时代,过去是传统媒体在生产信息,现在是传统媒体与他们的观众一起生产信息。人类社会从大众传播占主导的时代进入大众传播与群体传播并行而且是群体传播凸显的新时期,也就是传播主体极端多元化的时代。中国政法大学新闻传播学院阴卫芝教授从法理学和哲学等角度切入对当代传播伦理理论进行了思考。她认为,技术的发展带来了许多现实问题和文化冲突,已经建立的传播职业规范回到了起点,我们应当从价值哲学、新闻真实与记者定位的重新解读以及优秀的传统文化入手,重建当代中国特色的社会主义传播伦理。山东大学(威海)文化传播学院张文祥副教授从法律、伦理和社会责任等角度,对当前网络信息内容的审查与处理进行了研究。他提出,网络信息传播的治理应当朝着网络服务提供者的主题分类和义务类型化,审查监管和标准的合理化、具体化,法律责任的可预见化以及网络服务提供者的社会责任等方向发展。暨南大学新闻与传播学院林爱珺教授则从网络主权的合法性、合理性及如何构建网络主权等方面对网络主权进行了研究。她认为,网络主权是国家主权的延伸,各国应尊重网络主权,构建协同治理的网络空间国际新秩序。中国海洋大学文学与新闻传播学院王天定教授指出,媒体专业主义的未来存在形式在“防火墙”机制下会有新的可能性。他以编辑与经营间的“防火墙”为例,分析了专业主义的理念层面和操作方式。随着社交媒体的兴起,信息传播进入一个所谓大规模业余化的时代。专业的机构能不能存在、怎样存在都是值得思考的问题,以后的专业媒体可能有两种存在形式,即一种是由基金会支持的小规模的机构,另外一种是独立媒体人团队。山东大学新闻传播学院杨晓冬副研究员对美国青少年网络欺凌的问题展开研究。她认为,青少年参与社会交往意识强,大部分通过网络实现,因而对网络的信息观点评价非常重视,容易受到伤害。通过研究发现,青少年使用社交媒体越多,越容易受到欺凌,线下受欺凌情况与线上情况呈正比。

二、社会文化语境下新闻伦理问题的探讨

中国人民大学新闻学院副院长周勇教授从文本与生产者、文本与观看者、文本与使用者的三种关系分析了视觉文本可能产生的伦理问题。他指出,视觉传播种种伦理问题的背后是社会文化中各种力量博弈的结果。因此,公民需要视觉文化素质,媒体机构需要重归专业精神。华中师范大学新闻传播学院院长江作苏教授探讨文化自信与传播伦理的互治性,并分享了五个观点:第一,当下中国的传播伦理和政治伦理有着天然的暗合和沟通;第二,我们要寻求自强,是动态的自强;第三,作为寻求自信与文化之间的自治关系的一面镜子,美国文化内部存在不少不自治的现象;第四,中国的传播伦理中间同样有呼唤文化自信与媒介伦理自治的需求;第五,传播场地有传播的行为就涉及人民,伦理贯穿于叙事认同之中。南京大学新闻传播学院陈堂发教授则从更常态化的家庭情感纠纷出发,探讨网络传播中个人隐私的尺度与道德及法律的关系处理。他提出追究相关法律责任的五项原则:第一,道德过错或一般性违法已经超过社会容忍程度;第二,涉私事项的披露没有过多细节或翔实信息,没有细节性的公开,不能追究法律责任;第三,过错行为明显伤害到对方精神、物质利益,情节按恶劣,后果严重,受害方出于主张权利的需要,也应该免责;第四,公开行为满足期待可能性的要件,即披露的行为符合纠纷当时情境下的期待可能性;第五,用户同网站签订互联网隐私条款,网站和第三人不具有免责的法律效力。

三、新闻伦理的自律与他律

"北京时间"新闻中心总监戴元初博士讲述了其供职机构在构建过程中的角色定位,多方自律和对"主流媒体"的理解。从实践者的角度判断自己在实际的操作过程当中符合基本伦理规范的标准,即个体的自律意识,行业的自律状态,社会和制度的他律。未来的新型主流媒体不能仅仅给公众提供碎片化的信息,更重要的是要用这些受众接受信息非常方便的渠道和方式,为他们提供主流的内容和他们必需的内容。山东大学新闻传播学院刘明洋教授从学术、实践与管理层面分析了新闻伦理研究的视角,他认为由于视角的差异,学界和业界对新闻伦理的研究存在认识方面的张力和关注点的差异,业界、管理界和学界应该找到共振点,共同建构一个新闻伦理的框架。青岛大学新闻传播学院赵星耀副教授提出了新闻伦理建构的目标和路径。他指出,学界和业界对新闻伦理的认识是"冰火两重天",网络媒体发展"得意不要忘形"。新闻伦理和道德没有详细的规则去约束,所以问题自然而然就会产生。天津师范大学新闻传播学院殷莉教授对新闻伦理和新闻职业道德等概念进行了界定和辨析。就新闻伦理而言,记者和采访对象之间的关系属于新闻伦理。职业道德讲的是职业特点对主体的要求。它们解决问题的方向和目标也不一样。新华社新闻研究所主任编辑张垒分析了媒介化社会给新闻伦理带来多重复杂挑战和中国新闻伦理问题的独特性与新解释框架。他认为在中国特定环境下实现新闻伦理建构的途径有三点:一是厘清新闻伦理与政治伦理、职业伦理的关系,从追求“独立”到把握“平衡”;二是处理职业“主体性”与“公共性”“群众性”的关系;三是在批判吸纳网络精神的基础上,逐渐形成一套新旧媒体共享的伦理标准。山东大学新闻传播学院冯强副研究员认为需要比较分析新闻职业的外界环境,学界需要回到记者劳动的本身来研究问题,这个视角是职业社会学与劳动社会学的碰撞。

2017年鄂闽伦理学“国家治理与道德治理”研讨会

参加人员:来自湖北与福建两省的专家、学者120人

主办单位:湖北省伦理学会和福建省伦理学会

时间:2017年11月12日

地点:华中师范大学

主要议题:“道德治理与治国之道”“道德治理与政治生活”“道德治理与价值文化”和“道德治理与社会发展”等。

大会开幕式由湖北省伦理学学会副会长、中南财经政法大学刘可风教授主持,华中师范大学校党委副书记骆军,湖北省社科联副主席刘宏兰,华中师范大学马克思主义学院院长万美容教授,福建省伦理学会会长陈桂蓉教授,“我国道德领域突出问题治理研究”重大项目课题组负责人、湖北省伦理学会会长龙静云教授分别致辞。

会议结合党的十九大报告关于国家治理现代化的精神,围绕“道德治理与治国之道”“道德治理与政治生活”“道德治理与价值文化”和“道德治理与社会发展”等议题进行,来自湖北和福建两省的近40名理论和实践工作者围绕会议主题进行了深入的发言交流。

研讨会通过大会报告、自由发言、报告点评等方式,对“国家治理与道德治理”这一大会主题进行了充分探讨。与会者一致认为,此次研讨会的召开进一步贯彻落实了党的十九大精神,会议主题紧扣社会生活现实,既有理论指导意义,又有实践引领意义。同时,研讨会的顺利召开也为推进两省学者间的学术交流和友谊深化搭建了平台。

会议闭幕式由湖北省伦理学学会荣誉会长、华中科技大学韩东屏教授主持,湖北省伦理学会会长龙静云教授做大会总结。

“现象学与伦理学”学术研讨会

参加人员：来自北京大学、北京社会科学院、北京师范大学、华中科技大学、华东科技大学、河南大学、贵州师范大学、同济大学、华东师范大学、上海师范大学和上海大学以及海外学成回国的博士等30余位老中青学者

主办单位：中国现象学学会、复旦大学哲学学院

时间：2017年11月25日

地点：复旦大学

主要议题：开启一种新的伦理学范式。

北京社会科学院的洪汉鼎教授首先做了题为“伦理学与实践哲学——读伽达默尔‘论一种哲学伦理学的可能性’”的报告。他强调，伽达默尔的伦理学是一种强调对话的哲学伦理学，也是作为实践哲学的伦理学。这一伦理学努力根据亚里士多德的实践智慧来突破康德道义伦理学的局限。复旦大学哲学学院邓安庆教授做了题为“现象学伦理学对于我们为什么如此重要”的报告，该报告凸显了这次会议的主题。邓安庆通过描述现象学在20世纪转折前后所展示出来的大量重要的伦理学成就，强调纯粹学术意义上的哲学伦理学嫁接在现象学理论上的重要性和必要性，这需要我们形成一种新的伦理学范式。邓安庆指出，只有以严格的学术品格才能直观到人类生命的真相，建构有效的伦理共在和道德实在的价值范式。复旦大学哲学学院院长孙向晨教授做了题为“从视觉模式到话语模式的转化：列维纳斯论‘真理问题’”的报告，他认为在列维纳斯那里，伦理学就是第一哲学。

北京大学哲学系靳希平教授做了题为“海德格尔《存在与时间》中的‘缺爱现象’与《黑皮本》中的‘直白称谓’”的报告。勒教授提出了“《存在与时间》的基本内容是人生现象”的观点，并对海德格尔人生现象学中的缺爱现象进行了简要但却精当的分析。靳教授的发言内容其实比题目所示还要广泛许多，从理论到现实、从亚里士多德到康德，开合度、信息量极大。靳教授还特别讲解了关于陌生性、陌生者的理论以及康德的“道德异乡人”概念，并用这些理论资源积极观照了广州的(黑人聚集)现实。靳教授将海德格尔术语“Dasein”译为“达在”，这一译法也获得了会议代表的热烈称赞。华中科技大学何卫平教授做了题为“伽达默尔《真理与方法》中的实践哲学——析此书关于亚里士多德伦理学的解读及意义”的报告，何教授认为伽达默尔哲学发展了解释学的伦理学，实践哲学贯穿了其一生，其哲学是新亚里士多德主义的诠释学，包含了世界经验和生活实践，而实践智慧正

是《真理与方法》一书的中心问题。复旦大学哲学学院张庆熊教授做了题为“存在哲学、诠释学和现象学的交汇和融通的意义”的报告,该报告围绕存在哲学、诠释学和现象学的交汇而展开,并探讨了现象学的本体论、现象学视野中的“事实性”等问题。张教授提到了无限性的伦理学以及康德道德哲学的超越性,以及舍勒反其道行之所发展出来的“质料的价值伦理学”,舍勒认为情感即质料,规则即形式,而实质要比形式更重要。张庆熊提到胡塞尔本人也讲过程序性问题,亦即价值的排序,这涉及现象学的还原问题。复旦大学哲学学院孙小玲教授做了题为“至善与道德世界——对康德至善概念的现象学诠释”的报告,她试图借助对义务(道德)意识构成的现象学分析,将康德的至善概念解释为义务意识原构成所预设的道德世界,从而将至善论界说为康德的善理论的一个自然延伸。孙教授对至善概念做了详解,认为至善只是意向对象而并非实存,并指出在关于至善的理论中,从来都有两种路向,即神学的和政治学的,而现代的至善则脱离了神学,走向了政治学。

北京师范大学田海平教授做了题为“道德空间学:分割、坍塌和重组——从社会空间理论拓展道德形态”的报告,他指出最早提出形态学这一术语的是德国文豪歌德,马克思的社会发展理论、涂尔干的社会分工理论和韦伯的现代化理论都有不可或缺的形态学视角。形态学关注表面上相互无关的事物的异质性分布、关注不同事态的相互联系,它是一种与现象学几乎同时诞生并同样得到广泛应用的跨学科理念和方法,从现象学方法入手,拓展道德形态学是可能的。华东师范大学颜青山教授则从逻辑层面来研究道德谓词,他的发言题目是“Quanta 经验与道德谓词”。他讲到道德谓词是否描述了实在的属性一直是元伦理学中一个颇具争议性的难题。他根据 Ross Greach 关于表语形容词和定语形容词的区分,对这二者做了认知经验上的、现象学的区分性分析。复旦大学哲学学院张子立副教授的发言题目是“实践立场如何可能:论科尔斯戈德的个体同一性辩护”,他详细介绍了科尔斯戈德为了辩护个体同一性的存在而提出实践立场的主题,并对此主题的三个方面做了阐述:理论事实和实践事实的二分法;道德行动者的能动性;在实践同一性意义上的自我建构。同济大学余明锋副教授的发言题目是“阿纳克西曼德、赫拉克利特与尼采的生存正义论”,他从尼采的《希腊悲剧时代的哲学》开始,阐述了尼采生存正义论的内涵,试图从中发掘阿纳克西曼德和赫拉克利特有关“生存正义”的伦理思想,以之作为理解尼采生存正义论的视角。

上海师范大学乐小军副教授做了题为“汉娜·阿伦特的柏拉图解释”的发言,他指出汉娜·阿伦特认为西方政治哲学传统的最大问题在于它对政治的偏见和敌视,这一点最清晰地呈现在这个传统的创始者柏拉图的哲学中。用高于政治领域的超越性指标和尺度来衡量和评价政治领域,这是用哲学经验而不是政治自身的经验来检视政治,会带来哲学对政治的偏见和误解。他讲到阿伦特本人主张把显现与存在相等同,亦即应当取消意见(显现的东西)和真理之间的对立。贵州师范大学黄晶副教授的发言题目是“不能自制者的知与行——亚里士多德‘不能自制’概念的现象学分析”,他重点关注的是知与行的一致性在“不能自制”现象中所遭遇的挑战以及亚里士多德和舍勒各自对此问题的解决路径及其利弊。美国路易斯大学李鸣鹤博士的发言题目是“舍勒的自由理论和文化中的道德反思”,她用舍勒的自由理论来阐明文化对我们道德反思能力的挑战。北京师范大学朱会晖副教授的发言题目是“康德的实践的实在论”,他认为康德以实践来确立实在,康德的实在论是实践的实在论;康德努力证成理性三大理念具有实践的实在性。经验概念、先验认识形式和理性纯粹理念都具有客观实在性。康德反对理智直观,而胡塞尔的本质直观显然具有现实性的路径。

河南大学曾云副教授的题目是“胡塞尔论第一哲学与伦理学的统一性问题”,她讲到胡塞尔之第一哲学的理念实际上重返了苏格拉底和柏拉图的哲学理念,即伦理学本身并不是和第一哲学相分离的,而是作为第一哲学的内核居于其中。胡塞尔第一哲学的精神导向也是伦理的,以服务于伦理人性的塑造为最终目的。上海大学张亚月副教授的发言题目是“从休谟对休谟难题的解决路径审视价值与真理之关系”,她指出虽然休谟难题否认了传统上从实然到应然、从事实到价值的独断论,但休谟并不否认价值和应当中所蕴含的事实因素,并且高度重视事实对于价值的基础性作用,所以才会将实然层面的基本事实——自利的真实人性和有限的同情以及二者之间的某种复杂互动当作道德、正义等应然层面之社会机制的根基和土壤。复旦大学哲学学院的杨泽波教授做了题为“我们应当如何确认自己的仁性——关于儒家生生伦理学逻辑起点的思考之三”的闭幕式报告。他指出,仁性是儒家道德学说的核心内容,但如何确认仁性却一直是个难题。应当借助笛卡尔、胡塞尔、唯识宗的智慧,以内觉作为儒家生生伦理学的逻辑起点,将儒家所说的“内省”“反求”分析为一种“内觉”,通过内觉就可以确认自己的仁性,即当下呈现和自我觉知。

以《人本伦理学》为线索的理论伦理学研讨会

参加人员:来自中国人民大学、中国政法大学、解放军总医院医学院、南开大学、河北经贸大学、山东大学、延安大学、上海师范大学、南京大学、南京师范大学、南京农业大学、江西师范大学、湖南师范大学、吉首大学、华中科技大学、武汉大学、华中师范大学、中南财经政法大学、武汉理工大学、湖北大学的50余位学者

主办单位:北京师范大学哲学学院、香港浸会大学应用伦理学研究中心、湖北省伦理学会、湖南师范大学道德文化研究中心、《华中科技大学学报(社会科学版)》编辑部和华中科技大学哲学系

时间:2017年11月25日

地点:华中科技大学

主要议题:对于人本伦理学的质疑与回应。

一、关于人本伦理学理论建构的论辩

质疑:(1) 人本伦理学应对其"人本"特征有所澄明,以使之区别于其他类型的伦理学。(2)"人本"概念的使用存在风险,往往令人想起自然中心、人类中心的说法。(3) 人性理论是伦理学建构的根基性问题,它规定着伦理学未来的逻辑进程,《人本伦理学》作为一套原创性理论,也应该对其进行探讨。(4) 伦理学的核心问题是道德的善恶问题,《人本伦理学》只谈到"道德是善的为人处世方式",这一观点有待完善。(5) 伦理学的基本问题十分重要,《人本伦理学》缺乏这方面的讨论。(6)"伦理"和"道德"都应是伦理学的重大议题,《人本伦理学》一书中的大多内容只提及道德,很少以伦理为主题。

回应:(1) 这套理论用"人本"命名,主要在于它将人视为道德的主人,将道德视为满足人需求的工具,同时提出了兼容个人目的与社会目的的人的道德原则,使之不仅与那些以其他东西为本位的伦理学相反,而且也与其他从人出发的伦理学有所不同。(2)"人类中心主义"不应被视为一个贬义词,人类永远无法超越以自身为中心的立场,而这也并不意味着必将导致对自然的破坏,因可持续发展的理念和做法也是人类中心主义的,故人本伦理学不忌讳这个词。(3) 书中没有单列章节讨论人性是不足的,但书里还是有关于人性的看法的,就是在论述社会赏罚为何能调控大众行为时,把人性解释为怀赏畏罚的自利性。(4) 善恶是道德的评价词,以道德规范为评价标准,违背底线道德规范为恶,符合高线道德规范为善,中间状况则为正当,因而善恶出现在道德规范之后,只要有道德规范则善恶自明。

(5) 书中将伦理学定义为“系统研究各种道德问题的学问”，所以，“道德是什么”的问题就是伦理学的基本问题。因伦理学对其他所有道德问题的回答最终都要以把握道德的本质为先决条件。(6) “伦理”和“道德”在词源上的意思基本一致，日常用语往往也不加区分，但学理上还是应做区分。道德属于规范，伦理则有“理”的特点，意在说理，即前者让人“知其然”，后者让人“知其所以然”。所以，伦理学的“伦理”就体现为从道理上讲明各种道德问题。

二、关于“道德工具论”的论辩

质疑：(1) 如果道德本身不是目的，而是达成其他目的的手段，那么道德作为一种工具，它服务的目的是什么？(2) 道德工具论是接近道德功利论的表达方式。可人们按照道德规范的要求行事，有时不仅不一定带来幸福和利益，有时还意味着牺牲，那道德作为人的工具在此满足的是人的什么利益？(3) 道德最初是以人的工具形式出现，逐渐获得了目的意义。道德的目的意义在于使人不完全受自然法则的控制，高于万物，成为自由的主体，拥有尊严。(4) 道德工具论会面临解释难题：工具都有可替代性，而道德既有可替代性的一面，也有不可替代性的一面，道德作为人格的构成要素、作为人之为人的规定性，是没有任何东西可以替代的。(5) 道德工具论将道德视为外在于人的东西，但实际上道德首先是德性，与人是浑然一体的。

回应：(1) 所有的文化作为人的创造物都是满足人需求的工具，道德这种工具的目的是满足人的这两种特殊需求，即形成和谐人际关系和自我实现。(2) 真正的道德只在“善善冲突”的特殊情境中提倡自我牺牲，如见义勇为，这种自我牺牲不仅不会降低人的价值，实际上还会提升人的价值，有益于人的自我实现。(3) 道德工具论是在终极意义上而言的，在相对意义上，道德也会成为目的，如在学习道德或道德建设时，都不是最终目的，最终目的还是为了让道德服务于人。(4) 道德的不可替代性并不能改变道德的工具属性，如衣服、语言对我们来说也是不可或缺的。(5) 道德最初就是外在于人的社会规范，当它内化为人的德性或道德人格之后，就不再是道德规范，而是人的内在素质，如饭菜转化成为人体成分时就不能再叫“饭菜”。

三、关于道德界定的论辩

质疑：(1)“道德作为善的为人处世方式，是源于人的需求又服务于人的需求”，这种界定存在两个问题：一是这里的人是抽象的、没有差异的人，但现实中的具体人都分属不同利益集团,他们的利益或需求并不一致,甚至相互冲突,道德这时该服务于谁的需求;二是历史和现实社会中实际存在的道德规范并不一定都是"善的为人处世方式",如印度的为夫殉葬道德,所以这里有将应然道德与实然道德混为一谈的问题。(2)将道德划归符号文化中的指令文化存在两个问题:一是对普遍存在的道德行为该做何解释;二是"指令"带有强制之义,这就与道德的自律本性相冲突。道德是不可强制的,一旦强制就不再是道德。虽然道德也有他律的一面,但那仅指道德规范最初是外在于人的规范的。

回应:(1)由道德规范形成的"善的为人处世方式",作为一定社会群体中的人们约定俗成的产物,不是用于满足群体中某些人的特殊需求的,而是用于满足该群体中所有人的两种共同需求的,即形成和谐人际关系的需求和自我完善的需求,因而道德不存在该服务于其中哪些人的问题。至于在现实社会中,有些具体道德规范不具有善性,如为夫殉葬之类,只会出于两种原因:要么属于异化道德,要么是认知失误。(2)道德和道德行为是两种不同的东西:前者是规范;后者是行为,即遵循道德规范的行为或可用道德规范评价的行为。所有规范都内含指令信息,法律、政令等正式规范形成的指令属于强指令,具有强制性;而习俗、道德等非正式规范形成的指令属于弱指令,没有强制性。

四、关于道德起源的论辩

质疑:(1)从习俗的角度去探讨道德的起源,或从习俗的角度去探讨法律的起源,甚至美的起源。那么如何去区别道德和法,比如原始法和原始道德的区别在哪里。(2)道德究竟是我们用理性构造起来的,还是出自我们生来就有的一些天然的情感。在道德起源问题上,西方道德情感主义的解释似乎更符合个人的经验。

回应:(1)从起源上说,原始法和原始道德作为规范都属于原始习俗,但二者还是有区别的,前者是由人们有意识地在某个时刻专门制定的;后者则是人们在较长时间的社会交往中不太自觉地约定俗成的。只不过太过遥远,后人已搞不清其中哪些规范是制定的,哪些规范是约定俗成的。(2)虽然舐犊之情和同情是动物和人先天就有的情感,但它们还不直接是道德情感。道德情感是以道德规范为基础并内含道德规范意识的情感,为什么正常人都有羞耻心,而动物和"狼孩"没有?就是因为社会中的人受道德教育,接受各种道德规范,于是有了"赤身裸体丢人"的羞耻心,而非生而有之。

五、关于道德历史演化的论辩

质疑:《人本伦理学》在论证了“道德是善的为人处世方式”之后,接着就谈道德的退化与进化,并主要是谈道德的退化,这似乎是一种幽暗意识。道德在历史的演化过程中,应是既有退化的一面,也有进化的一面。

回应:虽然人类最初的道德作为人们约定俗成的产物,是满足每个人的需求的工具,但当社会分裂为相互对立的阶级之后,道德出现了因人而异,如“刑不上大夫,礼不下庶人”和反客为主,如“天不变道亦不变”的变化,这些变化都是对统治阶级有利而对被统治阶级不利的结果,于是道德就由满足每个人需求的工具异化为奴役被统治阶级的绳索。正因道德演化的历史过程就是这样的,所以,《人本伦理学》在将道德界定为“善的为人处世方式”之后接着就谈道德的退化,并非幽暗意识使然,而是要让叙事逻辑与历史逻辑保持一致。

六、关于道德异化的论辩

质疑:《人本伦理学》将道德退化中的两种历史悲剧,即“道德的因人而异”和“道德的反客为主”说成是“道德异化”,这是将道德异化和道德的二重性混淆了。道德的二重性指道德有“双刃剑”效应,道德规则本身就是约束,善当中蕴含着恶,因而道德的因人而异和反客为主都是道德的恶的一面的表现,不属于道德异化。

回应:由于道德异化是一种历时性事件,而道德的所谓善恶二重性,如果确实存在的话,也属于同时性状况,所以道德在历史上变得因人而异和反客为主,就都不可能是属于道德二重性的表现,而只能属于道德异化,即人的创造物反过来压制人本身。

七、关于人本道德原则的论辩

质疑:(1)“以人的全面自由发展为至善,以每个人的全面自由发展为一切人的全面自由发展的条件”这组命题,应该属于伦理学的宗旨或目的,而不是原则。原则作为规范是遇上问题后能告诉人该如何解决的。如果只是一个目的,就不具有这样的功能。(2)这个原则过于抽象,在具体情景中,无论是个人、集体还是政府,具体应该怎样做才能符合这个原则呢?是以这个原则的内容为行为的动机还是行为的后果来判断他们行为的正当性或道德性呢?

回应:(1)人本道德原则一方面是有对终极目的即至善的规定,另一方面也有解决问题的功能。它从根本上对人的为人处世方式提出了要求:在“为人”即“做一个什么样的人”的问题上,它告诉人们要做一个全面自由发展的人;在"处事"即"如何处理人际事务"的问题上,它告诉所有人全面自由发展的条件。因此,这个原则具有解决问题的功能,并由此使人本伦理学成为超越了德性伦理学和德行伦理学的全面伦理学。(2) 道德原则作为最基本的道德规范,形式上必然是高度抽象的,其内蕴应无比丰富,可以从它推衍出各种具体的为人处世的道德规范,所有先它而在的既有道德规范,只有与它的价值指向相一致才具有合理性,否则就不具有。因此,道德原则只给人提供根本性的要求,不直接提供具体指导,具体指导是由它派生或认可的各种具体道德规范承担的,人本道德原则正是这样的原则。

第二届中国当代生死学研讨会:跨学科视野中的生死学

参加人员:来自广州大学、北京大学、北京师范大学、郑州大学等两岸四地上百位专家、学者

主办单位:广州大学马克思主义学院

时间:2017 年 12 月 8 日—10 日

地点:广州大学

主要议题:跨学科视野中的生死学。

会议设置了三个单元,分别为正式会议前的预备会议、主题演讲、分组讨论。在主题演讲环节,来自台湾南华大学生死学系的陈开宇教授从"现代生死学开展的回顾与前瞻"角度,分享了台湾南华大学生死学系 20 多年来的生死学研究和办学经验回顾等;广州大学的胡宜安教授着眼"建构生死之学"的角度,从宏观上讨论了以学科知识维度来安放国人的生死问题;台湾辅仁大学的钮则诚教授从"生死学的哲学建构"角度呈现了生死学的多重维度与哲学研究进路;北京师范大学的陆晓娅老师从"生死教学实践"的维度展现了生死教育的影像教学、多学科与多重对话的教学实践;台湾仁德科技大学的尉迟淦教授从"传统礼俗的生死安顿与当代挑战"角度讨论了中国传统礼俗在当代受到的挑战和创造性转化;浙江传媒学院的何仁富教授从生命教育的维度讨论了"生死学取向的生命教育与生命教育视域中的生死学",揭示了"生命教育"与"生死学"的紧密关系;山东大学的王云岭副教授从死亡教育维度讨论了"中国生死教育中的生死学资源取舍"问题。在分组讨论上,共有 30 多位学者围绕其提交的论文或题目发言。

2017 中国伦理学大会健康论坛

参加人员:来自全国 40 多所高校、科研机构和学术期刊 180 余位代表

主办单位:中国伦理学会

时间:2017 年 12 月 23 日

地点:北京

主要议题:伦理学与健康中国。

温州医科大学党委副书记吕一军教授主持论坛并代表承办方致辞,他简要介绍了温州医科大学的发展历史与现状概况,向全国同行展示了温州医科大学健康伦理学的整体发展态势。中国伦理学会会长、清华大学人文学院院长万俊人教授宣布中国伦理学会关于由温州医科大学组织筹建中国伦理学会健康伦理学专业委员会的决定。

中国社会科学院研究员、国家卫生计划委员会医学伦理专家委员会委员邱仁宗做了题为“影响健康及健康责任”的演讲,强调个人责任在促进人民健康中起了一定的积极作用,应通过强制实施一些政策,使个人对健康负起责任,公共卫生在个人健康中起关键作用,政府对全民健康负有重要责任。温州医科大学健康与生命伦理学研究中心主任李恩昌教授指出,以大健康观为基础的健康中国战略的实施,把原来以医疗卫生行业为主的卫生事业扩展到国家、全社会和每个社会成员,已有的以研究行业伦理为主的医学伦理学、生命伦理学、公共健康伦理学难以适应新的变化,留下了道德空间和道德空白,必须建立健康伦理学这样具有广阔领域的综合学科,打开道德空间,增设道德概念和体系,才能为健康中国提供伦理支持,增加精神动力。北京协和医学院人文学院张新庆教授以“健康家庭:全方位全周期健康服务之基石”为题进行发言,认为“健康家庭”是“健康中国”的具体体现,重大疾病的诊断与治疗离不开家庭的智慧选择。公共卫生服务和健康教育要以家庭作为基本单元,“健康中国”理念的推广和实践离不开“健康家庭”的构建。广东医科大学附属医院副院长王双苗做了题为“塑造自主自律健康行为的伦理问题及对策”的发言,分析了当前个体健康行为自由意志与公共属性有冲突、健康道德生态状况与健康中国战略不匹配、健康的平等权与区域健康水平不平衡有落差等伦理困境,他认为应尽快建立健康伦理专业委员会以促进健康伦理学的发展。昆明理工大学社会科学学院副院长朱海林做了题为“公共健康伦理的基本论域”的发言,他认为公共健康伦理包括公共健康危机应对、重点疾病预防控制、公共健康风险管理中的伦理问题三大领域,以及公共健康决策的伦理导向、公共健康干预的伦理规制等环节,具有独立的学科性质。中南大学公共管理学院副院长周谨平做了题为“健康社会何以需要生命伦理”的发言,他认为健康正义是社会正义的重要体现,关注健康就是关注社会的本质,健康伦理有助于我们更深刻地认识社会。所以,建立健康伦理学正当其时。上海健康医学院马克思主义学院孙玉良教授以“《人民健康》思政选修课课程探索与实践”为题,从课程的指导思想与建设目标、组织实施、课程特色、阶段性成果、研究平台等五个方面对“人民健康”融入高校课程教育进行了讨论,认为将健康教育融入课程体系在当下十分的必要,并已经取得了较好的效果。国家卫生计划委员会医学伦理专家委员会委员、广东人口发展研究院院长董玉整教授做总结点评。在嘉宾对话环节,李恩昌、董玉整、张新庆、周瑾平、常运立分别围绕健康伦理学科建设、指导实践方式等若干问题展开探讨和争鸣。专家们认为,目前必须建立健康伦理学这样具有广泛领域的综合学科,打开道德空间,为健康中国提供伦理支持,增加精神动力,做出伦理学人的应有贡献。在大会的总结阶段,空军军医大学青年教师檀琳代表论坛在中国伦理学大会上做总结发言,得到学会领导和代表的赞扬。

健康伦理论坛是2017中国伦理学大会的平行论坛之一,也是中国伦理学大会今年首次增设的论坛。温州医科大学为承办本次论坛及组织筹建中国伦理学会健康伦理学专业委员会进行了充分的准备,得到了与会领导与专家的广泛好评。万俊人在大会闭幕式致辞中强调:“由温州医科大学承办的健康伦理论坛是2017中国伦理学大会规模最大的分论坛。论坛主题鲜明、学术层次高端、同行交流充分、会议成果突出,对中国公共健康伦理研究起到了积极推动作用。”

2017中国伦理学大会

参加人员:全国各地近千余位专家

主办单位:中国伦理学会

时间:2017年12月23日—24日

地点:北京

主要议题:新时代与道德建设。

本次大会以学习贯彻党的十九大报告精神为宗旨,以“新时代与道德建设”为主题,开设大会主旨报告、分论坛、“2017中外伦理热点对话会”、“中国伦理学2016年度十本好书”和“2017中国伦理学大会优秀论文”评选以及“第二届中国伦理学十大杰出青年学者”颁奖等多个活动板块。万俊人、郭广银、卢德之、于丹、李建华、江畅等学界知名学者做大会学术报告。大会设立了“新时代与伦理学发展”“新时代立德树人”“伦理学基础理论”

“政治伦理”和“健康伦理”等九个专题分论坛，其中，由温州医科大学承办的“健康伦理”论坛吸引了全国医学类院校、医疗机构和相关领域的近200名代表出席，其规模创历年分论坛活动新高，著名生命伦理学专家邱仁宗教授以及北京协和医学院和中国医科大学等单位的10余位学者做有关健康伦理的研究报告，分享了该领域研究的前沿观点。在“2017中外伦理热点对话会”和“第二届中国伦理学十大杰出青年学者”颁奖活动环节，李义天、张曦、曲红梅等10位“75后”“80后”青年学者向与会代表展示了新一代伦理学人扎实的学术功底、敏锐的学术眼光，台上台下互动热烈。新思想引领新时代，新使命开启新征程。作为中国伦理学界规格最高、影响力最大的年度盛会，“2017中国伦理学大会”关注新时代中国经济社会发展中的现实道德问题，在学术交流和思想碰撞中努力寻找改善社会道德风尚的有效路径，显现了全国伦理学人砥砺奋进、勠力同心，为建设中国特色社会主义道德文化大厦添砖加瓦的集体力量。

第六届全国科学技术与工程伦理学术研讨会暨第三届全国赛博伦理学研讨会

参加人员：来自中国社会科学院、北京大学、清华大学、浙江大学、华中科技大学、大连理工大学和东北大学等单位100多名代表

主办单位：中国自然辩证法研究会科学技术与工程伦理专业委员会主办，湖南师范大学公共管理学院、教育部人文社会科学重点研究基地湖南师范大学道德文化研究中心、中国特色社会主义道德文化协同创新中心、湖南师范大学科技哲学与科技政策研究所、长沙理工大学马克思主义学院、《伦理学研究》和《湖南师范大学社会科学学报》承办

时间：2016年11月12日—13日

地点：湖南师范大学

主要议题：本次会议围绕“万物互联时代的科技伦理和赛博伦理”这一主题设主旨报告会和专题报告会。中国社会科学院段伟文研究员、北京大学周程教授、浙江大学丛杭青教授、中国社会科学院肖显静研究员、长沙理工大学陈万求教授、湖南师范大学李伦教授做大会主旨报告，会议设“赛博伦理与网络伦理”“技术伦理与工程伦理”“生命伦理与环境伦理”及“人工智能与大数据伦理”等专题报告会。

一、赛博伦理与网络伦理

在赛博伦理方面，湖南师范大学李伦认为赛博伦理学是万物互联时代

的伦理学,它将汇聚计算机伦理学、网络伦理学、信息伦理学、生命伦理学、认知科学伦理学、神经科学伦理学、新材料伦理学等学科,形成一个具有统摄性、辐射性和渗透性的伦理学研究平台,是研究人机关系、万物关系的伦理学。上海财经大学张东辉强调赛博空间的发展理当以人的实践品格和鲜活生命为根本宗旨,应当是人的本质规定赛博空间的未来发展,而不是任凭赛博空间的发展规定人的本质并左右人类的未来走向。贵州大学王薇从国外福柯的哲学思想出发,探讨了赛博空间的矛盾意识形态及其地缘政治问题和赛博空间虚拟本体论中的主体性、身体问题等。在网络伦理方面,南开大学林建武谈到虚拟现实的伦理可能问题,认为我们可以通过赋予虚拟现实中的人替一种伦理主体的地位,通过主体沉浸的方式践行某些伦理的规范,从而真正建立起一种虚拟现实的伦理学。大连理工大学邢兆梅从伦理学的视角对网络语言植入现实给人们日常交际带来的“异常”变化进行了分析,从净化、规范和科学管理网络语言三个维度阐释了构建网络语言伦理框架的必要性和现实意义。华南理工大学窦畅宇探讨了赛博伦理中的代际公正与代际平等问题,认为信息与人的结合导致了人存在方式的变化,不同代人的信息化程度有差异,代际关系发生变化,强调青年需承担自身的代际义务,从“服从”前代走向“反哺”前代。

二、技术伦理、工程伦理与科研伦理

在技术伦理方面,华中师范大学张卫从技术与自由、技术与信息以及技术与中介三个角度论证了技术产生伦理问题的可能性,阐述了三个角度的相互关系,认为三个角度的论证共同反驳了技术工具论一贯坚持的技术本身无伦理属性的观点,从而为技术伦理学的合法性奠定了一个牢固的“阿基米德点”。长沙理工大学陈万求探讨了会聚技术伦理的认识论基础,认为为了合理地发展会聚技术,必须实施相关具有前瞻性的战略,采取相关具有预见性的措施,构建“公众—企业—政府—全球”技术主体的伦理新秩序。在技术风险方面,湖南师范大学万丹概括了风险研究的三种路径,提出一种对于风险概念的新界定方式,力求在规范主义和构造主义之间找到一种平衡,寻找在以技术路径为代表的实证主义与以社会学路径为代表的构造主义观点之间有哪些承诺可以作为合理的中性基础。湖南大学欧庭高认为科学社会化与现代技术风险的兴起密切相关,现代技术风险的不断建构、转移、扩散和放大,使传统的以专家为主的单一治理模式失效,进而需要向以公众参与为主的多元治理模式的转变。在工程伦理方面,北京工业大学张恒力认为美国工程伦理规范发展与工程职业发展历史密切相关，工程伦理规范发展经历了四个阶段，工程伦理规范的发展与完善顺应了工程技术发展的新兴挑战和工程职业发展需求。西南交通大学刘丽娜认为工程鲜明的伦理属性是由工程的本质决定的，普通伦理教育不能取代“工程伦理”教育。大连理工大学王飞认为科研成果评价直接影响到科学实践，科研成果评价的各种方法隐含着导致科研不端的可能性。

三、生命伦理与环境伦理

针对基因编辑引发的争论，河南师范大学刘科通过反思生命从自然编辑到技术编辑的转变，认为自从技术产生以来，生命进入技术编辑时代，其中蕴含的革命意义与本质挑战。长沙理工大学刘芳以“试管婴儿”为例，认为生命的技术控制会引发客观性伦理风险与主观性伦理风险，我们应从伦理思维模式的转换、“责任伦理”的接受与实践等向度出发，规避与消解伦理风险。中南大学王晓敏认为基因导向的个体化医疗对于复杂的临床不确定或难以权衡的临床决定是至关重要的，但也引发了一些伦理问题，我们应该结合中国文化背景，开展个体化医疗实现医学和人文的有效结合。中国社会科学院肖显静探讨了“物种是否具有道德地位与物种是否具有本质以及具有什么样的本质有关”的问题，认为“内在生物本质主义”之“激进”的状态，既可以比较完全地作为确立物种是否具有道德地位的标准，也可以凭此比较完全判断对物种成员的行为是否符合道德。在生命医学伦理方面，东北大学吕阳认为医学科学的发展使原生环境疾病得到有效的控制，但次生环境疾病的肆虐严重威胁着公众的身体健康和生命安全，呼吁运用生命伦理原则和公共卫生伦理原则对次生环境疾病进行审视。在生态伦理方面，湖州师范学院尹怀斌认为“两山”理论的伦理价值主要体现在马克思主义方法论价值，美好生活之实践论价值，对“中心论”“技术批判论”“资本批判论”“生态学马克思主义”等批判性价值等三个方面。河南师范大学金立科以我国农村秸秆焚烧问题为例，认为环境正义的基本诉求是强调环境利益的共享与环境责任的共担，解决秸秆焚烧问题最终还需通过社会正义和技术正义来实现环境正义。

四、人工智能与大数据伦理

在人工智能方面，东南大学李杨以无人驾驶汽车为例，认为当前人工智能所拥有的道德判断与行为能力是人类应用自己的理性进行设计并赋予机器人的，由于文化的多元性与地域性，对于同样一项人工智能技术，不同的受众群体可能做出完全不同的伦理价值判断，为了准确把握受众群体的伦理诉求，一方面需要按照一定程序进行理性对话与调查研究，建立相应的反馈机制，通过实验伦理的方式来获取人们的道德期望，将其应用在机器人伦理判断的确立上;另一方面可以利用大数据技术获取面对人工智能伦理困境的不同地域的受众群体的伦理判断和道德需求,推动人工智能伦理判断的适应性。大连理工大学于雪对机器人的道德能动作用进行了探析,认为机器人的道德能动作用问题侧重于对机器人自身道德属性和道德行为力的阐释与建构,包括机器人的道德意向论证和机器人的道德行为力的论证,将具有广义道德能动力的自动机器、计算机网络等技术物纳入道德行为范围,有助于在设计、使用、操作、评估等环节充分考虑机器人的道德角色和社会影响,促进机器人产业负责任地发展。在大数据伦理问题上,江西财经大学陈仕伟、西南交通大学刘丽娜等进行相关发言。

主要课题

立项课题

1. 基于负责任创新的大数据技术伦理规约研究，国家社科基金年度项目重点项目，王健，东北大学

2. 西方元伦理学中的道德客观性问题研究，国家社科基金年度项目重点项目，陈真，南京师范大学

3. 敦煌藏文文献《礼仪问答写卷》伦理思想研究，国家社科基金年度项目重点项目，才项多杰，青海民族大学

4. 伦理学视域下共享理念的价值意蕴及实践路径研究，国家社科基金年度项目重点项目，廖加林，湖南科技大学

5. 中国共产党执政伦理建设研究，国家社科基金年度项目重点项目，戴木才，清华大学

6. 湘学在中华民族核心价值观凝聚过程中的作用研究，国家社科基金年度项目重点项目，陈代湘，湘潭大学

7. ME 道德增强技术的伦理问题及其治理研究，国家社科基金年度项目一般项目，陈万球，长沙理工大学

8. 同意观念从政治学向伦理学的迁移及其正当性研究，国家社科基金年度项目一般项目，吕耀怀，苏州科技大学

9. 公共健康伦理的基本理论研究，国家社科基金年度项目一般项目，朱海林，昆明理工大学

10. “智能机器人”伦理问题研究，国家社科基金年度项目一般项目，高兆明，南京师范大学

11. 开源运动的开放共享伦理研究，国家社科基金年度项目一般项目，李伦，湖南师范大学

12. 河流工程责任伦理问题研究，国家社科基金年度项目一般项目，李映红，河海大学

13. 技术发明的责任伦理研究，国家社科基金年度项目一般项目，吴红，中国矿业大学

14. “后学院科学”伦理规范研究,国家社科基金年度项目一般项目,薛桂波,南京林业大学

15. 从反启蒙回到启蒙的德国现当代伦理演进逻辑研究,国家社科基金年度项目一般项目,范志军,东南大学

16. 法伦理的精神哲学形态研究,国家社科基金年度项目一般项目,赵一强,河北经贸大学

17. 伦理共识研究,国家社科基金年度项目一般项目,王艳,安徽师范大学

18. 希腊伦理学“自我”理论研究,国家社科基金年度项目一般项目,余友辉,南昌大学

19. 亚里士多德《欧德谟伦理学》与《尼各马可伦理学》比较研究,国家社科基金年度项目一般项目,刘玮,中国人民大学

20. 宋代儒家生命伦理思想研究,国家社科基金年度项目一般项目,张舜清,中南财经政法大学

21. 文明互鉴下的原始儒家与早期基督教生命伦理比较研究,国家社科基金年度项目一般项目,朱清华,江西财经大学

22. 中医药产业中动物利用的伦理困境与对策研究,国家社科基金年度项目一般项目,张燕,南京师范大学

23. 当代中国社会风尚的伦理实验研究,国家社科基金年度项目一般项目,季玉群,东南大学

24. 伦理学视角下的法律和道德关系问题研究,国家社科基金年度项目一般项目,弭维,山东大学

25. 中国传统伦理思想中的经权观研究,国家社科基金年度项目一般项目,赵清文,河南大学

26. 当代中国社会转型期乡村伦理秩序重建研究,国家社科基金年度项目一般项目,王美玲,上海工程技术大学

27. 晋商伦理研究,国家社科基金年度项目一般项目,白明东,太原师范学院

28. 马克思增进人民幸福的财富伦理思想研究,国家社科基金年度项目一般项目,贺汉魂,湖南第一师范学院

29. 儒家伦理领导力的本土化构建研究,国家社科基金年度项目一般项目,原理,中国人民大学

30. 环境伦理视域中的生态公民研究,国家社科基金年度项目一般项

目,周国文,北京林业大学

31. 罗国杰伦理思想研究,国家社科基金年度项目一般项目,赵冰,安徽师范大学

32. 康德道德情感理论研究,国家社科基金年度项目一般项目,董滨宇,中共北京市委党校

33. 中国道德榜样叙事研究,国家社科基金年度项目一般项目,李培超,湖南师范大学

34. 技术时代的道德责任问题研究,国家社科基金年度项目一般项目,田广兰,苏州大学

35. 儒家德性幸福的现代转型研究,国家社科基金年度项目一般项目,张方玉,曲阜师范大学

36. 唐君毅生死哲学思想及其当代价值研究,国家社科基金年度项目一般项目,何仁富,温州医科大学

37. 关学哲学建构的经学基础与创新价值研究,国家社科基金年度项目一般项目,陈战峰,西北大学

38. 恩格斯历史合力论思想及当代价值研究,国家社科基金年度项目一般项目,叶泽雄,华中师范大学

39. 当代政治哲学平等正义理论研究,国家社科基金年度项目一般项目,顾肃,复旦大学

40. 当代西方平等主义三大核心争论及其逻辑进程研究,国家社科基金年度项目一般项目,陶文佳,湖北大学

41.《正义论》诠释与批评,国家社科基金年度项目一般项目,张国清,浙江大学

42. 历史唯物主义视域下当代生态正义问题研究,国家社科基金年度项目一般项目,孙晓艳,上海工程技术大学

43. 现代西方性别正义理论研究,国家社科基金年度项目一般项目,张秀,华东政法大学

44. 社群主义正义观的批判性研究,国家社科基金年度项目一般项目,姜丽,上饶师范学院

45. 作为正义问题的承认理论研究,国家社科基金年度项目一般项目,汤云,四川大学

46. 当代西方学界关于马克思、恩格斯基础伦理思想的系列研究,国家社科基金年度项目青年项目,杨松,厦门大学

47. 生物多样性保护的伦理困境与对策研究,国家社科基金年度项目青年项目,杜红,重庆师范大学

48. 当代西方德性伦理学与规范伦理学论争及其意义研究,国家社科基金年度项目青年项目,方熹,云南师范大学

49. 汉传佛教生命伦理思想研究,国家社科基金年度项目青年项目,王富宜,东南大学

50. 香港慈善伦理的建构范式研究,国家社科基金年度项目青年项目,刘海娟,深圳大学

51. 马克思社会理想中的美德伦理思想研究,国家社科基金年度项目青年项目,符海平,广州大学

52. 政治认同及其社会伦理基础研究,国家社科基金年度项目青年项目,余露,湖南师范大学

53. 明代日用类书与儒家伦理民间化研究,国家社科基金年度项目青年项目,魏志远,延安大学

54. 德勒兹伦理思想研究,国家社科基金年度项目青年项目,张能,重庆邮电大学

55. 伦理视角下的"新生活运动"研究,国家社科基金年度项目青年项目,李明建,宿迁学院

56. 人工智能的道德决策研究,国家社科基金年度项目青年项目,孙保学,湖南师范大学

57. 先秦诸子道德哲学论辩研究,国家社科基金年度项目青年项目,王正,中国社会科学院

58. 康德前批判期和沉默期的道德哲学研究,国家社科基金年度项目青年项目,马新宇,西北大学

59.《白虎通》对传统道德的体系建构及其论证,国家社科基金年度项目青年项目,冷兰兰,湖南工业大学

60. 道德承续视域下先秦儒家友善美德的创造性转化研究,国家社科基金年度项目青年项目,冯丕红,广西科技大学

61. 阿多诺否定的道德哲学及其影响研究,国家社科基金年度项目青年项目,周爱民,同济大学

62. 恩格斯文献思想及当代价值研究(1842—1845),国家社科基金年度项目青年项目,黄建都,江西理工大学

63. 泰州学派儒学民间化及其现代价值研究,国家社科基金年度项目

青年项目，谢群洋，贵州师范大学

64. 中国传统“勇”德思想及其当代价值研究，国家社科基金年度项目青年项目，唐俊，长沙理工大学

65. 科学知识的分配正义问题研究，国家社科基金年度项目青年项目，白惠仁，西安交通大学

66. 习近平政治伦理思想研究，国家社科基金年度项目西部项目，郗芙蓉，陕西科技大学

67. 青藏地区高校青年教师德性养成的伦理文化环境研究，国家社科基金年度项目西部项目，张磊，青海大学

68. 朱熹自然观与当代生态道德建设研究，国家社科基金年度项目西部项目，陈文，武夷学院

69. 卢梭“道德人”理论研究，国家社科基金年度项目西部项目，尹强，宁夏大学

70. 道家生命伦理的传统视域与现代转型，国家社科基金年度项目后期资助项目，李红文，湖南中医药大学

71. 中国司法伦理基础论纲，国家社科基金年度项目后期资助项目，陈文曲，中南大学

72. 城市社会的伦理自觉——哲学视野中的城市社会，国家社科基金年度项目后期资助项目，陈忠，上海财经大学

73. 从“责任”到“信任”：宋明理学道德—政治哲学的新探索，国家社科基金年度项目后期资助项目，雷静，华南农业大学

74. 多元文化背景下的价值冲突与价值认同，国家社科基金年度项目后期资助项目，陶蕾韬，北京交通大学

75. 平等的学理基础，国家社科基金年度项目后期资助项目，王元亮，山东大学

76. 行政正义研究，国家社科基金年度项目后期资助项目，叶勤，南京师范大学

77. 儒家中道哲学的历史渊源与当代价值，国家社科基金年度项目中华学术外译项目，徐克谦，南京师范大学

78. 学校公共生活的建构与公民品格的教育，教育部人文社会科学重点研究基地重大项目，冯建军，南京师范大学道德教育研究所

79. 高校大学生思想道德状况跟踪调查与分析，教育部人文社会科学重点研究基地重大项目，桂勇，清华大学高校德育研究中心

80. 社会主义核心价值观与中华优秀传统文化研究,教育部人文社会科学重点研究基地重大项目,戴木才,清华大学高校德育研究中心

81. 中国共产党核心价值观教育研究,教育部人文社会科学重点研究基地重大项目,欧阳军喜,清华大学高校德育研究中心

82. 国家治理能力现代化的伦理路径研究,教育部人文社会科学重点研究基地重大项目,王莹,中国人民大学伦理学与道德建设研究中心

83. 伦理视域下中西政治文明比较研究,教育部人文社会科学重点研究基地重大项目,葛晨虹,中国人民大学伦理学与道德建设研究中心

84. 当代中国社会转型、不平等与社会政策研究,教育部人文社会科学重点研究基地重大项目,李迎生,中国人民大学社会学理论与方法研究中心

85. 公正与和谐:中国传统社会多元纠纷解决机制,教育部人文社会科学重点研究基地重大项目,朱勇,中国政法大学法律史学研究院

86. 国家治理体系和治理能力现代化中的法治与德治研究,教育部哲学社会科学研究重大课题攻关项目,潘伟杰,复旦大学

87. 中华优秀传统文化的学理建构、价值认同与教育策略研究,教育部哲学社会科学研究重大课题攻关项目,曹胜高,陕西师范大学

88. 德里达马克思主义哲学伦理思想研究,教育部人文社会科学研究青年基金项目,张炜炜,华东师范大学

89. 组织伦理视域下我国大学诚信建设研究,教育部人文社会科学研究青年基金项目,黄艳,中南林业科技大学

90. 复合性认知增强技术伦理问题研究,教育部人文社会科学研究青年基金项目,高佳,湖南理工学院

91. 21世纪以来西方德性伦理学的多样性研究,教育部人文社会科学研究青年基金项目,叶方兴,华东师范大学

92. 现代性的欲望拓扑学:拉康伦理思想研究,教育部人文社会科学研究青年基金项目,胡成恩,温州医科大学

93. 百年新诗"跨文体写作"演进及形式伦理研究,教育部人文社会科学研究青年基金项目,杨亮,大连理工大学

94. 作为文学性本源的麦金太尔伦理叙事研究,教育部人文社会科学研究青年基金项目,宋薇,大连外国语大学

95. 他者与责任:欧茨小说的伦理主题研究,教育部人文社会科学研究青年基金项目,唐丽伟,湘潭大学

96. 当代美国戏剧的老龄伦理研究，教育部人文社会科学研究青年基金项目，李晶，中南财经政法大学

97. 乡村传统工匠伦理——鄂东农耕生产器具图绘整理与文化研究，教育部人文社会科学研究青年基金项目，孙军，黄冈师范学院

98. 大数据时代的数据新闻生产与伦理研究，教育部人文社会科学研究青年基金项目，张超，山东大学

99. 伦理学视域下福柯对西方古代经典的阐释研究，教育部人文社会科学研究青年基金项目，宋玲玲，东华理工大学

100. “海派”都市文学与中国现代城市伦理研究，教育部人文社会科学研究青年基金项目，李汉桥，湖北第二师范学院

101. 当代中国司法公信力的道德建构研究，教育部人文社会科学研究青年基金项目，宣璐，安徽建筑大学

102. 基于知识条件的道德责任可能性研究，教育部人文社会科学研究青年基金项目，韩辰锴，河南大学

103. 康德道德哲学的宗教维度研究，教育部人文社会科学研究青年基金项目，杨云飞，武汉大学

104. 系统功能视域下典籍复译的语际再实例化模型研究——以《道德经》英译为个案，教育部人文社会科学研究青年基金项目，王汐，西安外国语大学

105. 英国早期现代的道德情感思想及其对中国社会治理的意义，教育部人文社会科学研究青年基金项目，杨璐，中国政法大学

106. 自然与德性：尼采晚期思想研究，教育部人文社会科学研究青年基金项目，韩玮，复旦大学

107. 马克思货币批判理论及其当代价值研究，教育部人文社会科学研究青年基金项目，欧阳彬，电子科技大学

108. 思想政治教育视阈下中国优秀传统文化的价值及应用研究，教育部人文社会科学研究青年基金项目，杨丽艳，东北林业大学

109. 马克思剩余价值学说的历史唯物主义意蕴研究，教育部人文社会科学研究青年基金项目，路红芳，东北师范大学

110. 价值虚无主义的裂变及其谱系研究——从反思法西斯主义入手，教育部人文社会科学研究青年基金项目，邓先珍，广东财经大学

111. 马克思共同体思想及其当代价值研究，教育部人文社会科学研究青年基金项目，王喜，广东医科大学

112. 罗莎·卢森堡的社会主义思想及其当代价值研究,教育部人文社会科学研究青年基金项目,张建,广州医科大学

113. 马克思的科技与生态互动思想及当代价值研究,教育部人文社会科学研究青年基金项目,刘建涛,辽宁工业大学

114. 革命与现代化:1949—1966年中国民众价值观念的变迁与构建,教育部人文社会科学研究青年基金项目,谌颖,天津职业技术师范大学

115. 中国童谣的价值谱系研究,教育部人文社会科学研究青年基金项目,韩丽梅,沧州师范学院

116. 吉尔·德勒兹的"褶皱理论"及其当代价值研究,教育部人文社会科学研究青年基金项目,庄鹏涛,河南大学

117. 媒介融合时代综艺节目的价值观传播研究,教育部人文社会科学研究青年基金项目,刘琛,湖南大学

118. 21世纪中国电视剧中英雄叙事的话语衍变及价值审视,教育部人文社会科学研究青年基金项目,胡辉,华南农业大学

119. 传统乡贤文化的教育价值探寻——基于华北一个教育世家为中心的考察,教育部人文社会科学研究青年基金项目,王彩霞,山东管理学院

120. 价值观对运动员使用兴奋剂的态度和行为影响研究,教育部人文社会科学研究青年基金项目,张娜珍,大连理工大学

121. 中国青年群体奢侈品消费行为及价值观研究,教育部人文社会科学研究青年基金项目,苏昉,武汉大学

122. 旧城空间更新中老工业住区的居住文化保护与价值重塑研究:以武汉市为例,教育部人文社会科学研究青年基金项目,赵衡宇,中南民族大学

123. 文化价值取向与催产素能系统对共情内群体偏向的交互影响,教育部人文社会科学研究青年基金项目,罗思阳,中山大学

124. 马克思主义政治哲学视阈中当代中国平等问题研究,教育部人文社会科学研究青年基金项目,徐珍,湖北科技学院

125. 分析马克思主义的机会平等理论研究,教育部人文社会科学研究青年基金项目,王坤,天津商业大学

126. 大城市外来人口住房不平等研究:多维测度、互动机制与融合路径,教育部人文社会科学研究青年基金项目,潘静,佛山科学技术学院

127. 生育政策调整对家庭收入不平等的影响机理及治理对策研究,教育部人文社会科学研究青年基金项目,徐雷,湖南商学院

128. 医疗负担均等化下的健康不平等加剧研究，教育部人文社会科学研究青年基金项目，鞠牛，中山大学

129. 劳动与自由：马克思的正义观研究，教育部人文社会科学研究青年基金项目，彭文刚，华中农业大学

130. 全球化时代生态正义的意识形态陷阱与破解进路研究，教育部人文社会科学研究青年基金项目，刘顺，上海海事大学

131. 情感政治视域下的纳斯鲍姆正义理论研究，教育部人文社会科学研究青年基金项目，叶晓璐，复旦大学

132. 罗尔斯的国际正义理论研究，教育部人文社会科学研究青年基金项目，张铁瑶，南京航空航天大学

133. 莱纳·弗斯特正义理论研究，教育部人文社会科学研究青年基金项目，蒋颖，山东大学

134. 信息与正义：法律论证的生态语篇策略研究，教育部人文社会科学研究青年基金项目，袁庆锋，华南农业大学

135. 城市街道改造的知识、权力与空间正义研究，教育部人文社会科学研究青年基金项目，崔庆仙，山西财经大学

136. 司法实体公正视野下少数民族地区判决文书实据建构研究，教育部人文社会科学研究青年基金项目，吴晶晶，广西科技大学

137. 教育公平视角下流动留守儿童公正世界信念保护性因素的多水平分析和对策研究，教育部人文社会科学研究青年基金项目，曾细花，南方医科大学

138. 戴维·洛奇小说的伦理批评，教育部人文社会科学研究规划基金项目，李雪，哈尔滨工业大学

139. 艺术设计伦理概论研究，教育部人文社会科学研究规划基金项目，王志强，南京晓庄学院

140. 知识考古学视域下中国早期电影伦理批评的研究(1921—1931)，教育部人文社会科学研究规划基金项目，邢祥虎，青岛农业大学

141. 新型城镇化进程中乡村伦理文化重塑的图式艺术研究：以江苏省新农村社区文化建设为例，教育部人文社会科学研究规划基金项目，莫军华，苏州科技大学

142. 中国情境下差序式领导对员工亲组织非伦理行为的影响机制研究，教育部人文社会科学研究规划基金项目，张桂平，湖北工业大学

143. 中国情境下伦理型领导行为对员工及团队志愿行为的影响：一个

跨层次追踪研究,教育部人文社会科学研究规划基金项目,王雁飞,华南理工大学

144. 儒家传统、隐性规则与企业非伦理行为:基于非正式制度视角的理论与实证研究,教育部人文社会科学研究规划基金项目,淦未宇,西南政法大学

145. 儿童教育伦理实践问题研究:如何道德地教,教育部人文社会科学研究规划基金项目,蒋一之,杭州师范大学

146. 中小学教师实施教育惩戒面临的伦理困境及其应对策略研究,教育部人文社会科学研究规划基金项目,姜丽华,辽宁师范大学

147. 个体伦理与家国命运:新时期文学影视的生育主题研究,教育部人文社会科学研究规划基金项目,蒋建梅,南京财经大学

148. 全媒体环境下大学生性道德引导与纠偏机制研究,教育部人文社会科学研究规划基金项目,王宇航,浙江财经大学

149. “心理—道德教育”原理及其模式研究,教育部人文社会科学研究规划基金项目,沈贵鹏,江南大学

150. “德性”竞争与道德教育,教育部人文社会科学研究规划基金项目,尹伟,江苏理工学院

151. 共同体德性在全球正义中的地位和作用研究,教育部人文社会科学研究规划基金项目,Jun-Hyeok Kwak,中山大学

152. 网络舆论导向中的价值规约研究,教育部人文社会科学研究规划基金项目,田九霞,安徽大学

153. 社会主义核心价值观日常生活化的话语策略研究,教育部人文社会科学研究规划基金项目,王冬云,吉林大学

154. 依托优良家风践行社会主义核心价值观研究,教育部人文社会科学研究规划基金项目,汪早容,武汉轻工大学

155. 西部跨境族群培育和践行社会主义核心价值观的差异性研究,教育部人文社会科学研究规划基金项目,张悦,云南师范大学

156. 社会主义核心价值观导引民间信仰的嵌入机制及路径研究,教育部人文社会科学研究规划基金项目,刘妙桃,浙江农林大学

157. 云南少数民族传统生态文化的当代价值研究,教育部人文社会科学研究规划基金项目,颜宁,云南财经大学

158. 融合文化下新闻价值的评价体系重构——基于价值哲学视角,教育部人文社会科学研究规划基金项目,毛毅,武汉工商学院

159. 基于社会主义核心价值观培育的大学生"互联网+经典阅读"模式研究,教育部人文社会科学研究规划基金项目,张正,广州大学

160. 嵌入式信息素养教育的价值营销与用户感知耦合机制研究,教育部人文社会科学研究规划基金项目,常红,山东工商学院

161. 陶行知德育思想的心学渊源及当代价值研究,教育部人文社会科学研究规划基金项目,金维才,安徽师范大学

162. 教育信息化的人文价值研究,教育部人文社会科学研究规划基金项目,陈雄辉,华南师范大学

163. 中学生职业价值观的发展与培养,教育部人文社会科学研究规划基金项目,盖笑松,东北师范大学

164. 我国体育课程价值取向审视与探究,教育部人文社会科学研究规划基金项目,杜光友,长江大学

165. 我国当代体育核心价值体系研究,教育部人文社会科学研究规划基金项目,何文涛,成都工业学院

166. 健康中国视域下青少年体育核心价值观的培育与践行研究,教育部人文社会科学研究规划基金项目,鲁长芬,华中师范大学

167. 中医学生实习阶段职业价值观干预模式研究,教育部人文社会科学研究规划基金项目,聂里红,北京中医药大学

168. 基于长期机会平等导向的中国收入再分配制度优化设计研究,教育部人文社会科学研究规划基金项目,雷欣,武汉大学

169. 义务教育"就近入学"中的平等权问题研究,教育部人文社会科学研究规划基金项目,邵亚萍,浙江大学城市学院

170. 活体器官捐献的伦理问题和规范化管理研究,教育部哲学社会科学研究后期资助项目(一般项目),袁蕙芸,上海交通大学

171. 道德自觉:乡村文化的变迁与重构,教育部哲学社会科学研究后期资助项目(一般项目),申端锋,江南大学

172. 高校立德树人的实现路径研究,教育部人文社会科学研究专项任务项目(高校思想政治工作)思想政治工作课题,魏雪梅,蚌埠学院

173. 大学生政治价值观演变的影响因素、动力机制与潜在规律研究,教育部人文社会科学研究专项任务项目(高校思想政治工作)思想政治工作课题,李小芹,长安大学

174. 文化自信视域下当代大学生价值观自信教育研究,教育部人文社会科学研究专项任务项目(高校思想政治工作)思想政治工作课题,王娜,

长春中医药大学

175. 价值思辨引领贯穿大学英语教育教学的研究与实践,教育部人文社会科学研究专项任务项目(高校思想政治工作)思想政治工作课题,高晚欣,哈尔滨工程大学

176. 中华优秀传统文化视阈下大学生文化自信培养路径研究,教育部人文社会科学研究专项任务项目(高校思想政治工作)思想政治工作课题,贾海宁,济南大学

177. 习近平青年修德思想与大学生文明修身教育研究,教育部人文社会科学研究专项任务项目(高校思想政治工作)思想政治工作课题,方年根,浙江中医药大学

178. 美国新品格教育可借鉴性研究——对大学生社会主义核心价值观认同教育的创新思考,教育部人文社会科学研究专项任务项目(高校思想政治工作)辅导员骨干专项,刘晨,东北师范大学

179. 自媒体视域下大学生道德话语理性重构研究,教育部人文社会科学研究专项任务项目(高校思想政治工作)辅导员骨干专项,苏少丹,佛山科学技术学院

180. 培育高校大学生社会主义核心价值观认同研究——基于网络话语权的视角,教育部人文社会科学研究专项任务项目(高校思想政治工作)辅导员骨干专项,张丹,广东财经大学

181. 中华传统文化视域下高职院校工匠精神培育研究,教育部人文社会科学研究专项任务项目(高校思想政治工作)辅导员骨干专项,李爽,广东工贸职业技术学院

182. 新乡先进群体精神融入河南大学生思想政治教育研究,教育部人文社会科学研究专项任务项目(高校思想政治工作)辅导员骨干专项,张锋,河南师范大学

183. 革命文化融入大学生日常思想政治教育研究——以武汉地区高校为例,教育部人文社会科学研究专项任务项目(高校思想政治工作)辅导员骨干专项,刘广乐,华中农业大学

184. 中华优秀传统文化与大学生思想政治教育的融合研究,教育部人文社会科学研究专项任务项目(高校思想政治工作)辅导员骨干专项,曾晓辉,南昌工学院

185. 以文蕴德——德育生态语境下中国传统文化教育之载体功能培植,教育部人文社会科学研究专项任务项目(高校思想政治工作)辅导员骨

干专项，王祎黎，东北师范大学

186. 社会主义核心价值观融入大学生思想政治教育的路径研究，教育部人文社会科学研究专项任务项目(高校思想政治工作)辅导员骨干专项，曹静，同济大学

187. “新青年下乡”与大学生社会主义核心价值观培育研究，教育部人文社会科学研究专项任务项目(高校思想政治工作)辅导员骨干专项，白炳贵，温州大学

188. 中华优秀传统文化精神融入大学生日常思想政治教育研究，教育部人文社会科学研究专项任务项目(高校思想政治工作)辅导员骨干专项，黄楠竹，西南大学

结项课题

1. 社会主义核心价值观的公民认同培育研究，国家社科基金年度项目重点项目，郭建新，南京审计学院，优秀

2. 社会主义核心价值观研究，国家社科基金年度项目重点项目，袁传银，武汉大学，良好

3. 儒家道德哲学和基督教道德哲学的比较研究，国家社科基金年度项目重点项目，赵士林，中央民族大学，合格

4. 我国公务员职业道德建设研究，国家社科基金年度项目一般项目，丰存斌，中共山西省委党校，优秀

5. 社群主义的社会平等思想及其当代价值研究，国家社科基金年度项目一般项目，何霜梅，中央社会主义学院，优秀

6. 中国大学核心价值体系教育模式研究，国家社科基金年度项目一般项目，陈章龙，南京财经大学，优秀

7. 资本的伦理学研究，国家社科基金年度项目一般项目，余达淮，河海大学，良好

8. 列宁政治伦理思想研究，国家社科基金年度项目一般项目，苏玲，华南大学，良好

9. 建筑伦理的体系建构与实践研究，国家社科基金年度项目一般项目，秦红岭，南华大学，良好

10. 公共政策制定中的伦理责任问题研究，国家社科基金年度项目一般项目，许淑萍，黑龙江省社会科学院政治学研究所，良好

11. 中国儒家道德情感主义哲学研究，国家社科基金年度项目一般项

目,邵显侠,南京师范大学,良好

12. 经济哲学视野下的资本逻辑与经济正义研究,国家社科基金年度项目一般项目,毛勒堂,上海师范大学,良好

13. 和谐社会视野下我国社会保障制度的公平与共享研究,国家社科基金年度项目一般项目,赵春玲,南开大学,良好

14. 现代医疗技术中的生命伦理问题研究,国家社科基金年度项目一般项目,岳瑨,东南大学人文学院,良好

15. 互联网新型不正当竞争行为法律规制的实证研究,国家社科基金年度项目一般项目,吴太轩,西南政法大学,良好

16. 和谐社会的福利伦理问题研究,国家社科基金年度项目一般项目,陈燕,中南财经政法大学哲学院,良好

17. 促进社会公正的公共政策分析,国家社科基金年度项目一般项目,王庆华,吉林大学行政学院,良好

18. 祛弱权视阈的生命伦理问题研究,国家社科基金年度项目一般项目,任丑,西南大学政治与公共管理学院,良好

19. 列宁政治伦理思想研究,国家社科基金年度项目一般项目,苏玲,南华大学政治与公共管理学院,良好

20. 生态文明建设中的气候伦理研究,国家社科基金年度项目一般项目,唐代兴,四川师范大学,合格

21. 公司治理伦理的运行机制研究,国家社科基金年度项目一般项目,张世云,重庆邮电大学,合格

22. 教育机会分配的公平性问题研究,国家社科基金年度项目一般项目,曾晓东,北京师范大学,合格

23. 道德旁观现象研究,国家社科基金年度项目一般项目,黄岩,杭州电子科技大学,合格

24. 英美科幻小说科技伦理研究,国家社科基金年度项目一般项目,刘晓华,沧州师范学院中文系,合格

25. 维吾尔族生态伦理思想研究,国家社科基金年度项目一般项目,路永照,新疆师范大学,合格

26. 正义和善:平等主义医疗资源分配理论研究,国家社科基金年度项目一般项目,张艳梅,吉林大学,合格

27. 社会主义核心价值体系普及实践机制研究,国家社科基金年度项目一般项目,姜朝晖,南通大学,合格

28. 价值自觉与社会主义核心价值体系建设研究,国家社科基金年度项目一般项目,王伦光,湖州师范学院社会发展学院,合格

29. 干部选拔任用与以德为先标准研究,国家社科基金年度项目一般项目,张志蓬,中共山西省委党校,合格

30. 当代中国公务员德性结构及其评价体系研究,国家社科基金青年项目,秦洁,河南财经政法大学,优秀

31. 伦理学视阈中的不正当行政行为问题研究,国家社科基金青年项目,谢惠媛,北京航空航天大学,良好

32. 凉山彝族家支道德文化反毒品教育研究,国家社科基金青年项目,李戬,四川师范大学,良好

33. 先秦儒家情理主义道德哲学形态研究,国家社科基金青年项目,郭卫华,天津医科大学,良好

34. 唯物史观视野下的道德意志研究,国家社科基金青年项目,沈永福,首都师范大学,良好

35. 当代西方政治哲学中的全球正义理论跟踪研究,国家社科基金青年项目,高景柱,天津师范大学,良好

36. 分配正义与社会公平实证研究,国家社科基金青年项目,葛四友,华东师范大学,良好

37. 社会转型时期公德失范的诊断与矫治研究,国家社科基金青年项目,黄建跃,重庆市委党校,良好

38. 正义与应得研究,国家社科基金青年项目,王立,吉林大学哲学社会学院,良好

39. 伦理学视野下人的尊严研究,国家社科基金青年项目,代峰,南昌航空大学马克思主义学院,良好

40. 卫生资源优先次序分配的伦理机制及评价研究,国家社科基金青年项目,峗怡,第三军医大学,合格

41. 中部地区承接产业转移中基于环境伦理的政府政策转型研究,国家社科基金青年项目,汤明,九江学院,合格

42. 当代美德伦理学及其心理基础研究,国家社科基金青年项目,李义天,中共中央编译局,合格

43. 工程伦理学视域下的工程安全研究,国家社科基金青年项目,张恒力,北京工业大学,合格

44. 民主政治语境中的政治家与公民美德研究,国家社科基金青年项

目,陈华文,清华大学,合格

45. 多市场接触视角下企业间公关非伦理行为的互动机理及治理对策研究,国家社科基金青年项目,李华君,华中科技大学,合格

46. 当代中国道德风险研究,国家社科基金青年项目,韩桥生,江西师范大学,合格

47. 高校大学生践行社会主义核心价值的内在机理及制度建设研究,国家社科基金青年项目,刘峥,南华大学,合格

48. 马克思的社会正义思想研究,国家社科基金西部项目,胡玻,重庆社会科学院,良好

49. 红色资源与党的执政伦理建设研究,国家社科基金西部项目,刘浩林,中国井冈山干部学院,合格

50. 我国西南跨境民族青少年社会主义核心价值体系教育研究,国家社科基金西部项目,丁晓东,曲靖师范学院,合格

51. 教育机会分配的公平性问题研究,国家社科基金西部项目,沈有禄,广西大学,合格

52. 古希腊文学中的正义观念研究,国家社科基金西部项目,张文涛,四川师范大学,合格

53. 藏区社会主义核心价值体系认同与构建研究,国家社科基金西部项目,张玉良,青海省委党校,免于鉴定

54. 中西老龄伦理比论,国家社科基金后期资助项目,刘喜珍,北方工业大学

55. 马克思主义正义观视野下的劳动法"倾斜保护原则",国家社科基金后期资助项目,穆随心,陕西师范大学

56. 西方《孟子》研究与儒家伦理建构,国家社科基金后期资助项目,韩振华,北京外国语大学

57. 当代大学生对社会主义核心价值体系价值认同研究,国家社科基金后期资助项目,白显良,西南大学政治与公共管理学院

58. 伦理与法理互通的传统路径和现代建构——以中国传统社会"德法之辩"命题为研究对象,教育部人文社会科学研究青年基金项目,张启江,湖南师范大学

59. 学理与伦理——经学研究如何关联道德生活,教育部人文社会科学研究青年基金项目,曾军,武汉学院

60. 伦理学视域下的人的尊严问题研究,教育部人文社会科学研究青

年基金项目,王福玲,中国人民大学

61. 多学科背景下的道德责任研究,教育部人文社会科学研究青年基金项目,刘晓飞,厦门大学

62. 当代中国教育价值取向的困境与重构——一种文化生态视角的分析,教育部人文社会科学研究青年基金项目,杨光海,聊城大学

63. 价值哲学与意向性问题研究,教育部人文社会科学研究青年基金项目,钟汉川,南开大学

64. 市场交易中的道德失范与建构,教育部人文社会科学研究青年基金项目,张军,安徽大学

65. 当代中国婚姻家庭法价值取向的审视与建构——以我国夫妻财产制和离婚救济制度为例,教育部人文社会科学研究青年基金项目,雷春红,浙江工业大学

66. 奥斯维辛之后宽恕困境的哲学反思,教育部人文社会科学研究青年基金项目,陈旭东,安徽师范大学

67. 转型社会的公正研究,教育部人文社会科学研究青年基金项目,杜凡,北京工商大学

68. 宋明理学责任伦理思想研究,教育部人文社会科学研究青年基金项目,雷静,华南农业大学

69. 利益相关者价值优化视角的大学治理结构研究,教育部人文社会科学研究青年基金项目,杨成名,江西师范大学

70. 企业社会责任报告决策价值及其作用机理研究,教育部人文社会科学研究青年基金项目,张正勇,南京财经大学

71. 伦理型领导对员工创造性的影响及其作用机制研究,教育部人文社会科学研究青年基金项目,李劲松,上海财经大学

72. 公民美德养成的制度之维及践行研究,教育部人文社会科学研究青年基金项目,王明霞,浙江科技学院

73. 学校道德教育中的控制和实效性研究——以榜样教育为例,教育部人文社会科学研究青年基金项目,王俏华,浙江师范大学

74. 中国共产党执政道德建设的历史考察与基本经验研究,教育部人文社会科学研究青年基金项目,赵静,北京科技大学

75. 食品企业社会责任、企业荣誉与经济绩效的关系研究,教育部人文社会科学研究青年基金项目,陈煦江,重庆工商大学

76. 生命权的伦理反思和制度重构,教育部人文社会科学研究青年基

金项目,马特,对外经济贸易大学

77. 青少年社会公平判断的偏好调节形成机制,教育部人文社会科学研究青年基金项目,李文静,鲁东大学

78. 地球工程的伦理研究,教育部人文社会科学研究青年基金项目,柳琴,南京信息工程大学

79. 企业社会责任与品牌资产互动培育研究——基于消费者响应的理论与实证分析,教育部人文社会科学研究青年基金项目,辛杰,山东大学

80. 契约伦理行为互动下社会管理体制的优化与创新研究:一个多契约主体合作视角,教育部人文社会科学研究青年基金项目,滕姗姗,文华学院

81. 通向至善之途——德国古典伦理学中的德福之辩及其现代启示,教育部人文社会科学研究青年基金项目,张会永,厦门大学

82. 公平视野下高校特殊学生群体权益保障研究,教育部人文社会科学研究青年基金项目,王广飞,盐城师范学院

83. 工程伦理研究的经验转向,教育部人文社会科学研究青年基金项目,于爽,浙江大学

84. 哈贝马斯话语伦理学研究,教育部人文社会科学研究青年基金项目,宫瑜,浙江农林大学

85. 中美高等教育制度伦理的价值比较研究,教育部人文社会科学研究青年基金项目,田雪飞,东北大学

86. 阿佩尔道德哲学研究,教育部人文社会科学研究青年基金项目,罗亚玲,复旦大学

87. 高校家庭经济困难学生资助工作中价值观教育的研究,教育部人文社会科学研究青年基金项目,史凌芳,广西科技大学

88. 当代中国社会治理的伦理路径研究,教育部人文社会科学研究青年基金项目,王维国,河北经贸大学

89. 网络文化对大学生伦理道德影响机制的实证研究,教育部人文社会科学研究青年基金项目,张开洪,河南理工大学

90. 代际正义视角下中国基本养老保险制度研究,教育部人文社会科学研究青年基金项目,邱玉慧,黑龙江大学

91. 和谐社会背景下我国公民社会公正感研究,教育部人文社会科学研究青年基金项目,方学梅,华东理工大学

92. 来华留学生思想道德教育研究,教育部人文社会科学研究青年基

金项目，王春刚，佳木斯大学

93. 历史唯物主义视域中的政治正义研究，教育部人文社会科学研究青年基金项目，陆寒，井冈山大学

94. 高科技时代的消费伦理研究，教育部人文社会科学研究青年基金项目，朱晓虹，丽水学院

95. 道德责任与法律责任判断的认知及神经机制，教育部人文社会科学研究青年基金项目，李鹏，辽宁师范大学

96. 多元文化背景下高校思想政治理论课教师对社会主义核心价值观的理解与认同研究，教育部人文社会科学研究青年基金项目，陈志兴，南昌大学

97. 个体道德态度养成的机制与路径研究，教育部人文社会科学研究青年基金项目，杨宇辰，南昌工程学院

98. 核电发展的伦理困境及其突破对策研究，教育部人文社会科学研究青年基金项目，曾志伟，南华大学

99. 良心行为的内隐性及良心德育育德模式的建构，教育部人文社会科学研究青年基金项目，李海青，曲阜师范大学

100. 社会公正视域下的农民工报道传播模式研究，教育部人文社会科学研究青年基金项目，徐艳，天津外国语大学

101. 自我损耗影响道德判断和决策的实证研究，教育部人文社会科学研究青年基金项目，于斌，天津医科大学

102. 企业社会责任信息披露印象管理研究，教育部人文社会科学研究青年基金项目，吉利，西南财经大学

103. 伦理困境下个体决策回避的机理及应用研究，教育部人文社会科学研究青年基金项目，李良，西南交通大学

104. 理想主义与功利主义：企业双元价值观平衡与绩效关系研究，教育部人文社会科学研究青年基金项目，马晓苗，新疆财经大学

105. 消费者——慈善事件契合度、信息结构对善因营销效果的影响研究，教育部人文社会科学研究青年基金项目，司凯，徐州工程学院

106. 环境群体性事件中的权利表达与实现，教育部人文社会科学研究青年基金项目，郭红欣，中南财经政法大学

107. 少数民族大学生社会主义核心价值体系认同与行为倾向研究，教育部人文社会科学研究青年基金项目，董杰，中南民族大学

108. 中国城乡青年社会资本与幸福感的比较研究——以珠三角为例，

教育部人文社会科学研究青年基金项目,徐岩,中山大学

109.《道德训谕的文学修辞——塞涅卡〈道德书简〉研究》,教育部人文社会科学研究青年基金项目,肖剑,中山大学

110. 他者伦理视野中的道德教育研究,教育部人文社会科学研究规划基金项目,吴先伍,安徽师范大学

111. 寺院儒化教育研究,教育部人文社会科学研究规划基金项目,贾发义,山西大学

112. 礼治传统与市场经济交互作用下旅游服务职业困境研究——以上海为例,教育部人文社会科学研究规划基金项目,黄郁成,上海对外经贸大学

113. 道德的本体属性与学校德育改造研究,教育部人文社会科学研究规划基金项目,蒋宏斌,湖南师范大学

114. 阶层固化背景下青年社会主义核心价值观内化机制研究,教育部人文社会科学研究规划基金项目,朱勋春,重庆工商职业学院

115. 收入倍增与公平分配:税收激励均衡政策优化研究,教育部人文社会科学研究规划基金项目,李华,山东大学

116. 生态女性主义研究,教育部人文社会科学研究规划基金项目,张妮妮,北京外国语大学

117. 患者道德权利与和谐医患关系的建构,教育部人文社会科学研究规划基金项目,王晓波,滨州医学院

118. 文化自觉视域下工程伦理教育研究,教育部人文社会科学研究规划基金项目,施丽红,重庆交通大学

119. 社会责任、合法性与适应能力:国有企业提升长期绩效的路径研究,教育部人文社会科学研究规划基金项目,范黎波,对外经济贸易大学

120. 非正当谋生群体救助与规制问题研究,教育部人文社会科学研究规划基金项目,孟卧杰,江苏警官学院

121. 基于利益相关者的建设项目业主伦理管理研究,教育部人文社会科学研究规划基金项目,王莉飞,南京工业大学

122. 伦理型领导的结构维度、影响因素以及作用机制研究,教育部人文社会科学研究规划基金项目,郑晓明,清华大学

123. 多元文化时代青少年话语模式发展及其德育话语系统建构研究,教育部人文社会科学研究规划基金项目,刘丙元,山东青年政治学院

124. 进城务工人员子女道德成长及其对策研究,教育部人文社会科学

研究规划基金项目,张晓瑜,温州大学

125.“道德冷漠”现象的制度治理研究,教育部人文社会科学研究规划基金项目,李志强,北方工业大学

126.《资本论》及其手稿对资本的伦理批判,教育部人文社会科学研究规划基金项目,陈芬,长沙理工大学

127.资本市场诚信法律制度研究,教育部人文社会科学研究规划基金项目,张路,重庆大学

128.高校青年教师社会主义核心价值观认同研究,教育部人文社会科学研究规划基金项目,王越芬,东北林业大学

129.美国经典作家的科技伦理研究,教育部人文社会科学研究规划基金项目,吴兰香,东南大学

130.电子游戏助推青少年道德素养提升的路径与策略研究,教育部人文社会科学研究规划基金项目,陈月华,哈尔滨工业大学

131.作为美德的自尊研究,教育部人文社会科学研究规划基金项目,张钦,河北师范大学

132.正义的平等范式研究,教育部人文社会科学研究规划基金项目,文长春,黑龙江大学

133.马丽坦完整人道主义研究,教育部人文社会科学研究规划基金项目,徐瑾,湖北大学

134.莎士比亚十四行诗中的伦理真相,教育部人文社会科学研究规划基金项目,王改娣,华东师范大学

135.基于文献计量方法的分配公正原则研究,教育部人文社会科学研究规划基金项目,于君博,吉林大学

136.当代国外马克思主义道德理论研究,教育部人文社会科学研究规划基金项目,吕梁山,辽宁大学

137.当代中日大学生价值观比较研究,教育部人文社会科学研究规划基金项目,林敏洁,南京师范大学

138.青少年积极道德情绪对利他性道德行为促进机制的研究,教育部人文社会科学研究规划基金项目,何晓丽,宁夏大学

139.精神健康问题的伦理学研究,教育部人文社会科学研究规划基金项目,肖巍,清华大学

140.农村居民主观幸福感及其影响因素研究,教育部人文社会科学研究规划基金项目,王健,山东大学

141. 沃尔则分配正义理论研究,教育部人文社会科学研究规划基金项目,孙岩,山西大学

142. 理查德·A.斯皮内洛信息与计算机伦理思想,教育部人文社会科学研究规划基金项目,吴文清,山西大学

143. 语言考试的公平研究——科学与道德,教育部人文社会科学研究规划基金项目,朱正才,上海交通大学

144. 基于数字认证的MOOC诚信机制研究,教育部人文社会科学研究规划基金项目,李凤英,上海交通大学

145. “三俗”文化冲击下的道德失范与文化救赎,教育部人文社会科学研究规划基金项目,张自慧,上海应用技术大学

146. 责任伦理视野下当代青年道德价值观问题研究,教育部人文社会科学研究规划基金项目,杜坤林,绍兴文理学院

147. 刑事司法的社会伦理环境研究,教育部人文社会科学研究规划基金项目,宋志军,西北政法大学

148. 少数民族优秀传统文化与社会主义核心价值观的契合及践行研究——以苗族为例,教育部人文社会科学研究规划基金项目,王岚,西南民族大学

149. 社会转型期高校德育实践路径创新研究,教育部人文社会科学研究规划基金项目,芮鸿岩,扬州大学

150. 实体性正当程序研究,教育部人文社会科学研究规划基金项目,刘东亮,浙江工商大学

151. 中国公民司法公正感实证研究,教育部人文社会科学研究规划基金项目,马皑,中国政法大学

152. 网络传播伦理案例、问题与对策研究,教育部人文社会科学研究规划基金项目,阴卫芝,中国政法大学

153. 城市住宅小区业主自治与善治问题研究,教育部人文社会科学研究规划基金项目,杨玉圣,中国政法大学